# Excel 2021

## 嚴選教材!

核心觀念 × 範例應用 × 操作技巧

# 序

　　Excel 2021 為 Microsoft 公司於 2021 年所推出，專供 Windows 7~11 使用之整合性試算表（Worksheet）套裝軟體。其內主要結合了：電子試算表（或稱電子式工作表）、繪圖與資料庫。

　　由於易學易用且功能涵蓋各行業的不同使用層次，無論家庭日常收支日記帳、公司行號之資產管理、客戶資料管理、財務分析、建立會計報表、開立估價單、資料統計或進行數值模擬假設分析、繪製商業應用統計圖表…等，均能提供給使用者極大之便利，故推出後一直受到各界歡迎！

　　本書係為初學Excel者所撰寫之入門書籍，旨在讓讀者熟悉 Excel之各項功能：建立工作表、輸入／編輯資料、設定資料格式、處理欄列、繪製圖表（統計圖表及股價分析圖、預測圖、結合地圖數值資料之地圖或 3D地圖、組合圖、……）、潤飾圖表、設定圖表格式、列印工作表及圖表、資料庫表單之管理（排序、篩選、資料表單與分組摘要統計）、樞紐表分析、運算列表（交叉表）、合併彙算、稽核、目標搜尋…等。

　　全書計分十七章，在章節上乃依指令之功能加以分類，並附有豐富之實例及畫面，希望能給讀者有循序漸進之感覺。每一單元均加有詳盡說明，以求加強讀者之瞭解及應用能力。在內容篩選方面，儘可能避開艱澀罕用之主題，但求學得輕鬆、容易上手且不失其實用性！

　　為節省教師指定作業之時間，並讓學習者有自我練習之機會，每一範例均再加入一含題目內容之練習工作表，可馬上驗收所學之內容；且於章節適當位置附加有『馬上練習』之題目，學習者可隨時於任一章插進來閱讀並練習。

　　為方便教學，本書另提供教學投影片與各章課後習題，採用本書授課教師可向碁峰業務索取。

　　編寫本書雖力求結構完整與內容詳盡，然仍恐有所疏漏與錯誤，誠盼各界先進與讀者不吝指正。

楊世瑩 謹識

# 目 錄

**▶ CHAPTER 1　概說**

▶ **CHAPTER 2  輸入資料**

# CHAPTER **3** 選取與設定儲存格格式

# ▶ CHAPTER **4** 樣式與條件式格式設定

# ▶ CHAPTER **5** 處理欄列與範圍名稱

▶ **CHAPTER 6**　編輯

▶ **CHAPTER 7　管理工作表**

▶ **CHAPTER 8　管理活頁簿**

# ▶CHAPTER 9　繪製圖表

▶ **CHAPTER 10　潤飾圖表**

▶ **CHAPTER 11　圖表格式**

## CHAPTER 12 列印

## CHAPTER 13 資料庫管理

## ▶ CHAPTER **14** 樞紐分析表及圖

## ▶ CHAPTER **15** 運算列表

# CHAPTER 16　合併彙算

# CHAPTER 17　公式稽核與目標搜尋

下載說明

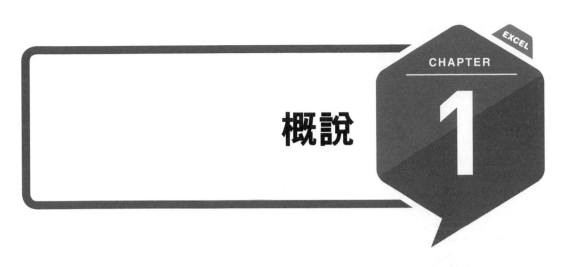

CHAPTER 1

# 概說

## 1-1 Microsoft Excel 簡介

Excel 2021 為 Microsoft 公司於 2021 年所推出，專供 Windows 7 ～ 11 使用之整合性試算表（Worksheet）套裝軟體。其內主要結合了三種型態之應用軟體：

■ **電子試算表（或稱電子式工作表）**

專司工作表之建立、編輯、維護管理（如：增／刪內容、定義資料格式、安排資料欄寬度、資料內容之搬移、抄錄……等）及列印等工作。

■ **繪圖**

依資料繪製統計圖表，如：長條圖、線條圖、圓形圖、立體長條圖、立體圓形圖、雷達圖、股票圖、組合圖、……等。此外，還可以對既有資料進行預測未來幾期（時、日、週、月、季或年）的走勢，並繪出預測之圖形。甚至，還可繪製結合地圖數值資料之地圖或 3D 地圖。

■ **資料庫**

記錄內容之增／刪、修改、排序、篩選（查詢）、彙總、建立樞紐分析表（交叉表）、……。

由於易學易用且功能涵蓋各行業的不同使用層次，無論家庭日常收支日記帳、公司行號之資產管理、客戶資料管理、財務分析、建立會計報表、開立估價單、資料統計或進行數值模擬假設分析、繪製統計圖表、……等，均能帶給使用者極大之便利。

# 1-2 啟動 Microsoft Excel

欲執行 Excel，可於 Windows 的『開始』畫面，按工作列的開始按鈕（▦），點選「Excel」項，將獲致下示之初始畫面：

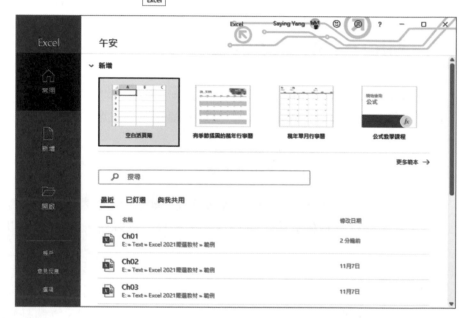

按右側之 更多範本 → ，可查到 Excel 所提供之常用活頁簿範本：

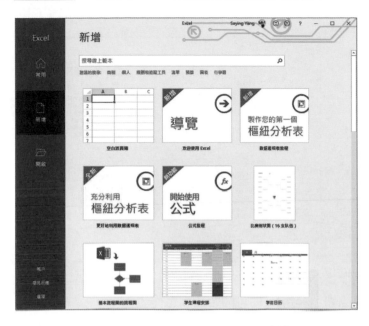

底端『建議的搜尋：』處有：商務、個人、規劃和追蹤工具、清單、預算、圖表、行事曆等幾大類，點按即可查詢到各該類的範本可供選用。如，若點選『個人』，其畫面將轉成：

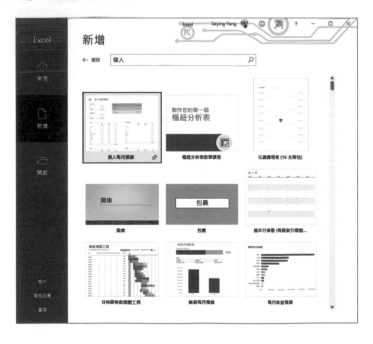

有：『個人每月預算』、『萬年行事曆』、『簡易月預算表』、『每月家庭預算』、……等範本可供選用。如，選取『個人每月預算』，其畫面轉為：

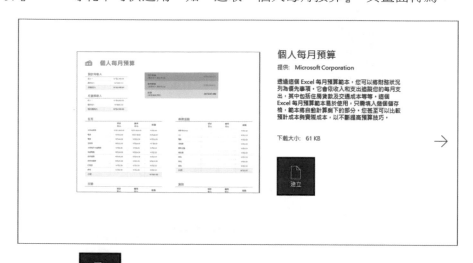

按其建立鈕 ，即可開始建立工作表：

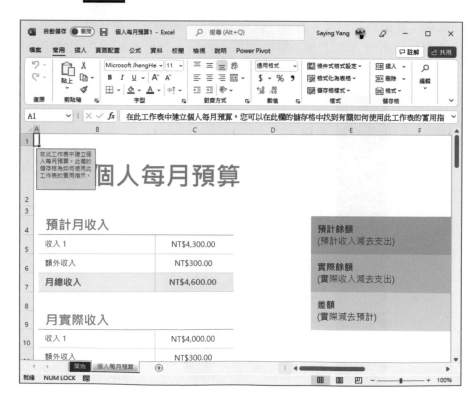

各類範本初始畫面內可選用之範本，若仍有不足，還可以連上網去搜尋一些新的可用範本。

不過，無論您是初學者或使用多年的老手，最常使用的還是一般之『空白活頁簿』，故我們執行「**檔案 / 新增**」，回初始畫面，點選左上角第一個『空白活頁簿』圖示：

轉入 Excel 之空白活頁簿畫面：

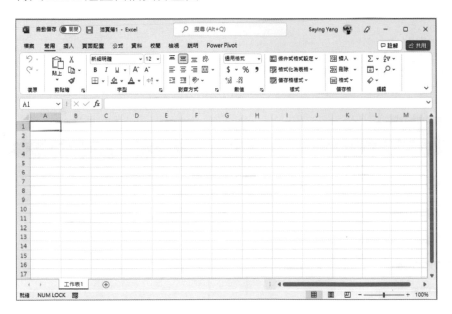

# 1-3 離開 Microsoft Excel

欲離開 Excel，可以下列方式達成：

■ 以滑鼠左鍵單按位於 Excel 視窗最右上角的『**關閉**』✕ 鈕

■ 以滑鼠左鍵雙按位於 Excel 視窗最左上角的空白處

■ 按 Alt + F4 鍵

若所編輯之檔案未曾更動過，或是其等均已事先存檔。將可結束執行，離開 Excel；否則，將顯示提示，要求存檔或放棄存檔：

# 1-4  認識 Excel 工作表視窗

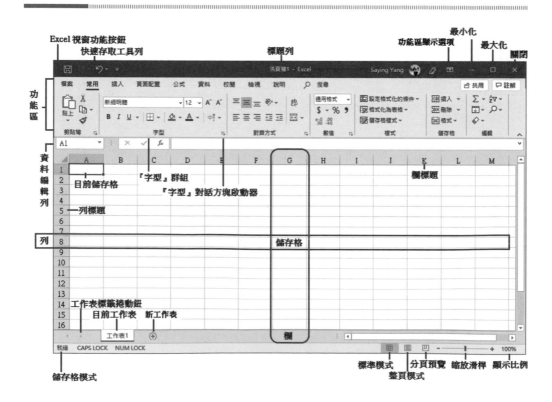

在使用 Excel 前，應先熟悉其視窗各部位。茲將其上各部位，由左而右由上而下分別說明如下：

■ Excel 視窗功能按鈕

Excel 視窗最左上角之圖示：

為『Excel 視窗功能按鈕』，直接雙按可關閉 Excel 視窗。若單按左鍵可選擇要對視窗進行：還原、移動、調整大小、最大化、最小化或關閉視窗。（係以方向鍵進行調整或移動）

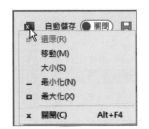

■ 快速存取工具列

Excel 視窗最上方第一列，稱之為『快速存取工具列』，要顯示其內容，可於其上單按滑鼠右鍵，續就選單選擇「顯示快速存取工具列(S)」：

即可顯示其目前內容：

這裡允許使用者自行安排一些較常用的指令按鈕，以減少搜尋按鈕的時間，增快處理速度。（通常會省下幾個執行步驟，故執行起來會較快）欲自訂其按鈕內容時，可以滑鼠左鍵單按右側之下拉鈕，於所示清單中選擇欲增加或移除哪個指令按鈕：

若想要新增之指令按鈕並不在其中，可選「其他命令 (M)…」轉入『Excel 選項』視窗進行選擇：

若於『快速存取工具列』以外之功能區上，看到其他常用之指令按鈕，亦可於該按鈕上，單按滑鼠右鍵，選「新增至快速存取工具列 (A)」：

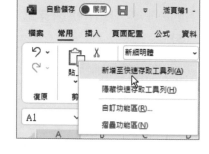

即可將該按鈕新增到『快速存取工具列』：

反之，若欲移除原已存在於『快速存取工具列』上之任一按鈕，則可於該按鈕上單按滑鼠右鍵，續選「從快速存取工具列移除 (R)」：

『快速存取工具列』的預設位置，為
功能區（詳下文說明）之上方；但若
於『快速存取工具列』上單按滑鼠右
鍵，選「在功能區下方顯示快速存取
工具列 (S)」，即可將其安排到功能區
下方：

欲還原時，同樣是以滑鼠左鍵單按『快速存取工具列』右側之下拉
鈕，選「在功能區上方顯示快速存取工具列 (S)」。

■ 檔案索引標籤按鈕

以滑鼠左鍵單按 Excel 視窗左上角之 檔案 索引標籤按鈕，可顯示與
檔案有關的功能表：

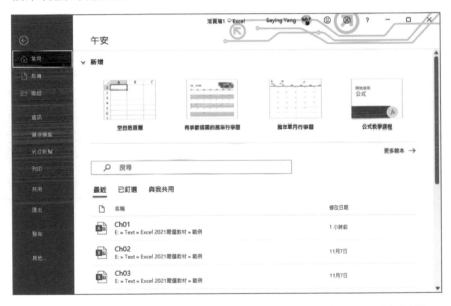

可用來：新增檔案、開啟舊檔、查檔案資訊、儲存檔案、另存新檔、
列印、……、關閉檔案、查詢或變更帳戶之設定（切換使用者之帳戶
或對 Excel 進行版本更新）或設定 Excel 選項。

**小秘訣**

完成所欲執行之動作；或按最上面之 ⬅ 箭頭按鈕，可回到原編輯中
之工作表。

■ 標題列

視窗畫面最上面一列為視窗標題,指出目前編輯中活頁簿檔的檔名:

若係一新檔,則依序以『活頁簿 1』、『活頁簿 2』、……為其標題。

以滑鼠左鍵雙按標題列,亦可『往下還原 / 最大化』Excel 視窗。

■ 操作說明搜尋( 🔍 搜尋 (Alt+Q) )

直接在上面輸入您想查詢的內容,
將顯示相關可以執行的動作。如,
輸入 " 存檔 ",將顯示:

若無法取得您所要的內容,可選按 🔍 「存檔」的更多搜尋結果 ,取得有關的
線上輔助說明:

小秘訣

有時，它還可以直接替我們完成指定之工作。例如，輸入 " 讀出儲存格 "：

會自動幫我們設定成以語音讀出目前所選取之單格或多格儲存格的內容，無論是中文、英文或數字。以後，只要選按本處：

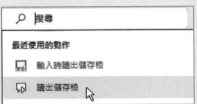

續選  讀出儲存格，即可讀出所選取之單格或多格儲存格的內容。您可以試打幾個任意內容，聽聽看！

若輸入：" 輸入時讀出儲存格 "，則每次輸入內容後，即可自動讀出所輸入之內容。

想取消或啟動該功能時，再次點按 輸入時讀出儲存格 即可。

■ 最小化按鈕（ － ）

可將執行中之 Excel 視窗，轉為工作列上之小圖示：

續於其上單按滑鼠，可使其還原。

■ **最大化按鈕（ ▫ ）**

外觀為一個大視窗，會把 Excel 視窗放大到佔滿整個螢幕。

■ **關閉按鈕（ ✕ ）**

可用以關閉 Excel 視窗，一次關閉一個活頁簿，直到最後一個活頁簿時，可結束 Excel 的執行。

■ **還原按鈕（ ▫ ）**

於視窗處於最大化之情況下，原『最大化』 ▫ 按鈕會轉為內含兩個小視窗之『往下還原』 ▫ 按鈕，可將視窗還原（縮小）成前階段之大小。

■ **功能區**

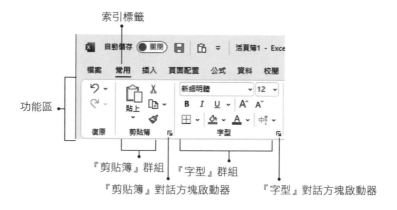

『功能區』內安排大部分常用之指令按鈕，用來執行各項 Excel 之動作。其內主要分為三個區塊：

1. **索引標籤**：現階段可執行之功能分為幾個大類別：『**檔案**』、『**常用**』、『**插入**』、『**頁面配置**』、『**公式**』、『**資料**』、『**校閱**』、『**檢視**』與『**說明**』。選用每一個標籤，可於其下方顯示出該類別內可用之群組及其所屬之指令按鈕。如，『**公式**』索引標籤之部分外觀為：

2. **群組**：『功能區』中，每一個索引標籤內，均包含數個該類別內可用之群組。如：『常用』索引標籤內，即包含了：『復原』、『剪貼簿』、『字型』、『對齊方式』、『數值』、『樣式』、『儲存格』與『編輯』等幾個群組。

3. **指令按鈕**：每一個索引標籤下的每一個群組內，也包含了數目不等之指令按鈕。如，『常用』索引標籤之『剪貼簿』群組，即擁有：『貼上』、『剪下』、『複製』、與『複製格式』等四個指令按鈕。

**小秘訣**

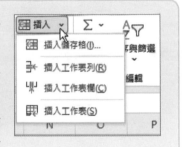

指令按鈕下方（或右側）有下拉鈕圖示者，表示另有次功能選項。如：

若接有三角符號（ ▶ ）者，表示其後仍有次功能選項。若接有連結符號（…）者，表示將轉入另一對話方塊以進行選擇。有些常用功能除備有工具按鈕外，尚提供有快速鍵。

小秘訣

一般而言，絕大多數的工作係利用功能區之指令按鈕來逐步處理。但 Excel 為方便使用者，當使用者按滑鼠右鍵（ 📋 鍵或 Shift + F10 ）將提供『快顯功能表』：

顯示當時狀況下，所有可能會使用到的相關指令功能表。如此，因縮小選擇範圍且通常會省下幾個執行步驟，故執行起來會較快。

■ 資料編輯列

未輸入任何資料時，本列僅顯示目前儲存格之位址：

目前儲存格位址

資料編輯列 ●

資料輸入中，將以原儲存格為資料編輯區，且於本列之右側顯示目前所輸入之資料：

亦可以滑鼠單按此處，續進行輸入或編輯資料。

其上所顯示之三個按鈕的作用分別為：

| ✕ | 取消鈕，放棄目前輸入或編輯，相當於按 $\boxed{\text{Esc}}$ 鍵。 |

輸入鈕，完成目前輸入或編輯，相當於按 $\boxed{\text{Enter}}$ 鍵。但按此
按鈕後，游標仍停於目前儲存格；若按 $\boxed{\text{Enter}}$ 鍵，則游標將
向下移動一個儲存格。

插入函數鈕，作用同於按『**公式 / 函數庫 / 插入函數**』
鈕，用來輔助使用者逐步輸入函數。

■ **工作表視窗**

在資料編輯列底下，由 A, B, C, ⋯ 與 1, 2, 3, ⋯ 所包圍者，即為一工
作表視窗。預設狀況下，每一個新開啟之活頁簿，會先擁有一個工作
表（『工作表 1』）。當然，也可以允許使用者進行新增或刪除。

■ **邊框與全選按鈕（　◢　）**

工作表視窗中很顯眼的座標框邊，上有英文字母者稱為**水平邊框**，
上有數字者稱為**垂直邊框**。其交會處之『**全選按鈕**』 ◢ ，可將整
個工作表全部選取（呈淺灰色陰影，供設定格式、字型、抄錄或刪
除、⋯⋯等之用，移往按鈕外之工作表上單按滑鼠，即可解除被選取
之狀態）。

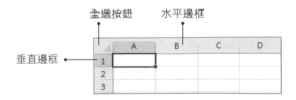

■ **欄**

水平邊框上，一個英文字母所對應之整個直欄（如：A 欄），其上之
座標可由 A、B、C ⋯、Z、AA、AB、⋯ AZ、BA、BB、⋯、ZZ、
AAA、AAB、⋯，以至最右側之 XFD，總計有 16,384 欄。（試按
$\boxed{\text{Ctrl}}$ + $\boxed{→}$ 鍵，再按 $\boxed{\text{Ctrl}}$ + $\boxed{\text{Home}}$ 鍵回來）

每個字母按鈕，除作為儲存格之橫座標外，亦可用來作為**整欄選取鈕**，單按該鈕可將一整欄全部選取（呈淺灰色陰影顯示，供設定格式、字型、抄錄、搬移或刪除、……等之用，移往按鈕外之工作表上單按滑鼠，即可解除被選取之狀態）。

■ 列

垂直邊框上一個數字所對應之整個橫列（如：第 2 列），其上之座標可由 1、2、3、……，以至最下端之 1048576，總計有 1,048,576 列。（試按 Ctrl + ↓ 鍵，再按 Ctrl + Home 鍵回來）

每個數字按鈕，除作為儲存格之縱座標外，亦可用來作為**整列選取鈕**，單按該鈕可將一整列全部選取（呈淺灰色陰影顯示，供設定格式、字型、抄錄、搬移或刪除、……等之用，移往按鈕外之工作表上單按滑鼠，即可解除被選取之狀態）。

■ 儲存格

每個垂直與水平座標所交會之處，即為一個儲存格。整個工作表由上而下由左而右，計有 A1、A2、…、A1048576、B1、B2、…B1048576、…、XFD1、XFD2、…、XFD1048576 等，1,048,576 × 16,384 = 17,179,869,184 個儲存格。

■ 目前儲存格

工作表內以綠色方框所圍之儲存格，用以指出目前游標所在處為哪一個儲存格？其欄 / 列標題之按鈕會由淺灰色轉為深灰色加一條綠線。目前所輸入之內容，將存入此一儲存格。（試按任意之方向鍵再輸入任意字母或數字）

■ 目前儲存格位址

資料編輯列最左邊之格內，會顯示目前游標所在儲存格的座標位置。（試按任意之方向鍵，或移動滑鼠到任一儲存格上單按滑鼠，觀其變化。最後，再按 Ctrl + Home 鍵，將回到 A1 儲存格，此格將顯示 A1）若該儲存格內存有資料，其後將再顯示其內容。如：於 B2 儲存格輸入 12345 後，資料編輯列之外觀將如：

目前儲存格位址

內容

目前儲存格

指示目前儲存格位址的方塊，其大小亦可利用滑鼠拖曳其右側之垂直連結符號（：）控點來調整。如，將其拉大後之外觀變為：（由原只有 A 欄寬，變為 A、B 兩欄寬，直接雙按垂直連結符號可還原）

至於，目前顯示數值內容處，將來也是用來顯示運算式之位置。當遇到較為複雜之運算式時，可能會有無法完全顯示之情況發生。我們也可利用滑鼠拖曳其下緣，拉大其列高：（以同樣方式拖曳下緣縮小其高度）

### ■ 垂直捲軸

按 ↑ ↓ 或 Page Up　Page Down 鍵，雖可於工作表上作上下移動。但欲全以滑鼠進行操作，就得使用垂直捲軸。按住垂直捲動鈕上下拖曳，可快速垂直捲動工作表（若再同時按下 Shift 鍵，可更快速垂直捲動）。按軸末端之 ▼ ▲ 上下箭頭，其作用相當按 ↑ ↓ 鍵，可上下移動一列。

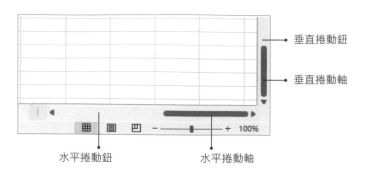

水平捲動鈕　　　　　　　水平捲動軸

■ **水平捲軸**

按 ← → 鍵，雖可於工作表上左右移動。但若欲全以滑鼠進行操作，就得使用水平捲動軸。按住水平捲動鈕左右拖曳，可快速左右捲動工作表（若再同時按下 Shift 鍵，可更快速左右捲動）。按軸末端之 ◀ ▶ 左右箭頭，其作用相當按 ← → 鍵，可左右移動一欄。

■ **工作表索引標籤及捲動鈕**

Excel 將每個檔案，視為一個活頁簿（預設名稱分別為『活頁簿 1』、『活頁簿 2』、……），而一個活頁簿預設可含 1 個工作表，欲新增工作表時，可按『工作表 1』右側之『新工作表』 ⊕ 鈕，每次可新增一個工作表，其上限受限於可用的記憶體。每個工作表名稱又預設為『工作表 1』、『工作表 2』、……。如，新增三個工作表後之外觀：

欲於活頁簿中切換所使用之工作表，可按位於活頁簿視窗底端之**工作表索引標籤**。單按某一工作表索引標籤，該工作表就會變成使用中之工作表。使用中工作表的索引標籤，會以白色顯示，其工作表名稱則改為綠色字體；非使用中之工作表的索引標籤，則以淺灰色顯示。（當然，也允許使用者進行變更顏色）

工作表索引標籤　　　　　　　　　　　　　　　　　　　目前工作表

工作表標籤捲動軸　　　　　　　　　　　　　　　　　　新工作表

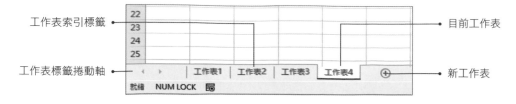

最右側之『新工作表』⊕ 鈕，可用於目前工作表**右側**插入一個新的工作表；若利用 Shift + F11 鍵，則可於目前工作表位置之**左邊**插入一個新工作表。其工作表之編號，會接續當時所存在之工作表最大編號。如，目前原有四個工作表，且目前工作表為『工作表4』，按 Shift + F11 鍵後，將於『工作表4』左側插入一個新工作表，其名稱為『工作表5』：

由於一個活頁簿內可含多個工作表，當工作表很多時，要切換到並不在目前畫面上之工作表時，就得按工作表索引標籤捲動按鈕，以方便進行選擇。由於，工作表標籤個數不超過螢幕寬度時，這些按鈕並無任何作用，故我們隨意再按『新工作表』⊕ 鈕，加入五、六個工作表。

工作表索引標籤捲動按鈕之作用分別為：

◀　　　　向左移出一個工作表標籤，若同時按 Ctrl 與本按鈕，將顯示出最左邊第一個工作表標籤。

▶　　　　向右移出一個工作表標籤，若同時按 Ctrl 與本按鈕，將顯示出最右邊最後一個工作表標籤。

⋯　　　　此按鈕稱為『更多』，工作表索引標籤左右各有一個，按左邊的按鈕，將由當時銀幕上最左之工作表，向左移一個工作表標籤；按右邊的按鈕，將由當時銀幕上最右之工作表，向右移一個工作表標籤。

除了按 ⋯ 鈕外；所有移動，僅顯示出工作表標籤而已。均未實際切換到該工作表，必須以滑鼠點選該工作表標籤，才算真正切換到該工作表。

於 ◀ 或 ▶ 鈕上，單按滑鼠右鍵，亦可顯示出工作表之選單，供選擇要切換到哪一個工作表？

### ■ 狀態列

Excel 視窗畫面，最下方的一列稱為**狀態列**，可顯示與目前編輯中工作表有關的一些狀態。

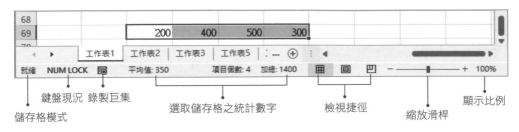

狀態列上，由左而右依序為：

### 1. 儲存格模式

無任何處理動作時，顯示著『就緒』狀態。有時，則指出正在進行何種動作？如：輸入、編輯、開啟 / 儲存檔案、複製儲存格、……等。

### 2. 鍵盤現況

若曾於狀態列任意位置單按滑鼠右鍵，再就所顯示之選單，選擇要增加顯示：CAPS LOCK、NUM LOCK 與 SCROLL LOCK。將可於狀態列左邊『就緒』的旁邊，顯示出 **CAPS LOCK**（大寫鎖定鍵）、**NUM LOCK**（數值鎖定鍵）、**SCROLL LOCK**（螢幕捲動鎖定鍵）等鎖定鍵是否生效：

就緒　CAPS LOCK　NUM LOCK　SCROLL LOCK

其作用分別為：

**CAPS LOCK**　　　字母鍵切換成大寫字體；反之，字母鍵為小寫字體。

**NUM LOCK**　　　數值鎖定，鍵盤右側數字鍵只能輸入數字；反之，這些鍵變成方向鍵。

**SCROLL LOCK**　每按任一方向鍵均會使螢幕捲動，而指標維持於同一儲存格位置。（再按一次 Scroll Lock 鍵即可解除，回復成正常捲動）

### 3. 選取範圍的統計數字

預設狀態為顯示目前選取範圍的：平均值、項目個數與加總。欲變更時，可於狀態列上之任意位置，單按滑鼠右鍵，再就所顯示之選單，選擇要增加或移除哪一個統計量？此外，亦可切換其它要顯示/隱藏之選項。

### 4. 檢視捷徑

其內有三個檢視模式按鈕，其作用分別為：

**標準模式**　即目前所看到之外觀，每一格儲存格均維持於其標準大小（顯示比例所設定之大小），整個 Excel 視窗之寬度均用來顯示儲存格，為最常使用之檢視模式。

**整頁模式**　將所有內容分成相當於列印時之一頁一頁的整頁顯示，也允許對其進行頁首/頁尾的內容設定。

**分頁預覽**　調整成一個螢幕可顯示多個列印頁面之內容。於此模式下，可查閱要列印之內容將分印成幾頁？每頁分別可列印哪些內容？也可調整其分頁線之位置，來決定要於何處進行分頁列印。

5. **縮放滑桿**

其左側之『縮小』 ▬ 鈕與右側之『放大』 ✚ 鈕，可用來縮小／放大顯示比例。中央之『縮放』 ▬▮▬ 鈕，可以左右拖曳來縮小／放大顯示比例。

6. **顯示比例**

顯示目前所設定之縮放比例，其大小範圍可為 10% ～ 400%。其數字將隨使用者於『縮放滑桿』處所做之設定而改變。如：調整至 150% 時之外觀為：

─ ━━━╋━━ ＋ 150%

# 1-5　功能區的補充說明

## 只有在需要時才會顯示的索引標籤

除了目前可看到之『檔案』、『常用』、『插入』、『頁面配置』、『公式』、『資料』、『校閱』、『檢視』、『說明』……等幾個索引標籤外；還有幾個目前為隱藏之索引標籤。如，選了圖片物件，才會增加一顯示『圖片格式』索引標籤，並以強調色彩顯示：

又如，選了統計圖表物件後，才會增加『圖表設計』及『格式』索引標籤，並以強調色彩顯示：

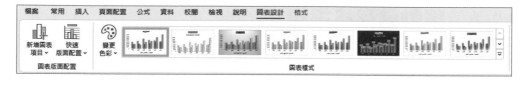

## 對話方塊啟動器

事實上,每個群組內所提供的指令按鈕,還有許多更細部的工作,是無法僅單按一個指令按鈕即可達成的。故而,『功能區』中,大多數群組的右下角,均有一個『對話方塊啟動器』按鈕:

以滑鼠左鍵單按該鈕,會開啟相關對話方塊,提供更多與該群組相關的選項。如:選按『字型設定』對話方塊啟動器,將顯示『設定儲存格格式』之『字型』對話方塊,供使用者進行更細部之字型格式設定:

# 1-6 移動儲存格指標

## 利用控制鍵

於工作表中，常用之移動儲存格指標控制鍵及其作用如表 1-1 所示。

表 1-1 於工作表內常用之指標控制鍵

| 鍵盤 | 作用 |
| --- | --- |
| ← → | 左右移動一欄 |
| ↑ ↓ | 上下移動一列 |
| Home | Scroll Lock 下：移往目前螢幕之左上角<br>非 Scroll Lock 下：移往目前列之左端 |
| End | Scroll Lock 下：移往目前螢幕之右下角<br>非 Scroll Lock 下：配合方向鍵移往有 / 無資料之交界處 |
| Ctrl + ← | 向左移動到現用資料區域的邊緣 |
| Ctrl + → | 向右移動到現用資料區域的邊緣 |
| Ctrl + ↑ | 向上移動到現用資料區域的邊緣 |
| Ctrl + ↓ | 向下移動到現用資料區域的邊緣 |
| Ctrl + Home | 移往 A1 儲存格 |
| Ctrl + End | 移至 A1 與所有曾有資料之儲存格，所構成之最大矩形的最右下角位置 |
| Page Up | 上移一個螢幕 |
| Page Down | 下移一個螢幕 |
| Alt + Page Up | 向右移動一個螢幕 |
| Alt + Page Down | 向左移動一個螢幕 |

多數控制鍵均同於一般文書編輯程式，較特殊者為 `Ctrl` 鍵。（為與 Lotus 相容，於未按 `Scroll Lock` 鍵，捲軸鎖定功能關閉之情況下，亦可代之為 `End` 鍵）

單一 `Ctrl` 鍵並無任何作用，須配合另一個方向鍵（ `↑` `↓` `←` `→` ），才能依方向移動到資料**由有到無（或由無到有）變換之交界處**。除了第一次與最後一次外，其停留位置均為有資料之連續範圍的邊緣（起頭或結束）。其移動之規則為：

■ 由無資料處，按 `Ctrl` 及另一方向鍵（如 `→` ），將依箭頭方向（右）移往下一個有資料之儲存格（起頭，左邊緣）。若其右側已無任何資料，將移往 XFD 欄。

■ 由有資料處，按 `Ctrl` 及另一方向鍵（如 `→` ），將依箭頭方向（右）移到相連有資料之最後一個儲存格（結束，右邊緣）。

■ 由有資料處，按 `Ctrl` 鍵及另一方向鍵（如 `→` ），當指定方向（右）之下一個儲存格並無資料，將依箭頭方向（右）移到下一個有資料之儲存格。若其右側已無任何資料，將移往 XFD 欄。

如於範例 Ch01.xlsx『以控制鍵移動儲存格指標』工作表畫面中之 A2 位置，按 `Ctrl` + `→` 鍵，將移往 C2。再次按 `Ctrl` + `→` 鍵，將移往 E2。再次按 `Ctrl` + `→` 鍵，將移往 H2。若 H2 之右側已無任何資料，再次按 `Ctrl` + `→` 鍵，將移往 XFD2：

| | A | B | C | D | E | F | G | H | I |
|---|---|---|---|---|---|---|---|---|---|
| 2 | | | 100 | 150 | 280 | | | 650 | |
| 3 | 按Ctrl+→ | | | | | | | | |

## 利用垂直 / 水平捲軸

詳前文『認識工作表視窗』小節內，垂直捲軸與水平捲軸處之說明。

## 於目前儲存格位址格直接輸入

若要前往之儲存格位置距離較遠，利用控制鍵或垂直 / 水平捲軸，均不太有效率。可於資料編輯列最左邊之目前儲存格位址格上單按滑鼠，會將該位址選取（反白顯示）：

然後，輸入欲前往之儲存格位址：

再按 Enter 鍵，即可直接跳至該儲存格。

小秘訣

若曾為儲存格或範圍定義過名稱（參見第五章），尚可以按目前儲存格位址格右側之下拉鈕，將顯示範圍名稱之選單，以滑鼠選取某一已定義的名稱，亦可直接跳至該儲存格。

## 按目前儲存格之框邊

若資料呈連續排列之範圍，雙按目前儲存格之框邊（四邊均可），將依框邊位置，朝該方向移動到連續資料範圍的尾部。如，於範例 Ch01.xlsx『以滑鼠移動儲存格指標』工作表：

| | A | B | C | D | E | F |
|---|---|---|---|---|---|---|
| 1 | 品名 | 第一季 | 第二季 | 第三季 | 第四季 | |
| 2 | 電視 | 1200 | 1600 | 1500 | 2400 | |
| 3 | | | | | | |
| 4 | 按Ctrl+→或按右側框邊 | | | | | |

將滑鼠指標移往目前儲存格 A2 之右側框邊，滑鼠指標將由空心十字（✛），轉為含四向箭頭之空心箭頭指標（✛）：

| | A | B | C | D | E | F |
|---|---|---|---|---|---|---|
| 1 | 品名 | 第一季 | 第二季 | 第三季 | 第四季 | |
| 2 | 電視 | 1200 | 1600 | 1500 | 2400 | |
| 3 | | | | | | |
| 4 | 按Ctrl+→或按右側框邊 | | | | | |

直接雙按，將向右移到該連續範圍的最後一個儲存格 E2：

| | A | B | C | D | E | F |
|---|---|---|---|---|---|---|
| 1 | 品名 | 第一季 | 第二季 | 第三季 | 第四季 | |
| 2 | 電視 | 1200 | 1600 | 1500 | 2400 | |

## 利用智慧型滑鼠的滾輪

若您使用之滑鼠於左右鍵間另加有一滾輪的智慧型滑鼠（IntelliMouse），更可以利用滾輪來快速捲動工作表！

如果要讓工作表進行上下捲動，只須以手指頭上下捲動滾輪即可。相當於以垂直捲動軸之 ▲▼ 箭頭按鈕，進行捲動工作表一般，不過其動作將更快、更順暢。

如果要讓工作表自動進行上下或水平捲動，可先於工作表上單按滑鼠的滾輪（最好是螢幕中央位置），將出現一個 ✛ 四向箭頭之圖示，代表可進行上下左右，任一方向的捲動。隨後，將滑鼠移向要進行捲動之方向（上下左右均可，不用按任何鍵及滾輪也不用拖曳，稍微移動一下即可）。此時，滑鼠就好像可控制捲動方向及速度的汽車駕駛般。滑鼠指標將轉為代表移動方向之箭頭，例如：向右移動滑鼠時，其指標將為 •▶；向下移動滑鼠時，其指標將為 ↕：

| | A | B | C | D | E | F |
|---|---|---|---|---|---|---|
| 73 | | | | | | |
| 74 | | | | | | |
| 75 | | | | | | |
| 76 | | | | | | |
| 77 | | | | | | |
| 78 | | | | ✛ | | |
| 79 | | | | ↕ | | |
| 80 | | | | | | |
| 81 | | | | | | |

捲動工作表之速度將視滑鼠指標離 ✛ 的距離而定。指標離 ✛ 越近，其捲動速度越慢；指標離 ✛ 越遠，其捲動速度越快。由於它會自動捲動，將有助於快速瀏覽工作表之內容及找到某一特定位置。當捲到所要之位置後，單按滑鼠任一鍵或滾輪，即可停止捲動。

# 1-7 輸入資料

輸入資料之步驟為：

Step **1** 以滑鼠左鍵單按欲輸入資料之
儲存格，將該儲存格轉為目前
儲存格。其外圍會有綠色方框包
圍，且資料編輯列上之現儲存
格位址處，正顯示著其位址

Step **2** 開始輸入資料或運算式

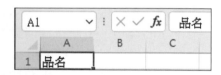

Step **3** 輸入後，按 Enter 鍵或按 ☑ 鈕結束

按 ☑ 鈕，游標仍停於目前儲存
格：

若按 Enter 鍵，則游標將向下移一個儲存格。

　　工作表中必須處於『就緒』狀態，才允許對儲存格輸入資料。
習慣上，吾人輸入資料後總以 Enter 結束，此時指標將向下移動一
個儲存格。因此，於範例 Ch01.xlsx『緊臨排列之資料』工作表：

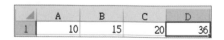

若於輸入資料以 Enter 結束，由 A1 處開始輸入，所需之按鍵為：

10 Enter → ↑ 15 Enter → ↑ 20 Enter → ↑ 36 Enter

　　但是，更便捷之方法為：

10 → 15 → 20 → 36 →

亦即，以可移動指標之任何控制鍵，促使指標移往其他儲存格，可省去按下 Enter 鍵。如此之輸入方式，將較有效率！

# 1-8 輸入運算公式

## 直接鍵入

輸入含位址之運算公式時，最直接之方法為由鍵盤鍵入。如，假定範例 Ch01.xlsx『公式』工作表 C1 儲存格，應為 A1 與 B1 兩儲存格之和：

於指標停於 C1 儲存格時，直接輸入

=A1+B1

續按 ☑ 鈕或 Enter 結束：

注意

輸入時，第一個 = 號不可省略；否則會被當成輸入

A1+B1

之字串標記，無法進行加總求和之運算。

## 指標法

有時，亦可採用所謂『**指標法**』，來完成前述之運算公式。假定，C1 儲存格，應為 A1 與 B1 兩儲存格之和。以指標法進行輸入之操作步驟為：

Step 1 於指標停於 C1 儲存格時，先輸入 = 號

Step ② 直接以滑鼠單按 A1 儲存格，＝號後將顯示 A1

Step ③ 再輸入＋號，目前所組成者為 =A1+

Step ④ 續以滑鼠單按 B1 儲存格，目前所組成者為 =A1+B1

Step ⑤ 按 Enter 鍵或 ☑ 鈕結束，完成所要之運算公式。C1 儲存格即依公式自動求算其值：

　　由此例，應可體會出『**指標法**』的輸入原則為：選按所要之位址後，即以運算符號作為一階段之結束。最後，再以 Enter 鍵或 ☑ 鈕，完成整組運算公式之輸入工作。

# 1-9 修改儲存格內容

　　資料輸入中，若發覺存有錯誤，欲進行修改，並非以 ← 鍵退回錯誤處。因為，如此會將指標移往左邊之另一個儲存格。若按 ←（Back Space）鍵退回，則又將刪掉先前之部分輸入。較佳之方式為，將滑鼠指標移回欲修改之處，單按滑鼠將游標移過來，再進行修改。

　　若欲放棄目前之輸入，則應按 Esc 鍵或 ☒ 鈕，資料可還原成其原始內容。若已按下 ☑ 鈕或 Enter 鍵，錯誤之資料已覆蓋掉原存內容，仍可以按『快速存取工具列』之『**復原**』 ⤺ 鈕，來取消已完成輸入之錯誤，使資料還原成前一階段之內容。

按  右側之下拉鈕，可選擇要回復成哪一階段之內容。（最多可回復到前 100 次之內容）

對已完成輸入動作之錯誤（已按下 ☑ 鈕或 Enter 鍵），固可重新輸入一全新內容，取代原內容以達成修改（較費時）。若僅欲進行部分修改時，可以下列方式轉入『編輯』模式進行修改：

■　直接於其儲存格上雙按滑鼠左鍵

■　若目前恰好停在該儲存格，將滑鼠移往資料編輯列上顯示其內容處，單按一下左鍵。

■　若目前恰好停在該儲存格，直接按 F2 鍵

此三種方式，均可轉入『編輯』模式進行修改資料：（詳範例 Ch01.xlsx『編輯』工作表）

# 1-10　刪除儲存格內容

欲刪除儲存格內容，可以下列方式為之：

■　若僅欲刪除一格，以滑鼠按一下該格，再按 Delete 鍵

■　若欲刪除多格，以滑鼠於其左上角之儲存格上按一下，然後按住滑鼠拖曳，直至欲刪除之儲存格均已被選取（轉呈淺灰色陰影顯示），再按 Delete 鍵一併刪除

■ 選取要刪除之儲存格後，於其上單按右鍵，續選「**清除內容 (N)**」

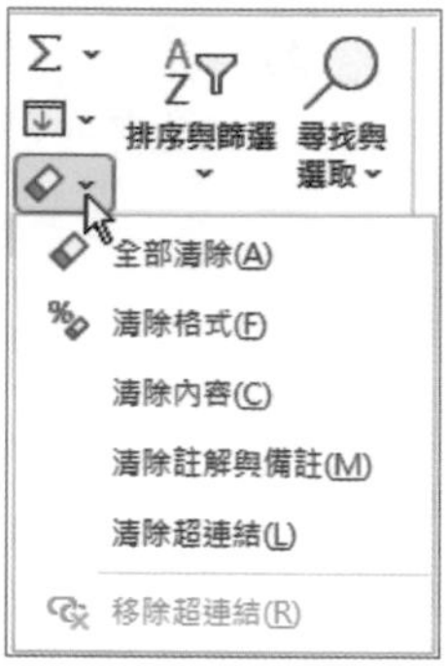

這幾種方式僅能刪資料內容；而無法刪除其格式設定。可於選取要刪除之儲存格後，按『**常用 / 編輯 / 清除**』◇ ▾ 鈕，然後選擇欲刪除何種資料？

其作用分別為：

**全部清除 (A)**　　將清除格式、資料及附註內容

**清除格式 (F)**　　僅清除格式定義

**清除內容 (C)**　　僅清除資料內容

**清除註解 (M)**　　僅清除註解內容

**清除超連結 (L)**　僅清除超連結內容

同此，若欲刪除之對象為整欄、整列或整個工作表，亦可於選取其內容後（按欄 / 列標題或其交會處之全部選取按鈕），再以前述之方法進行清除內容。

# 1-11　儲存檔案

由於 Excel 係將一個或數個工作表當成活頁簿進行存檔，故本處所指之檔案係指活頁簿檔。

## 儲存未命名活頁簿檔

初入 Excel 進行練習，第一個檔案必然是未曾命名之新檔（活頁簿 1）。若欲儲存之活頁簿檔為一尚未命名之新檔，則可執行下列之任一個動作進行存檔：

■ 執行「**檔案 / 儲存檔案**」

■ 按『快速存取工具列』之『**儲存檔案**』🖫 鈕

■ 按 `Ctrl` + `S` 鍵

均將轉入下示畫面：

等待選擇檔案位置，選擇後（如：雙按 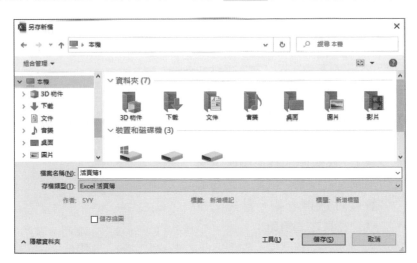 瀏覽 ），續選擇磁碟機及資料夾：

選妥檔案類型並輸入檔案名稱後，按 儲存(S) 鈕，即可將其依所定之檔名
存入磁碟。

小秘訣

若您的檔案，是公司內多人共同管理，為了避免某甲所做之更動，其
他人都不知道。可先登入 Microsoft 帳號，然後將檔案存入於其所提供
之『OneDrive』（位於網路上之雲端硬碟），日後大家都得先上網登錄
帳號，才可使用此一檔案。無論何時何地，相關同仁都可以取用到資
料。由於，共同管理的均是同一個檔案，不管誰做了更動，其他人都
可以獲得最新之更新結果，不會有不同步之現象發生。

同樣道理，若您擁有多部電腦，也可以利用此一方式存檔，無論在
哪一部電腦使用檔案，都是同一個檔案，就不用怕其內容不一致。
Microsoft 將其命名為 OneDrive，就是說您只需用一個儲存裝置，就不
用將檔案分別存於各電腦的其他磁碟了！且無論您身在何處，只要可
以上網，您就可以取得檔案內容。

Excel 對第一次儲存的活頁簿檔，都會進入『另存新檔』對話方塊，其
內各部位之作用分別為：

■ 目前的位置

顯示並等待設定欲將活頁簿檔
案存入哪一個資料夾（子目
錄）。若要存入其他磁碟或資
料匣，可按某一層之三角鈕，
續進行選擇。如，點選『本
機』右側之三角鈕：

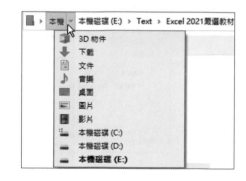

■ 檔案名稱 (N)

等待鍵入活頁簿檔名，最多可輸入 250 個字元且允許含空白。若未標
示附加名，Excel 會自動以 .xlsx 為附加檔名。

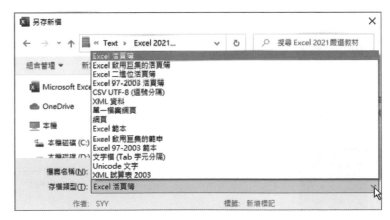

**小秘訣**

檔名部分,可使用多達 250 個字元,只要不使用:

: | / \ * ? < > "

等字元,其餘之中英文、數字及特殊符號均合乎語法。如:『My Excel Homework』、『2022 年四月營業收入 』、『高雄分公司之銷售資料』、……等,均為合宜之檔名。

■ **檔案類型 (T)**

Excel 預設儲存之檔案類型是「**Excel 活頁簿**」格式,其附加名為 *.xlsx,若無特殊理由,絕大多數情況均直接以此一類型進行存檔。

若欲存為其他類型之檔案,可按其右側之下拉鈕,續進行選擇:

如,選擇存為「**Excel 97-2003 活頁簿**」,可將之儲存為可供舊版 Excel 97~ Excel 2003 使用的舊檔案類型(*.xls)。(此類型檔案於 OneDrive 中,無法開啟自動儲存,得由使用者手動存檔。)

## 儲存已命名活頁簿檔

曾以前述方式存檔之活頁簿檔,就已算是舊檔。若欲儲存之活頁簿檔案為已定有名稱之舊檔,其存檔方式亦同於儲存未命名活頁簿檔案。只差不會轉入『另存新檔』對話方塊而已。

由於並未將其關閉，故使用者仍可看到原編輯畫面。於檔案存妥後，仍可繼續對其進行後續之編輯。

# 1-12 開啟舊檔

### 最近曾使用過之檔案

若欲開啟者係最近曾使用過之舊檔，可執行「**檔案 / 開啟**」，續於其下方或右側選擇欲開啟之檔案名稱：

直接選按其檔名，即可將其開啟。最近開啟的文件清單數目，視使用者於「**檔案 / 選項 / 進階 / 顯示**」處，對『顯示最近使用的活頁簿的數目(R)』項所作之設定，預設為 50 個：

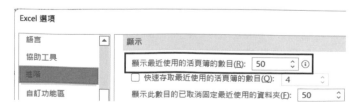

### 開啟更早之舊檔

如果欲開啟者係更早使用過，於『最近使用過的活頁簿』表單上找不到之舊檔，則可以執行「**檔案 / 開啟 / 瀏覽**」，再利用『開啟舊檔』對話方塊來輸入或選擇所欲開啟之檔案。若欲開啟之檔案已在目前畫面上，則以滑鼠左鍵雙按該檔，或於選取後按 開啟(O) ▼ 鈕，將其開啟。

# 1-13 同時處理多個活頁簿檔

### 同時開啟多個活頁簿檔

Excel 允許使用者同時編輯多個活頁簿檔（可開啟之上限視 RAM 之大小而定）。欲同時開啟多個檔案，除可依前述方法一次開啟一個檔案，逐一開啟所要開啟的檔案外；亦可以下示步驟一次將其全部開啟：

Step 1 執行「**檔案 / 開啟舊檔 / 瀏覽**」，轉入『開啟舊檔』對話方塊

Step 2 按 Ctrl 鍵，再逐一選取所要開啟的檔案名稱，可一次選取多個檔案

Step ③　選妥後，按 開啟(O) ▼ 鈕（或 Enter ），即可一次將所選取之檔案全部開啟

## 切換編輯活頁簿檔

若同時開啟多個活頁簿檔，於編輯中，欲切換編輯活頁簿檔，可點按工作列上之 Excel 圖示按鈕，將顯示出所有已開啟之活頁簿檔：

續以滑鼠點選欲前往之檔案，即可切換到該活頁簿檔。

# 輸入資料

## 2-1 資料型態種類

Excel 將資料分成常數與公式兩大類:

### ■ 常數

常數是直接鍵入儲存格的資料,除非使用者選取儲存格並加以編輯,否則其值永遠不會改變。常數又細分成:

**數字**

包括數字、日期、時間、貨幣、百分比、分數及科學符號表示之數值。

**文字**

字母或數字的任何組合,任一組字元只要 Excel 不將其視為數字、公式、日期、時間、邏輯值或錯誤值,則均視為文字。如:姓名、地址。

### ■ 公式

即通稱之運算式,是以位址、範圍名稱、函數或常數為運算元,透過運算符號加以連結而成。其運算結果將隨公式內所引用之運算元變更其值而變動。

## 2-2 常數

### 數字

數字即一般所稱之數值常數，其輸入及使用上的規則為：

■ 可用資料為：0 1 2 3 4 5 6 7 8 9 + - ( ) , / $ % . E e

■ 若一數值以 $ 為首，將被視為欲使用貨幣符號格式。如：$1200 將被轉成 $1,200。

■ E e 為科學符號表示法，如：1.23E3 表 1.23*10³ 其值應為 1230，且將被視為欲使用科學符號格式。

■ 數字中夾逗號將被視為要使用千分位格式，若其後之數字超過三位，即便其位置並不正確，Excel 亦會自動轉換。如：1,250000 將自動被轉成 1,250,000。但 123,45，因逗號後之數字未超過三位，將無法轉為正確數值，會被當成文字串。

■ 數字後加上一百分號（%），表其值除以 100。如：25% 將被視為 0.25，且將直接使用百分比格式。

■ 小數點不可超過一個，否則將被視為文字串。

■ 數字間不應夾空格，會被視為字串常數；但表示帶分數時，則必須以一個空格標開。如：2 1/4 將視同 2.25。但欲輸入 2/5 之分數，若僅輸入 2/5 將被視成 2 月 5 日之日期，應輸入成 0 2/5 才會被當成 0.4。（中間最多僅可夾一個空格）

■ 若未曾調整過欄寬，當所輸入之數字資料寬度超過原有欄寬時，Excel 會自動調整所須之寬度（但仍有其上限）。但若您動過某欄之欄寬後，Excel 即將該欄寬度交由使用者自行負責，不再自動調整欄寬。此時，當儲存格無足夠之寬度顯示其整數部分時，Excel 會自動轉為以科學符號表示法顯示。如：1234567890 於曾設定過欄寬 8.38 個字元之儲存格中將轉為 1.23E+09。若無足夠之寬度顯示其小數部分時，將截掉部分尾部小數並四捨五入，但對其原有值則無任何影響，如：1234.56789 於寬度 9.0 個字元之儲存格中將轉為 1234.568。
（當欄寬加大後即可恢復正常）

茲以範例 Ch02.xlsx『數字』工作表，比較各數值資料之顯示外觀，圖
中 B 欄即為 D 欄所輸入之內容，而 D 欄所顯示者，則為其應有之外觀。

| | B | C | D | E | F | G | H |
|---|---|---|---|---|---|---|---|
| 1 | 輸入於D欄之內容 | | 實際外觀 | | | | |
| 2 | 36500 | | 36500 | | | | |
| 3 | 123456789 | | 1.23E+08 | 過寬，轉科學符號表示法顯示 | | | |
| 4 | 1234.56789 | | 1234.568 | 顯示時截去尾部小數，但原值不變 | | | |
| 5 | 1.8E3 | | 1.80E+03 | 直接取用指數格式 | | | |
| 6 | $23,456 | | $23,456 | 直接取用貨幣符號格式 | | | |
| 7 | 35,250 | | 35,250 | 直接取用逗號格式 | | | |
| 8 | 0.365 | | 0.365 | | | | |
| 9 | 12.5% | | 12.50% | 直接取用百分比格式 | | | |
| 10 | 2 1/4 | | 2 1/4 | 帶分數 | | | |
| 11 | 0 2/5 | | 2/5 | 分數 | | | |

## 日期

於 Excel 中，雖然日期以各種不同之日期外觀顯示，如：

10 月 10 日

2022 年 10 月 25 日

2/28

2023/05/31

29-Mar

25-Oct-2024

讓使用者一看就知道它是日期資料。但實際上，Excel 將所有日期均儲存成
序列數字，每個日期序列數字表示由 1900 年元旦至該日期計經過了幾天。
如：2022/05/25 之數值為 44706。

範例 Ch02.xlsx『日期 1』工作表，以一簡單實例，比較各序列數字所
代表之日期。於 B2 輸入數字 1，於 D2 輸入

```
=B2
```

讓兩儲存格取得相同內容：

且將來 B2 內容變更時，D2 仍可透過 =B2 之公式，取得相同之內容。接著，以滑鼠點選 D2 儲存格將其選取後，按『**常用 / 數值 / 數值格式**』通用格式 鈕右側下拉鈕，將其格式由「**通用格式**」改變成「**簡短日期**」格式：

使 D2 轉為『**簡短日期**』之外觀，可知數字 1 即 1900/1/1，所以，日期係預設以 1900/1/1 為基準日：

接著，於 B2 輸入幾個任意數字，看 D2 之日期如何變化。如：於 B2 輸入約當 122 年之天數的 44700，獲致 2022/5/19：

這就比較接近我們現在的日期了。最後，將 B2 尾部加入 0.75 變成 44700.75，獲致：

怎麼還一樣是 2022/5/19？因為，0.75 僅四分之三天，並無法自動進位為 2022/5/20。也就是說，**將數值改為日期顯示，僅取用其整數部分而已，並不理會其小數部分。除非大到會自動進位 (0.999999)；否則，再大的小數也不會影響日期之顯示結果。**

有關日期之輸入及使用上的規則為：

■ 輸入日期時，幾乎可使用所有慣用之日期表示方式。如：欲輸入
　2022/5/20 之日期，以

22/5/20　　　（其年份會被當成西元年代）

2022/5/20

2022 年 5 月 20 日

20-May-22　（英文部份以大小寫均可）

均為合宜之輸入方式。若今年恰為 2022 年，輸入時，甚至可省略年
代之數字，Excel 會自動加入當年之年代。

注意

若您所輸入之日期係顯示於儲存格之左邊，代表 Excel 不認得此種輸
入方式，將其當成文字串來處理。

■ 日期實為一序列數字，故可按『常用 / 數值 /
　數值格式』 日期 ▾ 鈕右側下拉鈕，續選「一
　般」，將其格式由「日期」改變成「一般」(通用
　格式 ) 格式：

即可將日期改為序列數字（如：2022/05/20 之數值為 44701）。

小秘訣

要將日期格式改為通用格式，最便捷的處理方式應為：找一格從未
被定義格式之空白儲存格為來源，按『常用 / 剪貼簿 / 複製格式』 ◈
鈕，滑鼠指標將轉為一把刷子之外觀，以刷子單按該日期之儲存格，
即可將其格式還原成最原始之通用格式。

■ 由於將日期視為數字，故可與其
　他數值進行運算。例如：（詳範例
　Ch02.xlsx『日期運算』工作表）

| C2 | | fx | =A2+B2 |
| --- | --- | --- | --- |
| | A | B | C |
| 1 | 原日期 | 經過天數 | 新日期 |
| 2 | 2022/10/20 | 20 | 2022/11/9 |

Excel 會將 2022/10/20 日期轉換成對應之日期序列數字（44854），再與數值 20 相加。然後，再將結果（44874）轉回成日期之外觀 2022/11/9。

而日期減日期則為代表兩日期之間隔天數的數字：

| | C5 | ∨ | ⋮ | × ✓ fx | =B5-A5 |

| | A | B | C |
|---|---|---|---|
| 4 | 開始日期 | 結束日期 | 兩者相減 |
| 5 | 2022/10/15 | 2022/11/6 | 22 |

■ 欲快速輸入今天之日期，可於英文輸入模式下，直接按 Ctrl + ⋮ 鍵，或輸入函數如下：

**=TODAY()**

其預設格式為 yyyy/m/d，2022 年 5 月 20 日將顯示成 2022/5/20。（於中文輸入模式下，按 Ctrl + ⋮ 鍵會變成輸入一個全型分號）

　　茲以範例 Ch02.xlsx『日期 2』工作表，比較各日期資料顯示外觀，圖中 B 欄即為 D 欄所輸入之內容，D 欄所顯示者則為其應有之外觀（未曾加以修飾格式，即自動轉為適當之日期格式）。F 欄所顯示者則為 Excel 所存之內容，至於 G 欄之實際數值，則係經按『常用 / 數值 / 數值格式』 日期 ∨ 鈕右側下拉鈕，將其格式由「日期」改變成「一般」（通用格式）格式方可看見。

| | D6 | ∨ | ⋮ | × ✓ fx | 2022/10/12 |

| | B | C | D | E | F | G |
|---|---|---|---|---|---|---|
| 1 | 輸入於D欄之內容 | | 實際外觀 | | 所存資料 | 實際數字 |
| 2 | 22/10/25 | | 2022/10/25 | | 2022/10/25 | 44859 |
| 3 | 25-OCT-22 | | 25-Oct-22 | | 2022/10/25 | 44859 |
| 4 | 2022/10/25 | | 2022/10/25 | | 2022/10/25 | 44859 |
| 5 | oct-10 | | 10-Oct | | 2022/10/10 | 44844 |
| 6 | 12-oct | | 12-Oct | | 2022/10/12 | 44846 |
| 7 | =today() | | 2022/11/18 | | 2022/11/18 | 44883 |

**馬上練習**

完成下示有關書籍借閱天數及其費用之運算，假定，每天借閱費用為 3 元。（資料列於範例 Ch02.xlsx 之『借書』工作表）

| | A | B | C | D | E |
|---|---|---|---|---|---|
| 1 | 書籍編號 | 借出日期 | 歸還日期 | 借閱天數 | 借閱費用 |
| 2 | 1011 | 2022/8/4 | 2022/8/15 | 11 | 33 |

## 時間

於 Excel 中，雖然時間以各種不同之外觀顯示，如：

15:25

15:25:30

10:20 AM

10 時 45 分

上午 6 時 25 分

讓使用者一看就知道它是時間資料。但實際上，Excel 將時間亦視為序列數字（0 ～ 0.99999），每個時間序列數字表由午夜零時整開始到該時間計經過了幾時幾分幾秒。如：6:00 AM 之數值為 0.25，6:30 AM 之數值為 0.27083333……。

茲以範例 Ch02.xlsx『時間 1』工作表之簡單實例，比較各序列數字所代表之時間。於 B2 輸入數字 0，於 D2 輸入 =B2，讓兩儲存格取得相同內容：

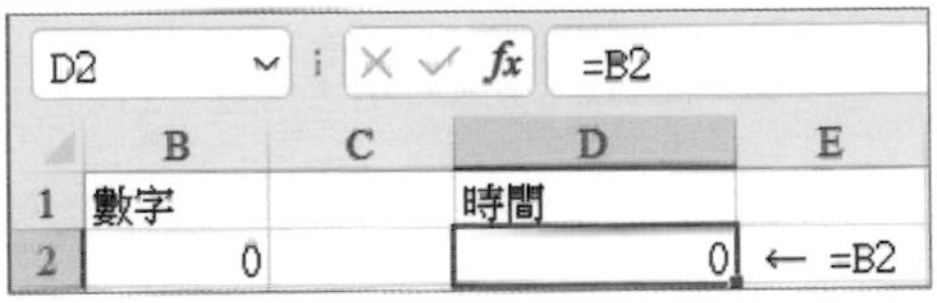

將來 B2 內容變更時，D2 仍可透過 =B2 之公式，取得相同之內容。接著，以滑鼠點選 D2 儲存格將其選取後，按『**常用 / 數值 / 數值格式**』 通用格式 鈕右側下拉鈕，將其格式由「**通用格式**」改變成含中文字之「**時間**」格式：

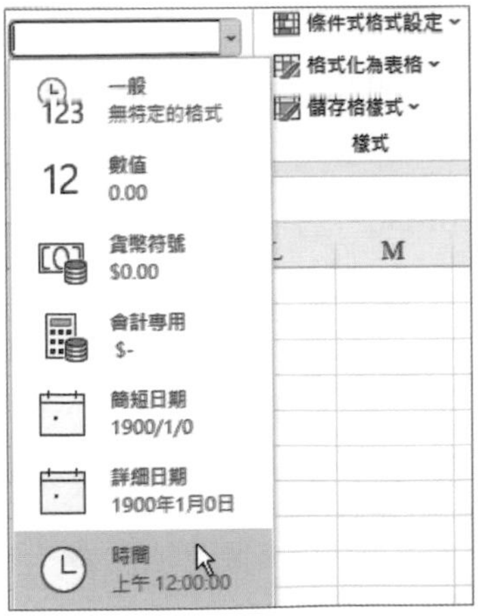

使 D2 轉為時間之外觀，可知數字為 0，即上午 12:00:00（午夜零時整）：

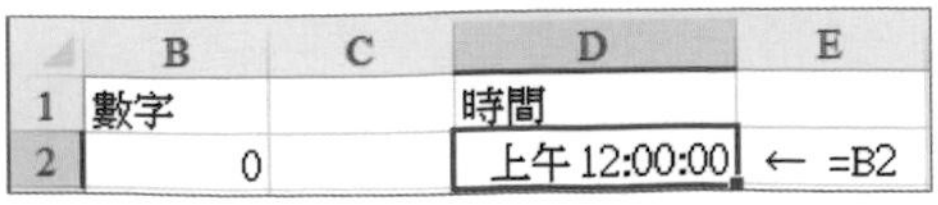

接著，於 B2 輸入幾個含小數之數字，看 D2 之時間如何變化。如，於 B2 輸入 0.25 可獲致上午 6:00:00（四分之一天）；輸入 0.5 可獲致下午 12:00:00（二分之一天）；輸入 0.75 可獲致下午 06:00:00（四分之三天）：

| | B | C | D | E |
|---|---|---|---|---|
| 1 | 數字 | | 時間 | |
| 2 | 0.75 | | 下午 06:00:00 | ← =B2 |

最後，再於 B2 輸入 44000.75，獲致：

| | B | C | D | E |
|---|---|---|---|---|
| 1 | 數字 | | 時間 | |
| 2 | 44000.75 | | 下午 06:00:00 | ← =B2 |

咦，怎麼還一樣是下午 06:00:00 ？因為整數部分是代表日期而非時間。也就是說，**將數值改為時間顯示，僅取用其小數部分而已，並不理會其整數部分，再大的整數也不會影響時間之顯示結果。**

有關時間之輸入及使用上的規則為：

■ 輸入時間資料時，幾乎可使用所有慣用之時間表示方式。如果想使用十二小時制來顯示時間，可在時間後空一格然後鍵入 am 或 pm（大小寫均可），也可以於**空一格後**鍵入上午或下午。如：欲輸入 18:30 之時間，以

18:30

6:30 PM

06:30 下午

均為合宜之輸入方式。

■ 除非鍵入 am 或 pm（或上午／下午），否則 Excel 自動使用二十四小時制來顯示時間。

■ 亦可在同一儲存格內鍵入日期和時間，但必須以空格隔開日期和時間。如：2022/10/25 18:35。

■ 由於時間亦為數字，所以可以相加減，並可將其包括在其他計算之中：（詳範例 Ch02.xlsx『時間運算』工作表）

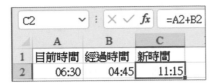 

■ Excel 將所有時間儲存成序列數字，故可按『常用 / 數值 / 數值格式』 鈕右側之下拉鈕，將其格式由「自訂」改變成「一般」（通用格式）

即可將時間改為序列數字（如：18:00 之數值為 0.75）。

■ 欲快速輸入目前之時間，可於英文輸入模式下，直接按 Ctrl + Shift + : 鍵。其預設格式為 HH:MM AM/PM，下午 6 時 20 分將顯示成 06:20 PM 。（於中文輸入模式下，按 Ctrl + Shift + : 鍵，會變成輸入全型冒號）

茲以範例 Ch02.xlsx『時間 2』工作表，比較各時間資料之顯示外觀，圖中 B 欄即為 D 欄所輸入之內容，D 欄所顯示者則為其應有之外觀（未曾加以修飾格式，即自動轉為適當之時間格式）。F 欄所顯示者則為 Excel 所存之內容，至於 G 欄之實際數值，則係按『常用 / 數值 / 數值格式』 鈕右側下拉鈕，將其格式由「自訂」改變成「一般」（通用格式），方可看見。

| | B | C | D | E | F | G |
|---|---|---|---|---|---|---|
| 1 | 輸入於D欄之內容 | | 實際外觀 | | 所存資料 | 實際數字 |
| 2 | 6:35 | | 06:35 | | 06:35:00 AM | 0.274305556 |
| 3 | 6:20 下午 | | 06:20 PM | | 06:20:00 PM | 0.763888889 |
| 4 | 7:15:20 AM | | 07:15:20 AM | | 07:15:20 AM | 0.302314815 |
| 5 | 18:15:20 | | 18:15:20 | | 06:15:20 PM | 0.760648148 |
| 6 | 2022/10/25 18:35 | | 2022/10/25 18:35 | | 2022/10/25 6:35 PM | 44859.77431 |

**馬上練習**

完成下示 KTV 使用時間及其費用之運算，假定，每小時之使用費為 200 元。（資料列於範例 Ch02.xlsx『KTV』工作表）

| | A | B | C | D |
|---|---|---|---|---|
| 1 | 進入時間 | 離開時間 | 使用時間 | 費用 |
| 2 | 15:30 | 18:30 | 03:00 | 600 |

提示：將每小時之使用費轉為以天為單位（×24），乘以使用時間。（實為零點幾天，像 03:00 實為 1/8=0.125 天）

## 文字

文字可以是任何鍵盤上打得出來的字元，包括字母、數字、特殊符號、空白甚或中文的任意組合。任一組字元，只要 Excel 不將其視為數字、公式、日期、時間、邏輯值或錯誤值，則均視為文字。

**小秘訣**

邏輯值係以 TRUE/FALSE 來代表一事件之成立與否？錯誤值則用以表示其錯誤原因，如：#VALUE!、#NAME!、#NUM! …。

有關文字之輸入及使用上的規則為：

■ 每一儲存格中最多存放 32,767 個字元，且若無特殊設定，此類資料通常係採向左靠齊之方式排列。

■ 如果輸入內容包含非數字的字元，則將被視為文字。如：

2503-7817

0800-090-000

(02) 2932-9402

0932-123-456

109.05.25

36 Riverside Rd.

#121

等電話號碼、日期、地址及編號，並不會被當成數值運算或錯誤，均會被視為文字。

■ 若想將所輸入的數字視為文字；如：電話、員工編號、郵遞區號、……。**最簡單之作法就是於每個數字的開頭鍵入單引號（'），則可將其視為文字。**較特別者為：**不須另以函數進行轉換，即可用來與其他數字進行數值運算。**

■ 若要在公式中輸入文字，得以雙引號將其括住。例如，範例 Ch02.xlsx『文字運算』工作表 A1 存有 " 中華 " 之文字常數，則公式

**=A1&" 職棒 "**（& 運算符號表連結兩文字內容）

之連結運算結果將為 " 中華職棒 " ：

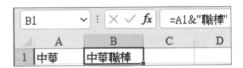

| B1 | | ✕ ✓ fx | =A1&"職棒" | |
|---|---|---|---|---|
| | A | B | C | D |
| 1 | 中華 | 中華職棒 | | |

■ 若無特殊設定，超過儲存格寬度之文字的顯示方式為：

1. 若其右無資料，將延伸到其右邊之儲存格。

2. 若其右已有資料，將因顯示該格資料而會使部分內容被遮住（並不影響其內容，加大欄寬即可重現）。

■ 若曾利用『**常用 / 對齊方式 / 自動換行**』⬚ 鈕，將對齊方式設定為「**自動換行**」，則當文字內容超過儲存格寬度時，將自動換列且加大列高。（**亦可於輸入中，以** Alt + Enter **鍵強迫換列**，詳範例 Ch02.xlsx『文字』工作表）

| D8 | | ✕ ✓ fx | =D4+100 | | | | | |
|---|---|---|---|---|---|---|---|---|
| | B | C | D | E | F | G | H | I |
| 1 | 輸入於 D 欄之內容 | | 實際外觀 | | | | | |
| 2 | (02) 2503-1520 | | (02) 2503-1520 | | | | | |
| 3 | #1234 | | #1234 | | | | | |
| 4 | '123 | | 123 | | | 前加單引號之數字 | | |
| 5 | 台北市民生東路369號 | | 台北市民生東路369號 | | | 超過欄寬將延伸到下一欄 | | |
| 6 | =D5&D3 | | 台北市民生東路369號#1234 | | | 字串連結運算 | | |
| 7 | 台北市民生東路369號 | | 台北市民生東路369號 | | | 設定自動換行 | | |
| 8 | =D4+100 | | 223 | | | 文字與數字之運算為數值 | | |

小秘訣

Excel 有『自動完成輸入』之功能，會將使用者鍵入儲存格的文字與同欄中已輸入的文字做比對，然後自動補上類似之文字。

如，範例 Ch02.xlsx『自動輸入 1』工作表，於儲存格曾輸入過「台北市民生東路」，當於另一儲存格輸入到「台」時，即自動補成「台北市民生東路」：

| | A | B |
|---|---|---|
| 1 | 台北市民生東路 | |
| 2 | 高雄市四維三路 | |
| 3 | 台北市民生東路 | |

此時，按 Enter 鍵表接受其建議；反之，可直接輸入正確內容將其覆蓋。

小秘訣

於同欄中，要輸入先前已輸入過之內容，可於新儲存格上單按右鍵，選「從下拉式清單挑選 (K) …」，將顯示出先前已完成輸入之清單內容，供使用者以選擇之方式來完成輸入。( 詳範例 Ch02.xlsx『自動輸入 2』工作表 )

小秘訣

Excel 有一『自動校正』功能，當使用者在儲存格中鍵入文字時，會自動更正使用者經常拼錯的字。如：「adn」會自動改為「and」、「teh」會自動改為「the」、……。有關這些設定，可執行「檔案 / 選項」，轉入『Excel 選項 / 校訂』對話方塊標籤：

選按 自動校正選項(A)... 鈕，進行查詢或重設：

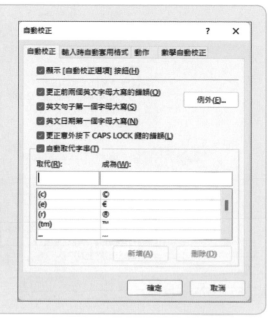

小秘訣

Excel 有一『快速填入』功能，可智慧性判斷並填入適當內容。假定，我們擁有下示之單位名稱與電話內容（詳範例 Ch02.xlsx『自動輸入』工作表）：

| | A | B | C |
|---|---|---|---|
| 1 | 單位與電話 | 單位 | 電話 |
| 2 | 台北大學(02)2502-1520 | | |
| 3 | 台北市內湖區公所(02)2792-5828 | | |
| 4 | 台中市政府(04)2228-9111 | | |
| 5 | 高雄市政府(07)799-5308 | | |

各單位名稱文字長度不一，電話號碼也是；唯一可作為分割之依據是類別為文字與數字。擬將其內容拆成為 B 欄為單位名稱，C 欄為電話。

首先，於 B2 輸入 " 台北大學 "：

| | A | B | C |
|---|---|---|---|
| 1 | 單位與電話 | 單位 | 電話 |
| 2 | 台北大學(02)2502-1520 | 台北大學 | |
| 3 | 台北市內湖區公所(02)2792-5828 | | |
| 4 | 台中市政府(04)2228-9111 | | |
| 5 | 高雄市政府(07)799-5308 | | |

然後，選取 B2:B5：

| | A | B | C |
|---|---|---|---|
| 1 | 單位與電話 | 單位 | 電話 |
| 2 | 台北大學(02)2502-1520 | 台北大學 | |
| 3 | 台北市內湖區公所(02)2792-5828 | | |
| 4 | 台中市政府(04)2228-9111 | | |
| 5 | 高雄市政府(07)799-5308 | | |

續執行「資料 / 資料工具 / 快速填入」 📲 ，即可取得所有單位之名稱字串：

| | A | B | C |
|---|---|---|---|
| 1 | 單位與電話 | 單位 | 電話 |
| 2 | 台北大學(02)2502-1520 | 台北大學 | |
| 3 | 台北市內湖區公所(02)2792-5828 | 台北市內湖區公所 | |
| 4 | 台中市政府(04)2228-9111 | 台中市政府 | |
| 5 | 高雄市政府(07)799-5308 | 高雄市政府 | |

對於 C 欄之電話，也可以同樣方式來處理，於 C2 輸入 "(02)2502-1520"，然後選取 C2:C5：

| | A | B | C |
|---|---|---|---|
| 1 | 單位與電話 | 單位 | 電話 |
| 2 | 台北大學(02)2502-1520 | 台北大學 | (02)2502-1520 |
| 3 | 台北市內湖區公所(02)2792-5828 | 台北市內湖區公所 | |
| 4 | 台中市政府(04)2228-9111 | 台中市政府 | |
| 5 | 高雄市政府(07)799-5308 | 高雄市政府 | |

續執行「資料 / 資料工具 / 快速填入」 📲 ，即可取得各單位之電話字串：

| | A | B | C |
|---|---|---|---|
| 1 | 單位與電話 | 單位 | 電話 |
| 2 | 台北大學(02)2502-1520 | 台北大學 | (02)2502-1520 |
| 3 | 台北市內湖區公所(02)2792-5828 | 台北市內湖區公所 | (02)2792-5828 |
| 4 | 台中市政府(04)2228-9111 | 台中市政府 | (04)2228-9111 |
| 5 | 高雄市政府(07)799-5308 | 高雄市政府 | (07)799-5308 |

若想續於區碼之括號後加入一個空格，只需往資料編輯區單按一下滑鼠，續將 C2 修改為 "(02) 2502-1520"，於區碼之括號後加入一個空格：

| | A | B | C |
|---|---|---|---|
| 1 | 單位與電話 | 單位 | 電話 |
| 2 | 台北大學(02)2502-1520 | 台北大學 | (02) 2502-1520 |
| 3 | 台北市內湖區公所(02)2792-5828 | 台北市內湖區公所 | (02)2792-5828 |
| 4 | 台中市政府(04)2228-9111 | 台中市政府 | (04)2228-9111 |
| 5 | 高雄市政府(07)799-5308 | 高雄市政府 | (07)799-5308 |

按 ✓ 鈕，完成修改，即可將所有電話均完成相同之修改，於每一個區碼之括號後均加入一個空格：

| | A | B | C |
|---|---|---|---|
| 1 | 單位與電話 | 單位 | 電話 |
| 2 | 台北大學(02)2502-1520 | 台北大學 | (02) 2502-1520 |
| 3 | 台北市內湖區公所(02)2792-5828 | 台北市內湖區公所 | (02) 2792-5828 |
| 4 | 台中市政府(04)2228-9111 | 台中市政府 | (04) 2228-9111 |
| 5 | 高雄市政府(07)799-5308 | 高雄市政府 | (07) 799-5308 |

**馬上練習**

依範例 Ch02.xlsx『地址』工作表內容，將 A 欄之完整地址，拆分成 B 到 E 欄的郵遞區號、市 / 縣、區 / 鄉 / 鎮與地址。

| | A | B | C | D | E |
|---|---|---|---|---|---|
| 1 | 地址 | 郵遞區號 | 市/縣 | 區/鄉/鎮 | 地址 |
| 2 | 22055新北市板橋區府中路30號 | 22055 | 新北市 | 板橋區 | 府中路30號 |
| 3 | 35241苗栗縣三灣鄉親民路19號 | 35241 | 苗栗縣 | 三灣鄉 | 親民路19號 |
| 4 | 40701臺中市西屯區臺灣大道三段99號 | 40701 | 臺中市 | 西屯區 | 臺灣大道三段99號 |
| 5 | 61541嘉義縣六腳鄉蒜頭村73號 | 61541 | 嘉義縣 | 六腳鄉 | 蒜頭村73號 |

# 2-3  公式

公式係以儲存格參照位址、名稱（甚或其標題字串）、函數或常數等為運算元，透過運算符號加以連結而成之運算式。其中函數為因應某一特殊功能或較複雜運算所寫成之內建子程式，用以簡化輸入之公式。如：

`=SUM(E2:E5)`

表求 E2 ～ E5 範圍內之數值總和，原公式應為：

`=E2+E3+E4+E5`

利用函數可簡化公式輸入。

又如：範例 Ch02.xlsx『公式 1』工作表 B2 中為某人之生日，則

```
=YEAR(TODAY())-YEAR(B2)
```

運算式所求得者為其年齡。式中，**TODAY()** 為目前日期，**YEAR()** 為求某日期之西元年代。運算結果將顯示一個日期資料：

| C2 | | ✗ ✓ fx | =YEAR(TODAY())-YEAR(B2) | |
|---|---|---|---|---|
| | A | B | C | D | E |
| 1 | 姓名 | 生日 | 年齡 | | |
| 2 | 李建國 | 1989/10/25 | 1900/2/2 | | |

這是因為日期之運算結果優先設定為日期格式所致，對初學者經常產生困擾。此時，得按『**常用 / 數值 / 數值格式**』 日期 ▾ 鈕右側下拉鈕，將其格式由「**日期**」改變成「**一般**」格式方可看見正確之結果：

| C2 | | ✗ ✓ fx | =YEAR(TODAY())-YEAR(B2) | |
|---|---|---|---|---|
| | A | B | C | D | E |
| 1 | 姓名 | 生日 | 年齡 | | |
| 2 | 李建國 | 1989/10/25 | 33 | | |

輸入公式時之規定為：

■ 為避免被誤判為字串標記，**第一個字元必須為等號**（＝）。為與 Lotus 配合，亦允許以加號為首（如：**+B3\*B4**），但完成輸入後仍會被自動轉為以等號為首。

■ 公式內容的最大長度為 8192 個字元。

■ 即使相關儲存格並無任何資料，亦可先行安排或抄錄其對應公式，待其擁有資料後，即可自行求算新值。

■ 公式中可用之運算符號及作用如表 2-1 所示。（詳範例 Ch02.xlsx『公式 2』工作表）

表 2-1　公式中可用之運算符號及作用

| 符號 | 作用 | 優先順序 | 說明 |
|---|---|---|---|
| ( ) | 括號 | 1 | 最內層括號所圍之運算先執行 |
| NOT() 函數 | 邏輯運算（非） | 2 | =NOT(5<3) 結果為 TRUE（成立） |
| AND() 函數 | 邏輯運算（且） | 2 | =AND(5>3,"A"<>"B") 之結果為 TRUE |
| OR() 函數 | 邏輯運算（或） | 2 | =OR(5>3,"A"<>"B") 之結果為 TRUE |
| + - | 正負號 | 3 | =-2^2 之結果為 4 |
| % | 百分比 | 4 | =15% 之結果為 0.15 |
| ^ | 指數 | 5 | =3^2 之結果為 9 |
| * / | 乘、除 | 6 | =5*6/3 之結果為 10 |
| + - | 加、減 | 7 | =5*(2+4)/3+2 之結果為 12 |
| & | 連結文字 | 8 | ="A"&"B" 之結果為 "AB" |
| = <> | 等於、不等於 | 9 | =5<>3 結果為 TRUE |
| < > | 小於、大於 | 9 | =5>3 結果為 TRUE |
| >= | 大於等於 | 9 | =5>=3 結果為 TRUE |
| <= | 小於等於 | 9 | =5<=3 為 FALSE（不成立） |

| | B | C | D |
|---|---|---|---|
| 1 | 輸入於D欄之內容 | | 實際外觀 |
| 2 | =NOT(5<3) | | TRUE |
| 3 | =AND(5>3,"A"<>"B") | | TRUE |
| 4 | =OR(5>3,"A"="B") | | TRUE |
| 5 | =-2^2 | | 4 |
| 6 | =15% | | 0.15 |
| 7 | =3^2 | | 9 |
| 8 | =5*6/3 | | 10 |
| 9 | =5*(2+4)/3+2 | | 12 |
| 10 | ="A"&"B" | | AB |
| 11 | =5<>3 | | TRUE |
| 12 | =5>3 | | TRUE |
| 13 | =5>=3 | | TRUE |
| 14 | =5<=3 | | FALSE |

D2 ∨ ⋮ ✕ ✓ ƒx =NOT(5<3)

公式中之運算元可為下列各種元素：

■ **數字常數**

固定不變之數值，如：100、"2023/12/25" 或 "12:30"。（於公式中，要使用日期或時間常數，應以雙引號將其包圍）

■ **文字常數**

左右以雙引號包圍，其值固定不變之字串內容，如："Microsoft Office"、" 台北市 "、"123"、……等，均為合宜之文字常數。

■ **參照位址**

取位址所示之儲存格內容，效果約當變數。如：

`=B2*C2`

將取 B2 與 C2 之乘積。有時，尚可以

`=[ 活頁簿檔 ] 工作表名稱 ! 參照位址`

之方式表示所取用者為某活頁簿檔案內，某一工作表的特定位址之值。如：

`=[Sales.xlsx] 工作表 1!H5+D8`

所取用者為 Sales.xlsx 活頁簿上，『工作表 1』中 H5 儲存格之內容，與目前工作表上之 D8 內容進行加總。

■ **函數**

取該函數之運算結果（詳下節說明）。

■ **名稱**

取該名稱所代表之範圍，若曾利用『公式 / 已定義之名稱 / 定義名稱』 定義名稱 鈕，將 A1:D1 範圍命名為 AMOUNT，則公式 =SUM(AMOUNT) 之效果即 =SUM(A1:D1)。

茲以範例 Ch02.xlsx『公式 3』工作表比較各公式之運算結果，圖中 B 欄即為 E 欄所輸入之內容，而 E 欄所顯示者，則為其應有之運算結果。（『工作表 1』之 H5 儲存格的內容為 100，AMOUNT 範圍名稱所定義者為 A1:D1）

| E6 | ▼ : | ✕ ✓ fx | =SUM(AMOUNT) |
|---|---|---|---|

| | A | B | C | D | E |
|---|---|---|---|---|---|
| 1 | 100 | 200 | 400 | 600 | |
| 2 | | AMOUNT | =公式3!$A$1:$D$1 | | |
| 3 | | 輸入於E欄之內容 | | | 結果 |
| 4 | | =工作表1!H5 | | | 100 |
| 5 | | =工作表1!H5+D1 | | | 700 |
| 6 | | =SUM(AMOUNT) | | | 1300 |
| 7 | | =A1*5+C1 | | | 900 |
| 8 | | =(A1+B1)<C1 | | | TRUE |
| 9 | | ="ABC"="AB" | | | FALSE |
| 10 | | =3^2 | | | 9 |

輸入公式時若發生錯誤，通常 Excel 除顯示錯誤訊息外；還會盡可能將其修正。如輸入 =A1*(B1+C1，未輸入右括號即按 Enter，將獲致錯誤訊息：

且詢問是否願意由 Excel 自動補上右括號，將其更正為 =A1*(B1+C1)？若接受其修正方式，可按 是(Y) 鈕，完成輸入；否則，按 否(N) 鈕，由我們自行修改其錯誤。

**小秘訣**

由於括號須成對使用，有左括號即應另有一右括號配合。Excel 會善意地於公式中將各組括號以不同顏色標示，以方便使用者判斷括號是否已成對使用？

通常，公式輸入後，可於其儲存格上顯示出應有的計算結果。但有時仍會因運算式安排錯誤而獲致如表 2-2 之錯誤值。

表 2-2　各錯誤值之意義

| 錯誤值 | 發生原因 |
|---|---|
| #DIV/0! | 除數為零 |
| #N/A | 參照到沒有可用數值之儲存格。此公式可能包含某一函數，具有遺漏或不適當的引數，或使用空白儲存格為參照位址。 |
| #NAME? | 公式裡有 Excel 無法辨識之名稱或函數。 |
| #NULL! | 所指定的兩個區域沒有交集。 |
| #NUM! | 所輸入之數字有問題。如：要求出現正數的地方卻出現負數，或是數字超出範圍。 |
| #REF! | 參照到無效之儲存格，如：該儲存格已被刪除。 |
| #VALUE! | 使用錯誤之引數或運算元。 |
| ###### | 欄寬不夠大，無法顯示整個運算結果，只要加大欄寬即可，原運算結果並不受影響。 |

公式輸入中，或對其進行編修，Excel 均會將其內所使用到的相關儲存格或範圍，以不同顏色之方框標示出來：（詳範例 Ch02.xlsx『公式 3』工作表）

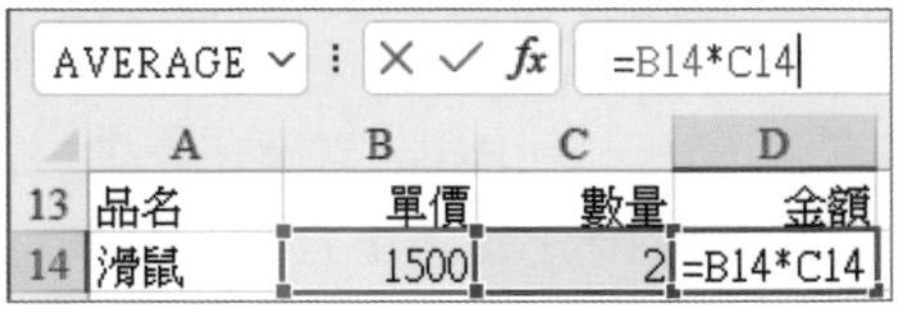

且運算式內所輸入之對應位址或範圍，亦使用同於框線之顏色來標示，以方便使用者進行除錯。

## 2-4　函數

### 函數簡介

函數為因應某一特殊功能或較複雜運算所寫成之內建子程式，用以簡化輸入之公式。其基本格式為：

函數名稱 ( 引數 ) 　（如：SUM(E2:E9)）

但仍然有些函數不需要有引數。為使 Excel 能辨認出它是個函數，仍必須在函數名稱之後加上一組括號。如：TODAY()、NOW()。

茲就以 SUM() 函數為例說明函數的使用方法，其函數語法為：

SUM(number1, [number2], …)

number1, number2,... 為要計算總和之數值引數，方括號部分表示其可省略。引數可為常數、儲存格或範圍，最多可達 255 個。如：

=SUM(20,5,A1:A3)

若 A1:A3 之數值總和為 100，則本運算之結果為 125。

而如：

=SUM(2,5,TRUE)

運算之結果為 8，因為 TRUE 會被當成 1（FALSE 則當成 0）。（當然沒有人會對 TRUE/FALSE 進行加總，舉此例只是要順便認識邏輯值的成立 / 不成立，在 Excel 中也是一種數值）

## 直接輸入函數

要輸入含函數之公式，最原始也最方便之方法為由鍵盤自行輸入。輸入函數的第一個字母，即可取得以該字母為首之所有函數名稱（多輸入幾個字母，更可以縮小其顯示之內容，以方便查詢函數），以上下鍵或滑鼠進行選取時，會在其右側顯示該函數之作用：（詳範例 Ch02.xlsx『SUM 函數』工作表）

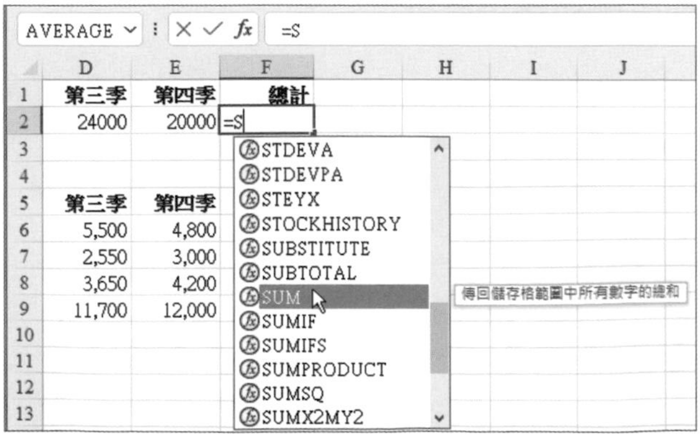

雙按滑鼠左鍵選取後，可於儲存格內先輸入函數之英文及左括號，並在其下方顯示函數之語法：

若不清楚該函數之用法，以滑鼠左鍵點選其函數名稱，即可上網取得其語法相關之完整說明：

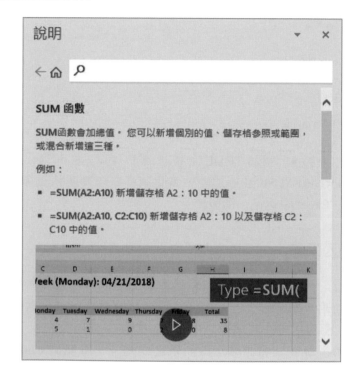

## 利用自動加總鈕進行輸入

對於使用頻率超高的 SUM() 函數，Excel 於『常用 / 編輯』群組內，另提供可快速完成加總的『自動加總』指令按鈕（ Σ ），可快速加總一列 / 多列或一欄 / 多欄的數字，甚或同時完成多欄與多列之加總。

利用『自動加總』 Σ 鈕進行輸入 SUM() 函數，仍可有兩種操作方式。第一種為不事先選取要加總之範圍，讓 Excel 自行去判斷。如：（詳範例 Ch02.xlsx『SUM 函數』工作表）

於 F2 處，按 Σ 鈕，Excel 會先智慧地判斷出應加總者為一列內容，故顯示 =SUM(B2:E2) 公式：

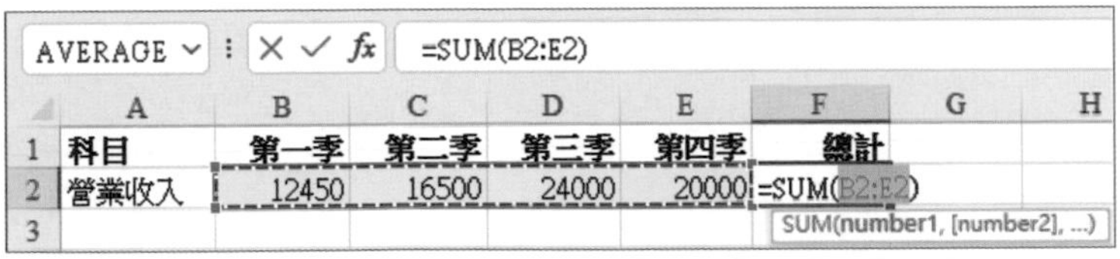

若認為不正確，尚可以自行輸入或選取之方式進行修改；若正確，則按 Enter 鍵或編輯列上之 ✓ 鈕結束：

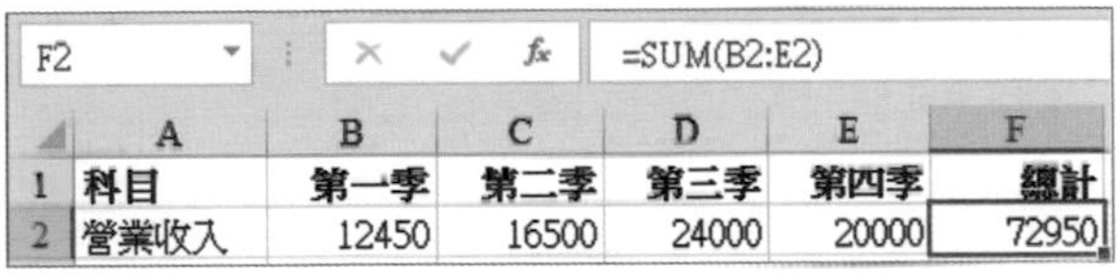

另一種方法為事先選取要加總之範圍：

按 Σ 鈕，Excel 即自動將加總結果填入 F2：

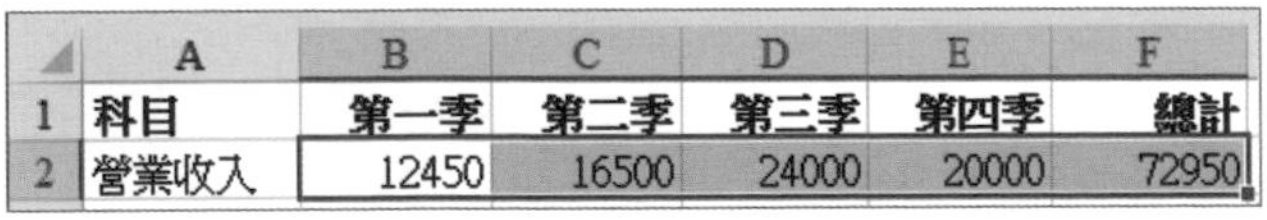

這是恰好只有一列數字之情況，Excel 並不會弄不清楚要進行欄或列加總。

但若數字為多欄多列之範圍：

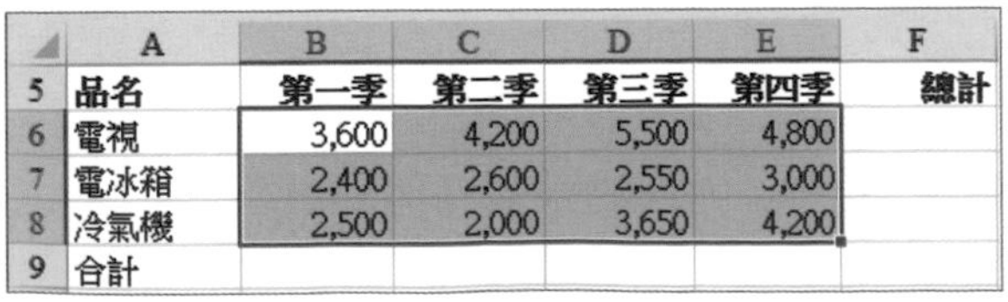

按 Σ 鈕會進行欄／列或兩者均有的加總？光猜沒用，按 Σ 鈕就知道了：

| | A | B | C | D | E | F |
|---|---|---|---|---|---|---|
| 5 | 品名 | 第一季 | 第二季 | 第三季 | 第四季 | 總計 |
| 6 | 電視 | 3,600 | 4,200 | 5,500 | 4,800 | |
| 7 | 電冰箱 | 2,400 | 2,600 | 2,550 | 3,000 | |
| 8 | 冷氣機 | 2,500 | 2,000 | 3,650 | 4,200 | |
| 9 | 合計 | 8,500 | 8,800 | 11,700 | 12,000 | |

看來 Excel 是優先進行欄加總了。

若要一次就能完成欄與列的加總，其處理方法為多選一列及一欄空白（供安排欄／列加總之用）：

| | A | B | C | D | E | F |
|---|---|---|---|---|---|---|
| 5 | 品名 | 第一季 | 第二季 | 第三季 | 第四季 | 總計 |
| 6 | 電視 | 3,600 | 4,200 | 5,500 | 4,800 | |
| 7 | 電冰箱 | 2,400 | 2,600 | 2,550 | 3,000 | |
| 8 | 冷氣機 | 2,500 | 2,000 | 3,650 | 4,200 | |
| 9 | 合計 | | | | | |

再按 Σ 鈕，可馬上求得欄與列的加總，實在蠻神奇的：

| | A | B | C | D | E | F |
|---|---|---|---|---|---|---|
| 5 | 品名 | 第一季 | 第二季 | 第三季 | 第四季 | 總計 |
| 6 | 電視 | 3,600 | 4,200 | 5,500 | 4,800 | 18,100 |
| 7 | 電冰箱 | 2,400 | 2,600 | 2,550 | 3,000 | 10,550 |
| 8 | 冷氣機 | 2,500 | 2,000 | 3,650 | 4,200 | 12,350 |
| 9 | 合計 | 8,500 | 8,800 | 11,700 | 12,000 | 41,000 |

小秘訣

按 Σ 右側之下拉鈕，還可以選擇要快速求算何種統計資料？

Σ 加總(S)

平均值(A)

計算數字項數(C)

最大值(M)

最小值(I)

其他函數(F)...

## 利用函數精靈輸入

『函數精靈』是 Excel 用來簡化公式輸入之工具。如果在鍵入函數時，忘了其引數為何？可啟動函數精靈協助輸入正確之函數內容。

要啟動函數精靈，有下列幾個方式：

■ 按『**公式 / 函數庫 / 插入函數**』 鈕

■ 按 Shift + F3 快速鍵

■ 按『**資料編輯**』列上之 *fx* 鈕

■ 先輸入等號（＝）

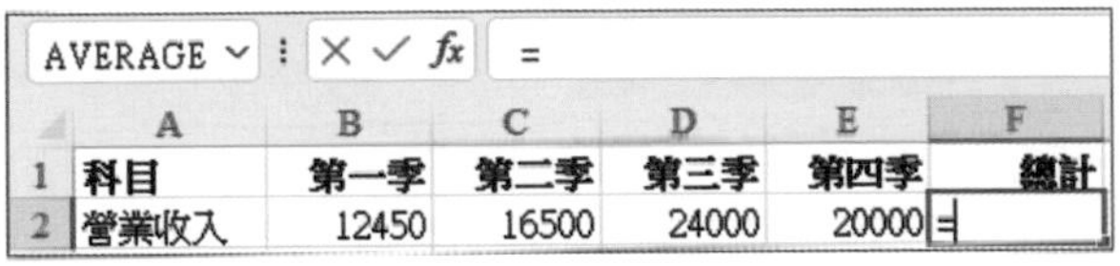

於『**資料編輯**』列上，按 AVERAGE ∨ 後之下拉鈕，續就下拉式選單選擇「**其他函數…**」：

茲就以 AVERAGE() 函數為例，說明利用『函數精靈』進行輸入函數之方法。其函數之語法為：

AVERAGE(number1, [number2], ...)

number1, number2, …為要計算平均數之儲存格或範圍引數，最多可達 255 個，方括號部分表其可省略。如：

=AVERAGE(A1:A10)

將求 A1:A10 範圍之數值的均數。

假定，要於範例 Ch02.xlsx『函數精靈』工作表中之 H2 處，以函數精靈利用 AVERAGE() 函數求平時作業的均數。

| | A | B | C | D | E | F | G | H | I |
|---|---|---|---|---|---|---|---|---|---|
| 1 | 姓名 | 作業1 | 作業2 | 期中 | 作業3 | 作業4 | 期末 | 平時 | 平均 |
| 2 | 李碧華 | 88 | 91 | 75 | 82 | 70 | 70 | | |

其處理步驟為：

Step 1 停於 H2，按『資料編輯』列上之 *fx* 鈕，轉入『插入函數』對話方塊

Step 2 按『或選取類別 (C)』右側之下拉鈕，選擇要使用之函數種類，本例選「**統計**」

此時，『選取函數 (N)』方塊內，將依所選取之函數種類，顯示該類別所有可用之函數。

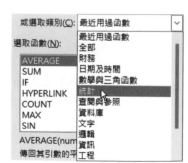

Step ③ 於『選取函數(N)』方塊內，選取要使用之函數，本例選「**AVERAGE**」，會於下方顯示其完整語法

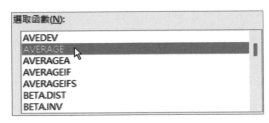

Step ④ 按 ▢確定▢ 鈕轉入

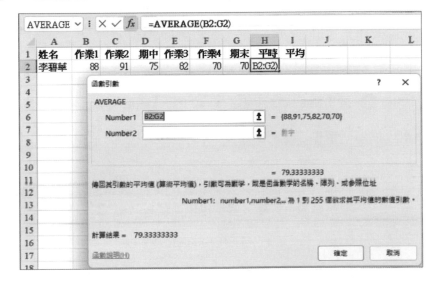

目前事先選取之 B2:G2，並非本例之正確範圍（應為 B2:C2 與 E2:F2）。

接著，只須依提示於所提供之方塊內輸入引數值。引數可為數值、參照位址、名稱、公式和其他函數。Excel 會逐一提示那個引數為必須輸入、其相關說明及允許輸入之資料範圍、……，並於左下角顯示其計算結果。

Step **5** 我們先於『Number1』處自行輸入 B2:C2，續以滑鼠點按『Number2』處，將另增一『Number3』

函數引數

AVERAGE

| | | | | |
|---|---|---|---|---|
| Number1 | B2:C2 | ↑ | = | {88,91} |
| Number2 | | ↑ | = | 數字 |
| Number3 | | ↑ | = | 數字 |

**小秘訣**

利用自行輸入並非最佳方式，應儘可能以滑鼠選取要處理之範圍較為理想。可以拖曳方式將『函數引數』對話方塊拉開，或按 ↑ 鈕將其縮小，以利檢視或選取儲存格資料。

Step **6** 按『Number2』處之 ↑ 鈕，將『函數引數』對話方塊縮小

函數引數 ? ✕

Step **7** 以拖曳滑鼠選取第二個範圍 E2:F2，將自動輸入 E2:F2（這種方式，比由鍵盤自行輸入要來得迅速確實一點）

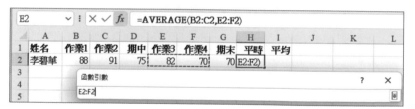

Step **8** 按 鈕或 Enter 鍵，完成『Number2』之輸入

| H2 | | ✕ ✓ fx | =AVERAGE(B2:C2,E2:F2) | | | | | | | | |
|---|---|---|---|---|---|---|---|---|---|---|---|
| | A | B | C | D | E | F | G | H | I | J | K | L |
| 1 | 姓名 | 作業1 | 作業2 | 期中 | 作業3 | 作業4 | 期末 | 平時 | 平均 | | | |
| 2 | 李碧華 | 88 | 91 | 75 | 82 | 70 | 70 | E2:F2) | | | | |

函數引數 ? ✕

AVERAGE

| | | | | |
|---|---|---|---|---|
| Number1 | B2:C2 | ↑ | = | {88,91} |
| Number2 | E2:F2 | ↑ | = | {82,70} |
| Number3 | | ↑ | = | 數字 |

**Step 9** 最後，按 `確定` 鈕結束，『函數精靈』已替我們輸入 =AVERAGE(B2:C2,E2:F2) 之公式，並求得平時作業的均數：

| H2 | | | | $f_x$ | =AVERAGE(B2:C2,E2:F2) | | | |
|---|---|---|---|---|---|---|---|---|
| | A | B | C | D | E | F | G | H | I |
| 1 | 姓名 | 作業1 | 作業2 | 期中 | 作業3 | 作業4 | 期末 | 平時 | 平均 |
| 2 | 李碧華 | 88 | 91 | 75 | 82 | 70 | 70 | 82.75 | |

**小秘訣**

若知道要使用之函數的類別，也可以利用『公式 / 函數庫』所提供之各類函數按鈕，來進行選擇函數：

選擇後之操作步驟，同前文所述。

## 2-5　利用拖曳填滿控點複製公式

由於要填入公式之資料通常不只一個，如，延續前例以 AVERAGE() 求得第一個學生之平時作業均數後：（詳範例 Ch02.xlsx『複製公式』工作表）

| H2 | | | | $f_x$ | =AVERAGE(B2:C2,E2:F2) | | | |
|---|---|---|---|---|---|---|---|---|
| | A | B | C | D | E | F | G | H | I |
| 1 | 姓名 | 作業1 | 作業2 | 期中 | 作業3 | 作業4 | 期末 | 平時 | 平均 |
| 2 | 李碧華 | 88 | 91 | 75 | 82 | 70 | 70 | 82.75 | |
| 3 | 林淑芬 | 90 | 90 | 73 | 88 | 80 | 75 | | |
| 4 | 王嘉育 | 75 | 85 | 48 | 95 | 82 | 78 | | |
| 5 | 吳育仁 | 88 | 88 | 85 | 95 | 95 | 82 | | |
| 6 | 呂姿瀅 | 75 | 70 | 56 | 70 | 80 | 83 | | |
| 7 | 孫國華 | 85 | 90 | 70 | 90 | 87 | 80 | | |

由於學生不只一位，我們不可能為每一個學生都重新再輸入一次公式來求算。故得學會複製公式，其方法很多（詳見第六章），但最常被使用的還是以拖曳填滿控點來複製公式。

目前 H2 儲存格右下角之小方塊稱為『填滿控點』：

| F | G | H | I |
|---|---|---|---|
| 作業4 | 期末 | 平時 | 平均 |
| 70 | 70 | 82.75 | |
| 80 | 75 | | |

→ 填滿控點

假定，欲將計算 H2 之平時作業均數的公式，抄給 H3:H7 之範圍，以拖曳『填滿控點』進行處理之步驟為：

**Step 1** 將滑鼠指標指在 H2 的『填滿控點』上，其外觀將由空心十字（⇧）轉為粗十字線（＋）

**Step 2** 按住滑鼠往下拖曳，所拖過之儲存格將以框線包圍

| H2 | | ⋮ | ✕ ✓ | fx | =AVERAGE(B2:C2,E2:F2) | | |
|---|---|---|---|---|---|---|---|
| | A | B | C | D | E | F | G | H | I |

| | A | B | C | D | E | F | G | H | I |
|---|---|---|---|---|---|---|---|---|---|
| 1 | 姓名 | 作業1 | 作業2 | 期中 | 作業3 | 作業4 | 期末 | 平時 | 平均 |
| 2 | 李碧華 | 88 | 91 | 75 | 82 | 70 | 70 | 82.75 | |
| 3 | 林淑芬 | 90 | 90 | 73 | 88 | 80 | 75 | | |
| 4 | 王嘉育 | 75 | 85 | 48 | 95 | 82 | 78 | | |
| 5 | 吳育仁 | 88 | 88 | 85 | 95 | 95 | 82 | | |
| 6 | 呂姿瀅 | 75 | 70 | 56 | 70 | 80 | 83 | | |
| 7 | 孫國華 | 85 | 90 | 70 | 90 | 87 | 80 | | |

**Step 3** 鬆開滑鼠，即可將框線所包圍之儲存格填滿對應之公式，一舉求得所有人平時作業的均數

| H2 | | ⋮ | ✕ ✓ | fx | =AVERAGE(B2:C2,E2:F2) | | |
|---|---|---|---|---|---|---|---|

| | A | B | C | D | E | F | G | H | I |
|---|---|---|---|---|---|---|---|---|---|
| 1 | 姓名 | 作業1 | 作業2 | 期中 | 作業3 | 作業4 | 期末 | 平時 | 平均 |
| 2 | 李碧華 | 88 | 91 | 75 | 82 | 70 | 70 | 82.75 | |
| 3 | 林淑芬 | 90 | 90 | 73 | 88 | 80 | 75 | 87 | |
| 4 | 王嘉育 | 75 | 85 | 48 | 95 | 82 | 78 | 84.25 | |
| 5 | 吳育仁 | 88 | 88 | 85 | 95 | 95 | 82 | 91.5 | |
| 6 | 呂姿瀅 | 75 | 70 | 56 | 70 | 80 | 83 | 73.75 | |
| 7 | 孫國華 | 85 | 90 | 70 | 90 | 87 | 80 | 88 | |
| 8 | | | | | | | | | |

目前，這幾格尚呈被選取之狀態（以淡灰色顯示，方便進行相關之格式設定），將滑鼠移往其他處按一下，即可解除選取狀態。

# 2-6　按快速鍵複製公式

　　按快速鍵來複製公式的作法，與拖曳『填滿控點』來複製公式有著異曲同工之妙。使用頻率雖不很高，但增長一下見聞也好，就讓我們以這種方式來輸入前例之總平均成績吧！

　　假定，總平均之算法為平時作業佔 40%、期中及期末考各佔 30%。欲將公式一次就輸入於 I2:I7 之範圍，以按快速鍵進行之處理步驟為：

Step **1**　選取欲輸入公式之範圍（I2:I7）

　　將滑鼠移往 I2，按住滑鼠往下拖曳到 I7 處，所拖過之儲存格將以淺灰色顯示，表其等已被選取

| | I2 | ⌄ | : | ✕ ✓ | *fx* | | | |
|---|---|---|---|---|---|---|---|---|
| ▲ | A | B | C | D | E | F | G | H | I |
| 1 | 姓名 | 作業1 | 作業2 | 期中 | 作業3 | 作業4 | 期末 | 平時 | 平均 |
| 2 | 李碧華 | 88 | 91 | 75 | 82 | 70 | 70 | 82.75 | |
| 3 | 林淑芬 | 90 | 90 | 73 | 88 | 80 | 75 | 87 | |
| 4 | 王嘉育 | 75 | 85 | 48 | 95 | 82 | 78 | 84.25 | |
| 5 | 吳育仁 | 88 | 88 | 85 | 95 | 95 | 82 | 91.5 | |
| 6 | 呂姿瀅 | 75 | 70 | 56 | 70 | 80 | 83 | 73.75 | |
| 7 | 孫國華 | 85 | 90 | 70 | 90 | 87 | 80 | 88 | |

Step **2**　輸入

=D2*30%+G2*30%+H2*40%

公式，所輸入之內容，將顯示於儲存格內

| AVERAGE | | ✓ | fx | =D2*30%+G2*30%+H2*40% |

| ▲ | A | B | C | D | E | F | G | H | I |
|---|---|---|---|---|---|---|---|---|---|
| 1 | 姓名 | 作業1 | 作業2 | 期中 | 作業3 | 作業4 | 期末 | 平時 | 平均 |
| 2 | 李碧華 | 88 | 91 | 75 | 82 | 70 | 70 | 82.75 | 40% |
| 3 | 林淑芬 | 90 | 90 | 73 | 88 | 80 | 75 | 87 | |
| 4 | 王嘉育 | 75 | 85 | 48 | 95 | 82 | 78 | 84.25 | |
| 5 | 吳育仁 | 88 | 88 | 85 | 95 | 95 | 82 | 91.5 | |
| 6 | 呂姿瀅 | 75 | 70 | 56 | 70 | 80 | 83 | 73.75 | |
| 7 | 孫國華 | 85 | 90 | 70 | 90 | 87 | 80 | 88 | |

Step ❸ 按 Ctrl + Enter 鍵結束，即可將選取之所有儲存格，均填入公式內
容，求得每位學生之平均成績

| I2 | | ✓ | fx | =D2*30%+G2*30%+H2*40% |

| ▲ | A | B | C | D | E | F | G | H | I |
|---|---|---|---|---|---|---|---|---|---|
| 1 | 姓名 | 作業1 | 作業2 | 期中 | 作業3 | 作業4 | 期末 | 平時 | 平均 |
| 2 | 李碧華 | 88 | 91 | 75 | 82 | 70 | 70 | 82.75 | 76.6 |
| 3 | 林淑芬 | 90 | 90 | 73 | 88 | 80 | 75 | 87 | 79.2 |
| 4 | 王嘉育 | 75 | 85 | 48 | 95 | 82 | 78 | 84.25 | 71.5 |
| 5 | 吳育仁 | 88 | 88 | 85 | 95 | 95 | 82 | 91.5 | 86.7 |
| 6 | 呂姿瀅 | 75 | 70 | 56 | 70 | 80 | 83 | 73.75 | 71.2 |
| 7 | 孫國華 | 85 | 90 | 70 | 90 | 87 | 80 | 88 | 80.2 |

別擔心，這些公式會自動依相對位址完成各儲存格之公式，並非每
一格均為：

=D2*30%+G2*30%+H2*40%

各儲存格之公式應為下圖 J2:J7 所式之內容：

| I7 | | ✓ | fx | =D7*30%+G7*30%+H7*40% |

| ▲ | F | G | H | I | J | K | L |
|---|---|---|---|---|---|---|---|
| 1 | 作業4 | 期末 | 平時 | 平均 | | | |
| 2 | 70 | 70 | 82.75 | 76.6 | ← =D2*30%+G2*30%+H2*40% | | |
| 3 | 80 | 75 | 87 | 79.2 | ← =D3*30%+G3*30%+H3*40% | | |
| 4 | 82 | 78 | 84.25 | 71.5 | ← =D4*30%+G4*30%+H4*40% | | |
| 5 | 95 | 82 | 91.5 | 86.7 | ← =D5*30%+G5*30%+H5*40% | | |
| 6 | 80 | 83 | 73.75 | 71.2 | ← =D6*30%+G6*30%+H6*40% | | |
| 7 | 87 | 80 | 88 | 80.2 | ← =D7*30%+G7*30%+H7*40% | | |

# 2-7 幾個常用函數

Excel 中之函數，大抵可分成：統計、數學、字串、邏輯、日期、時間、財務、資料庫、轉換以及特殊等幾大類。為後文方便舉例之故，於此先介紹幾個較常用之函數：（詳範例 Ch02.xlsx『常用函數』工作表）

## NOW()

目前日期與時間之數值，輸入時，其預設格式為 yyyy/m/d hh:mm 將顯示日期及時間（通常會自動調寬該欄之寬度）。

## TODAY()

目前日期，因不含時間，故其實際值為整數；外觀為日期。

## YEAR()、MONTH() 與 DAY()

YEAR(date)
MONTH(date)
DAY(date)

求某日期的西元年代、月份與日期之數值：

## DATE( 年 , 月 , 日 )

求某日期,如:

=DATE(2024,12,28)

將取得日期資料 2024/12/28。注意,三個引數間是以逗號標開;而不是除號(/)或減號( - )。

| E12 | ∨ | : | × ✓ fx | =DATE(B12,C12,D12) |
|---|---|---|---|---|

| | B | C | D | E | |
|---|---|---|---|---|---|
| 11 | 年 | 月 | 日 | 日期 | |
| 12 | 2024 | 12 | 28 | 2024/12/28 | |

## HOUR()、MINUTE() 與 SECOND()

HOUR(time)

MINUTE(time)

SECOND(time)

求某時間的時、分與秒之數值:

| C17 | ∨ | : | × ✓ fx | =HOUR(B15) |
|---|---|---|---|---|

| | B | C | D | E |
|---|---|---|---|---|
| 14 | 目前時間 | | | |
| 15 | 15:22:17 | | | |
| 16 | | | | |
| 17 | 時 | 15 | ← =HOUR(B15) | |
| 18 | 分 | 22 | ← =MINUTE(B15) | |
| 19 | 秒 | 17 | ← =SECOND(B15) | |

## TIME( 時 , 分 , 秒 )

求某一時間,如:

=TIME(10,30,25)

將取得時間資料 10 時 30 分 25 秒(原預設格式為 10:30:25 AM)。注意,三個引數間是以逗號標開;而不是冒號(:)。

| | B | C | D | E |
|---|---|---|---|---|
| 21 | 時 | 分 | 秒 | 時間 |
| 22 | 10 | 30 | 25 | 10:30:25 |

## INT( 數值 )

無條件捨去某運算結果的小數部分，僅取其整數部分。如：

=INT(31/4)

之結果為 7。

| | B | C | D | E |
|---|---|---|---|---|
| 25 | 甲數 | 乙數 | 商之整數 | |
| 26 | 31 | 4 | 7 | |

=INT(B26/C26) ＝ D26

## MOD( 數值 , 除數 )

求數值除以除數後之餘數，如：

=MOD(31,4)

之結果為 3。（注意，兩引數之間是使用逗號而非除號）

| | B | C | D | E |
|---|---|---|---|---|
| 29 | 甲數 | 乙數 | 商之整數 | 餘數 |
| 30 | 31 | 4 | 7 | 3 |

=MOD(B30,C30) ＝ E30

## ROUND( 數值 , 小數位數 )

求數值於第幾位小數位數進行四捨五入後之結果。如：

=ROUND(168.567,0)     為 169
=ROUND(168.567,2)     為 168.57

| C36 | ∨ | : | × ✓ fx | =ROUND(C33,B36) | |
|---|---|---|---|---|---|

| | B | C | D | E |
|---|---|---|---|---|
| 33 | 某數 | 168.567 | | |
| 34 | | | | |
| 35 | 四捨五入位數 | | | |
| 36 | 0 | 169 | ← =ROUND(C33,B36) | |
| 37 | 1 | 168.6 | ← =ROUND(C33,B37) | |
| 38 | 2 | 168.57 | ← =ROUND(C33,B38) | |

如果**小數位數**指定之小數位數小於 0，數字將被四捨五入到小數點左邊的指定位數。如：12865.78 求到小數點左邊 2 位四捨五入，就變成 12900 了：

| C44 | ∨ | : | × ✓ fx | =ROUND(C41,B44) | |
|---|---|---|---|---|---|

| | B | C | D | E |
|---|---|---|---|---|
| 43 | 四捨五入位數 | | | |
| 44 | 0 | 12866 | ← =ROUND(C41,B44) | |
| 45 | -1 | 12870 | ← =ROUND(C41,B45) | |
| 46 | -2 | 12900 | ← =ROUND(C41,B46) | |
| 47 | -3 | 13000 | ← =ROUND(C41,B47) | |

## IF( 邏輯測試 , 成立值 , 不成立值 )

**邏輯測試**為一個可以產生 **TRUE** 或 **FALSE** 結果的任何數值或條件式。若**邏輯測試**條件式成立，即取**成立值**之運算結果；反之，則取用**不成立值**之運算結果。

如，原於下表之 B3 輸入 " 賺 / 賠 " 字串，其賺與賠之情況可能為：( 詳範例 Ch02.xlsx『IF 函數』工作表 )

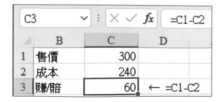

無論賺或賠，B3 恆只能顯示相同之 " 賺 / 賠 " 字串。

若將其改為：

```
=IF(C1>C2," 賺 "," 賠 ")
```

當 C1 之值大於 C2 時，將顯示 " 賺 "；反之，則顯示 " 賠 "。如：

| B3 | ✓ ： × ✓ ƒx | =IF(C1>C2,"賺","賠") | | | |
|---|---|---|---|---|---|
| | B | C | D | E | F |
| 1 | 售價 | 300 | | | |
| 2 | 成本 | 240 | | | |
| 3 | 賺 | 60 | ← =C1-C2 | | |

| B3 | ✓ ： × ✓ ƒx | =IF(C1>C2,"賺","賠") | | | |
|---|---|---|---|---|---|
| | B | C | D | E | F |
| 1 | 售價 | 300 | | | |
| 2 | 成本 | 350 | | | |
| 3 | 賠 | -50 | ← =C1-C2 | | |

**馬上練習**

依範例 Ch02.xlsx『停車費』工作表內容，以每小時費用 60 元，計算其停車費用。內含離開時間比進入時間小之情況，故應判斷若離開時間較小應再加 1，即 24:00。

| | A | B | C | D |
|---|---|---|---|---|
| 1 | 進入時間 | 離開時間 | 使用時間 | 費用 |
| 2 | 15:30 | 18:30 | 03:00 | 180 |
| 3 | 18:15 | 21:45 | 03:30 | 210 |
| 4 | 20:00 | 02:20 | 06:20 | 380 |
| 5 | 19:05 | 23:05 | 04:00 | 240 |

**馬上練習**

依範例 Ch02.xlsx『借書費』工作表內容，假定未滿十天者免費，超過者，每天以五元計算費用，計算其借書費用。

| | A | B | C | D | E |
|---|---|---|---|---|---|
| 1 | 書籍編號 | 借出日期 | 歸還日期 | 借閱天數 | 借閱費用 |
| 2 | 1011 | 2022/5/4 | 2022/5/15 | 11 | 5 |
| 3 | 7052 | 2022/5/4 | 2022/5/20 | 16 | 30 |
| 4 | 1018 | 2022/5/5 | 2022/5/14 | 9 | 0 |

## VLOOKUP( 查表依據 , 表格 , 第幾欄 , 是否要找到完全相同值 )

在一**表格**的最左欄中尋找含**查表依據**的欄位，並傳回同一列中**第幾欄**所指定之儲存格內容。

**表格**是要在其中進行找尋資料的陣列範圍，且必須按其第一欄之內容遞增排序。

**是否要找到完全相同值**為一邏輯值，為 TRUE（或省略）時，如果找不到完全符合的值，會找出僅次於**查表依據**的值。當此引數值為 FALSE 時，必須找尋完全符合的值，如果找不到，則傳回錯誤值 #N/A。

假定，員工之業績獎金係依其業績高低，給予不同之比例：

| 業績 | 獎金比例 |
|---|---|
| 0~299,999 | 0.0% |
| 300,000~499,999 | 0.3% |
| 500,000~999,999 | 0.5% |
| 1,000,000~1,499,999 | 0.8% |
| 1,500,000~1,999,999 | 1.0% |
| 2,000,000~2,999,999 | 2.0% |
| 3,000,000~ | 3.0% |

茲 將 其 對 照 表 安 排 於 範 例 Ch02.xlsx
『VLOOKUP1』工作表之 A3:B9：

安排此一表格時，標題之文字內容並無作用，
重點為代表業績及獎金比例之數字，第一個 0
很重要，很多使用者直接於 0 的位置上輸入
300,000，將會使業績未滿 300,000 者，找不到可
用之獎金比例，而顯示錯誤值 #N/A。此外，**務
必記得要依第一欄之業績內容遞增排序。**

| | A | B |
|---|---|---|
| 1 | 業績與獎金比例對照表 | |
| 2 | 業績 | 獎金比例 |
| 3 | 0 | 0.0% |
| 4 | 300,000 | 0.3% |
| 5 | 500,000 | 0.5% |
| 6 | 1,000,000 | 0.8% |
| 7 | 1,500,000 | 1.0% |
| 8 | 2,000,000 | 2.0% |
| 9 | 3,000,000 | 3.0% |

假定，各員工之基本薪及業績資料為：

| | A | B | C | D | E | F |
|---|---|---|---|---|---|---|
| 12 | 員工編號 | 姓名 | 基本薪 | 業績 | 業績獎金 | 總所得 |
| 13 | 1001 | 吳景新 | 25,000 | 300,000 | | |
| 14 | 1002 | 林書宏 | 28,000 | 1,025,000 | | |
| 15 | 1003 | 林淑芬 | 30,000 | 250,000 | | |
| 16 | 1004 | 蔡桂芳 | 35,000 | 2,250,000 | | |
| 17 | 1005 | 梁國正 | 28,000 | 1,380,000 | | |
| 18 | 1006 | 楊佳偉 | 40,000 | 568,000 | | |
| 19 | 1007 | 黃光輝 | 40,000 | 3,500,000 | | |

E 欄擬依 D 欄之業績計算其業績獎金。首先，於 E13 處可使用

```
=VLOOKUP(D13,$A$3:$B$9,2,TRUE)
```

依 D 欄之業績（**查表依據**），於 A3:B9（**表格**）中找出適當（**第 2 欄**）之獎金百分比：

| E13 | | ✗ ✓ *fx* | =VLOOKUP(D13,$A$3:$B$9,2,TRUE) | | |
|---|---|---|---|---|---|
| | A | B | C | D | E |
| 12 | 員工編號 | 姓名 | 基本薪 | 業績 | 業績獎金 |
| 13 | 1001 | 吳景新 | 25,000 | 300,000 | 0.003 |
| 14 | 1002 | 林書宏 | 28,000 | 1,025,000 | 0.008 |
| 15 | 1003 | 林淑芬 | 30,000 | 250,000 | 0 |
| 16 | 1004 | 蔡桂芳 | 35,000 | 2,250,000 | 0.02 |
| 17 | 1005 | 梁國正 | 28,000 | 1,380,000 | 0.008 |
| 18 | 1006 | 楊佳偉 | 40,000 | 568,000 | 0.005 |
| 19 | 1007 | 黃光輝 | 40,000 | 3,500,000 | 0.03 |

最後一個引數為何要使用 TRUE？這是因為業績內容很少恰好等於 A3:A9 的間距數字。將其安排為 TRUE（或省略）時，於 A3:A9 找不到完全符合 D 欄之業績值，**將找出僅次於查表依據的值**。如：業績 1,025,000 者，不可能會給予與 1,500,000 同列之 1% 為獎金比例，而是找到僅次於 1,025,000 之 1,000,000，而回應與 1,000,000 同列之 0.8% 為其獎金比例。

此外，安排業績與其獎金比例之表格原範圍為 **A3:B9**，為了方便向下抄給其它儲存格，應記得將其安排為 **$A$3:$B$9**。（參見第六章『相對參照、絕對參照與混合參照』處之說明）

於判斷查表所取得之獎金比例無誤後，將其乘上業績，即可算出業績獎金：

```
=VLOOKUP(D13,$A$3:$B$9,2,TRUE)*D13
```

| E13 | | ✗ ✓ *fx* | =VLOOKUP(D13,$A$3:$B$9,2,TRUE)*D13 | | |
|---|---|---|---|---|---|
| | A | B | C | D | E | F |
| 12 | 員工編號 | 姓名 | 基本薪 | 業績 | 業績獎金 | 總所得 |
| 13 | 1001 | 吳景新 | 25,000 | 300,000 | 900 | |
| 14 | 1002 | 林書宏 | 28,000 | 1,025,000 | 8,200 | |
| 15 | 1003 | 林淑芬 | 30,000 | 250,000 | - | |
| 16 | 1004 | 蔡桂芳 | 35,000 | 2,250,000 | 45,000 | |
| 17 | 1005 | 梁國正 | 28,000 | 1,380,000 | 11,040 | |
| 18 | 1006 | 楊佳偉 | 40,000 | 568,000 | 2,840 | |
| 19 | 1007 | 黃光輝 | 40,000 | 3,500,000 | 105,000 | |

最後，將 C 欄之基本薪加上 E 欄業績獎金，即可獲致 F 欄之總所得：

| | F13 | $f_x$ | =C13+E13 | | | |
|---|---|---|---|---|---|---|
| | A | B | C | D | E | F |
| 12 | 員工編號 | 姓名 | 基本薪 | 業績 | 業績獎金 | 總所得 |
| 13 | 1001 | 吳景新 | 25,000 | 300,000 | 900 | 25,900 |
| 14 | 1002 | 林書宏 | 28,000 | 1,025,000 | 8,200 | 36,200 |
| 15 | 1003 | 林淑芬 | 30,000 | 250,000 | - | 30,000 |
| 16 | 1004 | 蔡桂芳 | 35,000 | 2,250,000 | 45,000 | 80,000 |
| 17 | 1005 | 梁國正 | 28,000 | 1,380,000 | 11,040 | 39,040 |
| 18 | 1006 | 楊佳偉 | 40,000 | 568,000 | 2,840 | 42,840 |
| 19 | 1007 | 黃光輝 | 40,000 | 3,500,000 | 105,000 | 145,000 |

**馬上練習**

續前例，假定所得稅率為：

| 所得 | 稅率 |
|---|---|
| 0~30,000 | 0.0% |
| 30,001~50,000 | 3.0% |
| 50,001~80,000 | 4.5% |
| 80,001~100,000 | 8.0% |
| 100,001~150,000 | 10.0% |
| 150,001~200,000 | 16.0% |
| 200,001~ | 20.0% |

試依查表取得適當稅率計算所得稅，並計算扣除所得稅後之淨所得：
（資料列於範例 Ch02.xlsx『薪資所得』工作表）

| | B | C | D | E | F | G | H |
|---|---|---|---|---|---|---|---|
| 12 | 姓名 | 基本薪 | 業績 | 業績獎金 | 總所得 | 所得稅 | 淨所得 |
| 13 | 吳景新 | 25,000 | 300,000 | 900 | 25,900 | - | 25,900 |
| 14 | 林書宏 | 28,000 | 1,025,000 | 8,200 | 36,200 | 1,086 | 35,114 |
| 15 | 林淑芬 | 30,000 | 250,000 | - | 30,000 | - | 30,000 |
| 16 | 蔡桂芳 | 35,000 | 2,250,000 | 45,000 | 80,000 | 3,600 | 76,400 |

前例之 VLOOKUP() 中的最後一個引數使用 TRUE，如果找不到完全符合的值，會找出僅次於**查表依據**的值。但，於範例 Ch02.xlsx『VLOOKUP2』工作表中：

| | A | B | C | D | E | F | G | H |
|---|---|---|---|---|---|---|---|---|
| 1 | 編號 | 姓名 | 性別 | 部門 | 職稱 | 生日 | 地址 | 電話 |
| 2 | 1201 | 張惠真 | 女 | 會計 | 主任 | 1974/12/7 | 台北市民生東路三段68號六樓 | (02)2517-6399 |
| 3 | 1203 | 呂姿瑩 | 女 | 人事 | 主任 | 1971/3/8 | 台北市興安街一段15號四樓 | (02)2515-5428 |
| 4 | 1208 | 吳志明 | 男 | 業務 | 主任 | 1960/6/10 | 台北市內湖路三段148號二樓 | (02)2517-6408 |
| 5 | 1218 | 黃啟川 | 男 | 業務 | 專員 | 1975/5/19 | 台北市合江街124號五樓 | (02)2736-3972 |
| 6 | 1220 | 謝龍盛 | 男 | 業務 | 專員 | 1970/5/8 | 桃園市成功路338號四樓 | (03)8894-5677 |
| 7 | 1316 | 孫國寧 | 女 | 門市 | 主任 | 1967/8/31 | 台北市北投中央路12號三樓 | (02)5897-4651 |
| 8 | 1318 | 楊桂芬 | 女 | 門市 | 銷售員 | 1965/9/1 | 台北市龍江街23號三樓 | (02)2555-7892 |
| 9 | 1440 | 梁國棟 | 男 | 業務 | 專員 | 1975/12/16 | 台北市敦化南路138號二樓 | (02)7639-8751 |
| 10 | 1452 | 林美惠 | 女 | 會計 | 專員 | 1958/8/4 | 基隆市中正路二段12號二樓 | (03)3399-5146 |

雖同樣以數字性質之編號進行找尋，就不可以於找不到完全符合的編號值，即以編號較小的另一筆記錄內容來替代。故應將 VLOOKUP() 中的最後一個引數，改為使用 FALSE，必須要找尋完全符合的值，如果找不到，則傳回錯誤值 #N/A。

假定，要利用使用者所輸入之員工編號，傳回如右示之表格內容；

| | B | C | D | E |
|---|---|---|---|---|
| 13 | 編號 | 1318 | 姓名 | 楊桂芬 |
| 14 | 性別 | 女 | 部門 | 門市 |
| 15 | 職稱 | 銷售員 | 生日 | 1965/9/1 |
| 16 | 地址 | 台北市龍江街23號三樓 | | |
| 17 | 電話 | (02)2555-7892 | | |

其處理步驟為：

Step 1　安排妥表格外觀，於 C13 輸入一已存在之員工編號（如：1316）

| | B | C | D | E |
|---|---|---|---|---|
| 13 | 編號 | 1316 | 姓名 | |
| 14 | 性別 | | 部門 | |

Step 2　於 E13 輸入

```
=VLOOKUP($C$13,$A$2:$H$10,2,FALSE)
```

公式可找出該編號所對應之員工姓名（第 2 欄）：

| E13 | | ✕ ✓ fx | =VLOOKUP($C$13,$A$2:$H$10,2,FALSE) | | | |
|---|---|---|---|---|---|---|
| | B | C | D | E | F | G |
| 13 | 編號 | 1316 | 姓名 | 孫曉芬 | | |
| 14 | 性別 | | 部門 | | | |

前兩個引數，使用含 $ 之絕對參照，係因此公式仍要抄給其它儲存格使用。最後一個引數，使用 FALSE，表一定要找到完全相同之員工編號；否則，即顯示 #N/A 之錯誤，而不是找一個編號較低者來替代。

Step ③ 按『常用 / 剪貼簿 / 複製』⬚ 鈕，記下 E13 之內容

Step ④ 按住 Ctrl 鍵，選取 C14:C17 與 E14:E15 儲存格

| E14 | ▼ | : | × | ✓ | *fx* | =VLOOKUP($C$13,$A$2:$H$10,2,FALSE) |
|---|---|---|---|---|---|---|

| | B | C | D | E | F | G |
|---|---|---|---|---|---|---|
| 13 | 編號 | 1316 | 姓名 | 孫曉芬 | | |
| 14 | 性別 | 孫曉芬 | 部門 | 孫曉芬 | | |
| 15 | 職稱 | 孫曉芬 | 生日 | 孫曉芬 | | |
| 16 | 地址 | 孫曉芬 | | | | |
| 17 | 電話 | 孫曉芬 | | | | |

Step ⑤ 按『常用 / 剪貼簿 / 貼上』⬚ 鈕，可獲致

| E14 | ▼ | : | × | ✓ | *fx* | =VLOOKUP($C$13,$A$2:$H$10,2,FALSE) |
|---|---|---|---|---|---|---|

| | B | C | D | E | F | G |
|---|---|---|---|---|---|---|
| 13 | 編號 | 1316 | 姓名 | 孫曉芬 | | |
| 14 | 性別 | 孫曉芬 | 部門 | 孫曉芬 | | |
| 15 | 職稱 | 孫曉芬 | 生日 | 孫曉芬 | | |
| 16 | 地址 | 孫曉芬 | | | | |
| 17 | 電話 | 孫曉芬 | | | | |

Step ⑥ 將 C14:C17 與 E14:E15 等儲存格之公式內容的第三個引數，由 2 分別改為所對應之欄數。如：

| | |
|---|---|
| C14 | =VLOOKUP($C$13,$A$2:$H$10,3,FALSE) |
| E14 | =VLOOKUP($C$13,$A$2:$H$10,4,FALSE) |
| C15 | =VLOOKUP($C$13,$A$2:$H$10,5,FALSE) |
| E15 | =VLOOKUP($C$13,$A$2:$H$10,6,FALSE) |
| C16 | =VLOOKUP($C$13,$A$2:$H$10,7,FALSE) |
| C17 | =VLOOKUP($C$13,$A$2:$H$10,8,FALSE) |

可獲致

| | B | C | D | E | F | G |
|---|---|---|---|---|---|---|
| C17 | | ✓ : ✕ ✓ fx | =VLOOKUP($C$13,$A$2:$H$10,8,FALSE) | | | |
| 13 | 編號 | 1316 | 姓名 | 孫曉芬 | | |
| 14 | 性別 | 女 | 部門 | 門市 | | |
| 15 | 職稱 | 主任 | 生日 | 24715 | | |
| 16 | 地址 | 台北市北投中央路12號三樓 | | | | |
| 17 | 電話 | (02)5897-4651 | | | | |

Step 7 將 E15 處安排為日期格式，即可大功告成

| | B | C | D | E | F | G |
|---|---|---|---|---|---|---|
| E15 | | ✓ : ✕ ✓ fx | =VLOOKUP($C$13,$A$2:$H$10,6,FALSE) | | | |
| 13 | 編號 | 1316 | 姓名 | 孫曉芬 | | |
| 14 | 性別 | 女 | 部門 | 門市 | | |
| 15 | 職稱 | 主任 | 生日 | 1967/8/31 | | |
| 16 | 地址 | 台北市北投中央路12號三樓 | | | | |
| 17 | 電話 | (02)5897-4651 | | | | |

Step 8 往後，於 C13 處輸入員工編號，即可取得其相關之所有資料內容：

| | B | C | D | E |
|---|---|---|---|---|
| 13 | 編號 | 1203 | 姓名 | 呂姿瑩 |
| 14 | 性別 | 女 | 部門 | 人事 |
| 15 | 職稱 | 主任 | 生日 | 1971/3/8 |
| 16 | 地址 | 台北市興安街一段15號四樓 | | |
| 17 | 電話 | (02)2515-5428 | | |

但若輸入一個不存在之員工編號（如：1215），即顯示 #N/A 之錯誤，而不是找一個編號較低者（1208）來替代：

| | B | C | D | E |
|---|---|---|---|---|
| 13 | 編號 | 1215 | 姓名 | #N/A |
| 14 | 性別 | #N/A | 部門 | #N/A |
| 15 | 職稱 | #N/A | 生日 | #N/A |
| 16 | 地址 | #N/A | | |
| 17 | 電話 | #N/A | | |

再舉一文字串之實例，假定，某公司之產品編號、品名及單價，如範例 Ch02.xlsx『VLOOKUP3』工作表之 A1:C8 所示：

| | A | B | C |
|---|---|---|---|
| 1 | 編號 | 品名 | 單價 |
| 2 | A01 | 電視 | 23,680 |
| 3 | A02 | 冰箱 | 36,500 |
| 4 | A03 | 電腦 | 28,750 |
| 5 | B01 | 電話 | 1,250 |
| 6 | B04 | 錄影機 | 10,860 |
| 7 | C02 | 磁碟 | 4,850 |
| 8 | C05 | 滑鼠 | 1,080 |

**建立表格時，必須按 A 欄之編號遞增排序，但仍允許跳號。**

　　於交易發生時，為方便輸入資料，可於輸入產品編號後，以 VLOOKUP() 查得其品名及單價。因為，不可能會依編號順序發生交易，故下表並無必須按編號遞增排序之要求，且允許重複出現：

| | A | B | C | D | E | F |
|---|---|---|---|---|---|---|
| 11 | 日期 | 編號 | 品名 | 單價 | 數量 | 金額 |
| 12 | 2022/5/5 | C05 | | | | |
| 13 | 2022/5/5 | A01 | | | | |
| 14 | 2022/5/5 | A03 | | | | |
| 15 | 2022/5/5 | B04 | | | | |
| 16 | 2022/5/6 | A01 | | | | |
| 17 | 2022/5/6 | A02 | | | | |

　　要利用 VLOOKUP() 依編號查表取其品名及單價，可先於 C12 輸入

```
=VLOOKUP($B12,$A$2:$C$8,2,FALSE)
```

可取得品名：

| C12 | | ✕ ✓ fx | =VLOOKUP($B12,$A$2:$C$8,2,FALSE) | | | |
|---|---|---|---|---|---|---|
| | A | B | C | D | E | F | G |
| 11 | 日期 | 編號 | 品名 | 單價 | 數量 | 金額 | |
| 12 | 2022/5/5 | C05 | 滑鼠 | | | | |
| 13 | 2022/5/5 | A01 | | | | | |

　　由於這也是一個必須要找到完全相同之編號的例子，故最後一個引數要安排為 FALSE。將其抄給 D12 後，可獲得一完全相同之公式，將其第三個引數改為 3：

```
=VLOOKUP($B12,$A$2:$C$8,3,FALSE)
```

即可獲得其單價：

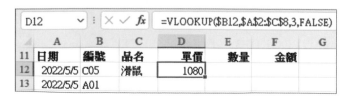

| D12 | | ✕ ✓ fx | =VLOOKUP($B12,$A$2:$C$8,3,FALSE) | | | |
|---|---|---|---|---|---|---|
| | A | B | C | D | E | F | G |
| 11 | 日期 | 編號 | 品名 | 單價 | 數量 | 金額 | |
| 12 | 2022/5/5 | C05 | 滑鼠 | 1080 | | | |
| 13 | 2022/5/5 | A01 | | | | | |

將 C12:D12 抄給 C13:D17，即可取得各筆交易之品名及單價：

| C12 | | ∨ : × √ fx | =VLOOKUP($B12,$A$2:$C$8,2,FALSE) | | | |
|---|---|---|---|---|---|---|
| | A | B | C | D | E | F | G |
| 11 | 日期 | 編號 | 品名 | 單價 | 數量 | 金額 | |
| 12 | 2022/5/5 | C05 | 滑鼠 | 1080 | | | |
| 13 | 2022/5/5 | A01 | 電視 | 23680 | | | |
| 14 | 2022/5/5 | A03 | 電腦 | 28750 | | | |
| 15 | 2022/5/5 | B04 | 錄影機 | 10860 | | | |
| 16 | 2022/5/6 | A01 | 電視 | 23680 | | | |
| 17 | 2022/5/6 | A02 | 冰箱 | 36500 | | | |

剩下來之工作僅須輸入各筆交易之數量，即可以單價乘以數量，求得金額：

| F12 | | ∨ : × √ fx | =D12*E12 | | |
|---|---|---|---|---|---|
| | A | B | C | D | E | F |
| 11 | 日期 | 編號 | 品名 | 單價 | 數量 | 金額 |
| 12 | 2022/5/5 | C05 | 滑鼠 | 1080 | 2 | 2160 |
| 13 | 2022/5/5 | A01 | 電視 | 23680 | 3 | 71040 |
| 14 | 2022/5/5 | A03 | 電腦 | 28750 | 4 | 115000 |
| 15 | 2022/5/5 | B04 | 錄影機 | 10860 | 2 | 21720 |
| 16 | 2022/5/6 | A01 | 電視 | 23680 | 5 | 118400 |
| 17 | 2022/5/6 | A02 | 冰箱 | 36500 | 1 | 36500 |

往後，若再有新交易發生，只須繼續向下進行輸入即可，並不用再複製公式，Excel 會自動進行必要之公式的複製。例如，輸入完日期與編號後，即可自動取得品名及單價：

| | A | B | C | D | E | F |
|---|---|---|---|---|---|---|
| 11 | 日期 | 編號 | 品名 | 單價 | 數量 | 金額 |
| 12 | 2022/5/5 | C05 | 滑鼠 | 1080 | 2 | 2160 |
| 13 | 2022/5/5 | A01 | 電視 | 23680 | 3 | 71040 |
| 14 | 2022/5/5 | A03 | 電腦 | 28750 | 4 | 115000 |
| 15 | 2022/5/5 | B04 | 錄影機 | 10860 | 2 | 21720 |
| 16 | 2022/5/6 | A01 | 電視 | 23680 | 5 | 118400 |
| 17 | 2022/5/6 | A02 | 冰箱 | 36500 | 1 | 36500 |
| 18 | 2022/5/7 | A03 | 電腦 | 28750 | | |

續再輸入數量，即可自動算出金額：

| | A | B | C | D | E | F |
|---|---|---|---|---|---|---|
| 11 | 日期 | 編號 | 品名 | 單價 | 數量 | 金額 |
| 12 | 2022/5/5 | C05 | 滑鼠 | 1080 | 2 | 2160 |
| 13 | 2022/5/5 | A01 | 電視 | 23680 | 3 | 71040 |
| 14 | 2022/5/5 | A03 | 電腦 | 28750 | 4 | 115000 |
| 15 | 2022/5/5 | B04 | 錄影機 | 10860 | 2 | 21720 |
| 16 | 2022/5/6 | A01 | 電視 | 23680 | 5 | 118400 |
| 17 | 2022/5/6 | A02 | 冰箱 | 36500 | 1 | 36500 |
| 18 | 2022/5/7 | A03 | 電腦 | 28750 | 3 | 86250 |

# 2-8 遞增數列的填滿

## 順序遞增之數列

若欲填滿之相鄰幾格有遞增之關係，如：

一月、二月、…、十二月

Jan, Feb, … , Dec

Mon, Tue, … , Sun

第一季、第二季、…、第四季

No 1, No 2, No 3, … ,No 20

10 月 1 日、10 月 2 日、…、10 月 31 日

1:00, 2:00, … , 8:00

等順序遞增之非純數字資料，將可以拖曳『填滿控點』來填滿遞增資料。

茲假定已輸妥範例 Ch02.xlsx『順序遞增填滿』工作表來源資料，續依下列步驟進行填滿之工作：

Step ① 將滑鼠移往 A1，按住滑鼠往下拖曳到 A13 處，將 A1:A13 選取（並非按『填滿控點』拖曳）

Step ② 將滑鼠移往 A13 之『填滿控點』上，其外觀將由空心十字轉為粗十字線

| | A | B |
|---|---|---|
| 1 | 一月 | |
| 2 | JAN | |
| 3 | 週一 | |
| 4 | Mon | |
| 5 | 第一季 | |
| 6 | Qtr1 | |
| 7 | 民國108年 | |
| 8 | Yr 2020 | |
| 9 | No 1 | |
| 10 | 3月1日 | |
| 11 | 01:00 | |
| 12 | 甲 | |
| 13 | Jan-19 | |

Step **3** 按住滑鼠往右拖曳到其範圍涵蓋 A1:G13 為止

Step **4** 鬆開滑鼠，獲致

| | A | B | C | D | E | F | G |
|---|---|---|---|---|---|---|---|
| 1 | 一月 | 二月 | 三月 | 四月 | 五月 | 六月 | 七月 |
| 2 | JAN | Feb | Mar | Apr | May | Jun | Jul |
| 3 | 週一 | 週二 | 週三 | 週四 | 週五 | 週六 | 週日 |
| 4 | Mon | Tue | Wed | Thu | Fri | Sat | Sun |
| 5 | 第一季 | 第二季 | 第三季 | 第四季 | 第一季 | 第二季 | 第三季 |
| 6 | Qtr1 | Qtr2 | Qtr3 | Qtr4 | Qtr5 | Qtr6 | Qtr7 |
| 7 | 民國108年 | 民國109年 | 民國110年 | 民國111年 | 民國112年 | 民國113年 | 民國114年 |
| 8 | Yr 2020 | Yr 2021 | Yr 2022 | Yr 2023 | Yr 2024 | Yr 2025 | Yr 2026 |
| 9 | No 1 | No 2 | No 3 | No 4 | No 5 | No 6 | No 7 |
| 10 | 3月1日 | 3月2日 | 3月3日 | 3月4日 | 3月5日 | 3月6日 | 3月7日 |
| 11 | 01:00 | 02:00 | 03:00 | 04:00 | 05:00 | 06:00 | 07:00 |
| 12 | 甲 | 乙 | 丙 | 丁 | 戊 | 己 | 庚 |
| 13 | Jan-19 | Feb-19 | Mar-19 | Apr-19 | May-19 | Jun-19 | Jul-19 |

由其內容可發現，這些資料均可利用拖曳『填滿控點』之方式，來完成填滿遞增資料之工作。

**小秘訣**

若所處理之對象係純數字，以此法進行填滿並不會自動遞增，得先按住 Ctrl 鍵再進行拖曳『填滿控點』。反之，如前例般之非純數字之資料，若僅欲進行不遞增之單純填滿，亦得先按住 Ctrl 鍵再進行。

可複製這些內容，其原因乃係 Excel 已將這些常用之資料清單建立於『自訂清單』內，欲查閱或自訂時，可執行「**檔案 / 選項**」，轉入其『進階』標籤，捲到最下方：

續選按 編輯自訂清單(O)... 鈕，轉入『自訂清單』對話方塊，若需使用的資料清單係 Excel 所未提供，例如：地區別（東區、南區、西區、北區）、產品清單（電視機、電冰箱、冷氣機、……）或部門名稱（管理部、會計部、業務部、行銷部、……）。亦可於『自訂清單 (L)：』方塊內選「新清單」，然後再於『清單項目 (E)：』方塊內，以一列一個資料之方式自訂所需清單。如：

定妥後，按 新增(A) 鈕，即可讓 Excel 認得 " 東區 "、" 南區 "、" 西區 "、" 北區 " 與 " 總公司 "：

最後，按兩次 確定 鈕離開，回『就緒』狀態。

往後，即僅輸入其內之任一個內容（如：" 北區 "），續以拖曳『填滿控點』之方式來完成輸入表單內的其他內容（如：" 總公司 "、" 東區 "、" 南區 " 與 " 西區 "）：

| | A | B | C | D | E |
|---|---|---|---|---|---|
| 1 | 北區 | 總公司 | 東區 | 南區 | 西區 |

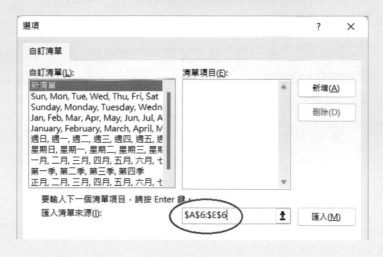

**小秘訣**

　　若事先已輸妥自訂清單之內容，可將其全數選取：（詳範例 Ch02.xlsx『自訂表單』工作表）

| | A | B | C | D | E |
|---|---|---|---|---|---|
| 6 | 企管系 | 會計系 | 經濟系 | 統計系 | 法律系 |

　　執行「檔案 / 選項」，轉入其『進階』標籤，捲到最下方，續選按 編輯自訂清單(O)... 鈕，轉入『自訂清單』對話方塊，其下之『匯入清單來源(I)』處，所顯示者恰為先前已選取之清單內容範圍：

2-49

按 匯入(M) 鈕,將其等匯入

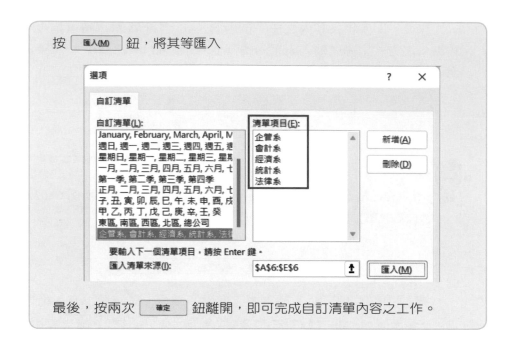

最後,按兩次 確定 鈕離開,即可完成自訂清單內容之工作。

### 等量遞增之數列

若欲填滿之相鄰幾格有等量遞增(或遞減)之關係,如:

一月、四月、七月、十月、⋯

Jan, Apr, Jul, Oct, ⋯

週一、週三、週五、⋯

2015 年、2017 年、2019 年

1:30, 2:00, 2:30, ⋯, 8:00

亦可以拖曳『填滿控點』來填滿等量遞增之資料,但執行前得以兩列或兩欄之儲存格來標示其遞增量(間距值)。

茲假定已輸入完步驟 2 所示之來源資料,續依下列步驟進行填滿之工作:(詳範例 Ch02.xlsx『等量遞增填滿』工作表)

Step ① 選取 A1:B16 兩欄資料做為來源，以兩欄之儲存格來標示其遞增量

Step ② 將滑鼠移往 B16 之『填滿控點』上，其外觀將由空心十字轉為粗十字線

| | A | B | C |
|---|---|---|---|
| 1 | 一月 | 三月 | |
| 2 | JAN | MAR | |
| 3 | 週一 | 週三 | |
| 4 | Mon | Wed | |
| 5 | 第一季 | 第三季 | |
| 6 | Qtr1 | Qtr3 | |
| 7 | 民國108年 | 民國110年 | |
| 8 | Yr 2019 | Yr 2021 | |
| 9 | No 1 | No 3 | |
| 10 | 3月1日 | 3月5日 | |
| 11 | 01:00 | 03:00 | |
| 12 | 甲 | 丙 | |
| 13 | 子 | 寅 | |
| 14 | 5% | 7% | |
| 15 | 10000 | 20000 | |
| 16 | Jan-20 | Mar-20 | |

Step ③ 按住滑鼠往右拖曳到其範圍涵蓋 A1:G16 為止

Step ④ 鬆開滑鼠，即可獲致等量遞增之填滿結果

| | A | B | C | D | E | F | G |
|---|---|---|---|---|---|---|---|
| 1 | 一月 | 三月 | 五月 | 七月 | 九月 | 十一月 | 一月 |
| 2 | JAN | MAR | May | Jul | Sep | Nov | Jan |
| 3 | 週一 | 週三 | 週五 | 週日 | 週二 | 週四 | 週六 |
| 4 | Mon | Wed | Fri | Sun | Tue | Thu | Sat |
| 5 | 第一季 | 第三季 | 第一季 | 第三季 | 第一季 | 第三季 | 第一季 |
| 6 | Qtr1 | Qtr3 | Qtr5 | Qtr7 | Qtr9 | Qtr11 | Qtr13 |
| 7 | 民國108年 | 民國110年 | 民國112年 | 民國114年 | 民國116年 | 民國118年 | 民國120年 |
| 8 | Yr 2019 | Yr 2021 | Yr 2023 | Yr 2025 | Yr 2027 | Yr 2029 | Yr 2031 |
| 9 | No 1 | No 3 | No 5 | No 7 | No 9 | No 11 | No 13 |
| 10 | 3月1日 | 3月5日 | 3月9日 | 3月13日 | 3月17日 | 3月21日 | 3月25日 |
| 11 | 01:00 | 03:00 | 05:00 | 07:00 | 09:00 | 11:00 | 13:00 |
| 12 | 甲 | 丙 | 戊 | 庚 | 壬 | 甲 | 丙 |
| 13 | 子 | 寅 | 辰 | 午 | 申 | 戌 | 子 |
| 14 | 5% | 7% | 9% | 11% | 13% | 15% | 17% |
| 15 | 10000 | 20000 | 30000 | 40000 | 50000 | 60000 | 70000 |
| 16 | Jan-20 | Mar-20 | May-20 | Jul-20 | Sep-20 | Nov-20 | Jan-21 |

**小秘訣**

拖曳『填滿控點』進行填滿等量遞增數列之方式，除前例之向右填滿外；尚有向下、向上與向左等幾種不同之填滿方式。但無論如何，其等之共通點就是：儲存格係相臨排列的。

# 2-9　尋找與取代

假定，於工作表中將某內容全數打錯（如：將職稱中的 " 主任 " 誤打成 " 組長 "，或將公式中之 C1 誤打為 D1），更正之方法當然是先逐一找到錯誤處，再將其改成正確之內容。但此一找尋與更正過程，若全靠眼睛逐欄逐列找尋，不僅速度慢且很可能會漏掉某幾個錯處！

由於發生此類錯誤之可能性甚高，故 Excel 亦提供有『尋找與取代』功能，以便找出錯誤並將其替換成正確內容。

## 尋找及全部取代

假定，欲於工作表中尋找出某字串（或公式）內容，並將其全部替換成另一新內容。如，欲將範例 Ch02.xlsx『尋找取代』工作表中所有 " 組長 " 更換成 " 主任 "。

| ▲ | A | B | C | D |
|---|---|---|---|---|
| 1 | 姓名 | 職稱 | 性別 | 薪資 |
| 2 | 李碧華 | 組長 | 2 | 36150 |
| 3 | 林淑芬 | 組員 | 2 | 28500 |
| 4 | 王嘉育 | 組長 | 1 | 25121 |
| 5 | 吳育仁 | 組員 | 1 | 20105 |
| 6 | 呂姿瑩 | 組長 | 2 | 38520 |
| 7 | 孫國華 | 組員 | 1 | 20220 |

其執行步驟為：

**Step ❶** 選取要處理之範圍（若處理範圍為整個工作表或活頁簿，則不用選取）

| ▲ | A | B | C | D |
|---|---|---|---|---|
| 1 | 姓名 | 職稱 | 性別 | 薪資 |
| 2 | 李碧華 | 組長 | 2 | 36150 |
| 3 | 林淑芬 | 組員 | 2 | 28500 |
| 4 | 王嘉育 | 組長 | 1 | 25121 |
| 5 | 吳育仁 | 組員 | 1 | 20105 |
| 6 | 呂姿瑩 | 組長 | 2 | 38520 |
| 7 | 孫國華 | 組員 | 1 | 20220 |

**Step ❷** 按『常用 / 編輯 / 尋找與選取』 鈕，選「取代 (R)…」，進入『尋找及取代』對話方塊

Step ③ 在『尋找目標 (N)：』後的文字方塊，鍵入所要尋找的舊內容（組長）

Step ④ 在『取代成 (E)：』後的文字方塊，鍵入所要取代成之新內容（主任）

Step ⑤ 按 全部取代(A) 鈕，將顯示已完成了幾
項取代作業

Step ⑥ 按 確定 鈕，回『尋找及取代』對話方塊

Step ⑦ 按 關閉 鈕，即可將要尋找的舊內容，
全部替換成要取代之新內容

已將所有 " 組長 " 均換成 " 主任 "。

| | A | B | C | D |
|---|---|---|---|---|
| 1 | 姓名 | 職稱 | 性別 | 薪資 |
| 2 | 李碧華 | 主任 | 2 | 36150 |
| 3 | 林淑芬 | 組員 | 2 | 28500 |
| 4 | 王嘉育 | 主任 | 1 | 25121 |
| 5 | 吳育仁 | 組員 | 1 | 20105 |
| 6 | 呂姿瑩 | 主任 | 2 | 38520 |
| 7 | 孫國華 | 組員 | 1 | 20220 |

**小秘訣**

『尋找與取代』也適用於處理所輸入之公式內容；進行多次尋找 / 取代
時，也允許不必每次均關閉『尋找及取代』對話方塊，再重新執行。

**馬上練習**

將上例工作表中，性別欄內之 1 全改為 "
男 "；2 全改為 " 女 "：

| | A | B | C | D |
|---|---|---|---|---|
| 1 | 姓名 | 職稱 | 性別 | 薪資 |
| 2 | 李碧華 | 主任 | 女 | 36150 |
| 3 | 林淑芬 | 組員 | 女 | 28500 |
| 4 | 王嘉育 | 主任 | 男 | 25121 |
| 5 | 吳育仁 | 組員 | 男 | 20105 |
| 6 | 呂姿瑩 | 主任 | 女 | 38520 |
| 7 | 孫國華 | 組員 | 男 | 20220 |

## 尋找與部分取代

若於找到舊內容後，只想作部分取代而不是全部取代的話。可於輸妥尋找與取代之新舊內容後：

先按 找下一個(F) 鈕，找出第一個舊內容。再視情況執行下列動作：

■ 若欲將舊內容替換成所指定之新內容，則按 取代(R) 鈕，取代後將繼續尋找下一組舊內容。

■ 若欲跳過目前舊內容不做取代，則按 找下一個(F) 鈕，可繼續尋找下一組舊內容。

■ 若欲結束尋找／取代，可按 關閉 鈕，將不再做任何取代動作，回到目前找出之位置。

## 含字型格式之尋找／取代

若欲尋找或取代的文字含不同格式（字形、大小、粗體、斜體……等），如於範例 Ch02.xlsx『含字型格式之尋找取代』工作表：

欲將其中原為新細明體與標楷體之 " 高雄市 "，全換成『華康勘亭流』16 點大小之粗斜體。其執行步驟為：

Step 1 選取要處理之範圍

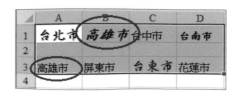

Step 2 按『常用/編輯/尋找與選取』 🔍尋找與選取▾ 鈕,選「取代(R)…」,進入『尋找及取代』對話方塊

Step 3 在『尋找目標(N):』後的文字方塊中,鍵入所要尋找的文字(高雄市)

Step 4 在『取代為(I):』文字方塊,鍵入要取代的文字(高雄市),按 選項(I) >> 鈕,轉入

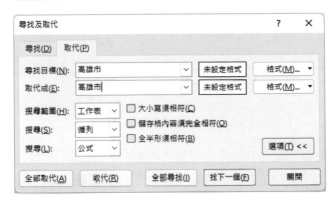

Step 5 按『取代成(E);』文字方塊後之 格式(M)...▾ 鈕,轉入『取代格式/字型』標籤,將欲取代之文字格式定義為:『華康勘亭流』16點大小粗斜體

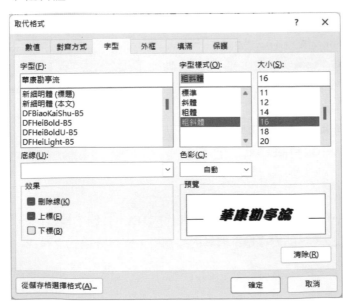

Step ⑥ 按 ⎡ 確定 ⎤ 鈕，回『尋找及取代』標籤，可發現『取代成 (E)：』之後，已可預覽到欲取代成何種格式外觀（『華康勘亭流』16 點大小粗斜體）

小秘訣

若欲清除其內之格式設定，可按『取代成 (E)：』文字方塊後 ⎡ 格式(M)... ▼ ⎤ 鈕之下拉鈕，續選「清除取代格式 (R)」：

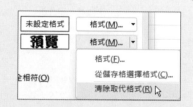

若欲取用原已存在於某一儲存格之格式，則可選擇「從儲存格選擇格式 (C)…」，續以滑鼠進行點選該儲存格即可。

Step ⑦ 按 ⎡ 全部取代(A) ⎤ 鈕，進行取代動作後，可發現已將原為新細明體與標楷體之 "高雄市"，全換成『華康勘亭流』16 點大小粗斜體

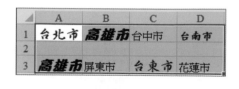

小秘訣

若於『尋找目標 (N)：』與『取代成 (E)：』均不輸入內容，而僅進行格式設定，即變成是不問其內容為何，僅進行格式之尋找 / 取代。

# 選取與設定儲存格格式

EXCEL

CHAPTER

3

## 3-1 選取單一儲存格

所謂「選取」即是將某個（或某幾個）儲存格加註記號（底色以淺灰色顯示），以便對其進行刪除、移動、複製、更改字形、變更對齊方式或設定格式。

欲選取單一儲存格時，僅須以滑鼠單按該儲存格，或以方向鍵將游標移往該儲存格，即算完成選取工作。如下圖，即已選取 B2，該儲存格並不會以淺灰底色顯示：

| | A | B | C | D | E |
|---|---|---|---|---|---|
| 1 | 地區 | 第一季 | 第二季 | 第三季 | 第四季 |
| 2 | 東區 | 1500 | 1200 | 1800 | 2000 |

## 3-2 選取範圍

### 使用滑鼠選取範圍

使用滑鼠選取某一範圍儲存格之操作方法為：（詳範例 Ch03.xlsx『選取』工作表）

Step **1** 　將滑鼠指標移往要選取之範圍的左上角儲存格，按住滑鼠左鍵拖曳，所拖過的區塊即被選取（假定為 B2:E5），底色轉成淺灰色

|   | A | B | C | D | E |
|---|---|---|---|---|---|
| 1 | 地區 | 第一季 | 第二季 | 第三季 | 第四季 |
| 2 | 東區 | 1500 | 1200 | 1800 | 2000 |
| 3 | 西區 | 1900 | 2200 | 2400 | 2300 |
| 4 | 南區 | 2250 | 2000 | 1800 | 2100 |
| 5 | 北區 | 1850 | 1700 | 1600 | 2400 |

Step **2** 　將欲選取之儲存格均選取後，即鬆開滑鼠

小秘訣

亦可先將滑鼠指標移往要選取之範圍的左上角儲存格，然後按住 Shift 鍵，再以滑鼠點選要選取之範圍的右下角儲存格，來快速選取。

如果要取消所做之選取，只要在任意儲存格按一下滑鼠即可。

## 使用鍵盤選取儲存格

使用鍵盤選取儲存格，有時反較滑鼠來得有效率（距離較遠時，以滑鼠操作反而不便）。其操作方法為：

Step **1** 　移到要選取範圍之左上角儲存格

Step **2** 　按住 Shift 鍵，並另以 ↑ ↓ ← → 或可移動指標之操作鍵，朝欲選取之方向移動，所移過之區塊即被選取，底色轉成淺灰色

Step **3** 　將欲選取之儲存格均選取後，鬆開 Shift 鍵及方向鍵

**小秘訣**

若要選取之範圍較大，終點的距離較遠時，以滑鼠進行選取的操作，反而不便！於連續排列之資料範圍上進行選取動作，應懂得配合 Ctrl 鍵或按目前儲存格之框邊來快速選取。（詳表 3-1 常用之選取指標控制鍵）如，於

| | A | B | C | D | E |
|---|---|---|---|---|---|
| 1 | 地區 | 第一季 | 第二季 | 第三季 | 第四季 |
| 2 | 東區 | 1500 | 1200 | 1800 | 2000 |

按住 Shift 再按 Ctrl + → 鍵（亦可按住 Shift 再雙按 A2 儲存格之右側雙線框邊；或直接選按 E2），可快速向右選取到連續範圍的盡頭（即，A2:E2）：

| | A | B | C | D | E |
|---|---|---|---|---|---|
| 1 | 地區 | 第一季 | 第二季 | 第三季 | 第四季 |
| 2 | 東區 | 1500 | 1200 | 1800 | 2000 |

**小秘訣**

若是要選取連續範圍的所有儲存格，可事先停於連續範圍的任一儲存格上：

| | A | B | C | D | E |
|---|---|---|---|---|---|
| 1 | 地區 | 第一季 | 第二季 | 第三季 | 第四季 |
| 2 | 東區 | 1500 | 1200 | 1800 | 2000 |
| 3 | 西區 | 1900 | 2200 | 2400 | 2300 |
| 4 | 南區 | 2250 | 2000 | 1800 | 2100 |
| 5 | 北區 | 1850 | 1700 | 1600 | 2400 |

續按 Ctrl + A 鍵，可選取整個連續範圍的所有儲存格：

| | A | B | C | D | E |
|---|---|---|---|---|---|
| 1 | 地區 | 第一季 | 第二季 | 第三季 | 第四季 |
| 2 | 東區 | 1500 | 1200 | 1800 | 2000 |
| 3 | 西區 | 1900 | 2200 | 2400 | 2300 |
| 4 | 南區 | 2250 | 2000 | 1800 | 2100 |
| 5 | 北區 | 1850 | 1700 | 1600 | 2400 |

表 3-1　常用之選取指標控制鍵

| 鍵盤 | 作用 |
|---|---|
| Shift + Ctrl + ← | 向左選取到現用資料區域的邊緣 |
| Shift + Ctrl + → | 向右選取到現用資料區域的邊緣 |
| Shift + Ctrl + ↑ | 向上選取到現用資料區域的邊緣 |
| Shift + Ctrl + ↓ | 向下選取到現用資料區域的邊緣 |
| Ctrl + A | 選取整個連續範圍的所有儲存格 |
| Shift + 點選某儲存格 | 選取起點儲存格到終點儲存格整個連續範圍的所有儲存格 |

# 3-3　選取非相鄰的儲存格或範圍

前法僅適用於選取相鄰的儲存格或範圍；若欲選取非相鄰的儲存格或範圍，則得依下示步驟進行：

Step 1　選取第一個儲存格或範圍

| ▲ | A | B | C | D | E |
|---|---|---|---|---|---|
| 1 | 地區 | 第一季 | 第二季 | 第三季 | 第四季 |
| 2 | 東區 | 1500 | 1200 | 1800 | 2000 |
| 3 | 西區 | 1900 | 2200 | 2400 | 2300 |
| 4 | 南區 | 2250 | 2000 | 1800 | 2100 |
| 5 | 北區 | 1850 | 1700 | 1600 | 2400 |

Step 2　按住 Ctrl 鍵，繼續選取其它不相鄰之儲存格或範圍

| ▲ | A | B | C | D | E |
|---|---|---|---|---|---|
| 1 | 地區 | 第一季 | 第二季 | 第三季 | 第四季 |
| 2 | 東區 | 1500 | 1200 | 1800 | 2000 |
| 3 | 西區 | 1900 | 2200 | 2400 | 2300 |
| 4 | 南區 | 2250 | 2000 | 1800 | 2100 |
| 5 | 北區 | 1850 | 1700 | 1600 | 2400 |

Step 3　將所有欲選取之內容均選取後，鬆開 Ctrl 鍵

## 3-4  選取整列、整欄或整個工作表

選取整列、整欄或工作表上的所有儲存格之方法分別為：

■ **選取整列**

按其列座標按鈕，如：按 `2` 鈕可將第 2 列全部選取。

| ◢ | A | B | C | D | E | F |
|---|---|---|---|---|---|---|
| 1 | 地區 | 第一季 | 第二季 | 第三季 | 第四季 | |
| 2 | 東區 | 1500 | 1200 | 1800 | 2000 | |
| 3 | 西區 | 1900 | 2200 | 2400 | 2300 | |

按住滑鼠，上下拖曳即可選取連續的多列；若再配合 `Ctrl` 鍵，則可選取不連續之多重列。

■ **選取整欄**

按其欄座標按鈕，如：按 ` C ` 鈕可將 C 欄全部選取。

按住滑鼠，左右拖曳即可選續的多欄；若再配合 `Ctrl` 鍵，則可選取不連續之多重欄。

| ◢ | A | B | C | D |
|---|---|---|---|---|
| 1 | 地區 | 第一季 | 第二季 | 第三季 |
| 2 | 東區 | 1500 | 1200 | 1800 |
| 3 | 西區 | 1900 | 2200 | 2400 |
| 4 | 南區 | 2250 | 2000 | 1800 |
| 5 | 北區 | 1850 | 1700 | 1600 |
| 6 | | | | |

■ **選取工作表上的所有儲存格**

按欄列座標交會處之全選按鈕（ ◢ ）

或停於非連續範圍之空白儲存格上，直接按 `Ctrl` + `A` 鍵，可選取整個工作表上的所有儲存格。

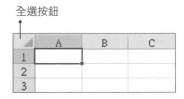

全選按鈕

| ◢ | A | B | C |
|---|---|---|---|
| 1 | | | |
| 2 | | | |
| 3 | | | |

| ◢ | A | B | C | D | E | F |
|---|---|---|---|---|---|---|
| 1 | 地區 | 第一季 | 第二季 | 第三季 | 第四季 | |
| 2 | 東區 | 1500 | 1200 | 1800 | 2000 | |
| 3 | 西區 | 1900 | 2200 | 2400 | 2300 | |
| 4 | 南區 | 2250 | 2000 | 1800 | 2100 | |
| 5 | 北區 | 1850 | 1700 | 1600 | 2400 | |
| 6 | | | | | | |

# 3-5 設定數字、日期或時間資料之格式

輸入資料後，若發覺 Excel 所自動安排之格式並不合適，尚可選取該儲存格或範圍，續以下列方式進行格式設定：

■ 按『常用 / 數值』群組的格式按鈕進行設定

『常用 / 數值』群組內，有幾個常用之格式按鈕

其作用分別為：

顯示目前儲存格所使用之數值格式；若按其右側下拉鈕，尚可選擇使用不同之數值格式：

將選取之儲存格設定為『會計數字格式』（如：$12,345）；若按其右側下拉鈕，尚可選擇不同之貨幣符號：

將選取之儲存格設定為『百分比樣式』（如：25%）

將選取之儲存格設定為『千分位樣式』（如：12,345）

 『增加小數位數』，讓數字內容多顯示一位小數

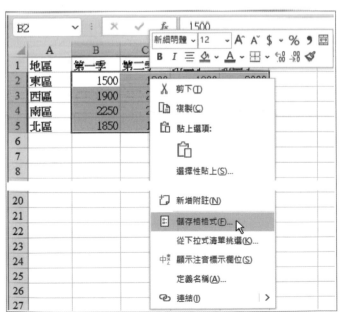 『減少小數位數』，讓數字內容少顯示一位小數

■ **轉入『設定儲存格格式』對話方塊『數值』標籤，進行格式設定**

由於數值格式之種類很多，若前面幾種方法均無法滿足您的要求。可按『**常用 / 數值**』群組之『**數字格式**』對話方塊啟動器鈕：

或於欲設定格式之儲存格上，單按滑鼠右鍵，續選「**儲存格格式 (F)…**」：

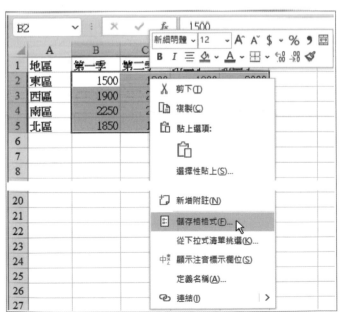

也可以按『**常用 / 儲存格 / 格式**』 田 格式▾ 鈕之下拉鈕，續選「**儲存格格式 (E)…**」，均可轉入『設定儲存格格式』對話方塊『數值』標籤，進行格式設定：

於『**類別 (C):**』處，選妥種類（通用格式、數值、貨幣、會計專用、日期、時間、百分比、分數、……），設定小數位數，選擇單位符號及負值時之外觀，續按 確定 鈕，即可完成設定。

**小秘訣**

初進入『設定儲存格格式』對話方塊，未必會恰好顯示『數值』標籤之內容，若欲進行數字格式之設定，記得再選『數值』標籤。

## 通用格式

按『**常用 / 數值**』群組之『數值』對話方塊啟動器鈕（ 數值 ⌐ ），轉入『設定儲存格格式』對話方塊『數值』標籤，第一種類別即為「**通用格式**」，其畫面參見前圖。

於此畫面，使用者無須進行任何特殊設定，只須按下 確定 鈕，即可將數值格式設定成「**通用格式**」。

「**通用格式**」之特點為：（詳範例 Ch03.xlsx『通用』工作表）

■ 除非是已加入特殊之格式字元，如：$1,234、2,500、25%、2023/04/05、1/2 或 6:30。否則，任何數字或文字均預設使用「**通用格式**」，其格式之外觀，通常正恰如原先我們所輸入之資料外觀。如：輸入 123.45 即獲致 123.45。

■ 若未曾以手動方式自行調整過欄寬，輸入超過欄寬之數值，如：

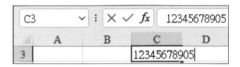

完成輸入後，Excel 會自動調大欄寬以顯示出完整內容：

但若數值過大，如，123456789012345：

Excel 於自動調大欄寬後，發現仍無法顯示出其完整內容，就只好將其轉為科學記號表示之指數外觀（1.23457E+14），但其格式仍為「**通用格式**」：

**小秘訣**

手動調整欄寬之方式為：將滑鼠移往該欄座標鈕交界處，滑鼠指標將轉為含左右箭頭之十字（ ↔ ），以拖曳方式左右移動，欄寬亦將隨之調整。

■ 若小數點後之數字過長，如，1234.567896：

Excel 並不會自動調大欄寬，乃直接以四捨五入之外觀來顯示其內容，但其原值仍不變（為 1234.567896 而非外觀所見之 1234.568）：

■ 小數點後所輸入之無作用的 0，將被自動捨去。

■ 未滿 1 之小數，小數點前若未輸入 0，如：.25：

將自動被補上 0：

　　若無特殊設定，每一個工作表之所有儲存格均預設使用「**通用格式**」。除非是因原儲存格之格式設定錯誤，而想將其還原。否則，不太會大費周章，將格式設定為使用「**通用格式**」。

　　如，原輸入 1/2 之內容：

原以為會獲致 0.5 之數值。但卻得到 1 月 2 日之日期：

發現此一錯誤後，改直接輸入 0.5：

但仍獲致 1 月 0 日之錯誤：

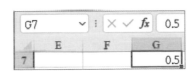

這乃是因為該儲存格之格式，已被自動設定為日期格式之故，解決之道為將其格式改回「**一般**」( 通用格式 ) 即可：

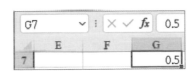

其結果為：

以按『**常用 / 數值 / 數值格式**』鈕，進行將儲存格還原為「**通用格式**」，其步驟較多，速度較慢。另一種設定「**通用格式**」之便捷方式，其處理步驟為：

Step ❶ 以滑鼠指標按一下未曾設定過任何格式之空白儲存格，作為格式來源（該格之格式即預設使用「**通用格式**」）

Step ❷ 按『**常用 / 剪貼簿 / 複製格式**』✅ 鈕，指標將轉為一把刷子之形狀

Step ❸ 將刷子移往欲還原為「**通用格式**」之目的地儲存格上，以拖曳方式刷過這些儲存格。即可將來源之格式（「**通用格式**」）複製到目的地儲存格上，使其均還原為「**通用格式**」

## 數值格式

　　『設定儲存格格式』對話方塊『數值』標籤內，「**數值**」格式之設定畫面為：

　　其內有三個選項，要使用者進行定義：

■ **小數位數 (D)**（ 小數位數(D): 2 ）

用以安排儲存格內之數值，應固定顯示幾位的小數，其範圍可為 0~30。可利用滑鼠按其右側之上下箭頭調整，或於其內直接輸入數字進行設定。設定後，數值外觀會自動改為四捨五入後之結果。如：123.45678 設定為固定顯示一位小數後，其外觀為 123.5。（不影響原值，僅係外觀改變而已）

■ **使用千分位 (,) 符號 (U)**（ □使用千分位(,)符號(U) ）

用以將數值改為以千分位格式顯示，如：12345 改為 12,345。

■ **負數表示方式 (N)**

用以選擇當儲存格出現負值時，應以何種方式表示？如：加上括號、改為紅字或同時使用兩者。

設定中，『範例』及『負值表示方式 (N)：』方塊，均可立即看到其設定後應有之外觀。範例 Ch03.xlsx『數值與設定顏色』工作表，同時使用幾種不同之數值格式以利比較：

| | B | C | D | E |
|---|---|---|---|---|
| 2 | 原值 | 兩位小數、千分位、負值紅色加括號 | 一位小數、無千分位、負值加負號 | 零位小數、千分位、負值加括號而已 |
| 3 | 4123.457 | 4,123.46 | 4123.5 | 4,123 |
| 4 | 1250.28 | 1,250.28 | 1250.3 | 1,250 |
| 5 | 160 | 160.00 | 160.0 | 160 |
| 6 | 0 | 0.00 | 0.0 | 0 |
| 7 | -250.5 | (250.50) | -250.5 | (251) |
| 8 | -3875 | (3,875.00) | -3875.0 | (3,875) |

**小秘訣**

若只是要將數值安排為固定顯示成幾位小數，並不用轉入『設定儲存格格式』對話方塊『數值』標籤內進行設定。可於『就緒』狀態，先選取儲存格範圍，然後按『常用 / 數值 / 增加小數位數』鈕或『減少小數位數』鈕進行調整。

設定時以小數位最多之數字為準，然後進行一起增加或減少一位小數。如：

| B11 | | | fx | 123.4567 |
|---|---|---|---|---|
| | A | B | C | D |
| 10 | | 將下列數字調整為固定兩位小數 | | |
| 11 | | 123.4567 | | |
| 12 | | 250.2 | | |
| 13 | | 360 | | |

由於原小數位最多者為 4 位小數，於按兩次『減少小數位數』鈕後，全體將調整為 2 位小數，以 B11 之資料為例，僅外觀呈四捨五入為 123.46 而已，並不影響原值 123.4567：

| B11 | | | fx | 123.4567 |
|---|---|---|---|---|
| | A | B | C | D |
| 10 | | 將下列數字調整為固定兩位小數 | | |
| 11 | | 123.46 | | |
| 12 | | 250.20 | | |
| 13 | | 360.00 | | |

### 設定顏色

我們已學會於「**數值**」格式中，將負值改為以紅色顯示。但難道僅能改為紅色而已嗎？本節將告訴您如何將正／負值改為以不同顏色顯示。假定，擬將數值設定為固定顯示一位小數，且正值改藍色；負值改紅色外加括號。其處理步驟為：

Step 1  選取要處理之數值內容

Step 2  按『**常用／數值**』群組之『**數值**』對話方塊啟動器鈕（ 數值　　　　 ），轉入『設定儲存格格式』對話方塊『**數值**』標籤內，將「**數值**」格式設定為固定顯示一位小數，且負值改紅色外加括號

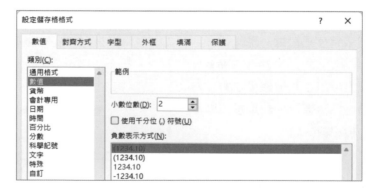

Step 3  按 　確定　 鈕，可獲致負值部分已達成要求之結果

|  | C |
|---|---|
| 20 | 正值藍色負值紅色加括號 |
| 21 | 4123.5 |
| 22 | 1250.3 |
| 23 | 160.0 |
| 24 | 0.0 |
| 25 | (250.5) |
| 26 | (3875.0) |

Step 4 按『**常用 / 數值**』群組『**數值**』對話方塊啟動器鈕（ 數值 ꜱ ），轉入『**設定儲存格格式**』對話方塊『**數值**』標籤，於左側選「**自訂**」類別

可看到先前之格式設定：

0.0_);[ 紅色 ](0.0)

Step 5 先不管那些 0、括號及小數點。至少，我們看得懂 **[ 紅色 ]** 這組字，猜也猜得出其作用是要將數字改為紅色顯示。所以，只要於適當位置，比照辦理加上 **[ 藍色 ]**，應也可將內容改藍色顯示。但問題是：加在哪裡呢？

請仔細看一下那兩組格式字串，中間係以分號（;）標開兩組內容。左側一組係管正值的格式設定；右側一組則管負值的格式設定。所以，負值目前可改為紅色顯示。因此，只要於『類型 (T):』方塊最前面按一下滑鼠，續輸入 **[ 藍色 ]**：

[ 藍色 ]0.0_);[ 紅色 ](0.0)

類型(I):

[藍色]0.0_);[紅色](0.0)

按 確定 鈕，即可達成所有要求：固定顯示一位小數，且正值改藍色；負值改紅色外加括號

| | C |
|---|---|
| | 正值藍色負值紅色加括號 |
| 20 | |
| 21 | 4123.5 |
| 22 | 1250.3 |
| 23 | 160.0 |
| 24 | 0.0 |
| 25 | (250.5) |
| 26 | (3875.0) |

Excel 格式中，可用之顏色代碼計有：

| [ 黑色 ] | [ 藍色 ] | [ 青色 ] | [ 綠色 ] |
|----------|----------|----------|----------|
| [ 洋紅 ] | [ 紅色 ] | [ 白色 ] | [ 黃色 ] |

等八種，且應注意：**色彩代碼必須是該組格式的第一個設定項目**。這是舊版 Excel 所使用之顏色，當然不夠用！故而，較新版的 Excel 又提供了另一種設定方式：

[ 色彩 n ]

n 可用的數字範圍為：1 ～ 56 之數字，其對應色彩即我們按『**常用 / 字型 / 字型色彩**』之下拉鈕，所顯示之所有可用色彩：

例如：1 為黑色、3 為紅色、4 為綠色，5 為藍色、……、21 為紫色、……、46 為橙色、……。如：

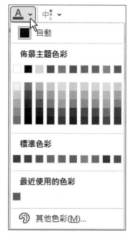

類型(T):

[色彩21]#,##0.0_);[色彩46](#,##0.0)

可固定顯示一位小數，正值改紫色；負值改橙色外加括號：

| | C | D |
|---|---|---|
| 39 | 以設定格式化條件 | |
| 40 | 正值紫色負值橙色 | |
| 41 | 4,123.5 | |
| 42 | 1,250.3 | |
| 43 | 160.0 | |
| 44 | 0.0 | |
| 45 | (250.5) | |
| 46 | (3,875.0) | |

**馬上練習**

將範例 Ch03.xlsx『正負格式』工作表內容之格式設定為：千分位、固定顯示一位小數，且正值改綠色；負值改洋紅色外加括號

| | C |
|---|---|
| 2 | 2,456.7 |
| 3 | 102.3 |
| 4 | 2.8 |
| 5 | 0.0 |
| 6 | (125.0) |
| 7 | (3,689.7) |

小秘訣

要完成正值 / 負值使用不同的顏色設定，亦可按『常用 / 樣式 / 條件式格式設定』 條件式格式設定∨ 鈕之「醒目提示儲存格規則 (H)」來達成。（詳下章說明）

亦可先將選取內容，按『常用 / 字型 / 字型色彩』 A∨ 鈕，設定為藍色，再以『常用 / 數值』群組之『數值』對話方塊啟動器鈕（ 數值 🖙 ），轉入『設定儲存格格式』對話方塊『數值』標籤內，將「數值」格式設定為負值改紅色外加括號。

## 預留某字之寬度

前面，我們所使用過的格式設定內容：

[ 藍色 ]0.0_);[ 紅色 ](0.0)

顏色部分我們已了解，小數點部分的點號應也還可接受，負值部分所加之括號係要求於負值之外圍加上括號。由於負值上括號後，最後一個字元變成是右括號；而正值則否。如此，將讓正負值之個位數無法安排於同一位置，正值的個位數所對齊者，為負值之右括號：

| |
|---|
| (100) |
| 2500 |

為避免此一缺失，最好的方式，就是於正值右尾也留下一個右括號之寬度。故正值部分的格式設定之尾部，以

_)

就是要達成預留一個右括號之寬度的動作。底線符號之作用表：預留其後所接之一個字元之空白。如此，方可使正負值之個位數字能對齊：（詳範例 Ch03.xlsx『預留某字之寬度』工作表）

| | B | C | D |
|---|---|---|---|
| 1 | 原內容 | 無法對齊 | 個位數對齊 |
| 2 | -100 | (100) | (100) |
| 3 | 2500 | 2500 | 2500 |

## 0 格式字元

接著,來看格式字元中那一堆 0 的作用。0 係用來安排顯示數值內容,**但若該位置為無作用之 0,就自動補 0(即,無作用的 0,要顯示 0)**。何謂無作用之 0?像 12034.567 之數值,1 之前或 7 之後,加上再多的 0,如:

```
00000012034.5670000
```

也不會影響其原值。這些不影響原值的 0,就是所謂的**無作用之 0**。

0 格式字元,通常被安排於個位數及小數位置。以決定整數部分若為 0 時,是否該顯示?以及於小數點後應固定顯示幾位小數?如:

```
0.00
```

表整數部分若為 0 時,應加以顯示且小數點後應固定顯示 2 位小數。因此,0.2 及 0.376,將分別被顯示為 0.20 及 0.38:(詳範例 Ch03.xlsx『0 格式』工作表)

| | B | C | D |
|---|---|---|---|
| | 原內容 | 使用0.00格式 | |
| 1 | | | |
| 2 | 0.2 | 0.20 | |
| 3 | 0.376 | 0.38 | |

C3 ✓ × ✓ fx 0.376

若只安排

```
.0
```

當格式,將不顯示整數部分之 0,且僅留下一位小數而已。同樣之 0.2 及 0.376,將分別被顯示為 .2 及 .4:

| | B | C | D |
|---|---|---|---|
| 5 | 原內容 | 使用.0格式 | |
| 6 | 0.2 | .2 | |
| 7 | 0.376 | .4 | |

C7 ✓ × ✓ fx 0.376

小數點後安排幾個 0 格式字元,表應固定顯示幾位小數。同理,整數部分安排幾個 0 格式字元,亦表應固定顯示幾位整數。因此,如:

| 123 |
|---|
| 5 |
| 28 |
| 2016 |

若安排使用

```
0000
```

格式字元，表應固定以四位數表示其內
容，不足四位者，於其前面補 0：

| | B | C |
|---|---|---|
| 9 | 原內容 | 使用0000格式 |
| 10 | 123 | 0123 |
| 11 | 5 | 0005 |
| 12 | 28 | 0028 |
| 13 | 2016 | 2016 |

C11 ｜ ✕ ✓ ｆx ｜ 5

馬上練習

將範例 Ch03.xlsx『藍色五位數不足前面補 0』
工作表之內容，改為以藍色之五位數顯示，不
足五位者，於其前面補 0：

| | B | C |
|---|---|---|
| 1 | 原內容 | 設定後 |
| 2 | 5 | 00005 |
| 3 | 30625 | 30625 |
| 4 | 12 | 00012 |
| 5 | 204 | 00204 |
| 6 | 1250 | 01250 |

## # 格式字元

# 格式字元之作用與 0 格式字元類似，雖同樣用來安排顯示數值內容。
但不同的是：**若該位置為無作用之 0，就自動加以放棄而不補 0。即，無作**
**用的 0，不要顯示 0）**

# 格式字元，通常被安排於千、百及十位數位置。以防當數字不夠大
時，於該位置出現不必要之 0。如：

#,##0.0

表若值超過 1000，將顯示出千分位
之逗號。否則，僅顯示出其實際值，
並不會自動於 # 位置補 0：（詳範例
Ch03.xlsx『 # 格式』工作表）

| | B | C | D |
|---|---|---|---|
| 1 | | 原值 | 格式#,##0.0 |
| 2 | | 4123.457 | 4,123.5 |
| 3 | | 1250.28 | 1,250.3 |
| 4 | | 160 | 160.0 |
| 5 | | 0 | 0.0 |
| 6 | | -250.5 | -250.5 |
| 7 | | -3875 | -3,875.0 |

D2 ｜ ✕ ✓ ｆx ｜ 4123.457

為何不使用

#,###.#

當格式呢？若此，碰上無小數之內容（如：160）、整數部分為 0 之小數（如：0.5 或 0.0），其無作用之 0 將不會顯示。而導致小數點無法對齊之情況：

| | C | D | E |
|---|---|---|---|
| 11 | 原值 | 格式#,##0.0 | 格式#,###.# |
| 12 | 4123.457 | 4,123.5 | 4,123.5 |
| 13 | 1250.28 | 1,250.3 | 1,250.3 |
| 14 | 160 | 160.0 | 160. |
| 15 | 0 | 0.0 | . |
| 16 | -250.5 | -250.5 | -250.5 |
| 17 | -3875 | -3,875.0 | -3,875. |

## 貨幣格式

　　『設定儲存格格式』對話方塊『數值』標籤內，「**貨幣**」格式之設定畫面為：

其內僅『符號 (S)』係原數值格式所沒有，其作用為選擇所要使用之貨幣符號：

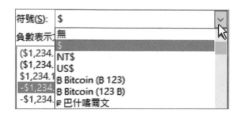

設定後，貨幣格式之效果完全同於加有千分位之數值格式，只差左側再加上貨幣符號而已。

　　但即便是同樣的小數位，貨幣格式之效果，並不完全同於以『**會計數字格式**』$ ▾ 鈕所設定之結果，前者之貨幣符號緊貼於數字之前；而後者則固定於儲存格之第 2 個字元位置，符號與數字間則補空白，0 值改為僅顯示一個減號（‑），且負值並未改變顏色：

| E5 | | | $f_x$ | 0 | |
|---|---|---|---|---|---|

| | B | C | D | E |
|---|---|---|---|---|
| 1 | 原值 | 數值格式 | 貨幣格式 | $ 樣式 |
| 2 | 4123.457 | 4,123.5 | $4,123.5 | $ 4,123.46 |
| 3 | 1250.28 | 1,250.3 | $1,250.3 | $ 1,250.28 |
| 4 | 160 | 160.0 | $160.0 | $ 160.00 |
| 5 | 0 | 0.0 | $0.0 | $ - |
| 6 | -250.5 | (250.5) | ($250.5) | $ (250.50) |
| 7 | -3875 | (3,875.0) | ($3,875.0) | $ (3,875.00) |

馬上練習

將範例 Ch03.xlsx『日圓及英鎊』工作
表內容，改成使用¥、£之貨幣格式：

| | B | C | D |
|---|---|---|---|
| 1 | 原值 | ¥ | £ |
| 2 | 4123.457 | ¥4,123.5 | £4,123.5 |
| 3 | 1250.28 | ¥1,250.3 | £1,250.3 |
| 4 | 160 | ¥160.0 | £160.0 |
| 5 | 0 | ¥0.0 | £0.0 |
| 6 | -250.5 | (¥250.5) | (£250.5) |
| 7 | -3875 | (¥3,875.0) | (£3,875.0) |

## 加入自訂字串

於『設定儲存格格式』對話方塊『數值』標籤，選取「自訂」類別，
也可自行加入以雙引號包圍之任意字串，以便於格式中顯示出該文字內
容。如：

#,##0.0" 元 "

可於原數值後加入 " 元 " 字串：（詳範例 Ch03.xlsx『加入字串』工作表）

而

> " 新台幣 "#,##0.0" 元 "

| 類型(T): |
| --- |
| "新台幣"#,##0.0"元" |

| C2 | × ✓ fx | 4123.457 |
| --- | --- | --- |

| | A | B | C |
| --- | --- | --- | --- |
| 1 | | 原值 | 加入"元" |
| 2 | | 4123.457 | 4,123.5元 |
| 3 | | 1250.28 | 1,250.3元 |
| 4 | | 160 | 160.0元 |
| 5 | | 0 | 0.0元 |
| 6 | | -250.5 | -250.5元 |

可於原數值之前加入 " 新台幣 "；並於數值後加入 " 元 " 字串：

| D11 | × ✓ fx | 4123.457 |
| --- | --- | --- |

| | B | C | D |
| --- | --- | --- | --- |
| 10 | 原值 | 加入"元" | 加入"新台幣"及"元" |
| 11 | 4123.457 | 4,123.5元 | 新台幣4,123.5元 |
| 12 | 1250.28 | 1,250.3元 | 新台幣1,250.3元 |
| 13 | 160 | 160.0元 | 新台幣160.0元 |
| 14 | 0 | 0.0元 | 新台幣0.0元 |
| 15 | -250.5 | -250.5元 | -新台幣250.5元 |
| 16 | -3875 | -3,875.0元 | -新台幣3,875.0元 |

**馬上練習**

於範例 Ch03.xlsx『賺賠』工作表 C3 位置，以自訂格式，依 =C1-C2 之結果，正值顯示 " 賺 : "；負值顯示 " 賠 : "，後接其實際數值：

| | B | C |
| --- | --- | --- |
| 1 | 售價 | 300 |
| 2 | 成本 | 240 |
| 3 | | 賺:60 |

| | B | C |
| --- | --- | --- |
| 1 | 售價 | 200 |
| 2 | 成本 | 240 |
| 3 | | 賠:40 |

## 控制 0 值的顯示方式

我們已知道格式字串中，以分號標開的兩組內容，分別是管正 / 負值的顯示方式。若再加上分號及另一組格式設定，則可再控制 0 值的顯示方式。如：

> #,##0_);[ 紅色 ](#,##0);" - "

可將 0 值改顯示成減號：（詳範例 Ch03.xlsx
『0 值』工作表）

| | B | C | D |
|---|---|---|---|
| 1 | | 原值 | 0改-號 |
| 2 | | 0 | - |
| 3 | | 2480 | 2,480 |
| 4 | | 0 | - |
| 5 | | -100 | (100) |
| 6 | | -1368 | (1,368) |

同理，格式安排成：

#,##0_);[ 紅色 ](#,##0);"Zero"

可將 0 值改顯示成 "Zero"：

| | C | D | E |
|---|---|---|---|
| 9 | 原值 | 0改-號 | 0改"Zero" |
| 10 | 0 | - | Zero |
| 11 | 2480 | 2,480 | 2,480 |
| 12 | 0 | - | Zero |
| 13 | -100 | (100) | (100) |
| 14 | -1368 | (1,368) | (1,368) |

既然如此，那就可以將 0 值改任意字串囉！如：

#,##0_);[ 紅色 ](#,##0);"N/A"

#,##0_);[ 紅色 ](#,##0);" 零 "

#,##0_);[ 紅色 ](#,##0);[ 藍色 ]" 無資料 "

...

| | C | D | E | F |
|---|---|---|---|---|
| 17 | 原值 | 0改-號 | 0改"Zero" | 0改"N/A" |
| 18 | 0 | - | Zero | N/A |
| 19 | 2480 | 2,480 | 2,480 | 2,480 |
| 20 | 0 | - | Zero | N/A |
| 21 | -100 | (100) | (100) | (100) |
| 22 | -1368 | (1,368) | (1,368) | (1,368) |

若表中的 0 很多，也可將 0 值隱藏起來。可使用

#,##0_);[ 紅色 ](#,##0);" "

要求顯示空白；或直接省略其定義內容，但分號不可省：

#,##0_);[ 紅色 ](#,##0);

而要求將 0 隱藏:

| | C | D | E | F | G |
|---|---|---|---|---|---|
| 25 | 原值 | 0改-號 | 0改"Zero" | 0改"N/A" | 隱藏0 |
| 26 | 0 | - | Zero | N/A | |
| 27 | 2480 | 2,480 | 2,480 | 2,480 | 2,480 |
| 28 | 0 | - | Zero | N/A | |
| 29 | -100 | (100) | (100) | (100) | (100) |
| 30 | -1368 | (1,368) | (1,368) | (1,368) | (1,368) |

**馬上練習**

將範例 Ch03.xlsx『成績』工作表中之 0 值,改為顯示藍色之 " 缺考 " 字串:

| | A | B | C |
|---|---|---|---|
| 1 | 學號 | 成績 | |
| 2 | 15701 | 85 | |
| 3 | 15702 | 缺考 | |
| 4 | 15703 | 78 | |

## 控制字串內容之格式

　　於數字內容處,難免會不小心輸入到非數值的字串內容。通常,一般數值格式均不會對這類字串加以特殊控制。因此,它們就直接以原內容顯示:(詳範例 Ch03.xlsx『字串』工作表)

| | B | C | D |
|---|---|---|---|
| 1 | 原值 | 無控制 | |
| 2 | 0 | 0 | |
| 3 | 2480 | 2,480 | |
| 4 | 12c3 | 12c3 | |
| 5 | -25100 | (25,100) | |
| 6 | 25a1 | 25a1 | |

　　格式設定中,除了可管正值、負值及 0 值之格式外;還可以第四組格式設定,來控制字串內容之顯示結果。如:

```
#,##0_);(#,##0);"N/A";[ 紅色 ]"***"@"***"
```

@ 字元之作用為顯示原字串內容,故此式之第四組格式設定,將於原字串之左右加上一串星號並改為紅色,提醒使用者已輸入非數值之字串資料:

| | B | C | D |
|---|---|---|---|
| 9 | 原值 | 無控制 | 左右加*號 |
| 10 | 0 | 0 | N/A |
| 11 | 2480 | 2,480 | 2,480 |
| 12 | 12c3 | 12c3 | ***12c3*** |
| 13 | -25100 | (25,100) | (25,100) |
| 14 | 25a1 | 25a1 | ***25a1*** |

馬上練習

範例 Ch03.xlsx『成績 - 字串』工作表，含幾個非數值之文字串，試將其中之非數值改紅色顯示，前加 "* 注意："，後加 "*" 字串。

| | B6 | | ✕ ✓ fx | 無作業 |
|---|---|---|---|---|
| | A | B | | C |
| 1 | 學號 | 成績 | | |
| 2 | 15701 | 85 | | |
| 3 | 15702 | *注意:3A* | | |
| 4 | 15703 | 78 | | |
| 5 | 15704 | 66 | | |
| 6 | 15705 | *注意:無作業* | | |
| 7 | 15706 | *注意:缺報告* | | |
| 8 | 15707 | 92 | | |

## 以千或百萬為單位

若數字很大但仍以 1 為單位來顯示，就得使用較大之欄寬來顯示其內容。此時，可考慮以千（或百萬或十億）為單位顯示，以縮短其內容。設定時，於最後一個數字格式字元之後加上 1 個逗號，表要以千為單位、加上 2 個逗號，表要以百萬為單位、加上 3 個逗號，表要以十億為單位、……。如：

0.0,

表固定留下一位小數，且以千為單位顯示其內容：（詳範例 Ch03.xlsx『以千為單位』工作表）

| | C2 | | ✕ ✓ fx | 68750 |
|---|---|---|---|---|
| | A | B | C | |
| 1 | | 以1為單位 | 以千為單位 | |
| 2 | | 68750 | 68.8 | |
| 3 | | 1200 | 1.2 | |
| 4 | | 6500800 | 6500.8 | |
| 5 | | 375600 | 375.6 | |

為避免別人看不懂，除可於標題加上 " 單位：仟 " 之說明外；亦可將格式改為：

0.0," 千 "

即可於尾部自動加上 " 千 " 字：

| | B | C | D |
|---|---|---|---|
| | D9 | | 68750 |
| 8 | 以1為單位 | 以千為單位 | 尾部加"千" |
| 9 | 68750 | 68.8 | 68.8千 |
| 10 | 1200 | 1.2 | 1.2千 |
| 11 | 6500800 | 6500.8 | 6500.8千 |
| 12 | 375600 | 375.6 | 375.6千 |

而使用

```
0,," 百萬元 "
```

表以百萬為單位，將數值顯示到整數為止，且尾部加上 " 百萬元 " 字串：

| | A | B | C |
|---|---|---|---|
| | C16 | | 2325000 |
| 15 | | 以1為單位 | 以百萬為單位 |
| 16 | | 2325000 | 2百萬元 |
| 17 | | 3408600 | 3百萬元 |
| 18 | | 6500800 | 7百萬元 |
| 19 | | 975600 | 1百萬元 |

**馬上練習**

將範例 Ch03.xlsx『仟單位』工作表數值，改為以仟為單位、加千分位、固定一位小數、負值以紅色加括號顯示：

| | C | D |
|---|---|---|
| 1 | 實際值 | 單位：仟 |
| 2 | 128500 | 128.5 |
| 3 | 5010200 | 5,010.2 |
| 4 | -21685 | (21.7) |
| 5 | -4103450 | (4,103.5) |

## 加入條件

進行格式設定時，亦可以方括號包圍條件之方式，來設定不同情況的格式。條件式中，可使用 >、>=、<、<=、= 與 <> 等比較符號。且最多可以分號標開成三組，分別管第一組條件成立時、第二組條件成立時與兩個條件均不成立時之格式。注意，一旦加入條件式，格式就不再是管正 / 負及 0 值的情況。範例 Ch03.xlsx『條件』工作表 B2:B6 使用之格式設定為：

```
[ 藍色 ][>=60]0；[ 紅色 ][<60]0
```

可讓成績及格者以藍色顯示；不及格者以紅色顯示：

| | A | B | C |
|---|---|---|---|
| 1 | 姓名 | 成績 | |
| 2 | 林美珍 | 85 | |
| 3 | 林美燕 | 35 | |
| 4 | 何思涵 | 78 | |

B2 ▼ × ✓ fx 85

而若原業績內容為：

| | A | B |
|---|---|---|
| 11 | 姓名 | 業績 |
| 12 | 林美珍 | 8500000 |
| 13 | 林美燕 | 500 |
| 14 | 何思涵 | 2568000 |
| 15 | 陳凱瑜 | 64200 |

利用

```
[ 藍色 ][>=1000000]0.0,," 百萬 "；[>=1000]0.0," 仟元 ";[ 紅色 ]0.0" 元整 "
```

可將達 1,000,000 者，改為藍色顯示、縮減成以百萬為單位，並加上 " 百萬 " 字串；另將達 1,000 者，以原來顏色、縮減成以千為單位，並加上 " 仟元 " 字串；最後，將其他情況（未滿 1,000）者，以紅色、原值加 " 元整 " 字串顯示：

B12 ▼ × ✓ fx 8500000

| | A | B | C | D |
|---|---|---|---|---|
| 11 | 姓名 | 業績 | | |
| 12 | 林美珍 | 8.5百萬 | | |
| 13 | 林美燕 | 500.0元整 | | |
| 14 | 何思涵 | 2.6百萬 | | |
| 15 | 陳凱瑜 | 64.2仟元 | | |

**小秘訣**

要完成符合不同條件，使用不同的格式設定，亦可按『常用 / 樣式 / 條件式格式設定』 條件式格式設定 鈕之「醒目提示儲存格規則 (H)」來達成。( 詳下章說明 )

將範例 Ch03.xlsx『距離』工作表，原以公尺
表示之距離，改顯示成適當之 " 公里 " 及 "
公尺 "；前者以紅色顯示，後者維持原色；兩
者均固定顯示一位小數：

| ◢ | B | C |
|---|---|---|
| 1 | 原距離 | 距離 |
| 2 | 1,200 | 1.2公里 |
| 3 | 3,650 | 3.7公里 |
| 4 | 800 | 800.0公尺 |

## 會計專用格式

『設定儲存格格式』對話方塊『數值』標籤內，「**會計專用**」格式之設
定畫面為：

其內可選擇『小數位數』及『符號 (S)』。設定後，其貨幣符號係固定加於
儲存格之第 2 個字元，非常類似按『**會計數字格式**』$ ∨ 鈕所設定之結果。
只差『**會計專用**』將負號加於貨幣符號之前；而『**會計數字格式**』則係以
括號包圍負值：（詳範例 Ch03.xlsx『會計』工作表）

| C2 | ∨ : × ✓ fx | 4123.457 | |
|---|---|---|---|
| ◢ | B | C | D |
| 1 | 原值 | 會計 | $ 樣式 |
| 2 | 4123.457 | $ 4,123.5 | $ 4,123.5 |
| 3 | 1250.28 | $ 1,250.3 | $ 1,250.3 |
| 4 | 160 | $ 160.0 | $ 160.0 |
| 5 | 0 | $ - | $ - |
| 6 | -250.5 | -$ 250.5 | $ (250.5) |
| 7 | -3875 | -$ 3,875.0 | $ (3,875.0) |

## * 格式字元

若轉入「**自訂**」畫面查看，可發現「**會計專用**」之格式設定內容為：

_-$* #,##0.0_-;-$* #,##0.0_-;_-$* "-"?_-;_-@_-

前三組設定內容中，其 $ 號後均使用
* 格式字元，* 後接一個不是很明顯
的空格。其作用為：複製其後所接之
字元（在本例為空格），到填滿整欄
寬度為止。故使用「**會計專用**」格式
之內容，無論其欄寬多少？$ 號後均
可填滿空格：（詳範例 Ch03.xlsx『星
號格式』工作表）

| B2 | ✓ | fx | 4123.457 | |
|---|---|---|---|---|
| ▲ | A | B | | C |
| 1 | | 會計1 | | 會計2 |
| 2 | | $ | 4,123.5 | $ 4,123.5 |
| 3 | | $ | 1,250.3 | $ 1,250.3 |
| 4 | | $ | 160.0 | $ 160.0 |
| 5 | | $ | - | $ - |
| 6 | | -$ | 250.5 | -$ 250.5 |
| 7 | | -$ | 3,875.0 | -$ 3,875.0 |

假定，想於數字中以 $ 號填滿空白，可使用

*$#,##0

之格式設定。* 後接一個 $ 號，可複製 $ 號到填滿整欄寬度為止。其效
果為：

| F2 | ✓ | fx | 4123.457 | |
|---|---|---|---|---|
| ▲ | D | E | F | |
| 1 | | 原值 | $填滿 | |
| 2 | | 4123.457 | $$$$$4,123 | |
| 3 | | 1250.28 | $$$$$1,250 | |
| 4 | | 160 | $$$$$$ 160 | |
| 5 | | 32460 | $$$$32,460 | |

**馬上練習**

將範例 Ch03.xlsx『填滿』工作表內容，改為各類填滿：

| ▲ | B | C | D | E |
|---|---|---|---|---|
| 1 | 原值 | *$填滿 | $*填滿 | **填滿 |
| 2 | 4123.457 | ***** $4,123 | $***** 4,123 | **** 4,123 |
| 3 | 1250.28 | ***** $1,250 | $***** 1,250 | **** 1,250 |
| 4 | 160 | ****** $160 | $******* 160 | ****** 160 |
| 5 | 32460 | **** $32,460 | $***** 32,460 | *** 32,460 |

## 日期格式

　　『設定儲存格格式』對話方塊『數值』標籤內,「**日期**」格式之設定畫面為:

可設定之格式種類相當完備,有中文的年月日及各式西曆的表示方式,甚至還可顯示月別及星期幾之英文:(詳範例 Ch03.xlsx『日期』工作表)

　　若仍覺得不足,仍可使用下示之格式字元,自行訂定所要之格式:

| 格式字元 | 作用 |
|---|---|
| aaa | 以兩個中文字表示星期幾,如:週一、週二 |
| aaaa | 以三個中文字表示星期幾,如:星期一、星期二 |
| / 或 - | 日期的標開符號 |
| d | 日期,不足兩位數時,前面不補 0 |
| dd | 日期,不足兩位數時,前面補 0 |
| ddd | 以三個英文表示星期幾,如:Sat, Sun |

| 格式字元 | 作用 |
|---|---|
| dddd | 星期幾之完整英文，如：Saturday , Sunday |
| M | 月份，不足兩位數時，前面不補 0 |
| MM | 月份，不足兩位數時，前面補 0 |
| MMM | 以三個英文表示其月份，如：Jan, Feb |
| MMMM | 以完整英文表示其月份，如：January, February |
| yy | 西元年代的最後兩字（00-99） |
| yyyy | 完整之西元年代（0100-9999） |

馬上練習

就範例 Ch03.xlsx『日期格式』工作
表，完成右示之日期格式：

| ▲ | B | C | D |
|---|---|---|---|
| 1 | 生日 | 改.號 | 改.號補0 |
| 2 | 1955/06/16 | 55.6.16 | 55.06.16 |
| 3 | 1961/04/20 | 61.4.20 | 61.04.20 |
| 4 | 1950/12/10 | 50.12.10 | 50.12.10 |
| 5 | 1972/03/08 | 72.3.8 | 72.03.08 |

## 時間格式

　　『設定儲存格格式』對話方塊『數值』標籤內，「**時間**」格式之設定畫
面為：

可設定各式時間表示方式，甚至還可加標日期：（詳範例 Ch03.xlsx『時間』工作表）

若仍覺得不足，仍可使用下示之格式字元自訂所要之格式：

| 格式字元 | 作用 |
| --- | --- |
| : | 時間的標開符號 |
| h | 12 小時制，時，不足兩位數時，前面不補 0 |
| hh | 12 小時制，時，不足兩位數時，前面補 0 |
| H | 24 小時制，時，不足兩位數時，前面不補 0 |
| HH | 24 小時制，時，不足兩位數時，前面補 0 |
| m | 分，不足兩位數時，前面不補 0 |
| mm | 分，不足兩位數時，前面補 0 |
| s | 秒，不足兩位數時，前面不補 0 |
| ss | 秒，不足兩位數時，前面補 0 |
| [] | 顯示大於 24 之小時，或大於 60 之分或秒 |
| AM/PM | 顯示適當之大寫 AM 或 PM（12 小時制） |
| am/pm | 顯示適當之小寫 am 或 pm（12 小時制） |
| A/P | 顯示適當之大寫 A 或 P 代表 AM/PM（12 小時制） |
| a/p | 顯示適當之小寫 a 或 p2 代表 am/pm（12 小時制） |

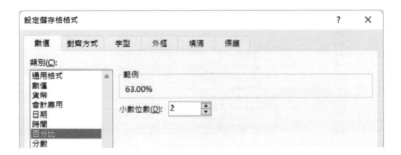

馬上練習

就範例 Ch03.xlsx『時間格式』工作表，完成下示之時間格式：

| | A | B | C | D |
|---|---|---|---|---|
| 1 | 日期：12/2/2022 時間：15:01:02 | | | |
| 2 | 時間 | 加AM/PM | 加a/p | 不補0加"時分" |
| 3 | 10:05:10 | 10:05 AM | 10:05 a | 10時5分 |
| 4 | 18:20:30 | 06:20 PM | 06:20 p | 18時20分 |
| 5 | 03:05 | 03:05 AM | 03:05 a | 3時5分 |
| 6 | 16:08 | 04:08 PM | 04:08 p | 16時8分 |

## 百分比格式

　　『設定儲存格格式』對話方塊『數值』標籤內，「**百分比**」格式之設定畫面為：

可設定顯示成百分比格式後，應保留幾位小數。其效果類似按『**常用 / 數值 / 百分比樣式**』% 鈕進行設定，只差後者預設顯示 0 位小數而已：（詳範例 Ch03.xlsx『百分比』工作表）

| | A | B | C | D |
|---|---|---|---|---|
| 1 | | 原值 | 百分比 | 按%設定 |
| 2 | | 0.256 | 25.6% | 26% |
| 3 | | 0.1755 | 17.6% | 18% |
| 4 | | 0.806 | 80.6% | 81% |
| 5 | | 1.367 | 136.7% | 137% |

（C2 = 25.6%）

　　通常，我們很少大費周章，刻意跑到『設定儲存格格式』對話方塊來設定百分比格式。大部分均按『**常用 / 數值 / 百分比樣式**』% 鈕，續再以『**常用 / 數值 / 增加小數位數**』鈕調整一下小數位即可。

甚至，還可於輸入時即自行加上 % 號，來輸入含百分比格式之內容。其預設狀況為：

■ 若含小數，則固定使用 2 位小數，如：輸入 25.6% 可獲得 25.60%。26.3333% 可獲得 26.33%。

■ 若不含小數，則固定使用 0 位小數，如：輸入 25% 可獲得 25%。

## 分數格式

『設定儲存格格式』對話方塊『數值』標籤內，「**分數**」格式之設定畫面為：

可選擇當內容為分數時，應顯示幾位數的分母及分子。如，下例為分子分母最多均顯示 2 位數之結果：（詳範例 Ch03.xlsx『分數』工作表）

若原值之數字位數超過所指定之位數，將自動進行約分，取其最接近之值。如：12 3/13 於分子分母均只顯示一位數之情況，其結果為 12 2/9：

若您所處理之分數的分母及分子，需要較多之位數。可以 **?** 格式字元，進行自訂格式。設定時，一個 **?** 號表一個分母或分子的數字。如：

# ????/????

表分母及分子最多可顯示四位數：

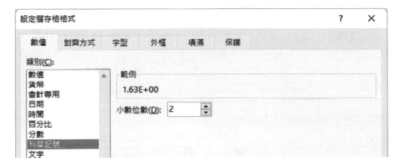

## 科學記號格式

　　『設定儲存格格式』對話方塊『數值』標籤內，「**科學記號**」格式之設定畫面為：

可將原數轉為只含 1 位整數及指定位數之小數，後接一個 E 及代表 10 的幾次方之數字。如：12,345 於小數 1 位之情況，將轉為 1.2E+04；於小數 2 位之情況，將轉為 1.23E+04：（詳範例 Ch03.xlsx『科學記號』工作表）

## 文字格式

　　『設定儲存格格式』對話方塊『數值』標籤內，「**文字**」格式之作用是在將數字內容轉為文字，或將其顯示成與所輸入之內容完全相同之外觀：

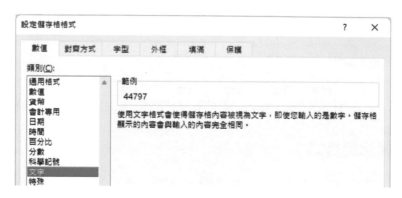

　　一般言，輸入含前置 0 之數字（如：0012），其前置 0 將被自動放棄。這是因為 Excel 將其當作數值之故，若將儲存格事先設定為「**文字**」格式，則所輸入之每一個數字均將被當成文字般，全數保留下來，且自動改左靠。相當於先輸入單引號，再輸入數字內容般：（詳範例 Ch03.xlsx『文字』工作表）

| | B | C | D |
|---|---|---|---|
| 1 | 輸入 | 數字格式 | 文字格式 |
| 2 | 0012 | 12 | 0012 |
| 3 | 1234 | 1234 | 1234 |

D2 ✓ ⋮ × ✓ ƒx 0012

**小秘訣**

將數值轉為文字後，並不會影響日後的數值運算。Excel 會自動將其轉為數值後再進行運算。不過，其格式仍為文字格式：

C7 ✓ ⋮ × ✓ ƒx =B7*4

| | A | B | C |
|---|---|---|---|
| 6 | | 文字格式 | ×4 |
| 7 | | 0012 | 48 |
| 8 | | 1234 | 4936 |

若不小心將儲存格設定為「**文字**」格式，則輸入公式時，將僅能看到公式內容而非其運算結果：

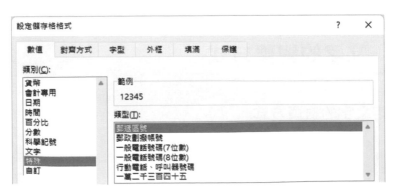

此時，即便將其格式改回「**通用格式**」或其他數字格式，如：「**數值**」「**貨幣符號**」、「**會計專用**」、……，也仍無法將其改回顯示成運算結果。其正確之處理方式應為：將其格式改回「**通用格式**」或其他數字格式後，重新輸入公式，並進行複製公式，才可將其改回顯示成運算結果：

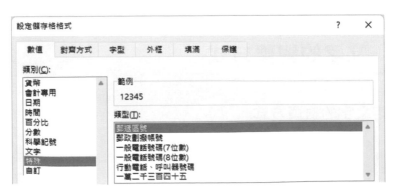

## 特殊格式

『**設定儲存格格式**』對話方塊『**數值**』標籤內，「**特殊**」格式之設定畫面為：

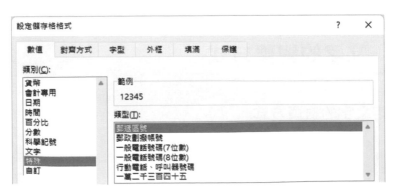

其作用是在將數字內容，轉為郵遞區號、劃撥帳號、電話、行動電話或國字大寫：（詳範例 Ch03.xlsx『特殊』工作表）

| | B | C | D |
|---|---|---|---|
| | | 原內容 | 設定特殊格式 |
| 1 | | | |
| 2 | 郵遞區號 | 104 | 104 |
| 3 | 劃撥帳號 | 109038 | 0010903-8 |
| 4 | 電話(七碼) | 25621520 | (02) 562-1520 |
| 5 | 電話(八碼) | 225028574 | (02) 2502-8574 |
| 6 | 行動電話 | 936110220 | 0936-110-220 |
| 7 | 國字大寫1 | 35626 | 三萬五千六百二十六 |
| 8 | 國字大寫2 | 35626 | 參萬伍仟陸佰貳拾陸 |
| 9 | 國字大寫3 | 35626 | 3萬5千6百2十6 |

D7 ··· ✕ ✓ *fx* | 35626

其中，D2:D8 之內容均直接於「**特殊**」格式之設定畫面，進行設定。而 D9 之國字大寫 3 部分，係以

[DBNum3]G/通用格式

自行訂定其格式。事實上，D7:D8 之格式設定即依序分別為：

[DBNum1]G/通用格式
[DBNum2]G/通用格式

### 馬上練習

就範例 Ch03.xlsx『特殊格式』工作表，完成右示之格式設定：

| | A | B | C |
|---|---|---|---|
| 1 | | 家用電話 | 行動電話 |
| 2 | | (02) 2502-1520 | 0928-005-160 |
| 3 | | (02) 2708-2125 | 0935-123-456 |
| 4 | | (02) 2932-9406 | 0961-089-890 |
| 5 | | (02) 2500-9234 | 0912-887-666 |

## 3-6 文字的對齊方式

### 設定文字的對齊方式

文字內容預設為「**靠左對齊**」，但有時仍有不適之處。如：（詳範例 Ch03.xlsx『對齊』工作表）

| | A | B | C | D |
|---|---|---|---|---|
| 1 | | 單價 | 數量 | 金額 |
| 2 | 滑鼠 | 1250 | 15 | 18,750 |

其單價、數量及金額等靠左對齊之文字，與其下向右靠齊之數字資料並列，似有點不搭調。應將文字定為「**靠右對齊**」以使上下一致：

| ◢ | A | B | C | D |
|---|---|---|---|---|
| 1 | | 單價 | 數量 | 金額 |
| 2 | 滑鼠 | 1250 | 15 | 18,750 |

欲設定文字的對齊方式，可先選取該儲存格或範圍，續以下列方式設定對齊方式：

■ **按『常用 / 對齊方式』群組的格式按鈕進行設定**

『**常用 / 對齊方式**』群組內，有幾個常用之格式按鈕：

其作用分別為：

⬒ 垂直方向靠上對齊

⬓ 垂直方向置中對齊

⬔ 垂直方向靠下對齊

| ◢ | A | B | C |
|---|---|---|---|
| 4 | 靠上對齊<br>金額 | 置中對齊 | 靠下對齊 |
| 5 | | 金額 | 金額 |

🖉 方向，可續就下拉式選單，選擇欲設定之旋轉角度：

- 🖉 逆時針角度(O)
- 🖐 順時針角度(L)
- ↓ᵇₐ 垂直文字(V)
- ↑ᵇₐ 文字由下至上排列(U)
- ↓ᵇₐ 文字由上至下排列(D)
- 🖉 儲存格對齊格式(M)

如，逆時針角度表 45 度、順時針角度表 135 度、……。若選「**儲存格對齊格式 (M)**」，尚可設定任何角度之旋轉。

| ◢ | A | B | C | D | E |
|---|---|---|---|---|---|
| 8 | 逆時針角度 | 順時針角度 | 垂直 | 上至下 | 下至上 |
| 9 | 金額 | 金額 | 金額 | 金額 | 金額 |

自動換行，文字內容超過儲存格之寬度，即自動換行。如：

| B12 | | × ✓ fx | 洛杉磯電腦圖書公司 |
| --- | --- | --- | --- |
| | A | B | C | D |
| 11 | | 自動換行 | | |
| 12 | | 洛杉磯電腦圖書公司 | | |

水平方向靠左對齊

水平方向置中對齊

水平方向靠右對齊

| | A | B | C |
| --- | --- | --- | --- |
| 14 | 靠左對齊 | 置中對齊 | 靠右對齊 |
| 15 | 單價 | 單價 | 單價 |

減少縮排，將原已向右縮排之文字內容，向左邊調回一個字，以減少其縮排。

增加縮排，將原文字內容，向右邊增加縮排一個字。

| | A | B |
| --- | --- | --- |
| 17 | 增加縮排 | 減少縮排 |
| 18 | 數量 | 數量 |

跨欄置中，將資料安排於所選取之多欄寬度的中央。如，選取

| A22 | | × ✓ fx | 台北公司 |
| --- | --- | --- | --- |
| | A | B | C | D |
| 21 | 跨欄置中 | | | |
| 22 | 台北公司 | | | |

按 鈕後，可將原內容安排於
A、B 兩欄之中央：

| | A | B |
| --- | --- | --- |
| 21 | 跨欄置中 | |
| 22 | 台北公司 | |

若選按其右側之向下按鈕，可續就
下拉式選單，選擇欲執行之動作：

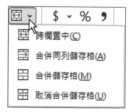

- 跨欄置中(C)
- 合併同列儲存格(A)
- 合併儲存格(M)
- 取消合併儲存格(U)

合併同列儲存格　　每列無論選取幾
　　　　　　　　　欄，每一列合併
　　　　　　　　　為一個儲存格

| | B | C | D |
| --- | --- | --- | --- |
| 25 | 合併同列儲存格 | | |
| 26 | | | |
| 27 | | | |
| 28 | | | |

| | 合併儲存格 | 無論選取幾列幾欄，合併為一個單一儲存格 |  |
| --- | --- | --- | --- |

取消合併儲存格　回復成原有之多欄多列的儲存格

馬上練習

依範例 Ch03.xlsx『文字對齊』工作表，完成下示內容：

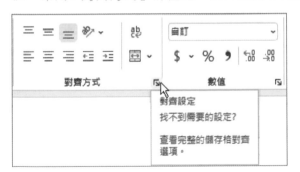

■ 轉入『設定儲存格格式』對話方塊『對齊方式』標籤，進行格式設定

由於對齊方式之種類很多，若前面幾種方法均無法滿足您的要求。可按『常用 / 對齊方式』群組之『對齊設定』對話方塊啟動器鈕：

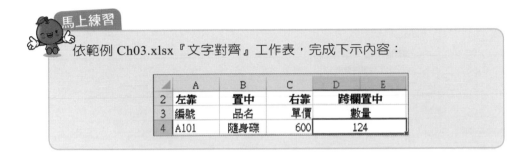

或於欲設定格式之儲存格上，單按滑鼠右鍵，續選「儲存格格式 (F)…」，也可以按『常用 / 儲存格 / 格式』 鈕之下拉鈕，續選「儲存格格式 (E)…」，均可轉入『設定儲存格格式』對話方塊『對齊方式』標籤，進行格式設定：

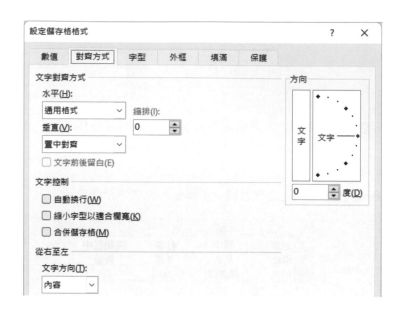

## 水平對齊

於『設定儲存格格式』對話方塊『對齊方式』標籤中，按『水平(H)』處之下拉鈕，可就選擇文字的水平對齊方式。各對齊方式及其作用分別為：（詳範例 Ch03. xlsx『水平對齊』工作表）

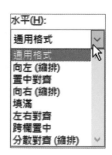

通用格式　　　　預設的對齊方式，文字向左對齊，數字向右對齊，邏輯值則置中對齊。

向左（縮排）　　向左對齊，有時，尚可另於『縮排(I)』處設定縮排之字元數（預設值為縮排 0 個字元）。

置中對齊　　　　置中對齊。

| 向右（縮排） | 向右對齊，有時尚可於『縮排 (I)』處，設定縮排之字元數（預設值為縮排 0 個字元）。 |
|---|---|
| 填滿 | 複製儲存格內容，直至填滿整個儲存格為止。 |
| 左右對齊 | 促使內容貼齊儲存格左右邊緣，必須內容超過欄寬，才看得出效果。 |
| 跨欄置中 | 將資料安排於所選取之多欄寬度的中央。 |
| 分散對齊（縮排） | 若文字長度較欄寬短，將調鬆字距，促使內容貼齊儲存格左右邊緣。有時，尚可於『縮排 (I)』處，設定左右應縮排之字元數（預設值為縮排 0 個字元）。 |

| | A | B | C | D | |
|---|---|---|---|---|---|
| 1 | 通用格式 | | 一月 | | |
| 2 | 向左(縮排0個字) | | 一月 | | |
| 3 | 向左(縮排1個字) | | 一月 | | |
| 4 | 置中 | | 一月 | | |
| 5 | 向右(縮排0個字) | | 一月 | | |
| 6 | 向右(縮排1個字) | | 一月 | | |
| 7 | 填滿 | | ============ | | |
| 8 | 左右對齊 | | 洛杉磯電腦圖書公司 | | |
| 9 | 於C,D,E三欄跨欄置中 | | 洛杉磯電腦圖書公司 | | |
| 10 | 分散對齊(縮排0個字) | | 台 灣 小 吃 | | |
| 11 | 分散對齊(縮排1個字) | | 台 灣 小 吃 | | |

C11　　　fx　台灣小吃

## 垂直對齊

　　垂直對齊之設定，必須在列高超過一列文字之高度時，才可看出其設定效果。

　　於『設定儲存格格式』對話方塊『對齊方式』標籤中，按『垂直 (V)』處之下拉鈕，可就選擇文字之垂直對齊方式。可選用之垂直對齊方式及其作用分別為：（詳範例 Ch03.xlsx『垂直對齊』工作表）

| | |
|---|---|
| **靠上** | 沿儲存格頂端，對齊儲存格內容。(相當按 ≡ 鈕) |
| **置中對齊** | 將儲存格內容安排於列高之中央。(相當按 ≡ 鈕) |
| **靠下** | 沿儲存格底端，對齊儲存格內容。(相當按 ≡ 鈕) |
| **左右對齊** | 將儲存格內容安排成貼齊上下緣，必須內容超過欄寬，才看得出效果。 |
| **分散對齊** | 文字以水平顯示時，其效果同「**左右對齊**」。當文字以垂直顯示時，若文字較少將調鬆列距，使內容安排成貼齊上下緣。 |

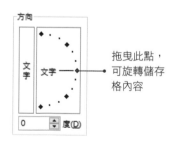

## 方向

『設定儲存格格式』對話方塊『對齊方式』標籤內，『方向』方塊

拖曳此點，
可旋轉儲存
格內容

可用來旋轉儲存格內容。設定時，除直式
外，可按「**文字 ─♦**」處之紅色鈕進行拖
曳，或直接於 0 度(D) 處設定其旋轉
度數：（詳範例 Ch03.xlsx『方向』工作表）

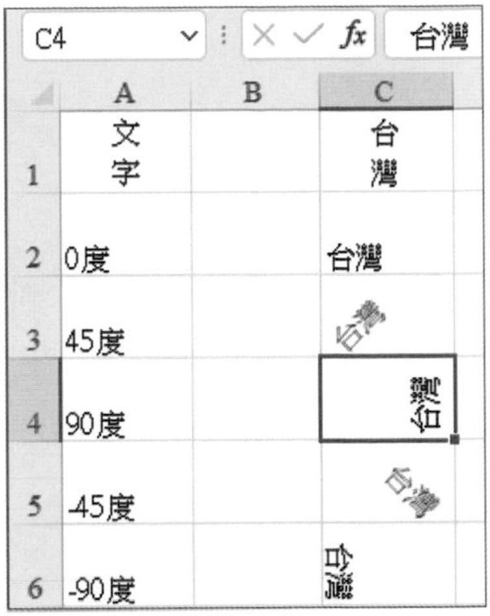

## 文字控制

　　『設定儲存格格式』對話方塊『對齊方式』標籤
中，『文字控制』方塊。

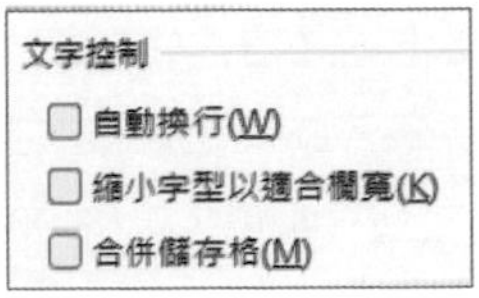

各設定項之作用分別為：（詳範例 Ch03.xlsx『文字控制』工作表）

自動換行 (W)　　　　　　若輸入之內容超過該欄寬度，將自動換列而不調
　　　　　　　　　　　　整欄寬。

縮小字型以適合欄寬 (K)　若輸入之內容超過該欄寬度，將縮小字型以適合
　　　　　　　　　　　　欄寬，而不調整欄寬。

合併儲存格 (M)　　　　　將選取的數個儲存格（允許多欄多列），視為單
　　　　　　　　　　　　一儲存格。如：選取 C1:D1，將其合併後，C1
　　　　　　　　　　　　即佔用原 C1:D1 之位置，D1 儲存格將視同不存
　　　　　　　　　　　　在（以避免其內之資料蓋掉部分之 C1 內容）。

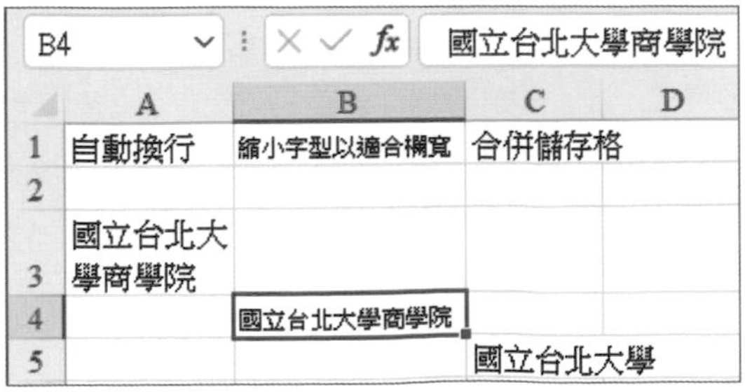

就範例 Ch03.xlsx『合併儲存格』工作表，利用合併儲存格，完成下示內容：

| | B | C | D | E |
|---|---|---|---|---|
| 2 | 台　北　大　學　學　生　資　料　卡 | | | |
| 3 | 班級 | 企管二 | 學號 | 025701 |
| 4 | 姓名 | 吳迪 | 性別 | 男 |
| 5 | 地址 | 台北市民生東路三段68號 | | |

# 3-7　字型

若無特殊設定，Excel 有關字型之預設值為：**新細明體、標準字型樣式（字體）、12 點大小、無底線、黑色、無特殊效果**。

若欲自行設定字型，可選取該儲存格或範圍，續可以下列方式設定字型：

■ 按『常用 / 字型』群組的格式按鈕進行設定

『**常用 / 字型**』群組內，有幾個常用之格式按鈕：

其作用分別為：（詳範例 Ch03.xlsx『字型』工作表）

| | |
|---|---|
| 新細明體 ⌄ | 字型選擇方塊 |
| 12 ⌄ | 字型大小選擇方塊 |
| A˄ | 放大字型 |
| A˅ | 縮小字型 |
| B | 粗體，如：**粗體** |

| *I* | 斜體，如：*斜體* |

| U͟ | 底線，如：底線。若按其右側下拉鈕，還可選擇要安排單線或雙線之底線： |

| ⊞ | 框線，若按其右側下拉鈕，還可選擇要為選取範圍之儲存格安排何種類型之框線，甚或自行繪製框線： |

| 🎨 | 填滿色彩，若按其右側下拉鈕，還可選擇要將選取範圍之儲存格填滿何種色彩。 |

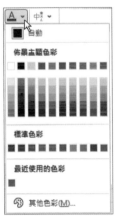

| A | 字型色彩，若按其右側下拉鈕，還可選擇要將選取範圍之儲存格文字，安排成何種色彩。 |

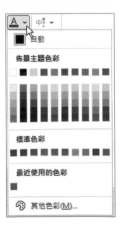

 顯示、隱藏或安排中文字注音之位置，仍得選「**編輯注音標示**」，由使用者自行輸入注音符號。（詳範例 Ch03.xlsx『不同字型』工作表）

這些設定亦可混合使用，且於同一儲存格內之文字亦允許分別選取，續安排不同的格式設定。如：不同字型、顏色、底線、……。（詳範例 Ch03.xlsx『不同字型』工作表）

■ **按『字型設定』對話方塊啟動器進行格式設定**

對於較不常用之字型格式設定，就只好按『**常用 / 字型**』群組之『**字型設定**』對話方塊啟動器鈕：

或於欲設定格式之儲存格上，單按滑鼠右鍵，續選「**儲存格格式(F)…**」，轉入『字型』標籤去進行設定：

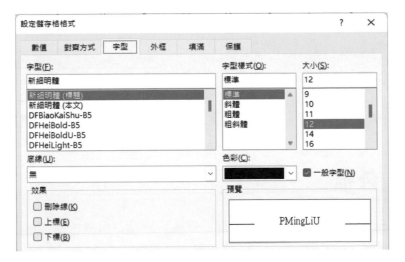

『設定儲存格格式』對話方塊『字型』標籤進行設定。可設定之項目有字型、字型樣式、大小、底線（單線、雙線、會計用單線、會計用雙線）、色彩及特殊效果（如：刪除線、上標、下標）。單線、雙線、會計用單線、會計用雙線之外觀如：（詳範例 Ch03.xlsx『字型』工作表）

| ▲ | A | B | C | D | E |
|---|---|---|---|---|---|
| 2 | 底線: | 單線 | 雙線 | 會計用單線 | 會計用雙線 |
| 3 | | 一月 | 二月 | 三月 | 四月 |

上下標部分，得先僅選取要設定為上下標之內容：（詳範例 Ch03.xlsx『字型』工作表）

| ▲ | A | B | C | D |
|---|---|---|---|---|
| 5 | 特殊效果: | 刪除線 | 上標 | 下標 |
| 6 | | 1200 | X2 | X1 |
| 7 | | | 37 C | |

再進行格式設定。亦即，同一儲存格內，仍允許使用不同之字型、色彩、上下標、……等設定。

| ▲ | A | B | C | D |
|---|---|---|---|---|
| 5 | 特殊效果: | 刪除線 | 上標 | 下標 |
| 6 | | ~~1200~~ | $X^2$ | $X_1$ |
| 7 | | | $37^{\circ}C$ | |

**馬上練習**

就範例 Ch03.xlsx『字型格式』
工作表，完成右示之內容：

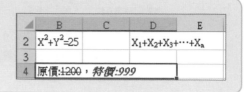

| | B | C | D | E |
|---|---|---|---|---|
| 2 | $X^2+Y^2=25$ | | $X_1+X_2+X_3+\cdots+X_n$ | |
| 3 | | | | |
| 4 | 原價:~~1200~~，*特價:999* | | | |

## 3-8 外框

　　若欲自行設定儲存格之外框，可選取該儲存格或範圍，續以下列方式
設定框線：（詳範例 Ch03.xlsx『外框』工作表）

■ 按『常用 / 字型 / 框線』⊞⁻ 鈕之
　下拉鈕，續選擇所要之外框樣式

　上半部『框線』可用選項之缺點
　為：無法選擇框線樣式及色彩。

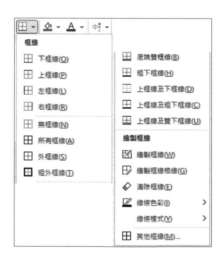

■ 以手繪方式，自行繪線

　按『常用 / 字型 / 框線』⊞⁻ 鈕之下拉鈕，
　若選下半部之『繪製框線』內之選項，可以
　「線條樣式 (Y)」選擇線條樣式。

另以「**線條色彩 (I)**」選擇
色彩。

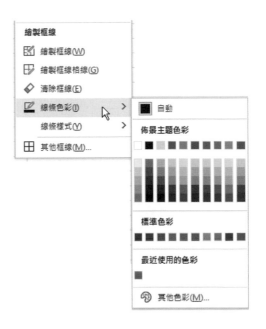

先選「**繪製框線 (W)**」繪製內框線條或對角線，選後，滑鼠指標將轉
為一隻筆之外觀（✏）。然後，以拖曳方式繪出所要之內框線條或對
角線。續選「**繪製框線格線 (G)**」，滑鼠指標仍將轉為一隻筆之外觀，
同樣以拖曳方式繪製範圍的外框。（順序若弄錯，外框將被內框覆蓋
掉）

**小秘訣**

以手繪方式進行繪製框線，並不用事先選取範圍。若繪錯，可選「清
除框線 (E)」，取得一橡皮擦，以拖曳方式清除所繪之線條。

■ 轉入『設定儲存格格式』對話方塊『外框』標籤進行設定

選妥欲繪製框線之範圍後，按『**常用 / 字型 / 框線**』 田▾ 鈕之下拉
鈕，選其最下方之「**其他框線 (M)…**」，也可以按『**常用 / 儲存格 / 格
式**』 田 格式▾ 鈕之下拉鈕，續選「**儲存格格式 (E)…**」，均可轉入『設
定儲存格格式』對話方塊『外框』標籤，選擇外框、內線、上下左右
及對角線等各部位框線所欲使用之線條樣式與其色彩：

範例 Ch03.xlsx『外框』工作表,即以各種方法所繪製之不同內外框:

馬上練習

將範例 Ch03.xlsx『合併儲存格 1』工作表之內容,安排成使用紅色雙線外框;內以藍色單線為格線。

| | A | B | C | D | E |
|---|---|---|---|---|---|
| 1 | | | | | |
| 2 | | 台 北 大 學 學 生 資 料 卡 | | | |
| 3 | | 班級 | 企管二 | 學號 | 125701 |
| 4 | | 姓名 | 吳迪 | 性別 | 男 |
| 5 | | 地址 | 台北市民生東路三段68號 | | |

假定，要完成範例 Ch03.xlsx『合併儲存格與外框』工作表之內容：

| ▲ | A | B | C | D | E | F |
|---|---|---|---|---|---|---|
| 1 | | | | | | |
| 2 | | 地區與性別 | 台北市 | | 高雄市 | |
| 3 | | 年度 | 男 | 女 | 男 | 女 |
| 4 | | 2021年 | 750 | 650 | 680 | 520 |
| 5 | | 2022年 | 810 | 705 | 725 | 630 |

其內得使用外框、內線及對角線等外框。執行前之內容為：

| ▲ | A | B | C | D | E | F |
|---|---|---|---|---|---|---|
| 1 | | | | | | |
| 2 | | | 台北市 | | 高雄市 | |
| 3 | | | 男 | 女 | 男 | 女 |
| 4 | | 2021年 | 750 | 650 | 680 | 520 |
| 5 | | 2022年 | 810 | 705 | 725 | 630 |

整個處理過程為：

**Step ❶** 選取 C2:D2，按『**常用 / 對齊方式 / 跨欄置中**』 按鈕，讓 " 台北市 " 跨 C、D 欄置中，續按『**粗體**』 B 鈕，將其字體加粗

**Step ❷** 選取 E2:F2，按『**跨欄置中**』 按鈕，讓 " 高雄市 " 跨 E、F 欄置中，續按『**粗體**』 B 鈕，將其字體加粗

**Step ❸** 輸妥左上角以外的其他所有儲存格內容，標題部分均按『**粗體**』 B 鈕，將其字體加粗。性別部分，則續按『**置中**』 鈕讓其置中

**Step ❹** 選取 B2:B3，按『**跨欄置中**』 鈕右側下拉鈕，續選「**合併儲存格 (M)**」，將其合併

| ▲ | A | B | C | D | E | F |
|---|---|---|---|---|---|---|
| 1 | | | | | | |
| 2 | | | 台北市 | | 高雄市 | |
| 3 | | | 男 | 女 | 男 | 女 |
| 4 | | 2018年 | 750 | 650 | 680 | 520 |
| 5 | | 2019年 | 810 | 705 | 725 | 630 |

**Step ❺** 調寬 B 欄寬度（約原來之 1.5 倍），按『**字型大小**』 12 鈕將字型大小調小為 9，續按『**粗體**』 B 鈕，將其字體加粗

**Step ❻** 先輸入 "　　　地區與性別 "（前面有 9 個空白），按 Alt + Enter 換列，再輸入 " 年度 "（以拖曳方式拉大資料編輯區之高度，可看到其內之兩列內容）

**Step ⑦** 按 ✓ 鈕，完成輸入

| B2 | ⌄ | ⋮ | × ✓ *fx* | 地區與性別<br>年度 | |
|---|---|---|---|---|---|
| ◢ | A | B | C | D | |
| 1 | | | | | |
| 2 | | **地區與性別** | **台北市** | | |
| 3 | | 年度 | **男** | **女** | |

內容是已分為兩列，但似乎偏低了點。

**Step ⑧** 於其上單按滑鼠右鍵，選「**儲存格格式(F)**」，轉入『儲存格格式式』對話方塊『對齊方式』標籤，將其『**垂直(V)**』對齊方式設定為「**分散對齊**」

讓其兩列內容可貼齊上下緣：

| B2 | ⌄ | ⋮ | × ✓ *fx* | 地區與性別<br>年度 | | |
|---|---|---|---|---|---|---|
| ◢ | A | B | C | D | E | F |
| 1 | | | | | | |
| 2 | | **地區與性別** | **台北市** | | **高雄市** | |
| 3 | | 年度 | **男** | **女** | **男** | **女** |
| 4 | | 2021年 | 750 | 650 | 680 | 520 |
| 5 | | 2022年 | 810 | 705 | 725 | 630 |

**Step ⑨** 選取整個表格內容，按『**常用/字型/框線**』 田⌄ 鈕之下拉鈕，選其最下方之「**其他框線(M)…**」，轉入『設定儲存格格式』對話方塊『**外框**』標籤，將其外框設定為雙線，內線則使用單線

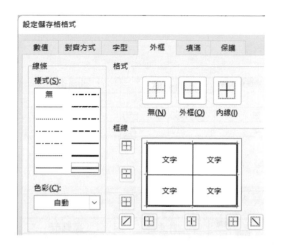

Step ⑩ 按 　確定　 鈕後，往框外任一儲存格按一下，獲致繪妥初步格線之外框

| | 地區與性別 | 台北市 | | 高雄市 | |
|---|---|---|---|---|---|
| | 年度 | 男 | 女 | 男 | 女 |
| | 2021年 | 750 | 650 | 680 | 520 |
| | 2022年 | 810 | 705 | 725 | 630 |

Step ⑪ 點選已合併之 B2（因只有此格要加對角線），按『常用 / 字型 / 框線』⊞▾ 鈕之下拉鈕，選其最下方之「其他框線 (M)…」，轉入『設定儲存格格式』對話方塊『外框』標籤，選擇使用單線樣式，續按 ◹ 鈕，設定為使用單線之對角線

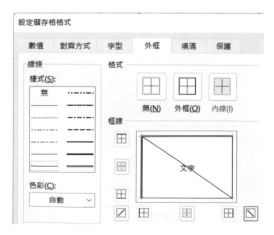

Step **12** 按 [ 確定 ] 鈕後，即可大功告成

| | A | B | C | D | E | F |
|---|---|---|---|---|---|---|
| 1 | | | | | | |
| 2 | | 地區與性別 | 台北市 | | 高雄市 | |
| 3 | | 年度 | 男 | 女 | 男 | 女 |
| 4 | | 2021年 | 750 | 650 | 680 | 520 |
| 5 | | 2022年 | 810 | 705 | 725 | 630 |

學會了使用單線之對角線，您一定馬上會想到，是否可以繪製如：

| | A | B | C | D | E | F |
|---|---|---|---|---|---|---|
| 7 | | | | | | |
| 8 | | 地區 | 台北市 | | 高雄市 | |
| 9 | | 性別 年度 | 男 | 女 | 男 | 女 |
| 10 | | 2021年 | 750 | 650 | 680 | 520 |
| 11 | | 2022年 | 810 | 705 | 725 | 630 |

所示之兩條斜線。答案是可以，但並非使用『**常用 / 字型 / 框線**』
⊞ ▾ 鈕或『設定儲存格格式』對話方塊『**外框**』標籤；而是以『**插入 / 圖例 / 圖案**』 鈕，取得下拉式表單：

利用其『**線條**』 ＼ 按鈕，分兩次來繪製斜線。至於，其文字內容，則使用相同之技巧，利用按 Alt + Enter 換列，將其分成三列內容：

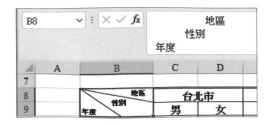

# 3-9 底色及圖樣

若欲自行設定儲存格之底色及圖樣（背景），可先選取該儲存格或範圍，續以下列方示進行設定：

- 按『填滿色彩』 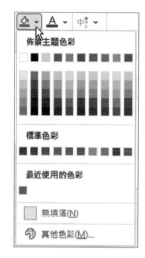 鈕右側下拉鈕，續選擇所要之底色

  此部分僅能選擇色彩，且無法選擇其圖樣或漸層效果。

- 轉入『設定儲存格格式』對話方塊『填滿』標籤

  於其上單按滑鼠右鍵，續選「**儲存格格式 (F)…**」，也可按『**常用 / 儲存格 / 格式**』 格式 鈕之下拉鈕，續選「**儲存格格式 (E)…**」，均可轉入『設定儲存格格式』對話方塊『**填滿**』標籤，選擇網底色彩及其圖樣。

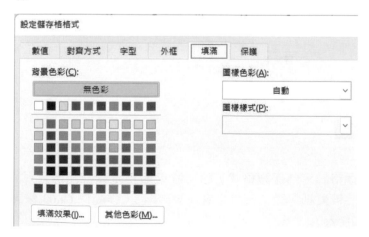

其 填滿效果(I)... 『填滿效果』鈕，還可轉入『填滿效果』對話方塊，進行
設定各種不同色彩或網底樣式之漸層效果：

依範例 Ch03.xlsx『底色及圖樣』工作表，完成下示內容（國民黨為藍
底白字、民進黨為綠底白字、親民黨為橘底白字、新黨為黃底藍字，
所有底色均設定為水平方式之漸層效果）：

| | A | B | C | D | E |
|---|---|---|---|---|---|
| 1 | | 國民黨 | 民進黨 | 親民黨 | 新黨 |
| 2 | 得票率 | | | | |

# 3-10 保護

　　將儲存格設定為保護格式，除可避免重要運算公式被人窺見外；尚可
防止其內容被更動。設定保護之處理步驟為：（詳範例 Ch03 保護格式 .xlsx
『保護』工作表）

Step ① 選取欲保護之儲存格範圍（允許多個，連續或不連續均可），目前資料編輯列上仍可看到其運算式之內容

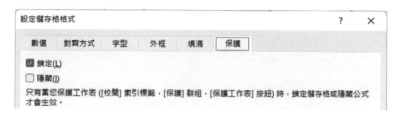

Step ② 於任一選取範圍上單按滑鼠右鍵，續選「儲存格格式 (F)…」，轉入『設定儲存格格式』對話方塊之『保護』標籤

進行設定。其設定項之作用分別為：

鎖定 (L)　　防止寫入

隱藏 (I)　　將編輯列上之公式隱藏

Step ③ 選取「鎖定 (L)」與「隱藏 (I)」

Step ④ 按 ▭ 確定 鈕，回就緒狀態，該儲存格之公式並未隱藏

Step ⑤ 按『校閱 / 保護 / 保護工作表』鈕，轉入『保護工作表』對話方塊

Step **6** 輸入密碼及選擇允許執行之動作（本例維持原預設值）

Step **7** 輸入密碼後，按 ⬚確定⬚ 鈕，續轉入『確認密碼』對話方塊

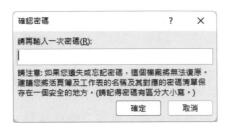

注意！密碼是有分大小寫的。

Step **8** 再次輸入密碼後，續按 ⬚確定⬚ 鈕。必須兩次密碼完全吻合，才算完成保護設定

回原工作表後，可發現先前選取各儲存格之公式已被隱藏，資料編輯列上已看不到任何內容，但儲存格上仍可看到應有之運算結果。

完成保護設定後，若於『設定儲存格格式』對話方塊『保護』標籤內係設定「**鎖定 (L)**」，則當遇有要更動被保護內容的情況，將顯示警告訊息，並拒絕其輸入：

欲解除所做之保護設定，可按『**校閱 / 保護 / 取消保護工作表**』鈕，轉入『取消保護工作表』對話方塊輸入密碼，必須輸入正確之密碼方可解除保護設定：

> **小秘訣**
>
> 設定「隱藏 (I)」時，必須事先選取其範圍；但設定「鎖定 (L)」則無須有選取之動作，因為保護工作表是以整個工作表為對象。

　　由於，前例於『設定儲存格格式』對話方塊『保護』標籤內，係設定「鎖定 (L)」，將不允許使用者於 B3:B5 輸入新的日、時或分資料，以測試其計算結果。如此，公式都已看不到了，還不讓人測試，似乎有點不合情理！

　　此時，可以下示步驟，將範例 Ch03 保護格式 .xlsx『部分不保護』工作表設定為僅能於 B3:B5 輸入日、時、分，進行查詢新日期及新時間，其他位置則不允許輸入任何資料：

**Step 1** 按『**校閱 / 保護 / 取消保護工作表**』 鈕，轉入『取消保護工作表』對話方塊，輸入正確密碼，解除保護設定，方能進行後續之變更設定。

**Step 2** 選取 B3:B5

| | A | B | C | D |
|---|---|---|---|---|
| 1 | 目前日期 | 2022/8/24 | 目前時間 | 18:58 |
| 2 | 經過 | | | |
| 3 | | 10 | 天 | |
| 4 | | 18 | 時 | |
| 5 | | 36 | 分 | |
| 6 | | | | |
| 7 | 新日期 | 2022/9/4 | 新時間 | 13:34 |

**Step 3** 於任一選取範圍上單按滑鼠右鍵，續選「**儲存格格式 (F)…**」，轉入『保護』標籤，取消「**鎖定 (L)**」與「**隱藏 (I)**」

Step **4** 按 [ 確定 ] 鈕

Step **5** 按『**校閱 / 保護 / 保護工作表**』鈕，輸入密碼，續按 [ 確定 ] 鈕

Step **6** 再輸入一次完全相同之密碼

Step **7** 按 [ 確定 ] 鈕，即可完成設定

如此，僅能於 B3:B5 輸入日、時、分，進行查詢新日期及新時間：

而 B3:B5 以外的其它位置，是不允許輸入任何資料、編輯或刪除儲存格內容。

| | A | B | C | D |
|---|---|---|---|---|
| 1 | 目前日期 | 2022/8/24 | 目前時間 | 19:01 |
| 2 | 經過 | | | |
| 3 | | 12 | 天 | |
| 4 | | 15 | 時 | |
| 5 | | 24 | 分 | |
| 6 | | | | |
| 7 | 新日期 | 2022/9/6 | 新時間 | 10:25 |

# 3-11 複製格式

若已對某些儲存格設定過特殊格式，當再度要將其他儲存格亦設定成相同格式，可採複製格式之方式來達成。其處理步驟為：

Step **1** 以滑鼠指標按一下含格式來源的任一儲存格

Step **2** 按『**常用 / 剪貼簿 / 複製格式**』鈕，指標將轉為一把刷子之形狀

Step **3** 將刷子移往欲複製格式之目的地儲存格上，以拖曳方式刷過這些儲存格。即可將來源之格式複製到目的地儲存格上，複製完格式後滑鼠指標轉回原 ✛ 形狀。

**小秘訣**

雙按『**複製格式**』鈕，則於複製完格式後，滑鼠指標仍維持於一把刷子之形狀，故可進行多次的格式複製。

# 樣式與條件式格式設定

## 4-1 儲存格樣式

若不想傷腦筋去設計儲存格的資料格式,亦可於選取要設定格式之儲存格範圍後,按『常用 / 樣式 / 儲存格樣式』 鈕,轉入其選單選擇所要使用之格式:

其類別有:『好、壞與中等』、『資料與模型』、『標題』、『佈景主題與儲存格樣式』、『數值格式』……。

範例 Ch04.xlsx『儲存格樣式』工作表，係將其第一列安排為『輔色1』；而第二列以下之偶數列內容安排為單獨使用『40%- 輔色 1』樣式；奇數列內容則安排為單獨使用『20%- 輔色 1』樣式；B2:E6 之數值範圍則再加入『千分位 [0]』樣式：

| | A | B | C | D | E |
|---|---|---|---|---|---|
| 1 | 地區 | 第一季 | 第二季 | 第三季 | 第四季 |
| 2 | 東區 | 1,500 | 1,200 | 1,800 | 2,000 |
| 3 | 西區 | 1,900 | 2,200 | 2,400 | 2,300 |
| 4 | 南區 | 2,250 | 2,000 | 1,800 | 2,100 |
| 5 | 北區 | 1,850 | 1,700 | 1,600 | 2,400 |

# 4-2 格式化為表格

若資料係一完整的範圍，類似一個表格。亦可於選取要設定格式之儲存格範圍後，按『常用 / 樣式 / 格式化為表格』 格式化為表格 鈕，轉入其選單，選擇所要使用之表格樣式：

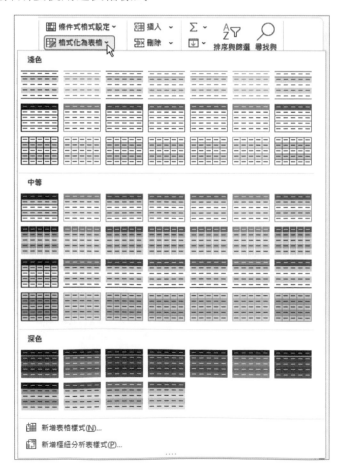

如，範例 Ch04.xlsx『格式化為表格』工作表之 A1:F5，即選用『中等深淺』第一列第二欄之『表格樣式中等深淺 2』樣式。

選取後，將再轉入『格式化為表格』對話方塊，等待確認資料來源之範圍及該範圍是否有標題列：

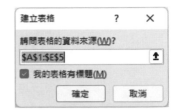

最後，按 確定 鈕，即可完成設定：

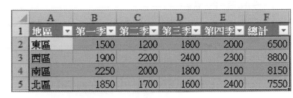

其標題列各欄右側的下拉鈕，是用來依某條件篩選資料。如，按『地區』欄右側下拉鈕，可選擇要保留（篩選出）哪幾個地區之資料：

假定，僅保留西區及南區，其結果為：

| | A | B | C | D | E | F |
|---|---|---|---|---|---|---|
| 1 | 地區 | 第一季 | 第二季 | 第三季 | 第四季 | 總計 |
| 3 | 西區 | 1900 | 2200 | 2400 | 2300 | 8800 |
| 4 | 南區 | 2250 | 2000 | 1800 | 2100 | 8150 |

再執行一次，將其全選即可還原。

若想取消標題列各欄右側下拉鈕，可停留於表格上任一位置，按『**資料 / 排序與篩選 / 篩選**』 鈕，其外觀變為：

| ▲ | A | B | C | D | E | F |
|---|---|---|---|---|---|---|
| 1 | 地區 | 第一季 | 第二季 | 第三季 | 第四季 | 總計 |
| 2 | 東區 | 1500 | 1200 | 1800 | 2000 | 6500 |
| 3 | 西區 | 1900 | 2200 | 2400 | 2300 | 8800 |
| 4 | 南區 | 2250 | 2000 | 1800 | 2100 | 8150 |
| 5 | 北區 | 1850 | 1700 | 1600 | 2400 | 7550 |

**小秘訣**

雖然，前面兩個例子所設定之外觀差不多。但前者之範圍並非一個表格；而後者則已經是被定義成一個表格。執行「**公式 / 已定義之名稱 / 名稱管理員**」 可看到其內容：

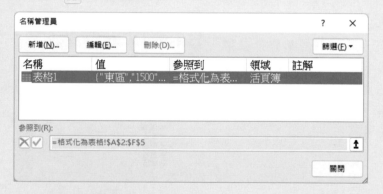

於此處，可對其編輯名稱。無論對其增加 / 刪除幾個欄或列，其表格均會自動跟著調整參照的位置；且其格式也會自動套用到新增加的欄或列。

第一個例子，因為非表格則無此功能。例如，我們於兩個例子之右邊第一欄第一列位置，均輸入 " 平均 " 字串標題，第一個例子之外觀為：

| ▲ | A | B | C | D | E | F |
|---|---|---|---|---|---|---|
| 1 | 地區 | 第一季 | 第二季 | 第三季 | 第四季 | 平均 |
| 2 | 東區 | 1,500 | 1,200 | 1,800 | 2,000 | |

並不會套用左邊之格式設定。

而第二個例子則會，且其表格範圍及設定格式也自動變大到 A1:G5：

| | A | B | C | D | E | F | G |
|---|---|---|---|---|---|---|---|
| 1 | 地區 | 第一季 | 第二季 | 第三季 | 第四季 | 總計 | 平均 |
| 2 | 東區 | 1500 | 1200 | 1800 | 2000 | 6500 | |
| 3 | 西區 | 1900 | 2200 | 2400 | 2300 | 8800 | |
| 4 | 南區 | 2250 | 2000 | 1800 | 2100 | 8150 | |
| 5 | 北區 | 1850 | 1700 | 1600 | 2400 | 7550 | |

此外，我們也可由其最右下角之 ⌐ 記號，判斷出其係一個表格；而非普通之範圍。

# 4-3 條件式格式設定

實務上，有很多資料的顯示外觀是含有條件式的。如：成績及格者以藍字顯示，不及格者以紅色顯示；業績超過百萬者以黃底紅字顯示以強調其資料；包含某文字、某日發生之交易或重複值等，以不同之字體顏色、底色、色階或加標不同圖示……。

此時，即可按『常用 / 樣式 / 條件式格式設定』 [條件式格式設定▾] 鈕，進行有條件的格式設定：

其類別有：

■ **醒目提示儲存格規則**

當其數字、文字或日期大於、小於、等於或包含某一特定值，或介於某一範圍、或為重複值……，即以某一特定格示（如：顏色、色階或自訂之格式）分別加以顯示。允許多重設定，故其結果為多種。

■ 前段 / 後段項目規則

將數字或日期以某一標準分為兩類，如：高於平均或低於平均、前十
項後十項、前 10% 後 10%、……，即以某一特定格示（如：顏色或
色階），分別加以顯示。允許多重設定，故其結果為三種，如：前 /
後五名及其他。

■ 資料橫條、色階、圖示集

將數字或日期以某一標準分為三類或更多類，如：高中低三組、或依
其高低等分為四組或五組，續以某一特定格示（如：資料橫條之長
短、色階之深淺或不同圖示符號），分別加以顯示。但此部分不允許
多重設定，新設定將覆蓋掉先前之設定。

若其條件較為特殊，每一類別，均還允許使用者以「**其他規則 (M)**」
選項，自行定義新規則。故其使用範圍非常具有彈性，且變化之格式也非
常多。

## 醒目提示儲存格規則 - 數值條件

假定，要將範例 Ch04.xlsx『條件式格式設定 - 字體顏色』工作表內之
成績，不及格者以紅色顯示、90 以上以淺綠色填滿並顯示深綠色文字、60
～ 90 分者維持原狀（黑字）。即可以下示步驟進行有條件的格式設定：

Step **1** 選取要進行有條件之格式設定的儲存格範圍

| | A | B |
|---|---|---|
| 1 | 姓　名 | 成績 |
| 2 | 李碧華 | 78 |
| 3 | 林淑芬 | 85 |
| 4 | 王嘉育 | 45 |
| 5 | 吳育仁 | 61 |
| 6 | 林悅敏 | 60 |
| 7 | 黃敏華 | 91 |
| 8 | 葉婉青 | 48 |
| 9 | 呂姿瀅 | 92 |
| 10 | 孫國華 | 86 |

Step ❷ 按『常用 / 樣式 / 條件式格式設定』  鈕，續選「醒目提示儲存格規則 (H)」之「小於 (L)…」

轉入

格式化小於下列的儲存格：

68.5　　　　　顯示為　淺紅色填滿與深紅色文字

Step ❸ 於左側輸入 60（亦可安排某儲存格之位址，以利取用其值進行比較），於右側選取「紅色文字」

Step ④ 按 ⟨ 確定 ⟩ 鈕，完成不及格者之設定。可看
到不及格者已經改為紅色顯示

| | A | B |
|---|---|---|
| 1 | 姓　名 | 成績 |
| 2 | 李碧華 | 78 |
| 3 | 林淑芬 | 85 |
| 4 | 王嘉育 | 45 |
| 5 | 吳育仁 | 61 |
| 6 | 林悅敏 | 60 |
| 7 | 黃敏華 | 91 |
| 8 | 葉婉青 | 48 |
| 9 | 呂姿瀅 | 92 |
| 10 | 孫國華 | 86 |

Step ⑤ 續按『常用 / 樣式 / 條件式格式設定』⟦▦ 條件式格式設定 ▾⟧ 鈕，選「醒目
提示儲存格規則 (H)」之「大於 (G)…」，轉入

Step ⑥ 於左側輸入 90（亦可安排某儲存格之位址，以利取用其值進行比
較），於右側選取「綠色填滿與深綠色文字」

Step ⑦ 按 ⟨ 確定 ⟩ 鈕，完成 90 分以上者之設定。可
看到 90 分以上者已經改為綠色填滿與深綠色
文字

| | A | B |
|---|---|---|
| 1 | 姓　名 | 成績 |
| 2 | 李碧華 | 78 |
| 3 | 林淑芬 | 85 |
| 4 | 王嘉育 | 45 |
| 5 | 吳育仁 | 61 |
| 6 | 林悅敏 | 60 |
| 7 | 黃敏華 | 91 |
| 8 | 葉婉青 | 48 |
| 9 | 呂姿瀅 | 92 |
| 10 | 孫國華 | 86 |

假定，要將 90 分以上以粗斜體藍字顯示（續以範例 Ch04.xlsx『條件式格式設定 - 字體顏色』工作表，進行操作）。由於，沒有此一預設格式可供選用，則得於前述之步驟 6 時，改選「**自訂格式…**」轉入『設定儲存格格式 / 字型』標籤，將其格式安排為以粗斜體藍字顯示：

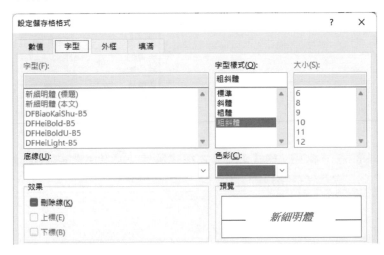

按 **確定** 鈕，即可將不及格者以紅字顯示、90 分以上以粗斜體藍字顯示：

| ▲ | A | B |
|---|---|---|
| 1 | 姓　名 | 成績 |
| 2 | 李碧華 | 78 |
| 3 | 林淑芬 | 85 |
| 4 | 王嘉青 | 45 |
| 5 | 吳育仁 | 61 |
| 6 | 林悅敏 | 60 |
| 7 | 黃敏華 | *91* |
| 8 | 葉婉菁 | 48 |
| 9 | 呂姿瀅 | *92* |
| 10 | 孫國華 | 86 |

## 醒目提示儲存格規則 - 文字條件

若擬將範例 Ch04.xlsx『條件式格式設定 - 文字』工作表，接續前例擴充為：增加一備註欄，對不及格者以淺紅色填滿並以深紅色顯示 " 不及格 " 字串。其處理步驟為：

**Step 1** 於 C2 輸入

```
=IF(B2<60," 不及格 "," ")
```

IF 函數中的第三個引數為以雙引號包圍之空格,此部分不可省略。
否則,將顯示 FALSE。

Step 2 以拖曳右下角填滿控點之方式將 C2 抄給 C3:C10,可獲適當之備註文字,但目前為預設之黑色字體

| C2 | ✓ : × ✓ fx | =IF(B2<60,"不及格"," ") |
|---|---|---|

| | A | B | C | D | E |
|---|---|---|---|---|---|
| 1 | 姓　名 | 成績 | 備註 | | |
| 2 | 李碧華 | 78 | | | |
| 3 | 林淑芬 | 85 | | | |
| 4 | 王嘉育 | 45 | 不及格 | | |
| 5 | 吳育仁 | 61 | | | |
| 6 | 林悅敏 | 60 | | | |
| 7 | 黃敏華 | 91 | | | |
| 8 | 葉婉青 | 48 | 不及格 | | |
| 9 | 呂姿瀅 | 92 | | | |
| 10 | 孫國華 | 86 | | | |

Step 3 按『常用 / 樣式 / 條件式格式設定』  鈕,續選「醒目提示儲存格規則 (H)」之「等於 (E)…」,轉入

等於　　　　　　　　　　　　　　? ×

格式化等於下列的儲存格:

| | ⬆ | 顯示為 | 淺紅色填滿與深紅色文字 ⌄ |

確定　　取消

Step 4 於左側輸入 " 不及格 ",於右側選取「淺紅色填滿與深紅色文字」

等於　　　　　　　　　　　　　　? ×

格式化等於下列的儲存格:

| 不及格 | ⬆ | 顯示為 | 淺紅色填滿與深紅色文字 ⌄ |

確定　　取消

Step 5 按 確定 鈕,即可完成所求

| C2 | ✓ : × ✓ fx | =IF(B2<60,"不及格"," ") |
|---|---|---|

| | A | B | C | D | E |
|---|---|---|---|---|---|
| 1 | 姓　名 | 成績 | 備註 | | |
| 2 | 李碧華 | 78 | | | |
| 3 | 林淑芬 | 85 | | | |
| 4 | 王嘉育 | 45 | 不及格 | | |
| 5 | 吳育仁 | 61 | | | |
| 6 | 林悅敏 | 60 | | | |
| 7 | 黃敏華 | 91 | | | |
| 8 | 葉婉青 | 48 | 不及格 | | |
| 9 | 呂姿瀅 | 92 | | | |
| 10 | 孫國華 | 86 | | | |

本部分之設定允許多重設定，故其結果為多種。假定，續範例 Ch04.xlsx『條件式格式設定 - 多重文字』工作表 C2 之內容改為：

```
=IF(B2>=90," 優等 ",IF(B2<60," 不及格 "," "))
```

則其內容將有 " 優等 " 及 " 不及格 " 兩種不同之備註文字，此時，僅需再依前述步驟重新執行一次『條件式格式設定』，將內容為 " 優等 " 者安排為其它格式即可，並不會影響原對 " 不及格 " 之設定。如另將 " 優等 " 者安排為「淺黃色填滿與深黃色文字」：

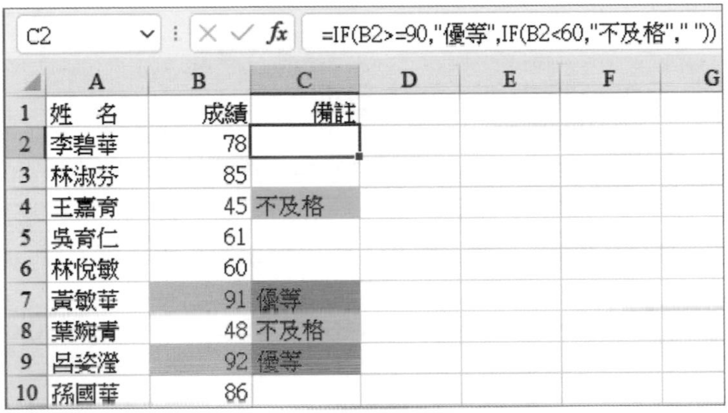

更特別的是，對同樣之條件也允許安排多種不同格式，也不會因新設定而覆蓋掉原設定。如，續將 " 優等 " 者加標「紅色框線」：

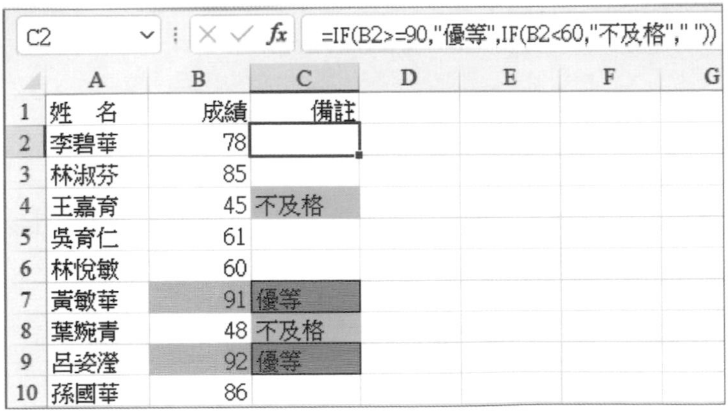

試將範例 Ch04.xlsx『平均成績』工作表之平均分數，安排成 90 分以上「淺綠色填滿與深綠色文字」顯示。另加一『備註』欄，將 90 分以上者加上 "優等生" 字串，並以「淺黃色填滿與深黃色文字」與「紅色框線」之粗斜體顯示。

| | A | B | C | D | E | F |
|---|---|---|---|---|---|---|
| 1 | 姓　名 | 國文 | 英文 | 數學 | 平均 | 備註 |
| 2 | 李碧華 | 78 | 75 | 67 | 74 | |
| 3 | 林淑芬 | 85 | 82 | 77 | 82 | |
| 4 | 王嘉育 | 65 | 69 | 66 | 67 | |
| 5 | 吳育仁 | 95 | 85 | 92 | 91 | 優等生 |

## 醒目提示儲存格規則 - 發生日期

若要『條件式格式設定』之對象為日期資料，如範例 Ch04.xlsx『條件式格式設定 - 日期』工作表，可於選取範圍後，按『常用 / 樣式 / 條件式格式設定』 [條件式格式設定▾] 鈕，續選「醒目提示儲存格規則 (H)」之「發生的日期 (A)…」，轉入

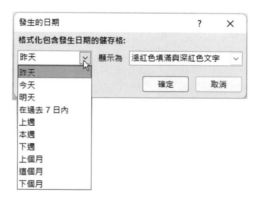

進行設定發生日期為：昨天、今天、明天、過去 7 日內、上週、本週、下週、上個月、這個月或下個月，其設定方法同前文所述。

若為某一特定日期，也可以選「等於 (E)…」進行設定：

若為某一特定日期之區間，也可以選「介於 (B)…」進行設定：

可將發生於 2022/2/1 ～ 2022/2/16 之交易記錄的日期部分，以「淺紅色填滿與深紅色文字」顯示：

|  | A | B | C | D | E |
|---|---|---|---|---|---|
| 1 | 日期 | 品名 | 單價 | 數量 | 金額 |
| 2 | 2022/1/14 | 滑鼠 | 680 | 2 | 1,360 |
| 3 | 2022/1/15 | 電視 | 23680 | 4 | 94,720 |
| 4 | 2022/1/15 | 電腦 | 28750 | 3 | 86,250 |
| 5 | 2022/2/10 | 冰箱 | 36500 | 2 | 73,000 |
| 6 | 2022/2/16 | 答錄機 | 860 | 5 | 4,300 |
| 7 | 2022/2/17 | 電視 | 23680 | 2 | 47,360 |

## 醒目提示儲存格規則 - 重複值

若要『條件式格式設定』之對象含有重複值，如範例 Ch04.xlsx『條件式格式設定 - 重複值』工作表之第 2 列與第 5 列為相同姓名：

|  | A | B |
|---|---|---|
| 1 | 姓　名 | 成績 |
| 2 | 李碧華 | 78 |
| 3 | 林淑芬 | 85 |
| 4 | 王嘉育 | 45 |
| 5 | 李碧華 | 78 |

可於選取姓名欄範圍後，按『常用 / 樣式 / 條件式格式設定』 🔲 條件式格式設定▾ 鈕，續選「醒目提示儲存格規則 (H)」之「重複的值 (D)…」，轉入

進行設定，左邊選「**重複**」，則所有重複值（無論有幾個或幾組），均顯示成右側所設定之格式；左邊若選「**唯一**」，則所有不發生重複之值，均顯示成右側所設定之格式。

如將其「**重複**」之值，以「**淺紅色填滿與深紅色文字**」顯示之結果為：

| ◢ | A | B |
|---|---|---|
| 1 | 姓　名 | 成績 |
| 2 | 李碧華 | 78 |
| 3 | 林淑芬 | 85 |
| 4 | 王嘉育 | 45 |
| 5 | 李碧華 | 78 |

反之，其「**唯一**」之值，以「**淺紅色填滿與深紅色文字**」顯示之結果則變為：

| ◢ | A | B |
|---|---|---|
| 1 | 姓　名 | 成績 |
| 2 | 李碧華 | 78 |
| 3 | 林淑芬 | 85 |
| 4 | 王嘉育 | 45 |
| 5 | 李碧華 | 78 |
| 6 | 林悅敏 | 60 |

## 清除規則

對已經設定有條件式格式設定的範圍，若續再進行其它之『**條件式格式設定**』，其效果有很多是重疊效果；而非覆蓋掉原設定！

若欲清除先前之條件式格式設定，可按『**常用 / 樣式 / 條件式格式設定**』 ⊞ 條件式格式設定▾ 鈕，續選「**清除規則 (C)**」：

以決定要「**清除選取儲存格的規則 (S)**」或「**清除整張工作表的規則 (E)**」？

## 前段 / 後段項目規則

　　『常用 / 樣式 / 條件式格式設定』 鈕之「前段 / 後段項目規則 (T)」功能項，可供選擇之選項為：

可用以將數字或日期以某一標準分為兩類，如：前 / 最後 10 項、前 / 最後 10% 低、高於 / 低於平均、……，並以某一特定格示（如：顏色或色階）分別加以顯示。由於，允許多重設定，故其結果為三種，如：前 / 最後五名及其他。

　　如，擬將範例 Ch04.xlsx『條件式格式設定 - 前段後段項目』工作表成績的前 3 名，設定為「淺紅色填滿與深紅色文字」，可於選取成績欄之資料後，按『常用 / 樣式 / 條件式格式設定』 鈕，續選「前段 / 後段項目規則 (T)」之「前 10 個項目 (T)…」，轉入

於其左側將 10 調整為 3：

即可完成所求，將前 3 名設定為「淺紅色填滿與深紅色文字」：

| | A | B |
|---|---|---|
| 1 | **姓名** | **成績** |
| 2 | 李碧華 | 78 |
| 3 | 林淑芬 | 85 |
| 4 | 王嘉育 | 45 |
| 5 | 吳育仁 | 61 |
| 6 | 林悅敏 | 60 |
| 7 | 黃敏華 | 91 |
| 8 | 葉婉青 | 48 |
| 9 | 呂姿瀅 | 92 |
| 10 | 孫國華 | 86 |

若續要將最後三名，設定為「綠色填滿與深綠色文字」，只須再重執行一次，選「前段 / 後段項目規則 (T)」之「最後 10 個項目 (B)…」，將其設定為：

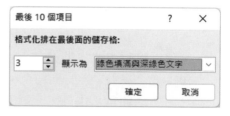

即可完成所求：

| | A | B |
|---|---|---|
| 1 | **姓名** | **成績** |
| 2 | 李碧華 | 78 |
| 3 | 林淑芬 | 85 |
| 4 | 王嘉育 | 45 |
| 5 | 吳育仁 | 61 |
| 6 | 林悅敏 | 60 |
| 7 | 黃敏華 | 91 |
| 8 | 葉婉青 | 48 |
| 9 | 呂姿瀅 | 92 |
| 10 | 孫國華 | 86 |

如此，即有前 3 名、後 3 名與其他等三種不同結果。

## 資料橫條、色階、圖示集

『常用 / 樣式 / 條件式格式設定』 ![條件式格式設定] 鈕項下,「資料橫條 (D)」、「色階 (S)」與「圖示集 (I)」等三個功能項之操作方式可說完全相同,只是設定完條件式格式設定後之外觀不同而已。

「資料橫條 (D)」之選擇畫面為:

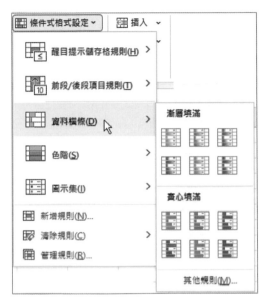

其效果係於儲存格之前,加標不同顏色不同長短之實心或漸層資料橫條,以長度表示該儲存格資料之高、中、低:(詳範例 Ch04.xlsx『條件式格式設定 - 資料橫條』工作表)

| | A | B |
|---|---|---|
| 1 | 姓名 | 成績 |
| 2 | 李碧華 | 78 |
| 3 | 林淑芬 | 85 |
| 4 | 王嘉育 | 45 |
| 5 | 吳育仁 | 61 |
| 6 | 林悅敏 | 60 |
| 7 | 黃敏華 | 91 |
| 8 | 葉婉青 | 48 |
| 9 | 呂姿瀅 | 92 |
| 10 | 孫國華 | 86 |

「**色階 (S)**」之選擇畫面為：

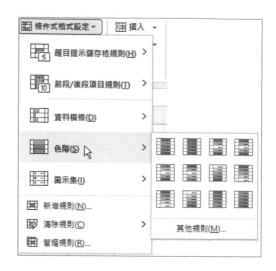

其效果係於儲存格填滿不同顏色之色階，以顏色深淺表示該儲存格資料之高、中、低：（詳範例 Ch04.xlsx『條件式格式設定 - 色階』工作表）

|   | A | B |
|---|---|---|
| 1 | 姓名 | 成績 |
| 2 | 李碧華 | 78 |
| 3 | 林淑芬 | 85 |
| 4 | 王嘉育 | 45 |
| 5 | 吳育仁 | 61 |
| 6 | 林悅敏 | 60 |
| 7 | 黃敏華 | 91 |
| 8 | 葉婉青 | 48 |
| 9 | 呂姿瑩 | 92 |
| 10 | 孫國華 | 86 |

「**圖示集 (I)**」之選擇畫面為：

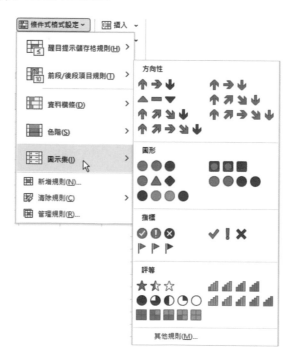

其效果係於儲存格之前，加標不同顏色不同圖示之
符號，以表示該儲存格資料之高、中、低，其組別
最多可分為五組：（詳範例 Ch04.xlsx『條件式格式
設定 - 圖示集』工作表）

| | A | B |
|---|---|---|
| 1 | 姓名 | 成績 |
| 2 | 李碧華 ✓ | 78 |
| 3 | 林淑芬 ✓ | 85 |
| 4 | 王嘉育 ✗ | 45 |
| 5 | 吳育仁 ❗ | 61 |
| 6 | 林悅敏 ✗ | 60 |
| 7 | 黃敏華 ✓ | 91 |
| 8 | 葉婉青 ✗ | 48 |
| 9 | 呂姿瀅 ✓ | 92 |
| 10 | 孫國華 ✓ | 86 |

## 新增規則

前文所述之任一個『條件式格式設定』選項，均可利用其最後之「其
他規則 (M)」，轉入『新增格式化規則』對話方塊去設定新的條件：

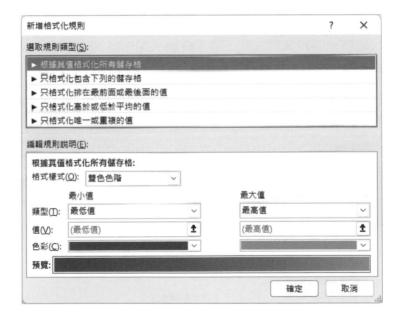

此外，可以於選取資料範圍後，按『常用 / 樣式 / 條件式格式設定』
🔲 條件式格式設定▾ 鈕，續選「新增規則 (N)」，來轉入該對話方塊。

其內可供設定之規則類型有：

■ **根據其值格式化所有儲存格**

隨所指定之格式樣式（雙色色階、三色色階、資料橫條、圖示集）：

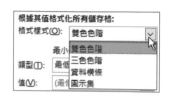

依設定之最小類型（最小值、某一特定值、百分比、公式或百分位數）及最大類型（最大值、某一特定值、百分比、公式或百分位數）：

作為分界點進行分類，以顯示各類型之資料。（百分位數係指其下累積之資料筆數達某一個百分比，如，25 表其下累積之資料筆數達 25%，即第一個四分位數，$Q_1$）

例如，將範例 Ch04.xlsx 之『條件式格式設定 - 新增條件 1』工作表之成績，設定為：

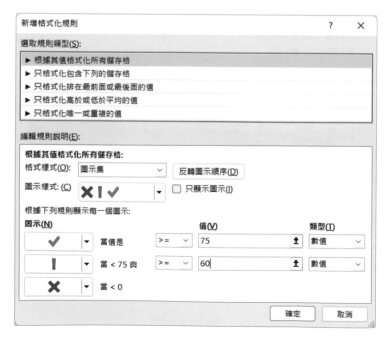

將以「圖示集」之 ✖❗✔「三符號 ( 無框 )」圖示樣式進行標示。當數值 ≧ 75 時，以綠色之打勾符號顯示（✔）；當數值介於 75~60 時，以黃色之驚嘆號顯示（❗）；當數值 < 60 時，以紅色之打叉符號顯示（✖）：

| | A | B |
|---|---|---|
| 1 | **姓名** | **成績** |
| 2 | 李碧華 | ✔ 78 |
| 3 | 林淑芬 | ✔ 85 |
| 4 | 王嘉育 | ✖ 45 |
| 5 | 吳育仁 | ❗ 61 |
| 6 | 林悅敏 | ❗ 60 |
| 7 | 黃敏華 | ✔ 91 |
| 8 | 葉婉青 | ✖ 48 |
| 9 | 呂姿瑩 | ✔ 92 |
| 10 | 孫國華 | ✔ 86 |

### ■ 只格式化包含下列的儲存格

隨其指定之值、特定文字、發生日期、空格、無空白、錯誤值或無錯誤值，安排不同之格式設定：

例如，將範例 Ch04.xlsx 之『條件式格式設定 - 新增條件 2』工作表之成績，設定為：

詳細格式可利用其格式鈕（ 格式(F)... ），轉入『儲存格格式』對話方塊對數值、字型、外框及填滿進行格式設定：

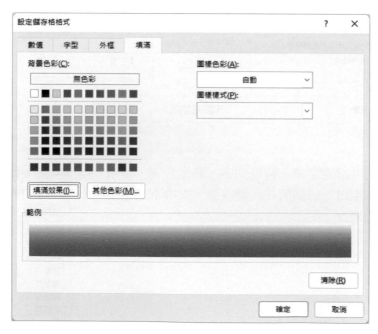

本例係安排當其成績小於 60 時，將填滿黃色
水平漸層、並以紅色另加單線外框顯示該成
績：

| ▲ | A | B |
|---|---|---|
| 1 | **姓名** | **成績** |
| 2 | 李碧華 | 78 |
| 3 | 林淑芬 | 85 |
| 4 | 王嘉育 | 45 |
| 5 | 吳育仁 | 61 |
| 6 | 林悅敏 | 60 |
| 7 | 黃敏華 | 91 |
| 8 | 葉婉青 | 48 |
| 9 | 呂姿瀅 | 92 |

■ 只格式化排在最前面或最後面的值

新增格式化規則 ? ×

選取規則類型(S):

► 根據其值格式化所有儲存格
► 只格式化包含下列的儲存格
► 只格式化排在最前面或最後面的值
► 只格式化高於或低於平均的值
► 只格式化唯一或重複的值
► 使用公式來決定要格式化哪些儲存格

編輯規則說明(E):

格式化下列範圍的值(O):

前　∨　10　　□ % 的選取範圍(G)

預覽：　　　　未設定格式　　　　格式(F)...

確定　　取消

隨指定之最前（或最後）幾筆（或多少百分比的筆數）

格式化下列範圍的值(O):

續以 格式(F)... 鈕，轉入『儲存格格式』對話方塊，另行安排其格式。

例如，將範例 Ch04.xlsx 之『條件式格式設定 - 新增條件 3』工作表
之成績，設定為：

將只針對最後三名之成績，以斜體紅色字體顯示：

| ▲ | A | B |
|---|---|---|
| 1 | 姓名 | 成績 |
| 2 | 李碧華 | 78 |
| 3 | 林淑芬 | 85 |
| 4 | 王嘉育 | *45* |
| 5 | 吳育仁 | 61 |
| 6 | 林悅敏 | *60* |
| 7 | 黃敏華 | 91 |
| 8 | 葉婉菁 | *48* |

■ 只格式化高於或低於平均的值

隨指定之高於、低於、等於或高於、等於或低於平
均數：或高（低）於平均數幾個標準差：

續以 格式(F)... 鈕，轉入『儲存格格式』對話方塊，另行安排其格式。

例如，將範例 Ch04.xlsx 之『條件式格式設定 - 新增條件 4』工作表
之成績，設定為：

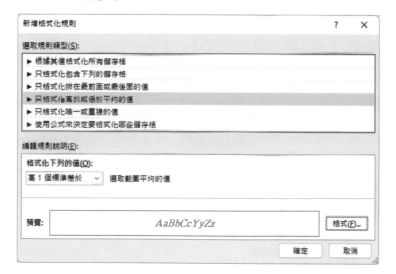

會將高於平均數一個標準差者，以粗斜體藍字顯示：

|   | A | B |
|---|------|------|
| 1 | 姓名 | 成績 |
| 2 | 李碧華 | 78 |
| 3 | 林淑芬 | 85 |
| 4 | 王嘉育 | 45 |
| 5 | 吳育仁 | 61 |
| 6 | 林悅敏 | 60 |
| 7 | 黃敏華 | *91* |
| 8 | 葉婉青 | 48 |
| 9 | 呂姿瀅 | *92* |
| 10 | 孫國華 | 86 |

■ 只格式化唯一或重複的值

將選取範圍，隨指定之「**重複的**」（無論有幾個或幾組）或「**唯一的**」（無重複）條件：

續以 格式(F)... 鈕，轉入『儲存格格式』對話方塊，另行安排其格式。

例如，將範例 Ch04.xlsx 之『條件式格式設定 - 新增條件 5』工作表之員工資料，設定為：

可將多組重複記錄的編號及姓名，全部填滿藍色水平漸層外加黃色粗斜體顯示：

| ◢ | A | B | C | D | E |
|---|---|---|---|---|---|
| 1 | 編號 | 姓名 | 性別 | 部門 | 職稱 |
| 2 | *1201* | *袁惠真* | 女 | 會計 | 主任 |
| 3 | 1203 | 呂姿瑩 | 女 | 人事 | 主任 |
| 4 | 1208 | 吳志明 | 男 | 業務 | 主任 |
| 5 | *1201* | *袁惠真* | 女 | 會計 | 主任 |
| 6 | 1220 | 謝龍盛 | 男 | 業務 | 專員 |
| 7 | *1316* | *徐國寧* | 女 | 門市 | 主任 |
| 8 | 1318 | 楊桂芬 | 女 | 門市 | 銷售員 |
| 9 | 1440 | 梁國棟 | 男 | 業務 | 專員 |
| 10 | *1316* | *徐國寧* | 女 | 門市 | 主任 |

■ 使用公式來決定要格式化哪些儲存格

將選取範圍，於以公式所安排之條件式成立時，另以 格式(F)... 鈕轉入『儲存格格式』對話方塊，安排其格式。

例如，將範例 Ch04.xlsx 之『條件式格式設定-新增條件 6』工作表之員工業績資料，設定為：

可將業績超過一百五十萬之員工姓名，填滿淺藍水平漸層並以深藍粗體斜字體顯示：

| | A | B | C |
|---|---|---|---|
| 1 | 姓　名 | 業績 | 備註 |
| 2 | *李碧華* | 1,925,000 | 超級營業員 |
| 3 | *林淑芬* | 3,650,000 | 超級營業員 |
| 4 | 王嘉育 | 960,000 | |
| 5 | 吳育仁 | 520,000 | |
| 6 | 林悅敏 | 480,000 | |
| 7 | *黃敏華* | 2,580,000 | 超級營業員 |

**馬上練習**

試將上表之『備註欄』文字，於業績超過兩百萬時，以「淺綠色水平漸層填滿與深綠色文字」顯示。

| | A | B | C |
|---|---|---|---|
| 1 | 姓　名 | 業績 | 備註 |
| 2 | *李碧華* | 1,925,000 | 超級營業員 |
| 3 | *林淑芬* | 3,650,000 | 超級營業員 |
| 4 | 王嘉育 | 960,000 | |
| 5 | 吳育仁 | 520,000 | |
| 6 | 林悅敏 | 480,000 | |
| 7 | *黃敏華* | 2,580,000 | 超級營業員 |

# 處理欄列與 範圍名稱

**CHAPTER**

**5**

EXCEL

## 5-1 調整欄寬

若無特殊定義，活頁簿內每個工作表之每欄預設寬度為 8.38 個標準字元寬。若您未曾調整過欄寬，當所輸入之資料寬度超過原有欄寬時，Excel 會自動調整所須之寬度。

但若使用者調整過某欄之欄寬後，Excel 即將該欄寬度交由使用者自行負責，不再自動調整欄寬。此時，若遇到下列情況就可能得重定欄寬：

- 較大之數值，經加入特定格式後，將因欄寬不足而僅能顯示一串 ######## 號，必須加大其欄寬，方能使其資料重現。

- 文字欄之內容較長，將向右延伸到其右側之欄位，但一旦其右側欄位亦擁有內容後，該字串標記即無法全部顯示於原定之寬度內。若加大其欄寬，則可使其資料得以全數顯現。

- Excel 並不會自動縮小欄寬。因此，內容不多之文字或數值，若每欄均讓其擁有 8.38 個標準字元寬，整個螢幕畫面可容納之欄位可能較少。稍加縮減其欄寬，即可將更多之欄位納入畫面中以方便資料查閱。

- 文字經設定字型或加大字體點數後，原欄寬可能不足以顯示所有內容。若加大其欄寬，則可使其資料得以全數顯現。

## 調整全體欄寬

　　若無特殊定義，工作表之每欄預設寬度為 8.38 個標準字元寬。欲調整全體欄寬，可按『**常用 / 儲存格 / 格式**』 之下拉鈕，將顯示選單，續選 「**預設欄寬 (D)…**」：

可轉入

『**標準欄寬**』對話方塊，於其數字方塊內輸入新寬度（其範圍可介於 0 ～ 255，定為 0 表將其隱藏）。如，將整體欄寬調至 15 時之畫面為：

|   | A | B | C |
|---|---|---|---|
| 1 |   |   |   |
| 2 |   |   |   |
| 3 |   |   |   |

## 調整某範圍欄寬

　　若欲調整單欄（或多欄）之欄寬，可於選取其欄位後，以下列方法進行調整：

■　**直接以滑鼠拖曳**

將滑鼠移往該欄橫軸座標鈕交界處，指標將轉為含左右箭頭之十字（ ✛ ），以拖曳方式左右移動，欄寬亦將隨之調整。拖曳中，尚可於其上方看到當時寬度的字元數及像素（如：寬度 16 字元即 133 像素）：

■　**以滑鼠雙按欄標題右邊界**

在該欄橫軸座標鈕右邊界上雙按滑鼠（滑鼠指標轉為含左右箭頭之十字 ✛ 時），將可快速調整成最合適之欄寬。

- 按「常用 / 儲存格 / 格式」 鈕，續選「自動調整欄寬 (I)」

將欄寬調整成恰足以顯示完整資料之寬度。

- 按『格式』 之下拉鈕，續選「欄寬 (W)…」

轉入『欄寬』對話方塊，於其數字方塊內輸入新寬度（其範圍可介於 0 ～ 255，定為 0 表將其隱藏）。

下圖為 A,C,E 等三欄之欄寬，同時調至 15 時之畫面：

## 調整欄寬應注意事項

調整欄寬時，應注意下列幾點：

- 小範圍之欄寬定義，並不會因後來之整體性欄寬調整而改變其欄寬；而整體性之欄寬定義，卻可經由小範圍之欄寬調整來改變其欄寬。

- **寬度之調整是整欄一起更動；而非僅局部調整**。亦即，同欄中並不可能擁有兩種不同寬度之儲存格。

- 若儲存格格式的對齊方式已設定為「**填滿**」，其文字屬複製性質，內容將依該欄寬度無限複製。無論欄寬加至多大，其內容將複製到填滿整欄為止。

- 任何因寬度不足而無法完全顯示之資料，將因欄寬加大而可恢復正常，原內容並不會因此而受損。如範例 Ch05.xlsx『調整欄寬 3』工作表中 B2、C2 與 D2 之資料，均因過寬而無法正常顯示：

經逐欄加大其欄寬後，其等之資料可完全顯示且無損其原有內容：

| B2 | | ✓ | : | × | ✓ | *fx* | 北區營業處業績 |

| | A | B | C | D |
|---|---|---|---|---|
| 1 | | | | |
| 2 | | 北區營業處業績 | $ 2,568,020 | $ 32,452,600 |

**小秘訣**

下列兩種方法，可快速將多欄調整成最合適之欄寬：

事先選取多欄內容（整欄，連續或不連續均可），續以滑鼠雙按欄標題右邊界。

事先選取跨越多欄內容的儲存格範圍（不必是整欄，連續或不連續均可），按『常用 / 儲存格 / 格式』 格式 之下拉鈕，續選「自動調整欄寬 (I)」。

# 5-2 調整列高

　　工作表列高，將因設定字型或加大字體點數，而自動調高（隨輸入列中的最大字型自動調整）。故而一般言，很少機會去調整列高，若真欲自行調整列高，其操作方法同於調整欄寬，只是處理對象為列而已。

　　假定，欲調整某單列之列高，於將指標停於該列後，可以下列幾種方式進行調整：

■ **拖曳滑鼠**

將滑鼠移往該列縱軸座標鈕下緣交界處，滑鼠指標將轉為含上下箭頭之十字（ ✛ ），以拖曳方式上下移動，列高亦將隨之縮小或拉大。拖曳中，尚可於其上方看到當時高度的提示：

■ 按『常用 / 儲存格 / 格式』 格式 之下拉鈕，續選「自動調整列高 (A)」

將列高調整成恰足以顯示完整資料之高度。

- 按『格式』 之下拉鈕，續選「列高 (H)…」

轉入『設定列高』對話方塊，於其數字方塊內輸入新高度（其範圍可介於 0 ～ 409，定為 0 表將其隱藏）。

右圖，即為調整幾列之列高後的畫面：

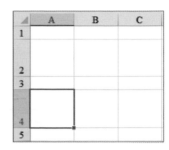

# 5-3 隱藏 / 取消隱藏欄或列

## 隱藏欄或列

隱藏欄或列的途徑有二，先將欲隱藏之欄（列）選取（允許一次多個），然後以下列方式進行：

- 按『常用 / 儲存格 / 格式』 之下拉鈕，續選「隱藏及取消隱藏 (U)」之「隱藏欄 (C)」或「隱藏列 (R)」。

- 以滑鼠拖曳欄（列）標題鈕之邊界

  若要隱藏某欄，將滑鼠移往其欄座標鈕右邊交界處，滑鼠指標將轉為含左右箭頭之十字（ ↔ ），以拖曳方式向左移動，直至拉到其左邊欄位為止。若要隱藏某列，將滑鼠移往其列座標鈕下緣交界處，滑鼠指標將轉為含上下箭頭之十字（ ↕ ），以拖曳方式向上移動，直至拉到其上一列為止。

  經隱藏之欄或列，會暫時看不到其座標按鈕。如範例 Ch05.xlsx『隱藏欄列』工作表，即同時隱藏了幾個欄與列（C~K 欄與 3~15 列，其欄列標題之邊框會多加一條線）：

| | A | B | L |
|---|---|---|---|
| 1 | Item Name | 一月 | 十一月 |
| 2 | Item-A | 1500 | 1685 |
| 16 | Item-S | 1600 | 1900 |
| 17 | Item-X | 1525 | 2000 |

### 取消隱藏欄或列

取消隱藏欄或列的途徑有二：

■ 將已被隱藏之欄（列）的左右邊欄位（或上下邊之列）一起選取，按『常用 / 儲存格 / 格式』 <kbd>格式▾</kbd> 之下拉鈕，續選「隱藏及取消隱藏 (U)」之「取消隱藏欄 (L)」或「取消隱藏列 (O)」。

如，要讓下圖之 C~K 欄重現，因被隱藏之欄已看不到，故得先選取涵蓋 B 與 L 欄之任何範圍

| | A | B | L | M |
|---|---|---|---|---|
| 1 | Item Name | 一月 | 十一月 | 十二月 |
| 2 | Item-A | 1500 | 1685 | 2200 |
| 16 | Item-S | 1600 | 1900 | 2400 |

再按『常用 / 儲存格 / 格式』 <kbd>格式▾</kbd> 之下拉鈕，續選「**隱藏及取消隱藏 (U)**」之「**取消隱藏欄 (L)**」。

**小秘訣**

若被隱藏者為 A 欄，如何選取才能涵蓋到被隱藏之 A 欄位呢？答案為：選取任一列之整列內容；亦可由 B 欄按住滑鼠往左拖曳，拖過原 A 欄之位置，也可以將其選取。同理，若被隱藏者為第 1 列，如何選取才能涵蓋到被隱藏之第 1 列呢？當然也是選取任一欄的整欄內容；亦可由第 2 列按住滑鼠往上拖曳，拖過原第 1 列之位置，也可以將其選取。

■ 以滑鼠拖曳欄（列）標題鈕之邊界

被隱藏之欄，其左右兩欄之欄座標交界處的線條會較粗，要取消該欄之隱藏，可將滑鼠移往該欄標題右側交界處，滑鼠指標將轉為中夾空白之左右箭頭（ ↔ ），以拖曳方式向右移動，直至拉出該欄應有之寬度為止：

如此，一次可取消一欄（K 欄）之隱藏狀態：

| | A | B | K | L | M |
|---|---|---|---|---|---|
| 1 | Item Name | 一月 | 十月 | 十一月 | 十二月 |
| 2 | Item-A | 1500 | 2430 | 1685 | 2200 |

若同時選取涵蓋被隱藏欄左右之欄：

| | A | B | K | L |
|---|---|---|---|---|
| 1 | Item Name | 一月 | 十月 | 十一月 |
| 2 | Item-A | 1500 | 2430 | 1685 |
| 16 | Item-S | 1600 | 2000 | 1900 |
| 17 | Item-X | 1525 | 2400 | 2000 |
| 18 | | | | |

將滑鼠移往 B 欄交界處，滑鼠指標將轉為中夾空白之左右箭頭（ ↔ ），以拖曳方式向右移動：

| | A | B | J | K | L |
|---|---|---|---|---|---|
| 1 | Item Name | 一月 | 十月 | 十一月 | 十二月 |
| 2 | Item-A | 1500 | 2430 | 1685 | 2200 |
| 16 | Item-S | 1600 | 2000 | 1900 | 2400 |
| 17 | Item-X | 1525 | 2400 | 2000 | 2300 |
| 18 | | | | | |

可同時取消 C ～ J 等多欄的隱藏狀態：

| | A | B | C | D | E | F | G | H | I | J | K | L |
|---|---|---|---|---|---|---|---|---|---|---|---|---|
| 1 | Item Name | 一月 | 二月 | 三月 | 四月 | 五月 | 六月 | 七月 | 八月 | 九月 | 十月 | 十一月 |
| 2 | Item-A | 1500 | 2300 | 2500 | 1475 | 3600 | 3800 | 2540 | 2200 | 1780 | 2430 | 1685 |
| 16 | Item-S | 1600 | 2000 | 2900 | 1500 | 3200 | 4000 | 3000 | 2800 | 2100 | 2000 | 1900 |

同樣地，若要取消某列之隱藏，其操作方法亦類似，只是拖曳之位置與方向不同而已。

# 5-4　插入儲存格、欄或列

於工作表中編修資料，難免因漏掉某幾個儲存格或列（欄）內容而欲進行插入。執行插入儲存格、欄（列）之方法相同，只是動作對象不同而已。

## 插入儲存格

以範例 Ch05.xlsx『插入儲存格及欄列』工作表為例,插入儲存格之操作步驟為:

**Step 1** 於欲插入之位置,選取儲存格範圍(允許為多格,即使其範圍內有其他資料亦無所謂)

| ▲ | A | B | C | D | E | F |
|---|---|---|---|---|---|---|
| 1 | | 第一季 | 第二季 | 第三季 | 第四季 | 合計 |
| 2 | 北區 | 2500 | 2900 | 3200 | 3000 | 11600 |
| 3 | 中區 | 1800 | 2300 | 2100 | 2200 | 8400 |
| 4 | 南區 | 1900 | 2000 | 2250 | 1950 | 8100 |

**Step 2** 按『**常用 / 儲存格 / 插入**』 之下拉鈕,續選「**插入儲存格 (I)…**」(或同時按 Ctrl 與 + )

轉入『插入』對話方塊

**Step 3** 選妥要執行之動作,續按 確定 鈕即可完成

『插入』對話方塊內,各設定項之作用為:

**現有儲存格右移 (I)**

橫向插入所選取的儲存格,將原有儲存格往右移。

| ▲ | A | B | C | D | E | F | G | H |
|---|---|---|---|---|---|---|---|---|
| 1 | | 第一季 | 第二季 | 第三季 | 第四季 | 合計 | | |
| 2 | 北區 | 2500 | | | 2900 | 3200 | 3000 | 11600 |
| 3 | 中區 | 1800 | | | 2300 | 2100 | 2200 | 8400 |
| 4 | 南區 | 1900 | 2000 | 2250 | 1950 | 8100 | | |

### 現有儲存格下移 (D)

縱向插入所選取的儲存格，將原有儲存格往下移。

| ◢ | A | B | C | D | E | F |
|---|---|---|---|---|---|---|
| 1 | | 第一季 | 第二季 | 第三季 | 第四季 | 合計 |
| 2 | 北區 | 2500 | | | 3000 | 5500 |
| 3 | 中區 | 1800 | | | 2200 | 4000 |
| 4 | 南區 | 1900 | 2900 | 3200 | 1950 | 9950 |
| 5 | | | 2300 | 2100 | | |
| 6 | | | 2000 | 2250 | | |

### 整列 (R)

插入選取範圍所標示列數之空白列。

| ◢ | A | B | C | D | E | F |
|---|---|---|---|---|---|---|
| 1 | | 第一季 | 第二季 | 第三季 | 第四季 | 合計 |
| 2 | | | | | | |
| 3 | | | | | | |
| 4 | 北區 | 2500 | 2900 | 3200 | 3000 | 11600 |

### 整欄 (C)

插入選取範圍所標示欄數之空白欄。

| ◢ | A | B | C | D | E |
|---|---|---|---|---|---|
| 1 | | 第一季 | | | 第二季 |
| 2 | 北區 | 2500 | | | 2900 |
| 3 | 中區 | 1800 | | | 2300 |
| 4 | 南區 | 1900 | | | 2000 |

## 插入橫列

插入橫列，除可以前述方法，於『插入』對話方塊選「**整列 (R)**」（或按『插入』 ▦插入 ▾ 鈕之下拉鈕，續選「**插入工作表列 (R)**」）外；亦可以下示步驟進行：

Step 1　選取欲插入橫列之列，若欲插入多列，則選取多列之範圍。如，選取 2, 3 兩列，表欲插入 2, 3 兩列，即使其範圍內有其他資料亦無所謂

| ◢ | A | B | C | D |
|---|---|---|---|---|
| 1 | | 第一季 | 第二季 | 第三季 |
| 2 | 北區 | 2500 | 2900 | 3200 |
| 3 | 中區 | 1800 | 2300 | 2100 |
| 4 | 南區 | 1900 | 2000 | 2250 |

Step **2** 按『**插入**』 鈕上方（或同時按 Ctrl 與 + ）

將於原第 2 列前插入二列空白，而使其下各列內容均向下遞移

| | A | B | C | D |
|---|---|---|---|---|
| 1 | | 第一季 | 第二季 | 第三季 |
| 2 | | | | |
| 3 | | | | |
| 4 | 區 | 2500 | 2900 | 3200 |
| 5 | 中區 | 1800 | 2300 | 2100 |

## 插入直欄

插入直欄，除可以前述方法，於『插入』對話方塊選「**整欄 (C)**」（或按『**插入**』 鈕之下拉鈕，續選「**插入工作表欄 (C)**」）外；亦可以下示步驟進行：

Step **1** 選取欲插入直欄之欄，若欲插入多欄，則選取多欄之範圍。如，選取 C, D 兩欄，表欲插入 C, D 兩欄，即使其範圍內有其他資料亦無所謂

| | A | B | C | D | E |
|---|---|---|---|---|---|
| 1 | | 第一季 | 第二季 | 第三季 | 第四季 |
| 2 | 北區 | 2500 | 2900 | 3200 | 3000 |
| 3 | 中區 | 1800 | 2300 | 2100 | 2200 |
| 4 | 南區 | 1900 | 2000 | 2250 | 1950 |

Step **2** 按『**插入**』 鈕（或同時按 Ctrl 與 + ），可於選取位置插入空白欄，而使其右各欄內容均向右遞移

| | A | B | C | D | E |
|---|---|---|---|---|---|
| 1 | | 第一季 | | | 第二季 |
| 2 | 北區 | 2500 | | | 2900 |
| 3 | 中區 | 1800 | | | 2300 |
| 4 | 南區 | 1900 | | | 2000 |

## 插入儲存格、列或欄對公式之影響

插入欄（列或儲存格）會使其右（下）之資料向右（下）移，所牽涉之相關運算公式並不因而受影響，均會自動調整成新位址。如範例 Ch05.xlsx『插入欄列對公式之影響』工作表：

| D2 | ⌄ | : | × ✓ | $f_x$ | =SUM(A2:C2) |
|----|---|---|------|-------|-------------|

|   | A | B | C | D | E | F |
|---|---|---|---|---|---|---|
| 1 | 120 | 240 | 300 | 660 | ← =A1+B1+C1 | |
| 2 | 200 | 300 | 400 | 900 | ← =SUM(A2:C2) | |

D1 與 D2 兩儲存格之內容分別為：

```
D1:        =A1+B1+C1
D2:        =SUM(A2:C2)
```

於 B 欄處插入一空白欄，原 B 欄變 C 欄、C 欄變 D 欄、D 欄變 E 欄、……：

| E2 | ⌄ | : | × ✓ | $f_x$ | =SUM(A2:D2) |
|----|---|---|------|-------|-------------|

|   | A | B | C | D | E | F | G |
|---|---|---|---|---|---|---|---|
| 1 | 120 | | 240 | 300 | 660 | ← =A1+C1+D1 | |
| 2 | 200 | | 300 | 400 | 900 | ← =SUM(A2:D2) | |

故原 D1 與 D2 兩儲存格應為目前之 E1 與 E2，其內之公式亦將分別自動做適當調整而轉為：

```
E1:        =A1+C1+D1    → B1 改為 C1，C1 改為 D1
E2:        =SUM(A2:D2)  → C2 改為 D2
```

故其運算結果，並不會因此而計算錯誤。

# 5-5  刪除儲存格、列或欄

## 刪除儲存格、列或欄

刪除列或欄之操作步驟為：（詳範例 Ch05.xlsx『刪除儲存格及欄列』工作表）

Step **1** 選取欲刪除之列或欄

Step **2** 按『**常用 / 儲存格 / 刪除**』 刪除 ⌄ 鈕上方（或同時按 Ctrl 與 − ），直接將該欄或列刪除若要刪除者非整列或整欄，則先選取欲刪除之儲存格範圍：

| | A | B | C | D | E | F |
|---|---|---|---|---|---|---|
| 1 | | 第一季 | 第二季 | 第三季 | 第四季 | 合計 |
| 2 | 北區 | 2500 | 2900 | 3200 | 3000 | 11600 |
| 3 | 中區 | 1800 | 2300 | 2100 | 2200 | 8400 |
| 4 | 南區 | 1900 | 2000 | 2250 | 1950 | 8100 |

選按 之下拉鈕，續選「刪除儲存格 (D)
…」（或同時按 Ctrl 與 − ）

將轉入『刪除』對話方塊，詢問應執行何種
刪除？

選妥要處理之動作，續按 確定 鈕，即可
將其刪除。『刪除』對話方塊內，各選項之
作用分別為：

**右側儲存格左移 (L)**

僅橫向刪除所選取之幾個儲存格，其右側內容將左移。

| | A | B | C | D | E | F |
|---|---|---|---|---|---|---|
| 1 | | 第一季 | 第二季 | 第三季 | 第四季 | 合計 |
| 2 | 北區 | 2500 | 3000 | 5500 | | |
| 3 | 中區 | 1800 | 2200 | 4000 | | |
| 4 | 南區 | 1900 | 2000 | 2250 | 1950 | 8100 |

**下方儲存格上移 (U)**

僅縱向刪除所選取之幾個儲存格，其下方內容將上移。（此為直接
按 刪除 鈕之預設動作）

| | A | B | C | D | E | F |
|---|---|---|---|---|---|---|
| 1 | | 第一季 | 第二季 | 第三季 | 第四季 | 合計 |
| 2 | 北區 | 2500 | 2000 | 2250 | 3000 | 9750 |
| 3 | 中區 | 1800 | | | 2200 | 4000 |
| 4 | 南區 | 1900 | | | 1950 | 3850 |

## 整列 (R)

刪除整列內容，其下各列內容向上遞移。

| | A | B | C | D | E | F |
|---|---|---|---|---|---|---|
| 1 | | 第一季 | 第二季 | 第三季 | 第四季 | 合計 |
| 2 | 南區 | 1900 | 2000 | 2250 | 1950 | 8100 |
| 3 | | | | | | |

## 整欄 (C)

刪除整欄內容，其右各欄內容向左遞移。

| | A | B | C | D |
|---|---|---|---|---|
| 1 | | 第一季 | 第四季 | 合計 |
| 2 | 北區 | 2500 | 3000 | 5500 |
| 3 | 中區 | 1800 | 2200 | 4000 |
| 4 | 南區 | 1900 | 1950 | 3850 |

## 刪除儲存格、列或欄對公式之影響

刪除欄列之情況就沒插入那麼單純，若並無任何運算公式引用到被刪除之內容，將無任何問題。其右（下）之資料向左（上）移，所牽涉各相關運算公式並不受影響，均可順利調整成新位址。但若有公式引用到被刪除之儲存格內容，將導致公式因無適當資料可供運算而發生錯誤（#REF!）。

範例 Ch05.xlsx『刪除欄列對公式之影響』工作表中：

| D1 | | ⋮ | × ✓ | fx | =A1+B1+C1 | |
|---|---|---|---|---|---|---|
| | A | B | C | D | E | F |
| 1 | 120 | 240 | 300 | 660 | ← | =A1+B1+C1 |
| 2 | 200 | 300 | 400 | 900 | ← | =SUM(A2:C2) |

D1 與 D2 兩儲存格之內容分別為：

```
D1:     =A1+B1+C1
D2:     =SUM(A2:C2)
```

處理欄列與範圍名稱

將 B 欄整欄刪除後，原 C 欄變 B 欄、D 欄變 C 欄、E 欄變 D 欄、……。故原 D1 與 D2 兩儲存格應為目前之 C1 與 C2，其內之公式亦將分別調整為：

| | | |
|---|---|---|
| C1: | =A1+#REF!+B1 | → B1 已不存在，故為 #REF!，C1 改為 B1 |
| C2: | =SUM(A2:B2) | → C2 改為 B2 |

| C1 | ⌄ | ⋮ | ✕ ✓ fx | =A1+#REF!+B1 | |
|---|---|---|---|---|---|
| | A | B | C | D | E |
| 1 | 120 | 300 | #REF! | ← =A1+#REF!+B1 |
| 2 | 200 | 400 | 600 | ← =SUM(A2:B2) |

導致 C1 之公式，因無適當對應資料可供運算而發生錯誤。

**小秘訣**

一旦發覺刪除結果產生錯誤，可按『快速存取工具列』之『復原』鈕，放棄目前執行結果，以使資料還原成刪除前之內容。

# 5-6 範圍名稱

Excel 中，須使用到儲存格範圍之指令及函數甚多，若每次均以位址進行標定範圍，總覺得不甚親切且不易記憶。如，假定 E3:E9 係各貨品之銷售金額，欲進行加總時，固可以：

=SUM(E3:E9)

進行處理；但若曾將該範圍命名為『銷貨金額』，則每次引用到該範圍時，即可直接以『銷貨金額』來替代，不僅讀起來較易懂且也較易記憶！如：

=SUM( 銷貨金額 )
=AVERAGE( 銷貨金額 )

將儲存格範圍命名之另一項好處為：**無論於同一活頁簿之任一工作表中，凡使用到要標定範圍之指令或函數，可直接鍵入範圍名稱，且不必標明其所屬之工作表名稱。**對於經常忘記儲存格範圍者，將帶來無比方便！

如，若『銷貨金額』範圍名稱係於『工作表 1』中所定義，於『工作表 1』以外的其他工作表，並不需使用

=SUM( 工作表 1! 銷貨金額 )

來標明其出處，因其適用範圍為整個活頁簿檔，僅需以

=SUM( 銷貨金額 )

即可順利完成運算！

小秘訣

對儲存格範圍進行命名時，其名稱長度可為最多 255 字元之中英文；但不應與儲存格位址衝突。如：P1 雖符合命名規則，但將與 P1 儲存格衝突，故不會被接受。

## 定義儲存格範圍名稱

定義儲存格範圍名稱之步驟為：（詳範例 Ch05.xlsx『範圍名稱 - 練習』工作表）

Step 1 選取欲進行命名之儲存格範圍，連續或非連續均可。未命名前，編輯列上僅顯示原儲存格位址（E2）

| | D | E | F | G | H | I |
|---|---|---|---|---|---|---|
| 1 | | 第一季 | 第二季 | 第三季 | 第四季 | 合計 |
| 2 | 北區 | 2500 | 2900 | 3200 | 3000 | 11600 |
| 3 | 中區 | 1800 | 2100 | 2300 | 2200 | 8400 |
| 4 | 南區 | 1900 | 2000 | 2250 | 1950 | 8100 |

E2　　　fx　2500

Step 2 按『公式 / 已定義之名稱 / 定義名稱』 定義名稱 鈕，轉入『新名稱』對話方塊

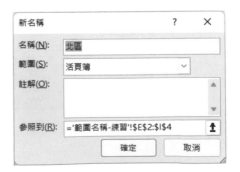

新名稱　　　　　　　　　　? ×

名稱(N):　北區

範圍(S):　活頁簿

註解(O):

參照到(R):　='範圍名稱-練習'!$E$2:$I$4

確定　　取消

因選取範圍緊臨有文字標籤，故會自動顯示建議之範圍名稱（所建議之名稱係選取範圍左側之儲存格內容：北區）。若不合意，亦可加以修改。

其『參照到 (R)：』下，恰顯示著所選取範圍的位址，若認為有錯，仍可加以修改。（於其上按一下滑鼠，再重新輸入，最前面之 = 號為必需的；亦可以滑鼠回工作表上，重選欲涵蓋之範圍）

**小秘訣**

於此處亦可輸入常數或公式，將來使用此名稱即代表一常數或該公式之運算結果。

Step **3** 於『名稱 (N)：』處，輸入此範圍之名稱（銷貨）

Step **4** 按 [ 確定 ] 鈕，即可完成目前範圍之名稱定義，回『就緒』狀態。命名後，編輯列上原原儲存格位址（E2 處）已改為新範圍名稱（銷貨）

| | D | E | F | G | H | I |
|---|---|---|---|---|---|---|
| 1 | | 第一季 | 第二季 | 第三季 | 第四季 | 合計 |
| 2 | 北區 | 2500 | 2900 | 3200 | 3000 | 11600 |
| 3 | 中區 | 1800 | 2100 | 2300 | 2200 | 8400 |
| 4 | 南區 | 1900 | 2000 | 2250 | 1950 | 8100 |

亦可於選取範圍後，按一下
`B1 ∨` 位址方塊之位址（如：
B1），其位址將呈選取狀：

續於其內輸入名稱（稅率）：

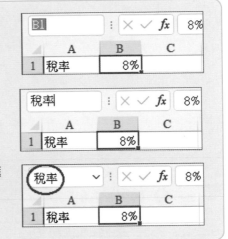

續按 `Enter` ，即可完成對該範圍進
行命名之定義：

於『就緒』狀態下，按 `A1 ∨` 位址處之向下按鈕，
續就所呈現之範圍名稱表單選取某一個，將直接跳往
其所在之儲存格。

## 修改／刪除儲存格範圍名稱

修改儲存格範圍名稱之步驟為：

Step 1 按『公式／已定義之名稱／名稱管理員』 名稱管理員 鈕，轉入『名稱管理員』對話方塊

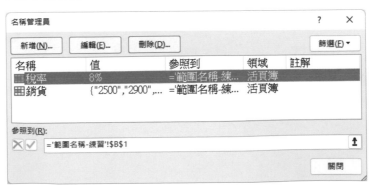

Step ❷　於『名稱』下，挑出要修改之名稱

Step ❸　若欲更改其名稱，可按 編輯(E)... 鈕，轉入『編輯名稱』對話方塊進行修正

Step ❹　輸入新名稱

若欲更改其涵蓋之位址或範圍，於『參照到 (R):』文字方塊點按一下滑鼠，續以拖曳方式拉出新的範圍。

Step ❺　續按 確定 鈕，回『名稱管理員』對話方塊，可看到已完成修改之新內容

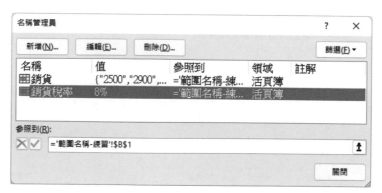

Step ❻　最後，按 關閉 鈕，回『就緒』狀態

## 刪除儲存格範圍名稱

刪除儲存格範圍名稱之步驟為：

Step ❶ 按『公式 / 已定義之名稱 / 名稱管理員』 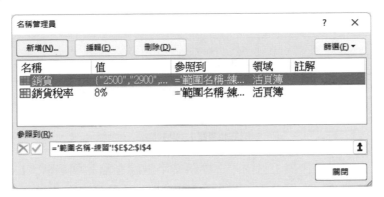 轉入『名稱管理員』對
話方塊

Step ❷ 於『名稱』下，挑出要刪除之名稱

Step ❸ 按 刪除(D)... 鈕

Step ❹ 按 確定 鈕，回『名稱管理員』對話方塊，可看到已將該範圍名
稱刪除（僅刪除名稱，原儲存格內容並不受影響）

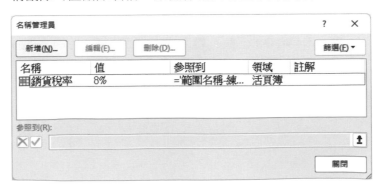

Step ❺ 最後，按 ⬚關閉 鈕，回『就緒』狀態。（若選按『快速存取工具列』之『復原』⟲▾ 鈕，仍可復原前述之刪除動作，本書以此法將先前所刪除之範圍名稱復原）

## 使用選取範圍中的標記來建立名稱

如果，擁有類似下表之內容：

亦可直接以工作表上已輸入之標題文字當儲存格範圍名稱。Excel 可使用上邊或底邊列，左邊或右邊欄的文字，或使用選取範圍的任何組合來作為儲存格範圍名稱。

使用選取範圍中的標記來建立名稱之處理步驟為：

Step ❶ 選取欲進行命名之儲存格範圍及其標題文字，連續或非連續均可

Step ❷ 按『公式 / 已定義之名稱 / 從選取範圍建立』⬚從選取範圍建立 鈕，轉入『以選取範圍建立名稱』對話方塊

Step **3** 選取欲作為名稱之標題文字的位置（本例選「**最左欄 (L)**」）

Step **4** 最後，按 ▢確定▢ 鈕，回『就緒』狀態

可一次即對數個儲存格進行命名，若標定字串標記之範圍時，將空白儲存格亦納入（如圖中之 A5），其等將被自動放棄。因此，本例之執行結果為建立：**銷售額**（B3）、**銷貨稅**（B4）與**總銷售額**（B6）等三個範圍名稱。

## 查範圍名稱

最簡單之驗證儲存格範圍命名結果是否正確的方法為：按編輯列上目前位址右邊之下拉鈕，將顯示所有已定義之範圍名稱表單：

於其內挑選某一名稱後，看指標是否可移往正確之位置？

亦可以下示方式，一舉將所有範圍及其對應位址全部顯示出來。其執行步驟為：

Step **1** 選取一右側及下方無資料之儲存格，以免資料被覆蓋

Step **2** 按『公式 / 已定義之名稱 / 用於公式』⟨ℱ 用於公式˅⟩ 之下拉鈕，將顯示表單

Step **3** 選按「**貼上名稱 (P)**…」，轉入『貼上名稱』對話方塊

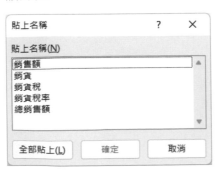

Step **4** 按 [全部貼上(L)] 鈕，即可將所有範圍名稱及其對應位址全部顯示出來。
顯示時，各範圍名稱將依英文字母及中文筆劃之遞增順序排列

| | A | B | C | D | E | F | G | H | I |
|---|---|---|---|---|---|---|---|---|---|
| 1 | 稅率 | 8% | | | 第一季 | 第二季 | 第三季 | 第四季 | 合計 |
| 2 | | | | 北區 | 2500 | 2900 | 3200 | 3000 | 11600 |
| 3 | 銷售額 | 28100 | | 中區 | 1800 | 2100 | 2300 | 2200 | 8400 |
| 4 | 銷貨稅 | 2248 | | 南區 | 1900 | 2000 | 2250 | 1950 | 8100 |
| 5 | | ---------- | | | | | | | |
| 6 | 總銷售額 | 30348 | | | | | | | |
| 7 | | | | | | | | | |
| 8 | | | 銷售額 | ='範圍名稱-練習'!$B$3 | | | | | |
| 9 | | | 銷貨 | ='範圍名稱-練習'!$E$2:$H$4 | | | | | |
| 10 | | | 銷貨稅 | ='範圍名稱-練習'!$B$4 | | | | | |
| 11 | | | 銷貨稅率 | ='範圍名稱-練習'!$B$1 | | | | | |
| 12 | | | 總銷售額 | ='範圍名稱-練習'!$B$6 | | | | | |

## 於公式中使用範圍名稱

當公式中需使用到範圍名稱時，當然可直接輸入。但亦可以選擇之方式來輸入，其作法為：

Step **1** 輸入等號（＝）

Step **2** 若要輸入函數，可直接輸入其函數名稱及其左括號

| AVERAGE ∨ | : | × ✓ *fx* | =SUM( | |
|---|---|---|---|---|
| | A | B | C | D | E |
| 1 | 稅率 | 8% | | | 第一季 |
| 2 | | | | 北區 | 2500 |
| 3 | 銷售額 | =SUM( | | 中區 | 1800 |
| 4 | 銷貨稅 | SUM(number1, [number2], ...) | | 1900 |

Step **3** 按『公式/已定義之名稱/用於公式』[fx 用於公式∨]
之下拉鈕，將顯示範圍名稱之表單

選妥正確之範圍名稱後，即可把範圍名稱貼入於公式中

| B3 | | : | × ✓ fx | =SUM(銷貨 | | | | |
|---|---|---|---|---|---|---|---|---|
| ◢ | A | B | C | D | E | F | G | H | I |
| 1 | 稅率 | 8% | | | 第一季 | 第二季 | 第三季 | 第四季 | 合計 |
| 2 | | | | 北區 | 2500 | 2900 | 3200 | 3000 | 11600 |
| 3 | 銷售額 | =SUM(銷貨 | | 中區 | 1800 | 2100 | 2300 | 2200 | 8400 |
| 4 | 銷貨稅 | SUM(number1, [number2], ...) | | | 1900 | 2000 | 2250 | 1950 | 8100 |

**Step ⑤** 補上函數右邊之括號，即完成函數部分之輸入。若仍有後續之公式則繼續輸入；否則，按 Enter 或 ✓ 結束

| 銷售額 | | : | × ✓ fx | =SUM(銷貨) | |
|---|---|---|---|---|---|
| ◢ | A | B | C | D | E |
| 1 | 稅率 | 8% | | | 第一季 |
| 2 | | | | 北區 | 2500 |
| 3 | 銷售額 | 28100 | | 中區 | 1800 |

注意

Excel 之『自然語言公式』，雖允許使用者不需事先建立名稱，而在公式中直接使用列 / 欄標題。但因其未經建立名稱，在輸入公式時，就無法以前述之選擇方式來完成輸入。

小秘訣

前例亦可不轉入『貼上名稱』對話方塊，而直接以拖曳方式，拉出 E2:H4 範圍，亦將自動轉為其名稱『銷貨』。當然，也可以自行輸入之方式，鍵入其範圍名稱。

## 將公式轉換為已定義之名稱

若有公式已使用了原尚未定義名稱之範圍或位址（如：=B3+B4），於將其定義過名稱後（B3 為『銷售額』，B4 為『銷貨稅』），原範圍或位址並不會自動轉為相對應之名稱：

| 總銷售額 | | : | × ✓ fx | =B3+B4 | |
|---|---|---|---|---|---|
| ◢ | A | B | C | D |
| 3 | 銷售額 | 28100 | | 中區 |
| 4 | 銷貨稅 | 2248 | | 南區 |
| 5 | | | | |
| 6 | 總銷售額 | 30348 | | |

若欲將其轉換為已定義之名稱（將 B3 轉為『銷售額』，B4 轉為『銷貨稅』），其處理步驟為：

Step ❶ 按『公式／已定義之名稱／定義名稱』
 之下拉鈕，續選「套用名稱
(A)⋯」

Step ❷ 轉入『套用名稱』對話方
塊，選妥正確之範圍名稱
（若不確定，將其全選也可
以）

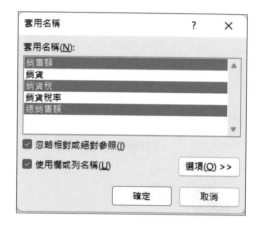

Step ❸ 按 ⎡確定⎤ 鈕，即可於公式中將原範圍或位址（B3 與 B4）轉換成
對應之範圍名稱（『銷售額』與『銷貨稅』）

| 總銷售額 | | | fx | =銷售額+銷貨稅 |
|---|---|---|---|---|
| | A | B | C | D | E |
| 3 | 銷售額 | 28100 | | 中區 | 1800 |
| 4 | 銷貨稅 | 2248 | | 南區 | 1900 |
| 5 | | ---------- | | | |
| 6 | 總銷售額 | 30348 | | | |

# 編輯

## 6-1　複製

　　於工作表中，很多儲存格擁有完全相同之內容。也可能許多儲存格擁有部分相同之資料內容，僅需修改部分先前已輸入之資料即可，如：Item-A、Item-B、……、Item-Z，所差別僅一個字元而已！

　　更多情況下，許多儲存格均擁有相同運算關係之公式，如：每一貨品之銷售額均為其單價與數量之乘積、各科成績平均數之求算方式並不會因科目不同而異，均為總分除以人數……。

　　諸如此類資料，若每一儲存格均得靠人逐一輸入，將很耗時，故得學會如何進行複製資料。

　　進行複製資料時，若來源與目的儲存格係緊臨排列，則可用第三章之填滿相鄰儲存格技巧；但若來源與目的儲存格並非緊臨排列，則得靠『**常用 / 剪貼簿**』群組之指令按鈕（或其對等之快速按鍵）。其過程包括下列幾個步驟：

1. **選取資料來源之範圍**

　　以選取儲存格之方式，選取來源內容。來源可為：單一儲存格或多格之範圍、一列或多列、一欄或多欄，甚或互不連續之多個範圍（或工作表）。

2. **將來源內容存入剪貼暫存區**

   按『**常用 / 剪貼簿 / 複製**』 鈕（或 Ctrl + C 鍵），其作用為將所選取之內容存入剪貼暫存區。此時，來源區將被會閃爍之外框包圍。

3. **選取欲抄往之目的地**

   將指標移往複製文件之目的地，目的地亦同樣可為：單一儲存格或多格之範圍、一列或多列、一欄或多欄，甚或互不連續之多個範圍。

4. **進行抄錄**

   按『**常用 / 剪貼簿 / 貼上**』 鈕（或 Ctrl + V 鍵），其作用為自剪貼暫存區將所存內容貼上（複製）於目前位置。

**小秘訣**

複製後，所複製內容之右下方會顯示一『選擇性貼上』 (Ctrl) 鈕。單按該箭頭或按 Ctrl 鍵，將顯示：

尚可選擇要進行何種貼上？此即所有「常用 / 剪貼簿 / 貼上 / 選擇性貼上 (S)…」之各種選項。（其作用參見本章後文『選擇性複製』一節之說明）多數情況我們會不理它，表將抄錄其所有格式及公式（或內容）。等進行輸入資料或其他操作，該鈕將自動消失。

## 儲存格到儲存格

假定，欲將範例 Ch06.xlsx『複製』工作表 A1 內容複製到 D1 儲存格，由於並非相臨之儲存格，無法以拖曳「**填滿控點**」進行抄錄。故以下列步驟進行抄錄：

**Step 1** 以滑鼠單按來源格 A1，將其選取

Step **2** 按『**常用 / 剪貼簿 / 複製**』▢⌄ 鈕（或 Ctrl + C 鍵），將所選取之內容存入『剪貼簿』暫存區 此時，來源區將被會閃爍之外框包圍。

Step **3** 以滑鼠按一下目的地儲存格 D1，將其選取。

Step **4** 按『**常用 / 剪貼簿 / 貼上**』▢ 鈕（或 Ctrl + V 鍵），自『剪貼簿』暫存區將所存內容貼上（複製）於目前位置。此時，目的區將擁有抄過來之資料，但來源區仍被閃爍外框包圍，表其仍可繼續作為後續抄錄動作的來源。

| D1 | ⌄ | : | × | ✓ | fx | 中華 |
|---|---|---|---|---|---|---|
| ▲ | A | B | | C | | D |
| 1 | 中華 | | | | | 中華 |

另一種複製單一儲存格到另一儲存格的簡便操作方式為：（假定欲將目前之 A1 抄往 D2）

Step **1** 將指標移往目的儲存格（D2）上，鍵入等號（＝），再輸入來源格之位址（A1）

| AVERAGE | ⌄ | : | × | ✓ | fx | =A1 |
|---|---|---|---|---|---|---|
| ▲ | A | B | | C | | D |
| 1 | 中華 | | | | | 中華 |
| 2 | | | | | | =A1 |

Step **2** 續按 Enter 鍵或 ✓ 鈕，亦可將 A1 內容抄往 D2

| D2 | ⌄ | : | × | ✓ | fx | =A1 |
|---|---|---|---|---|---|---|
| ▲ | A | B | | C | | D |
| 1 | 中華 | | | | | 中華 |
| 2 | | | | | | 中華 |

**小秘訣**

這種複製方式在複製單一儲存格到另一儲存格時，使用起來有時還比按『複製 / 貼上』鈕來得快。（特別在來源與目的儲存格間之距離很遠時）

但由於係以公式取得來源格 A1 之內容，因此，若來源格內容變化，目的儲存格當然也就跟著變化；若採『**複製 / 貼上**』鈕則不會有此情況發生。

譬如：若將 A1 內容改為『中華職棒』，則 A1 與 D2 之內容將同為『中華職棒』；而 D1 之內容則仍維持為『中華』。如：

| A1 | ⌄ | : | × | ✓ | fx | 中華職棒 |
|---|---|---|---|---|---|---|
| ▲ | A | B | | C | | D |
| 1 | 中華職棒 | | | | | 中華 |
| 2 | | | | | | 中華職棒 |

## 多重複製

以往的『剪貼簿』暫存區只能存放一個內容。選取內容後，按 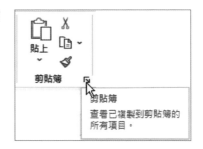 鈕將其存入『剪貼簿』暫存區，勢必覆蓋掉其原存內容。因此，當要複製多次內容時，只好於來源與目的間來回不停的穿梭切換，若距離較近還好；否則也蠻累人的！

但自 Office 2000 開始，即引進一新增功能，最多可複製多達 12 個來源內容，存入於『剪貼簿』暫存區，允許使用者逐一取用或一次全部取用其內容。Office 2003 又擴充到可複製多達 24 個暫存內容。如此，就可於來源處，一次將來源選足；再到目的地上一次貼上，省去來回切換之麻煩。

假定，範例 Ch06.xlsx『多重複製』工作表原內容為：

|  | A | B | C |
|---|---|---|---|
| 1 |  |  | 法學院 |
| 2 |  |  |  |
| 3 | 商學院 |  |  |

擬利用多重複製，將其 C1『法學院』及 A3『商學院』內容，抄往 C4 及 D4。其處理步驟為：

**Step 1** 按『**常用 / 剪貼簿**』群組下方之『剪貼簿』對話方塊啟動器鈕

取得『剪貼簿』工作窗格：

| 剪貼簿 |  | A | B | C |
|---|---|---|---|---|
|  | 1 |  |  | 法學院 |
| 全部貼上　全部清除 | 2 |  |  |  |
| 按一下要貼上的項目： | 3 | 商學院 |  |  |
| 剪貼簿是空的。 | 4 |  |  |  |
| 複製或剪下以收集項目。 | 5 |  |  |  |
|  | 6 |  |  |  |

停於 C1 上時，按 ▣⁃ 鈕，將其存入『剪貼簿』暫存區

『剪貼簿』工作窗格內，已出現第一個被暫存之內容（ ▣ 法學院 ）。這裡，最多可有 24 個暫存內容。

Step **3** 續轉停於 A3 上，按 ▣⁃ 鈕，將其再存入『剪貼簿』暫存區，工作窗格內，已出現兩個被暫存之內容

Step **4** 複製妥所有來源內容後，轉停於 C4 上，雙按『剪貼簿』工作窗格內第一個暫存內容『 ▣ 法學院 』，將其內容貼進來

Step **5** 轉停於 D4 上，雙按『剪貼簿』工作窗格內第 2 個暫存內容『 ▣ 商學院 』，將其貼進來

若於步驟 4，係按 全部貼上 鈕，其結果係將所有內容依來源之順序，向下直接全部貼上：

複製後，按 全部清除 鈕，可清除所有『剪貼簿』暫存區之內容；若只想刪除其內之某項，可停於該項上，續按其右側之下拉鈕，續選「刪除 (D)」：

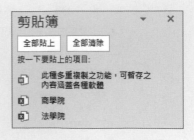

若不想繼續使用此多重複製功能，可按其右上角之 ✕ 鈕，將『剪貼簿』工作窗格關閉。

此種多重複製之功能，可暫存之內容涵蓋各種軟體，如：

可看出其暫存內容除 Excel 外，尚有 Word 之內容。

## 利用滑鼠複製

利用滑鼠複製儲存格資料之步驟為：（詳範例 Ch06.xlsx『以滑鼠複製』工作表）

Step 1　選取來源儲存格範圍

Step 2　將滑鼠指標移回已選取之區塊的
上緣，指標由空心十字（✛）轉
為加有四向箭頭之指標（✥）

Step 3　按住 Ctrl 鍵，並以拖曳方式將
滑鼠指標移往目的地。拖曳中，
滑鼠指標之右上角會有一加號
（▷⁺），表其為複製狀態。且有
一綠色方塊標示將複製到何處。

Step 4　移妥後鬆開滑鼠，即可將被選取
之範圍複製到新位置

## 儲存格到範圍（文字內容）

假定，欲將 A1 內容複製到 A3:C3 範圍，由於並非相臨，無法以拖曳
『填滿控點』進行抄錄。故以下列步驟進行抄錄：（詳範例 Ch06.xlsx『儲存
格格到範圍』工作表）

Step 1　以滑鼠按一下來源格 A1，將其選取

Step 2　按『複製』 鈕（ Ctrl + C 鍵），將
所選取之內容存入剪貼暫存區。此時，
來源區將被會閃爍之外框包圍

Step 3　以滑鼠按一下目的地的第一格 A3，按
住滑鼠往右拖曳，拉出 A3:C3 之目的
地範圍

Step 4 按『**貼上**』🗐 鈕（或 Ctrl + V 鍵），
自剪貼暫存區將所存內容，貼上（複
製）於目前選取之範圍

| | A | B | C |
|---|---|---|---|
| 1 | 薪資 | | |
| 2 | | | |
| 3 | 薪資 | 薪資 | 薪資 |

## 範圍到範圍（文字內容）

假定，欲將 A1:D2 內容複製到 A4:D5 範圍，可以下列步驟進行：（詳
範例 Ch06.xlsx『範圍到範圍』工作表）

Step 1 以拖曳方式拉出 A1:D2 之來源範圍

Step 2 按『**複製**』🗐▾ 鈕（或 Ctrl +
C 鍵），將所選取之內容存
入剪貼暫存區。此時，來源區
將被閃爍之外框包圍

| | A | B | C | D |
|---|---|---|---|---|
| 1 | 姓名 | 性別 | 生日 | 電話 |
| 2 | 林國華 | 男 | 1975/5/12 | 2502-1020 |

Step 3 以滑鼠單按目的範圍第一格 A4

 小秘訣

並不需標出完整之區域範圍 A4:D5。

Step 4 按『**貼上**』🗐 鈕（或 Ctrl +
V 鍵），自剪貼暫存區將所
存內容貼上（複製）於 A4:D5

| | A | B | C | D |
|---|---|---|---|---|
| 1 | 姓名 | 性別 | 生日 | 電話 |
| 2 | 林國華 | 男 | 1975/5/12 | 2502-1020 |
| 3 | | | | |
| 4 | 姓名 | 性別 | 生日 | 電話 |
| 5 | 林國華 | 男 | 1975/5/12 | 2502-1020 |

本例中，由於來源為多格範圍，故選取目的範圍時，並不需標出完整之區
域範圍 A4:D5，亦會抄出多格之內容。（但標明目的範圍為 A4:D5，甚或更
大之範圍，也不算錯）

## 儲存格到範圍（公式內容）

　　工作表中之資料，常有運算關係存
在。如範例 Ch06.xlsx『公式 1』工作表：

| | A | B | C | D |
|---|---|---|---|---|
| 1 | 品名 | 單價 | 數量 | 金額 |
| 2 | 筆記本 | 25 | 120 | 3000 |
| 3 | 鉛　筆 | 30 | 240 | |
| 4 | 墊　板 | 30 | 65 | |
| 5 | 橡　皮 | 20 | 200 | |

其 D 欄金額，為 B 欄單價與 C 欄數量之乘積。於 D2 輸入其公式

```
=B2*C2
```

求得該格之金額後，即可以拖曳右下角『填滿控點』，來進行向下填滿，將
D2 之內容抄往 D3:D5 範圍。

**小秘訣**

亦可按『複製 / 貼上』鈕進行抄錄；或直接雙按右下角之複製控點。

　　由於 Excel 係採『相對參照』之方式來處理本例，對來源格 D2 之內
容，並非記憶其實際公式；而是記憶其對應關係：

| 目前位址 | 相對參照 | 公式 |
|---|---|---|
| D2 | 左方第二格乘以左方第一格 | =B2*C2 |

依此對應關係，將之抄往 D3:D5 範圍，所得之公式內容將為：

| 目前位址 | 相對參照 | 公式 |
|---|---|---|
| D3 | 左方第二格乘以左方第一格 | =B3*C3 |
| D4 | 左方第二格乘以左方第一格 | =B4*C4 |
| D5 | 左方第二格乘以左方第一格 | =B5*C5 |

故可分別計算各不同貨品之銷售金額：

| | A | B | C | D | E |
|---|---|---|---|---|---|
| 1 | 品名 | 單價 | 數量 | 金額 | |
| 2 | 筆記本 | 25 | 120 | 3000 | ← =B2*C2 |
| 3 | 鉛　筆 | 30 | 240 | 7200 | ← =B3*C3 |
| 4 | 墊　板 | 30 | 65 | 1950 | ← =B4*C4 |
| 5 | 橡　皮 | 20 | 200 | 4000 | ← =B5*C5 |
| 6 | | | | | |

D2 欄位 $fx$ =B2*C2

且由於**各相關數值均係以公式達成關聯，若任一貨品之單價或數量變化，其金額亦可自動依公式重算正確值。**如，將鉛筆之數量改為 320 且將橡皮之單價改為 36，其結果自動轉為：

| | A | B | C | D | E |
|---|---|---|---|---|---|
| 1 | 品名 | 單價 | 數量 | 金額 | |
| 2 | 筆記本 | 25 | 120 | 3000 | ← =B2*C2 |
| 3 | 鉛　筆 | 30 | 320 | 9600 | ← =B3*C3 |
| 4 | 墊　板 | 30 | 65 | 1950 | ← =B4*C4 |
| 5 | 橡　皮 | 36 | 200 | 7200 | ← =B5*C5 |

## 範圍到範圍（公式內容）

有時，存有運算關係之內容並不只一個。如範例 Ch06.xlsx『公式 2』工作表：

E2 欄位 $fx$ =B2*C2

| | A | B | C | D | E | F |
|---|---|---|---|---|---|---|
| 1 | 品　名 | 單　價 | 數　量 | 折扣率 | 應收金額 | 實收金額 |
| 2 | 筆記本 | 25 | 120 | 5.0% | 3000 | 2850 |
| 3 | 鉛　筆 | 20 | 240 | 7.5% | | |
| 4 | 墊　板 | 30 | 65 | 10.0% | | |
| 5 | 橡　皮 | 15 | 100 | 8.0% | | |

其 E 欄『應收金額』應為 B 欄『單價』與 C 欄『數量』之乘積，而 F 欄『實收金額』則為：

**E 欄應收金額 ×（1 - D 欄折扣率）**

於 E2 輸入

```
=B2*C2
```

並於 F2 輸入

```
=E2*(1-D2)
```

求得正確之應收及實收金額後，亦可將 E2:F2 範圍之內容抄往 E3:F5 範圍。

可於選取 E2:F2 後，雙按 F2 之『填滿控點』，即可進行向下填滿，將 E2:F2 之內容抄往 E3:F5 範圍：

| | A | B | C | D | E | F |
|---|---|---|---|---|---|---|
| 1 | 品　名 | 單　價 | 數　量 | 折扣率 | 應收金額 | 實收金額 |
| 2 | 筆記本 | 25 | 120 | 5.0% | 3000 | 2850 |
| 3 | 鉛　筆 | 20 | 240 | 7.5% | 4800 | 4440 |
| 4 | 墊　板 | 30 | 65 | 10.0% | 1950 | 1755 |
| 5 | 橡　皮 | 15 | 100 | 8.0% | 1500 | 1380 |

E2　　　　fx　=B2*C2

## 6-2　部分複製

### 選擇性複製

任一儲存格，除了其外觀上看得見之格式與資料內容外；尚有其公式。通常，無論是以『**複製/貼上**』鈕；或以拖曳『**填滿控點**』來進行抄錄，所抄錄之對象均包含：格式、內容、公式。

若僅欲抄錄其中之某項，可以依下列步驟進行：

Step 1 選取來源儲存格

Step 2 按 鈕，記下來源內容

Step 3 移往目的儲存格，按一下滑鼠

Step 4 按『**常用/剪貼簿/貼上**』 鈕之下拉鈕，就其提供之按鈕，擇一使用

其上各組按鈕，即各種選擇性貼上之按鈕。其作用分別為：

貼上 (P)　　　　　　　　抄錄所有格式、公式及附註內容。

公式 (F)　　　　　　　　僅抄錄公式。

公式與數字設定 (O)　　　複製公式及數字格式（如：貨幣格式），不含儲存格之其他格式（如：底色）。

保持來源格式設定 (K)　　複製來源之公式及所有格式，但不含欄寬

無框線 (B)　　　　　　　除框線外之項目全抄，但不含欄寬。

保持原來欄寬 (W)　　　　複製來源之公式及所有格式及欄寬。

轉置 (T)　　　　　　　　複製來源之公式及所有格式（不含欄寬），但將其轉置，欄變列、列變欄。

值 (V)　　　　　　　　　僅抄錄其運算之結果（無公式且不含欄寬及格式），可用來將公式轉常數

值與數字格式 (R)　　　　抄錄其運算結果（無公式）及其數字格式（如：貨幣格式），但不包括其他儲存格格式（如：底色）。

值與來源格式設定 (E)　　抄錄其運算結果（無公式）及欄寬以外的所有格式。

格式設定 (T)　　　　　　僅複製格式定義（不含欄寬）。

貼上連結 (L)　　　　　　複製出來源儲存格之位址，直接取用其內容，確保兩者的內容永遠一致。有數字格式；但無儲存格格式。

圖片 (U)　　　　　　　　將來源儲存格之外觀，當成圖片，貼到目的地儲存格位置。

連結的圖片 (I)　　　　　將來源儲存格之外觀，當成圖片，貼到目的地儲存格位置，於其上雙按可連結回到來源儲存格。

如，範例 Ch06.xlsx『選擇性貼上 1』工作表 C2 之公式內容為：

```
=A2*B2
```

其格式定為：貨幣格式、黃底、粗斜體、雙線外框、Arial Black 字體。分別以加有箭頭文字所示之各種不同的選擇性複製，將其抄到指定位置，其結果為：

以 D12 為例，選複製「**值與數字格式**」，故只取得 C2 之值 1800；而非其運算應有之 400。且僅取得數字格式（貨幣格式）；不含外框、字體與底色……等格式。

前述按鈕之作用，約當於按『**常用 / 剪貼簿 / 貼上**』 ![貼上] 鈕之下拉鈕，續選「**選擇性貼上 (S)…**」，轉入『選擇性貼上』對話方塊：

其內各選項之作用分別為：

| | |
|---|---|
| **全部 (A)** | 抄錄格式、值、格式及附註內容 |
| **公式 (F)** | 僅抄錄公式 |
| **值 (V)** | 僅抄錄資料，可用來將公式轉常數 |
| **格式 (T)** | 僅複製格式定義 |
| **註解 (C)** | 僅複製註解內容（以『**校閱 / 新增註解**』來設定） |
| **驗證 (N)** | 僅複製驗證規則（以『**資料 / 資料驗證**』來設定，如：資料必須介於那個範圍） |
| **全部使用來源佈景主題 (H)** | 貼上來源資料中所套用之文件佈景主題格式，包括佈景主題色彩、字型（標題及本文）以及效果（線條與填滿效果） |
| **框線以外的全部項目 (X)** | 除框線外之項目全抄 |
| **欄寬度 (W)** | 僅複製欄寬 |
| **公式與數字格式 (R)** | 抄錄公式及其數字格式（如：貨幣格式），但不包括其他儲存格格式（如：底色） |
| **值與數字格式 (U)** | 抄錄其運算結果（無公式）及其數字格式（如：貨幣格式），但不包括其他儲存格格式（如：底色） |

範例 Ch06.xlsx『選擇性貼上 2』工作表 C2 之公式內容為：

```
=A2*B2
```

其格式定為：貨幣格式、黃底、粗斜體、雙線外框、Arial Black 字體。分別以 E 欄所示之各種不同的選擇性複製，將其抄到 D6:D12，其結果為：

|   | A | B | C | D | E | F | G | H | I |
|---|---|---|---|---|---|---|---|---|---|
| 1 | 單價 | 數量 | 金額 | | | | | | |
| 2 | 120 | 15 | *$1,800* | ← 貨幣格式，黃底，粗斜體，雙線外框，Arial Black字體 | | | | | |
| 3 | | | ↑ =A2*B2 | | | | | | |
| 4 | | | | | | | | | |
| 5 | | 單價 | 數量 | 金額 | | | | | |
| 6 | | 100 | 15 | *$1,500* | ← 全部 | | | | |
| 7 | | 20 | 2 | 40 | ← 公式 | | | | |
| 8 | | 15 | 4 | 1800 | ← 值 | | | | |
| 9 | | 15 | 7 | *$105* | ← 格式 | | | | |
| 10 | | 6 | 8 | *$48* | ← 框線外的全部項目 | | | | |
| 11 | | 9 | 10 | $90 | ← 公式與數字格式 | | | | |
| 12 | | 13 | 20 | $1,800 | ← 值與數字格式 | | | | |

## 公式轉常數

公式之運算結果，會隨儲存格、時間、日期改變而異。如：以

```
=NOW()
```

記錄建表日期及時間，並無法真正記下完成建表之日期及時間。因該函數
會隨時更新，過幾秒鐘後來看它，它已不是原先記錄之時間了！故而，得
將其由公式轉為常數，以抑制其變動。

假定，範例 Ch06.xlsx『公式轉常數』
工作表執行前之內容為：

欲將其公式轉為常數，除可使用前述選擇性貼上之操作過程，於『選擇
性貼上』對話方塊選「值 (V)」（或按『貼上』 鈕之下拉鈕，續選「值
(V)」 ）外；亦可使用另一種更簡便之方式：

Step ① 於公式所在之儲存格上雙按滑鼠
左鍵（或按 F2 鍵），轉入『編
輯』模式

Step ② 按 F9 鍵，即可將公式轉為常數

Step 3 按 Enter 鍵或 ☑ 鈕，返回『就緒』狀態

| A1 | | ✕ ✓ fx | 2022/7/1 11:18:34 AM |
|---|---|---|---|
| | A | B | C | D |
| 1 | 2022/7/1 11:18 | | | |

可發現其公式之函數已改為常數，且時間也已更新為當時之最新時間。但因其內容已為常數，故其時間再也不會自動更新了。

　　若來源為不連續之範圍，即便僅是按『**複製／貼上**』鈕進行複製，其結果將為不含公式之值。如，範例 Ch06.xlsx『成績』工作表平均成績是經過平時、期中與期末等欄運算而得，J 欄原為公式之計算結果：

| J2 | | | ✕ ✓ fx | =E2*30%+H2*30%+I2*40% | | | | | |
|---|---|---|---|---|---|---|---|---|---|
| | A | B | C | D | E | F | G | H | I | J |
| 1 | 學號 | 姓名 | 作業1 | 作業2 | 期中 | 作業3 | 作業4 | 期末 | 平時 | 平均 |
| 2 | 12301 | 李碧華 | 88 | 91 | 75 | 82 | 70 | 70 | 82.8 | 76.6 |
| 3 | 12302 | 林淑芬 | 90 | 90 | 73 | 88 | 80 | 75 | 87.0 | 79.2 |

　　於學期末送成績時，只要送出學號、姓名及平均即可。此時，可選定如下之不連續範圍為來源：

| | A | B | C | D | E | F | G | H | I | J |
|---|---|---|---|---|---|---|---|---|---|---|
| 1 | 學號 | 姓名 | 作業1 | 作業2 | 期中 | 作業3 | 作業4 | 期末 | 平時 | 平均 |
| 2 | 12301 | 李碧華 | 88 | 91 | 75 | 82 | 70 | 70 | 82.8 | 76.6 |
| 3 | 12302 | 林淑芬 | 90 | 90 | 73 | 88 | 80 | 75 | 87.0 | 79.2 |
| 4 | 12303 | 王嘉育 | 75 | 85 | 48 | 95 | 82 | 78 | 84.3 | 71.5 |
| 5 | 12304 | 吳育仁 | 88 | 88 | 85 | 95 | 95 | 82 | 91.5 | 86.7 |
| 6 | 12305 | 呂姿瑩 | 75 | 70 | 56 | 70 | 80 | 83 | 73.8 | 71.2 |
| 7 | 12306 | 孫國華 | 85 | 90 | 70 | 90 | 87 | 80 | 88.0 | 80.2 |

按『**複製**』 🗐▾ 鈕記下來源，移到 A9 位置，按『**貼上**』 🗐 鈕（或 Ctrl ＋ V 鍵）進行複製，其平均成績已自動由公式轉為常數：

| C10 | | ✕ ✓ fx | 76.6 |
|---|---|---|---|
| | A | B | C | D |
| 9 | 學號 | 姓名 | 平均 | |
| 10 | 12301 | 李碧華 | 76.6 | |
| 11 | 12302 | 林淑芬 | 79.2 | |
| 12 | 12303 | 王嘉育 | 71.5 | |
| 13 | 12304 | 吳育仁 | 86.7 | |
| 14 | 12305 | 呂姿瑩 | 71.2 | |
| 15 | 12306 | 孫國華 | 80.2 | |

## 複製格式

資料輸入後欲改變其格式，可使用『**常用**』索引標籤『**字型**』、『**對齊**
**方式**』、『**數值**』、『**樣式**』等群組，或轉入『儲存格格式』對話方塊進行設
定；亦可複製已建妥之格式過來使用。欲複製格式，除可使用前述選擇性
複製（貼上）之操作過程，於『選擇性貼上』對話方塊選「**格式 (F)**」外；
亦可使用另一個更簡便之方式：

Step **1** 選取格式來源儲存格

Step **2** 按『**常用 / 剪貼簿 / 複製格式**』 🖌 鈕，移回工作表後，滑鼠指標變
成後加一把刷子之空心十字

Step **3** 移往目的地，以拖曳方式『刷』過所有欲複製格式之範圍，即可將
來源儲存格之格式複製到目的地

小秘訣

若欲進行多次複製格式，可雙按『複製格式』 🖌 鈕。

## 轉置

若欲將來源範圍之內容以欄變列、列變欄之方式轉置，抄入其他位
置。其作法為：（詳範例 Ch06.xlsx『轉置』工作表）

Step **1** 選取來源儲存格之範圍

| | A | B | C | D |
|---|---|---|---|---|
| 1 | 品名 | 單價 | 數量 | 金額 |
| 2 | 筆記本 | 25 | 120 | 3000 |
| 3 | 鉛　筆 | 20 | 240 | 4800 |
| 4 | 墊　板 | 30 | 65 | 1950 |
| 5 | 橡　皮 | 15 | 100 | 1500 |

Step **2** 按『**常用 / 剪貼簿 / 複製**』 📋▾ 鈕（或 Ctrl + C 鍵），記下來源
內容

Step **3** 移往目的儲存格（本例選 B7），按一下滑鼠

Step **4** 按『**常用 / 剪貼簿 / 貼上**』 之下拉鈕，選按『**轉置 (T)**』 鈕，即可獲致轉置抄錄之結果

| | A | B | C | D | E | F |
|---|---|---|---|---|---|---|
| 1 | 品名 | 單價 | 數量 | 金額 | | |
| 2 | 筆記本 | 25 | 120 | 3000 | | |
| 3 | 鉛 筆 | 20 | 240 | 4800 | | |
| 4 | 墊 板 | 30 | 65 | 1950 | | |
| 5 | 橡 皮 | 15 | 100 | 1500 | | |
| 6 | | | | | | |
| 7 | | 品名 | 筆記本 | 鉛 筆 | 墊 板 | 橡 皮 |
| 8 | | 單價 | 25 | 20 | 30 | 15 |
| 9 | | 數量 | 120 | 240 | 65 | 100 |
| 10 | | 金額 | 3000 | 4800 | 1950 | 1500 |

**小秘訣**

即便來源為不連續之範圍：( 選取第一個範圍，按 Ctrl 鍵再選取第二個範圍，詳範例 Ch06.xlsx『轉置 1』工作表 )

| | A | B | C | D | E | F |
|---|---|---|---|---|---|---|
| 1 | 編號 | 姓名 | 性別 | 部門 | 職稱 | 生日 |
| 2 | 1201 | 張惠真 | 女 | 會計 | 主任 | 1974/12/7 |

亦可進行轉置：

| | A | B | C | D | E | F |
|---|---|---|---|---|---|---|
| 1 | 編號 | 姓名 | 性別 | 部門 | 職稱 | 生日 |
| 2 | 1201 | 張惠真 | 女 | 會計 | 主任 | 1974/12/7 |
| 3 | | | | | | |
| 4 | 編號 | 1201 | | | | |
| 5 | 姓名 | 張惠真 | | | | |
| 6 | 職稱 | 主任 | | | | |

# 6-3 相對參照、絕對參照與混合參照

工作表內，公式中參照之表示方式計有相對參照、絕對參照與混合參照幾類：

■ **相對參照**

位址中欄或列之座標均不含 $ 之絕對符號，如：C4。將其複製到其他儲存格時，將隨儲存格而改變其相對位置。

■ **絕對參照**

位址中欄或列之座標均含 $ 之絕對符號，如：$C$4。將其複製到其他儲存格時，並不隨儲存格而改變其位置，永遠固定在 C4。

■ 混合參照

位址中欄或列座標的某項含 $ 之絕對符號，如：$C4 表其欄座標永遠固定在 C 欄；C$4 表其列座標永遠固定在第 4 列。將其複製到其他儲存格時，有 $ 絕對符號之部分，將不隨儲存格而改變其位置；而無絕對符號者，則仍將隨儲存格而改變其相對位置。

例如範例 Ch06.xlsx『參照』工作表，E2:E5 各儲存格之百分比，應為 D2:D5 各銷售金額除以 D6 之總計：

| | A | B | C | D | E |
|---|---|---|---|---|---|
| 1 | 品名 | 單價 | 數量 | 金額 | 百分比 |
| 2 | 筆記本 | 25 | 120 | $3,000 | |
| 3 | 鉛筆 | 20 | 360 | 7,200 | |
| 4 | 墊板 | 30 | 65 | 1,950 | |
| 5 | 橡皮 | 15 | 120 | 1,800 | |
| 6 | 總計 | | | $13,950 | |

於 E2 處，若將公式輸成

```
=D2/D6
```

於以拖曳『填滿控點』將其抄往 E3:E6 後，其等之公式內容將因複製相對參照而變成：

| 目前位址 | 相對參照 | 公式 |
|---|---|---|
| E3 | 左方第一格 / 左方第一欄向下四格 | =D3/D7 |
| E4 | 左方第一格 / 左方第一欄向下四格 | =D4/D8 |
| E5 | 左方第一格 / 左方第一欄向下四格 | =D5/D9 |
| E6 | 左方第一格 / 左方第一欄向下四格 | =D5/D10 |

由於 D7 ～ D10 等格均因無內容而被視為 0，故抄入 E3:E6 之內容即變成 #DIV/0!（除數為 0 之錯誤）。如：

| E2 | | ✕ ✓ fx | =D2/D6 | |
|---|---|---|---|---|
| | A | B | C | D | E |
| 1 | 品名 | 單價 | 數量 | 金額 | 百分比 |
| 2 | 筆記本 | 25 | 120 | $3,000 | 21.5% |
| 3 | 鉛筆 | 20 | 360 | 7,200 | #DIV/0! |
| 4 | 墊板 | 30 | 65 | 1,950 | #DIV/0! |
| 5 | 橡皮 | 15 | 120 | 1,800 | #DIV/0! |
| 6 | 總計 | | | $13,950 | #DIV/0! |

正確之作法，應將 E2 處公式安排成

```
=D2/$D$6
```

讓其分母永遠固定在 D6 儲存格。將其抄往 E3:E6 後，其等之公式內容將因複製相對位址與絕對位址而變成：

| 目前位址 | 相對參照 | 公式 |
|---|---|---|
| E3 | 左方第一格 / 絕對之 D6 儲存格 | =D3/$D$6 |
| E4 | 左方第一格 / 絕對之 D6 儲存格 | =D4/$D$6 |
| E5 | 左方第一格 / 絕對之 D6 儲存格 | =D5/$D$6 |
| E6 | 左方第一格 / 絕對之 D6 儲存格 | =D6/$D$6 |

故可獲致正確結果：

　　（於本例將 $D$6 改為 D$6，其效果相同）

| | E2 | ⌄ | ⋮ × ✓ $f_x$ | =D2/$D$6 |
|---|---|---|---|---|
| ▲ | A | B | C | D | E |
| 1 | 品名 | 單價 | 數量 | 金額 | 百分比 |
| 2 | 筆記本 | 25 | 120 | $3,000 | 21.5% |
| 3 | 鉛筆 | 20 | 360 | 7,200 | 51.6% |
| 4 | 墊板 | 30 | 65 | 1,950 | 14.0% |
| 5 | 橡皮 | 15 | 120 | 1,800 | 12.9% |
| 6 | 總計 | | | $13,950 | 100.0% |

**小秘訣**

輸入含 $ 符號之位址時，除可直接鍵入外；尚可於輸入某一位址後，再以 F4 鍵分別按出如：

　　$D$6　（第一次）

　　D$6　（第二次）

　　$D6　（第三次）

　　D6　（第四次）

等四種位址組合方式（連按 F4 鍵可依序繞個循環）。

# 6-4　搬移資料

　　搬移儲存格資料可以利用滑鼠或是指令按鈕。通常，搬移資料後，各相關公式會自動進行調整；但若覆蓋到原已被其他儲存格公式引用到之範圍，這些公式將因原引用之位址，已被新移過來之儲存格取代而發生錯誤（#REF!，參照內容錯誤）。

## 利用滑鼠搬移儲存格資料

利用滑鼠搬移儲存格資料之步驟為：

Step **1** 選取欲搬移位置之儲存格範圍

Step **2** 將滑鼠指標移回已選取之區塊的上緣，
指標由空心十字（✛）轉為加有四向箭
頭之指標（✛）

Step **3** 以拖曳方式將滑鼠指標移往目的地，拖曳中，會有一綠色方塊標示
將移到何處（且其下會有一小方塊，標示出新位置的位址）

Step **4** 移妥後鬆開滑鼠，即可將選取內容移往新位置

## 利用指令按鈕搬移儲存格資料

利用指令按鈕搬移儲存格資料之步驟為：

Step **1** 選取欲搬移位置之範圍

Step **2** 按『**常用 / 剪貼簿 / 剪下**』✗ 鈕（或
Ctrl + X 鍵），選取之內容並未立即消
失，但會以閃爍之虛線將其包圍，表已
記憶下其內容

Step **3** 將指標移往搬移目的地，按一下滑鼠（假定目的地為 E1）

Step **4** 按『貼上』 🗐 鈕（或按 Ctrl + V 鍵或 Enter ），即可將被選取之
範圍移往新位置

| ◢ | A | B | C | D | E | F |
|---|---|---|---|---|---|---|
| 1 | | | | | 美國 | 日本 |
| 2 | | | | | 6.80% | 7.20% |

CHAPTER 7

EXCEL

# 管理工作表

## 7-1　工作表

### 變更工作表個數之預設值

　　若無特殊設定，Excel 預設每個活頁簿檔內，均擁有『工作表 1』一個工作表而已。若想變更此一預設值，可執行「**檔案 / 選項**」，轉入其『一般』標籤：

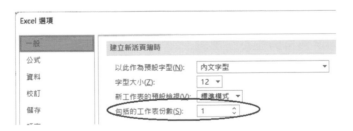

　　於『建立新活頁簿時』處之『包括的工作表份數 (S):』項進行設定，其值可介於 1 ～ 255。

　　設定後，目前之活頁簿並不受影響，得等到執行「**檔案 / 新增 / 空白活頁簿**」（或按 Ctrl + N ），開啟另一新檔後，其設定內容才會生效。如，將『包括的工作表份數 (S):』改為 3 後，所開啟之新檔案將擁有 3 個工作表：

往後，除非再另行設定。否則，每一個新開啟之活頁簿檔，均可自動擁有 3 個工作表。

## 切換工作表

欲於活頁簿中切換所使用之工作表，可按位於活頁簿視窗底邊的工作表索引標籤。以滑鼠單按某一工作表索引標籤，該工作表就會變成使用中工作表，使用中工作表的索引標籤，會以白色顯示；非使用中之工作表的索引標籤，則以淺灰色顯示。（當然，也允許使用者進行變更顏色）

亦可按 `Ctrl` + `Page Down`（或 `Ctrl` + `Page Up`），來向右（左）逐一切換工作表。

由於，一個活頁簿內可含多個工作表（最多為 255 個），當工作表很多時，要切換到目前並不在畫面上之工作表時，就得按工作表索引標籤捲動按鈕。其作用分別為：

工作表索引標籤捲動按鈕之作用分別為：

- ◀ 向左移出一個工作表標籤，若同時按 `Ctrl` 與本按鈕，將顯示出最左邊第一個工作表標籤。

- ▶ 向右移出一個工作表標籤，若同時按 `Ctrl` 與本按鈕，將顯示出最右邊最後一個工作表標籤。

- … 此按鈕稱為『更多』，工作表索引標籤左右各有一個，按左邊的按鈕，將由當時螢幕上最左之工作表，向左移一個工作表標籤；按右邊的按鈕，將由當時螢幕上最右之工作表，向右移一個工作表標籤。

除了按 … 鈕外；所有移動，僅顯示出工作表標籤而已。均未實際切換到該工作表，必須以滑鼠點選該工作表標籤，才算真正切換到該工作表。

於 ◀ 或 ▶ 鈕上，單按滑鼠右鍵，亦可顯示出工作表之選單，供選擇要切換到哪一個工作表。

## 新增工作表

當覺得工作表不敷使用時，按最右側之『新工作表』⊕ 鈕，可於該鈕左側插入一個新的工作表；亦可以利用 Shift + F11 快速鍵，於當時工作表之左側插入一個新的工作表。其工作表之編號，會接續當時所存在之工作表最大編號。如，目前原有五個工作表，新工作表將為『工作表 6』。

亦可於任一工作表標籤上單按滑鼠右鍵，續選「插入 (I)…」

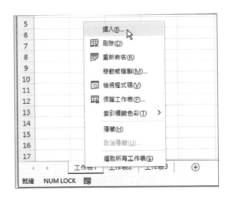

轉入『插入』對話方塊

續雙按工作表圖示 ，即可於當時工作表的左邊，插入一工作表。

也可以按『**常用 / 儲存格 / 插入**』 之下拉鈕，續選「**插入工作表 (S)**」，來插入工作表：

（這些步驟，亦可僅用 Shift ＋ F11 快速鍵來完成）

**小秘訣**

若事先選取連續之多個工作表（選取方法詳本章後文『選取多個工作表』），則執行前述幾個方法，均可一次插入與選取個數相同之多個工作表。如：選取連續三個工作表，就可插入三個新工作表。

**注意**

插入工作表後，是無法以『復原』 鈕來放棄插入。

## 搬移工作表

若覺得所插入之『工作表 5』位於『工作表 3』左邊，非常礙眼：

可以滑鼠按住「工作表5」工作表標籤拖曳，將其移往『工作表 4』之右邊即可。移動中，指標將轉為一張空白紙之圖示（□）：

搬移後，『工作表 5』將移往『工作表 4』之右邊：

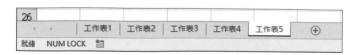

## 選取多個工作表

欲一次選取多個工作表，可先按住 Ctrl 鍵，再以滑鼠單按工作表標籤。如，同時選取『工作表1』、『工作表2』、『工作表3』與『工作表5』，被選取之工作表標籤將轉為白色：

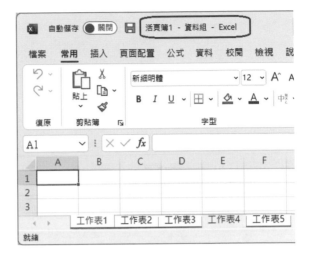

**小秘訣**

要解除多個工作表之選取狀態，可以滑鼠點按一下未被選取之任一工作表標籤；也可於選取之工作表標籤上單按滑鼠右鍵，續選「取消工作表群組設定 (U)」。

**小秘訣**

同時選取多個工作表，等於將其等當成一個『工作組群』（由其標題處可看到『資料組』字眼）。可一起輸入相同內容、設定相同欄寬/列高或儲存格格式、一起移動甚或將其等刪除。

## 刪除工作表

要將多餘不用之工作表刪除，可於將其選取後（允許多個），按『常用/儲存格/刪除』之下拉鈕，續選「刪除工作表 (S)」：

刪除
- 刪除儲存格(D)...
- 刪除工作表列(R)
- 刪除工作表欄(C)
- 刪除工作表(S)

或於工作表標籤上單按滑鼠右鍵，續選「**刪除 (D)**」，即可將其刪除。如，將『工作表 3』刪除了：

## 工作表更名

若覺得工作表以『工作表 1』、『工作表 2』、……命名不易辨識。可以下列任一方式進行更改名稱：

■ 直接於工作表標籤上雙按滑鼠左鍵

■ 於工作表標籤上單按滑鼠右鍵，續選「**重新命名 (R)**」。

■ 按『**常用 / 儲存格 / 格式**』 ![格式] 之下拉鈕，續選「**重新命名工作表 (R)**」。

均可轉入編輯工作表名稱之狀態：

接著，直接鍵入其新名稱即可：

將原『工作表 4』改為『南區』。輸入後，按 Enter ，即可結束。

將工作表更改名稱後，若公式中引用到該工作表之內容，如：

= 工作表 1!A1+ 工作表 4!A1

於將『工作表4』改為『南區』後，其公式將自動轉為使用新名稱『南區』：

= 工作表 1!A1+ 南區 !A1

## 工作表背景

按『**頁面配置/版面設定/背景**』 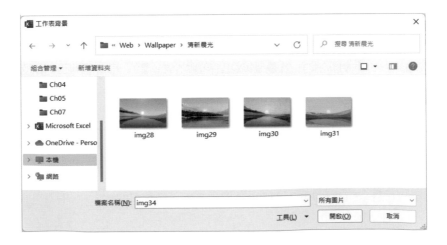 鈕，可設定目前工作表所欲使用的背景畫面。設定時，將先轉入『插入圖片』對話方塊，等待選擇背景圖案之來源：

本例選『從檔案』，並轉入 C:\Windows\Web\Wallpaper\ 清晰晨光資料匣：

可用之圖片種類計有：.bmp、.emf、.wmf、.jpg、jpeg、.gif、……等，幾乎是所有圖形檔均可適用。

選妥後，直接雙按，即可將該圖案作為工作表之背景。如，以『img28.jpg』圖片為背景：

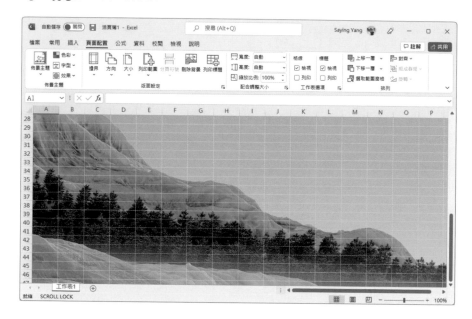

不過，此一背景僅限於螢幕顯示而已，是無法將其列印處來的。

欲取消所設定之背景，按『頁面配置 / 版面設定 / 刪除背景』 鈕。

## 安排運算式

於使用多個資料表之運算公式中，得將其工作表名稱標示清楚。否則，光使用一個 A1，誰知道是哪個工作表之 A1 ？（若不標明，預設將其視為當時所在工作表的 A1）

假定，『工作表 5』之 A1 內容為『工作表 1』～『工作表 4』之 A1 的總和。其公式可為：（詳範例『Ch07- 工作表 .xlsx』，讀者可以『Ch07- 工作表練習 .xlsx』來練習）

```
= 工作表 1!A1+ 工作表 2!A1+ 工作表 3!A1+ 工作表 4!A1
```

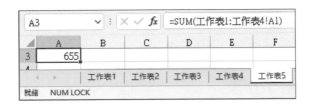

若利用 SUM() 函數，於兩工作表間加一冒號（:）標明工作表範圍，亦可將公式安排為：

> =SUM( 工作表 1: 工作表 4!A1)

若『工作表 1』～『工作表 4』已依序分別改為『東區』、『南區』、『西區』與『北區』。則前述公式將自動轉為：

> =SUM( 東區 : 北區 !A1)

也就是，分別以『東區』及『北區』替換原『工作表 1』及『工作表 4』。

而若『工作表 5』之 A5 應為『東區』～『北區』之 A1:C1 等四個範圍之總和，則應將其公式安排為：

> =SUM( 東區 : 北區 !A1:C1)

僅須於前一公式後，再以一冒號（:），標出 A1:C1 範圍即可：

安排妥這種含好幾個工作表的運算式後，於標明範圍頭尾的兩工作表不動的情況下，任何介於中間之增 / 刪或搬移工作表，均不會影響運算式。如：若本例之『東區』與『北區』均不動，於其內插入新工作表、刪除或搬移舊工作表，原公式均不變，仍為 =SUM( 東區 : 北區 !A1:C1)，僅其運算結果會變動而已。

但若搬移或刪除者係原標明範圍頭尾的某一工作表，則將產生重大影響。如：刪除『北區』工作表，會使範圍的右邊界限，自動由『北區』轉移為『西區』，原公式將變為 =SUM( 東區 : 西區 !A1:C1)。但應特別注意，這種結果是無法以『復原』⤺ 鈕來放棄刪除。

而若將『東區』工作表搬移到『南區』工作表之右邊，原公式雖仍為 =SUM( 東區 : 北區 !A1:C1)，但其加總範圍已不再包含『南區』工作表的內容。這種結果也是無法以『復原』⤺ 鈕來放棄，但卻可以將『東區』工作表搬移回原位置，來達成復原。

## 複製或搬移工作表

複製或搬移工作表，有兩種方式：一為拖曳滑鼠，另一則為利用指令按鈕。

以拖曳滑鼠進行複製或搬移工作表，其處理步驟為：

Step ❶ 選取要複製之來源工作表（允許多個）

Step ❷ 按住 Ctrl 鍵，另以滑鼠按住來源工作表標籤拖曳，將其拖往目的地即可。拖曳中，指標將轉為一張（或多張）內含加號之空白紙圖示（⊞），表其為複製（若未按住 Ctrl 鍵，將無加號，其性質屬搬移）。其拖曳結果視目的位置之不同，而有下列幾種：

■ 拖曳目的為同一個活頁簿檔案之工作表標籤，將於該標籤之左邊複製出新工作表，名稱將同於來源工作表，只差其後會多加一 (2)，以免與原工作表衝突。如下圖即複製產生一『南區 (2)』新工作表：

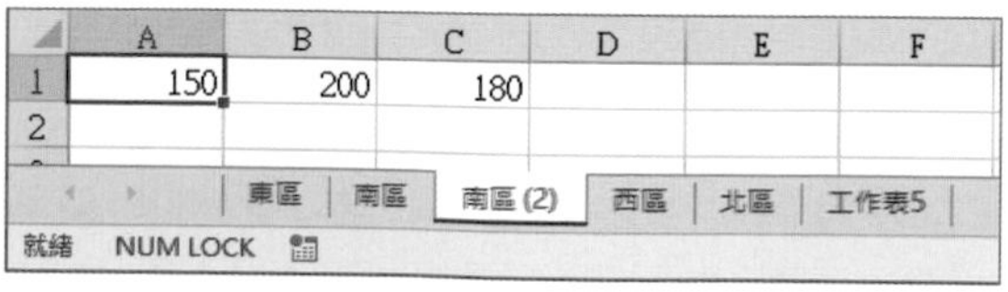

| | A | B | C | D | E | F |
|---|---|---|---|---|---|---|
| 1 | 150 | 200 | 180 | | | |
| 2 | | | | | | |

東區　南區　南區 (2)　西區　北區　工作表5

就緒　　NUM LOCK

■ 拖曳目的為不同一個活頁簿檔案之工作表標籤，也同樣會於該標籤之左邊複製出新工作表，名稱將同於來源工作表。如下圖，即於另一個『活頁簿2』檔內，複製產生『東區』及『西區』兩個新工作表：（來源為不連續之兩工作表，複製結果變連續排列、兩活頁簿檔）

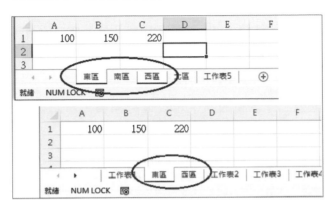

注意

前述動作，若未按住 Ctrl 鍵，將不會複製，而直接將選取之工作表搬移到新位置而已。

前述之各種複製及搬移工作表，亦可利用指令按鈕來處理，其處理步驟為：

Step 1 選取要複製之來源工作表（允許多個）

Step 2 按『**常用/儲存格/格式**』格式▾ 之下拉鈕，續選「**移動或複製(M) …**」（也可於選取之工作表標籤上單按滑鼠右鍵，續選「**移動或複製 (M)…**」），轉入

Step ③ 於『活頁簿 (T)』處，選擇要複製
或搬移的目的地，可為：本身活
頁簿檔、新活頁簿檔或其它目前
已開啟之活頁簿檔

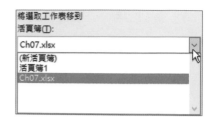

Step ④ 選妥目的地後，其下將顯示出該活頁簿檔之所有工作表標籤名稱及
一個「( 移動到最後 )」之選項。用以決定要將選取之工作表安排於
何處

Step ⑤ 選妥工作表位置後，若要進行複製，請記得再選取「**建立副本
(C)**」；否則，即表示要搬移而已

Step ⑥ 最後，按 ⬚ 確定 鈕，進行複製或搬移

# 7-2 工作表外觀

## 檢視模式

Excel 工作表檢視模式有三：標準模式、整頁模式與分頁模式。切換
時，可使用工作表最底下一列之檢視捷徑：

或按『**檢視 / 活頁簿檢視 / 標準模式**』( ⬚標準模式 )、『**整頁模式**』( ⬚整頁模式 ) 與
『**分頁預覽**』( ⬚分頁預覽 ) 等鈕進行切換。

各檢視之作用分別為：( 詳範例『Ch07- 工作表選項 .xlsx』之『檢視模
式』)

### ■ 標準模式

即我們一直使用之檢視模式，每一格儲存格均維持於其標準大小 ( 顯
示比例所設定之大小 )，整個 Excel 視窗之寬度均用來顯示儲存格，
為最常使用之檢視模式。

■ **整頁模式**

將所有內容分成相當於列印時之一頁一頁的整頁顯示，也允許對其進行頁首／頁尾的內容設定。

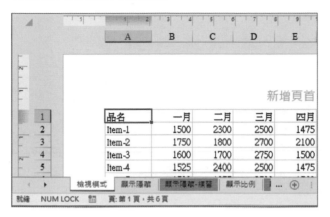

於『新增頁首』處，單按一下滑鼠左鍵，即可進行安排頁首內容；向下捲到頁尾，於『新增頁尾』處，單按一下滑鼠左鍵，即可進行安排頁尾內容。頁首／頁尾均可安排左邊、中間、右邊等三個內容。可安排自行輸入之任意字串（如：學號、姓名）、日期、時間、頁碼、檔名、……等內容：

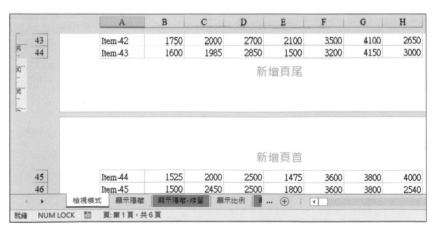

■ **分頁預覽**

調整成一個螢幕可顯示多個列印頁面之內容。於此模式下，可查閱要列印之內容將分印成幾頁？每頁分別可列印哪些內容？也可調整其分頁線之位置，來決定要於何處進行分頁列印。

| 品名 | 一月 | 二月 | 三月 | 四月 | 五月 | 六月 | 七月 | 八月 | 九月 | 十月 | 十一月 | 十二月 | 總計 |
|---|---|---|---|---|---|---|---|---|---|---|---|---|---|
| Item-1 | 1500 | 2300 | 2500 | 1475 | 3600 | 3800 | 2540 | 2200 | 1780 | 2430 | 1685 | 2200 | 28010 |
| Item-2 | 1750 | 1800 | 2700 | 2100 | 3500 | 4100 | 2650 | 2600 | 2000 | 2600 | 1800 | 2100 | 29700 |
| Item-3 | 1600 | 1700 | 2750 | 1500 | 3200 | 4000 | 3000 | 2800 | 2100 | 2000 | 1900 | 2400 | 28950 |
| Item-4 | 1525 | 2400 | 2500 | 1475 | 3600 | 3900 | 4000 | 2100 | 2400 | 2400 | 2000 | 2300 | 30600 |
| Item-5 | 1500 | 1855 | 2500 | 1560 | 3600 | 3950 | 2540 | 2200 | 1780 | 2430 | 1685 | 2200 | 27800 |
| Item-6 | 1750 | 1900 | 2700 | 2100 | 3500 | 4100 | 2650 | 2600 | 2000 | 2600 | 1800 | 2100 | 29800 |
| Item-7 | 1600 | 1800 | 2750 | 1500 | 3200 | 4000 | 3000 | 2800 | 2100 | 2000 | 1900 | 2400 | 29050 |
| Item-8 | 1525 | 2600 | 2500 | 1475 | 3600 | 3800 | 4000 | 2100 | 2400 | 2400 | 2000 | 2300 | 30700 |
| Item-9 | 1500 | 2200 | 2500 | 1475 | 3600 | 3600 | 2540 | 2200 | 1780 | 2430 | 1685 | 2200 | 27710 |
| Item-10 | 1750 | 2000 | 2700 | 2100 | 3500 | 4100 | 2650 | 2600 | 2000 | 2600 | 1800 | 2100 | 29900 |
| Item-11 | 1600 | 1985 | 2850 | 1500 | 3200 | 4150 | 3000 | 2800 | 2100 | 2000 | 1900 | 2400 | 29485 |
| Item-12 | 1525 | 2000 | 2500 | 1475 | 3600 | 3800 | 4000 | 2100 | 2400 | 2400 | 2000 | 2300 | 30100 |
| Item-13 | 1500 | 2450 | 2500 | 1800 | 3600 | 3800 | 2540 | 2200 | 1780 | 2430 | 1685 | 2200 | 28485 |
| Item-14 | 1750 | 1950 | 2700 | 2100 | 3500 | 4100 | 2650 | 2600 | 2000 | 2600 | 1800 | 2100 | 29850 |
| Item-15 | 1600 | 2000 | 2900 | 1500 | 3200 | 4000 | 3000 | 2800 | 2100 | 2000 | 1900 | 2400 | 29400 |
| Item-16 | 1525 | 2400 | 2500 | 1475 | 3600 | 3800 | 4000 | 2100 | 2400 | 2400 | 2000 | 2300 | 30500 |
| Item-17 | 1500 | 2300 | 2500 | 1475 | 3600 | 3800 | 2540 | 2200 | 1780 | 2430 | 1685 | 2200 | 28010 |
| Item-18 | 1750 | 1800 | 2700 | 2100 | 3500 | 4100 | 2650 | 2600 | 2000 | 2600 | 1800 | 2100 | 29700 |
| Item-19 | 1600 | 1700 | 2750 | 1500 | 3200 | 4000 | 3000 | 2800 | 2100 | 2000 | 1900 | 2400 | 28950 |
| Item-20 | 1525 | 2400 | 2500 | 1475 | 3600 | 3900 | 4000 | 2100 | 2400 | 2400 | 2000 | 2300 | 30600 |
| Item-21 | 1500 | 1855 | 2500 | 1560 | 3600 | 3950 | 2540 | 2200 | 1780 | 2430 | 1685 | 2200 | 27800 |
| Item-22 | 1750 | 1900 | 2700 | 2100 | 3500 | 4100 | 2650 | 2600 | 2000 | 2600 | 1800 | 2100 | 29800 |
| Item-23 | 1600 | 1800 | 2750 | 1500 | 3200 | 4000 | 3000 | 2800 | 2100 | 2000 | 1900 | 2400 | 29050 |
| Item-24 | 1525 | 2600 | 2500 | 1475 | 3600 | 3800 | 4000 | 2100 | 2400 | 2400 | 2000 | 2300 | 30700 |

## 顯示

『**檢視／顯示**』群組之選項為：

這幾個選項可同時選用。其作用分別為：（詳範例 Ch07- 工作表選項 .xlsx
『顯示隱藏』工作表）

### ■ 尺規

於『整頁檢視』模式下，決定顯示或隱藏其尺規。有尺規時之畫面為：

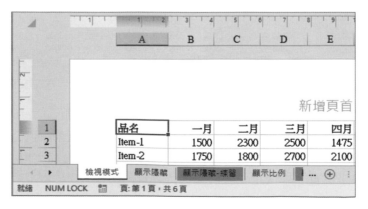

■ 資料編輯列

決定顯示或隱藏『資料編輯列』，隱藏『資料編輯列』之外觀如：

■ 顯示 / 隱藏格線

決定顯示或隱藏格線，隱藏格線之外觀為：

| | A | B | C | D |
|---|---|---|---|---|
| 1 | 品名 | 一月 | 二月 | 三月 |
| 2 | Item-1 | 1500 | 2300 | 2500 |
| 3 | Item-2 | 1750 | 1800 | 2700 |
| 4 | Item-3 | 1600 | 1700 | 2750 |

■ 顯示 / 隱藏標題

決定顯示或隱藏欄列標題（A, B, C, …與 1, 2, 3, …標題）。有時，於投影片顯示之簡報畫面，就可能不想顯示出欄 / 列標題。隱藏欄列標題後之外觀如：

## 顯示比例

　　若想使工作表或圖表能看得更詳細，可考慮將其放大；反之，若將其縮小，則可於螢幕上檢視到更多內容。欲變更視窗之顯示比例，可利用工作表右下角之『縮放滑桿』進行調整。其大小範圍可為 10% ～ 400%。

此外，也可按『**檢視 / 縮放 / 縮放**』 鈕，
轉入『縮放』對話方塊

於『縮放比例』方塊內，選取一內建的縮放比例；或於『自訂 (C)：』
後，鍵入 10 ～ 400 之間的縮放百分比。若選「**選取範圍最適化 (F)**」，
Excel 會計算縮放百分比，使所選取的儲存格或圖表，恰填滿現用視窗的大
小。最後，按 <u>確定</u> 鈕完成設定。如，選取縮放比例 75％時之畫面為：（詳
範例 Ch07- 工作表選項 .xlsx『縮放』工作表）

| | A | B | C | D | E | F | G |
|---|---|---|---|---|---|---|---|
| 1 | 品名 | 第一季 | 第二季 | 第三季 | 第四季 | 總計 | 百分比 |
| 2 | 東區 | $248,000 | $265,000 | $280,000 | $275,000 | $1,068,000 | 31.9% |
| 3 | 南區 | 146,500 | 168,000 | 170,200 | 165,000 | 649,700 | 19.4% |
| 4 | 西區 | 220,000 | 256,000 | 245,000 | 263,000 | 984,000 | 29.4% |
| 5 | 北區 | 152,700 | 174,200 | 162,000 | 154,000 | 642,900 | 19.2% |
| 6 | 合計 | $767,200 | $863,200 | $857,200 | $857,000 | $3,344,600 | 100.0% |
| 7 | 百分比 | 22.9% | 25.8% | 25.6% | 25.6% | 100.0% | - |

若執行前曾選取範圍（如，A1:G1，縮放比例為 100%）：

於『縮放』對話方塊，若選「**選取範圍最適化 (F)**」；或按『**檢視 / 顯示
比例 / 縮放至選取範圍**』 鈕，可根據目前的視窗大小，將選取區域調
整成填滿整個視窗之寬度或高度：（如，恰好讓 A1:G1 調整成填滿當時整個
視窗之寬度，顯示比例為 121%）

| | A | B | C | D | E | F | G |
|---|---|---|---|---|---|---|---|
| 1 | 品名 | 第一季 | 第二季 | 第三季 | 第四季 | 總計 | 百分比 |
| 2 | 東區 | $ 248,000 | $ 265,000 | $ 280,000 | $ 275,000 | $ 1,068,000 | 31.9% |
| 3 | 南區 | 146,500 | 168,000 | 170,200 | 165,000 | 649,700 | 19.4% |
| 4 | 西區 | 220,000 | 256,000 | 245,000 | 263,000 | 984,000 | 29.4% |

顯示比例　顯示比例-縮醬

就緒　NUM LOCK　　　　　　　　　項目個數: 7　　　　　　　　　121%

## 活頁簿 / 工作表顯示選項

一些與工作表外觀有關，但較不常用的設定，Excel 就不直接於『檢視』索引標籤中提供指令按鈕；而是將其歸併到『**Excel 選項 / 進階**』標籤內：(得執行「**檔案 / 選項**」，轉入『進階』標籤後，仍得向下捲動畫面)

標籤內可設定之項目相當多，大多數直接由字面就可瞭解其作用，且有些項目根本一輩子也用不到。所以，底下就簡單介紹幾個較可能用得到之選項及其作用：(詳範例 Ch07- 工作表選項 .xlsx『顯示選項』工作表)

### ■ 顯示水平捲軸 (T)/ 顯示垂直捲軸 (V)

分別用以決定水平捲軸與垂直捲軸的顯示 / 隱藏。

- **顯示工作表索引標籤 (B)**

  用以決定工作表索引標籤顯示 / 隱藏。下圖即其被隱藏後之外觀，就只能改用 Ctrl + Page Down 與 Ctrl + Page Up 來切換工作表。

  | 30 | Item-29 | 1500 | 2450 | 2500 | 1800 |
  |----|---------|------|------|------|------|

  就緒　NUM LOCK

- **顯示列和欄標題 (H)**

  決定顯示 / 隱藏欄列標題（A, B, C,…與 1, 2, 3, …標題）。

- **在儲存格顯示公式，而不顯式計算的結果 (R)**

  一般狀況，僅有將儲存格指標移往含公式之儲存格上，才能於其『資料編輯列』上看到其公式內容：（詳範例 Ch07.xlsx『工作表 5』工作表）

  | A5 | =SUM(東區:北區!A1:C1) |
  |----|------------------------|

  |   | A    | B | C | D | E |
  |---|------|---|---|---|---|
  | 1 | 655  |   |   |   |   |
  | 2 |      |   |   |   |   |
  | 3 | 655  |   |   |   |   |
  | 4 |      |   |   |   |   |
  | 5 | 2300 |   |   |   |   |

  當工作表內之公式較多或較複雜，閱讀起來就不是很方便（像於目前畫面上就無法看到 A1 與 A3 之公式）。有時，為研究多組有相互關係之公式，則可選擇設定此一選項，將所有使用公式之儲存格均轉為顯示出原輸入之公式：

  | A5 | =SUM(東區:北區!A1:C1) |
  |----|------------------------|

  |   | A                        | B |
  |---|--------------------------|---|
  | 1 | =東區!A1+南區!A1+西區!A1  |   |
  | 2 |                          |   |
  | 3 | =SUM(東區:北區!A1)        |   |
  | 4 |                          |   |
  | 5 | =SUM(東區:北區!A1:C1)     |   |

  閱讀並安排妥所有公式後，再取消此一設定，即可使公式轉回顯示其運算結果而已。

切換顯示公式或其運算結果，最簡單的處理方式為：直接按 `Ctrl` + `` ` ``（`Esc` 鍵之下方）進行切換。（老師經常會用到，可使學生於投影螢幕上，同時看到各公式之內容）

■ 在具有零值的儲存格顯示零 (Z)

除了於『儲存格格式』對話方塊之『數字』標籤，可利用格式字元控制 0 值的顯示與否？也可以用此一選項來控制 0 值的顯示 / 隱藏。如，範例 Ch07- 工作表選項 .xlsx『隱藏零值』工作表為隱藏零值前後之兩個畫面：

| | A | B | C |
|---|---|---|---|
| C2 | | | 0 |
| 1 | | 薪俸 | 32,600 |
| 2 | | 研究費 | 0 |
| 3 | | 交通費 | 0 |
| 4 | | 加班費 | 1,200 |
| 5 | | 小計 | 33,800 |

| | A | B | C | D |
|---|---|---|---|---|
| C2 | | | 0 | |
| 1 | | 薪俸 | 32,600 | |
| 2 | | 研究費 | | |
| 3 | | 交通費 | | |
| 4 | | 加班費 | 1,200 | |
| 5 | | 小計 | 33,800 | |

■ 顯示格線 (D)

此選項在決定是否要顯示儲存之格線。同時，還可利用其下之「**格線色彩 (D)**」 ，來選擇格線顏色。但原先於『儲存格格式 / 外框』標籤，所設定之框線，並不會因此而消失，但卻會隨其設定而改變顏色。如，範例 Ch07- 工作表選項 .xlsx『隱藏格線』工作表原框線為黑色，且顯示儲存格格線：

| | A | B | C | D | E | F |
|---|---|---|---|---|---|---|
| 1 | | | | | | |
| 2 | | 地區與性別 | 台北市 | | 高雄市 | |
| 3 | | 年度 | 男 | 女 | 男 | 女 |
| 4 | | 2021年 | 750 | 650 | 680 | 520 |
| 5 | | 2022年 | 810 | 705 | 725 | 630 |

若將格線隱藏，則原黑色之框線則仍維持黑色，而不是隱藏：

| | A | B | C | D | E | F |
|---|---|---|---|---|---|---|
| 1 | | | | | | |
| 2 | | 地區與性別 | 台北市 | | 高雄市 | |
| 3 | | 年度 | 男 | 女 | 男 | 女 |
| 4 | | 2021年 | 750 | 650 | 680 | 520 |
| 5 | | 2019年 | 810 | 705 | 725 | 630 |

## 自訂檢視

　　若要使用之工作表外觀較為特殊,須經過較多之操作步驟進行設定,且使用後又馬上得改為另一種外觀。如:一會兒得顯示單月份之業績,一會兒又得顯示雙月份之業績、……。如此,為避免每次都得換來換去之麻煩,可考慮將這幾個常用之檢視畫面儲存起來,以利下次重覆使用。其處理步驟為:(詳範例 Ch07- 工作表選項 .xlsx『自訂檢視』)

Step **1** 安排妥所須之工作表檢視外觀

本例以按『**常用 / 儲存格 / 格式**』 `格式▾` 之下拉鈕,續選「**隱藏及取消隱藏 (U)**」之「**隱藏欄 (C)**」,僅保留單數月;並取消『**檢視 / 顯示 / 隱藏 / 格線**』設定,將其格線隱藏:

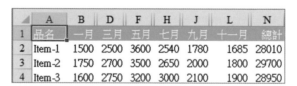

| | A | B | D | F | H | J | L | N |
|---|---|---|---|---|---|---|---|---|
| 1 | 品名 | 一月 | 三月 | 五月 | 七月 | 九月 | 十一月 | 總計 |
| 2 | Item-1 | 1500 | 2500 | 3600 | 2540 | 1780 | 1685 | 28010 |
| 3 | Item-2 | 1750 | 2700 | 3500 | 2650 | 2000 | 1800 | 29700 |
| 4 | Item-3 | 1600 | 2750 | 3200 | 3000 | 2100 | 1900 | 28950 |

Step **2** 按『**檢視 / 活頁簿檢視 / 自訂檢視模式**』 `自訂檢視模式` 鈕,轉入『自訂檢視模式』對話方塊

Step **3** 按 `新增(A)...` 鈕,轉入『新增檢視畫面』

Step **4** 於『名稱 (N)』處，輸入此
一畫面之名稱（本例將其
命名為『單月無格線』）

Step **5** 按 [ 確定 ] 鈕，完成設定

即可將此一畫面之各項定義內容，保留在某一特定名稱之檢視內。

Step **6** 仿前述操作步驟，將各種不同檢視外觀之畫面，逐一命名加以保
留。本例另安排一隱藏所有單月欄位及欄/列標題之畫面，並將其
命名為『雙月無欄列標題』：

往後，要取得某一特定之檢視畫面，可按『**檢視/活頁簿檢視/自
訂檢視模式**』[ 自訂檢視模式 ] 鈕，轉入『自訂檢視模式』對話方塊：

| 品名 | 二月 | 四月 | 六月 | 八月 | 十月 | 十二月 | 總計 |
|------|------|------|------|------|------|--------|------|
| Item-1 | 2300 | 1475 | 3800 | 2200 | 2430 | 2200 | 28010 |
| Item-2 | 1800 | 2100 | 4100 | 2600 | 2600 | 2100 | 29700 |
| Item-3 | 1700 | 1500 | 4000 | 2800 | 2000 | 2400 | 28950 |

選妥名稱，續按 [ 顯示(S) ] 鈕，即可取得其原先之自訂檢視畫面。

## 7-3 視窗

### 凍結視窗

當工作表之內容超過一個螢幕畫面時,若將指標移往其下(右)畫面,原畫面上之欄(列)標題將亦被移出,造成查閱及編修之不便。如,範例 Ch07- 工作表選項 .xlsx『凍結視窗』工作表:

|    | C | D | E | F |
|----|------|------|------|------|
| 52 | 1700 | 2750 | 1500 | 3200 |
| 53 | 2400 | 2500 | 1475 | 3600 |
| 54 | 1855 | 2500 | 1560 | 3600 |

欄/列標題已被擠出畫面,將無法查知所在之列的產品名稱為何,也無法查知所在之欄的月份為何。

此時,即可按『檢視/視窗/凍結窗格』凍結窗格 鈕,就其下拉式選單:

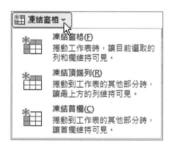

選擇要如何凍結?其方式計有:

**凍結窗格 (F)**      凍結目前儲存格之左邊欄及上方列,當作欄列標題

**凍結頂端列 (R)**      無論停於何處,凍結最頂端之第一列,當作列標題

**凍結首欄 (C)**      無論停於何處,凍結最左邊之第一欄,當作欄標題

經固定之標題內容,將永遠保留於畫面上。當指標移往其下(右)畫面時,仍可看到這些標題,將較便於查閱及編修資料。如,停於範例 Ch07-工作表選項 .xlsx『凍結視窗』工作表之 B2 位置:

|   | A | B | C | D | E |
|---|-----------|------|------|------|------|
| 1 | Item-Name | 一月 | 二月 | 三月 | 四月 |
| 2 | Item-1 | 1500 | 2300 | 2500 | 1475 |
| 3 | Item-2 | 1750 | 1800 | 2700 | 2100 |
| 4 | Item-3 | 1600 | 1700 | 2750 | 1500 |

按『檢視 / 視窗 / 凍結窗格』 凍結窗格 鈕，續選「凍結窗格 (F)」，將使 B2 左側之欄及 B2 上方之列內容被固定，另以粗線標示：

| | A | J | K | L | M |
|---|---|---|---|---|---|
| 1 | Item-Name | 九月 | 十月 | 十一月 | 十二月 |
| 107 | Item-106 | 2000 | 2600 | 1800 | 2100 |
| 108 | Item-107 | 2100 | 2000 | 1900 | 2400 |
| 109 | Item-108 | 2400 | 2400 | 2000 | 2300 |

設定過凍結窗格、列或欄後，原「**凍結窗格 (F)**」功能項會自動改為「**取消凍結窗格 (F)**」，以便解除標題欄（或列）被固定之狀態。

## 分割視窗

編修或查閱工作表時，常需對照上下文。而於內容超過一個螢幕畫面時，常造成查閱及編修之不便。此時，即可按『**檢視 / 視窗 / 分割**』 分割 鈕，將視窗分割成兩個或四個不同視窗。由於不同視窗之指標部分獨立，因此可顯示不同範圍之內容。

如於範例 Ch07- 工作表選項 .xlsx『分割視窗』工作表，第一次執行分割時，會將視窗以當時儲存格位置為中心，區分成四個（或兩個）小視窗：

| | A | B | C | D | E | J | K | L | M | N |
|---|---|---|---|---|---|---|---|---|---|---|
| 1 | Item-Name | 一月 | 二月 | 三月 | 四月 | 九月 | 十月 | 十一月 | 十二月 | 總計 |
| 2 | Item-1 | 1500 | 2300 | 2500 | 1475 | 1780 | 2430 | 1685 | 2200 | 28010 |
| 3 | Item-2 | 1750 | 1800 | 2700 | 2100 | 2000 | 2600 | 1800 | 2100 | 29700 |
| 4 | Item-3 | 1600 | 1700 | 2750 | 1500 | 2100 | 2000 | 1900 | 2400 | 28950 |
| 5 | Item-4 | 1525 | 2400 | 2500 | 1475 | 2400 | 2000 | 2000 | 2300 | 30600 |
| 6 | Item-5 | 1500 | 1855 | 2500 | 1560 | 1780 | 2430 | 1685 | 2200 | 27800 |
| 7 | Item-6 | 1750 | 1900 | 2700 | 2100 | 2000 | 2600 | 1800 | 2100 | 29800 |
| 8 | Item-7 | 1600 | 1800 | 2750 | 1500 | 2100 | 2000 | 1900 | 2400 | 29050 |
| 9 | Item-8 | 1525 | 2600 | 2500 | 1475 | 2400 | 2400 | 2000 | 2300 | 30700 |
| 10 | Item-9 | 1500 | 2200 | 2500 | 1475 | 1780 | 2430 | 1685 | 2200 | 27710 |
| 39 | Item-38 | 1750 | 1900 | 2700 | 2100 | 2000 | 2600 | 1800 | 2100 | 29800 |
| 40 | Item-39 | 1600 | 1800 | 2750 | 1500 | 2100 | 2000 | 1900 | 2400 | 29050 |
| 41 | Item-40 | 1525 | 2600 | 2500 | 1475 | 2400 | 2400 | 2000 | 2300 | 30700 |
| 42 | Item-41 | 1500 | 2200 | 2500 | 1475 | 1780 | 2430 | 1685 | 2200 | 27710 |
| 43 | Item-42 | 1750 | 2000 | 2700 | 2100 | 2000 | 2600 | 1800 | 2100 | 29900 |
| 44 | Item-43 | 1600 | 1985 | 2850 | 1500 | 2100 | 2000 | 1900 | 2400 | 29485 |
| 45 | Item-44 | 1525 | 2000 | 2500 | 1475 | 2400 | 2400 | 2000 | 2300 | 30100 |
| 46 | Item-45 | 1500 | 2450 | 2500 | 1800 | 1780 | 2430 | 1685 | 2200 | 28485 |
| 47 | Item-46 | 1750 | 1950 | 2700 | 2100 | 2000 | 2600 | 1800 | 2100 | 29850 |
| 48 | Item-47 | 1600 | 2000 | 2900 | 1500 | 2100 | 2000 | 1900 | 2400 | 29400 |

就緒　NUM LOCK　　　　　　　　　　　　　　　　　　　100%

使用者亦可拖曳其分割軸，以自行調整各視窗之大小：

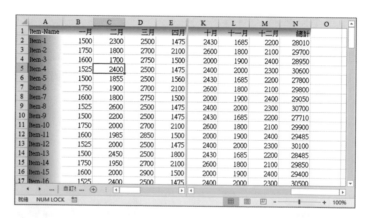

或於其分割軸雙按滑鼠將其取消，即可使其變成垂直或水平的兩個分割視窗：

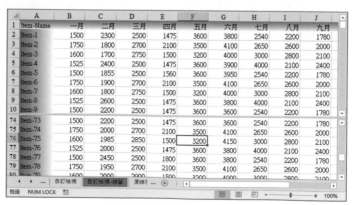

分割後，再次按『**檢視/視窗/分割**』 🔲分割 鈕，或於其分割軸交會處雙按滑鼠，即可解除視窗分割。

進行視窗分割時，應注意之事項為：

■ 於不同視窗中，所看到之內容雖不同，但其等仍屬同一工作表之內容。**於任一視窗中更改資料或格式，另一視窗之內容及格式亦將隨之更動。**

■ 分割視窗之大小，視當時儲存格位置而定，若將儲存格指標停於當時視窗之第一列位置，即變成垂直分割；若將儲存格指標停於當時視窗之第一欄位置，即變成水平分割。

## 開新視窗

按『**檢視/視窗/分割**』 🔲分割 鈕進行視窗分割時，會使兩個水平分割的窗格擁有相同的欄標題，其橫座標將同時移動；縱座標則獨立。而兩個垂直分割的窗格則具有相同的列標題，其縱座標將同時移動；橫座標則獨立。

也就是說，不同窗格之座標是部分獨立；而非完全獨立！若欲查閱比較之兩個內容無相同之列或欄，將無法同時進行查閱！此時，就得按『**檢視/視窗/開新視窗**』 🔲開新視窗 鈕，來將其內容安排到兩個座標系統完全獨立之視窗，可讓使用者同時檢視活頁簿中不同的部分。

開啟新視窗，應注意事項為：

■ 初開啟新視窗後，各視窗標題後將多加一編號以利區別。如：『Ch07工作表選項:1』、『Ch07工作表選項:2』、……。可開啟之新視窗個數，只受限於可用的記憶體。由於所開啟之新視窗係獨立存在，可任意調整位置及大小：

■ 於不同視窗中,所看到之內容雖不同,但仍屬同一工作表之內容。於任一視窗中更改資料或格式,調整欄寬或列高……,另一視窗之內容及格式亦將隨之更動。

■ 欲關閉新開啟之視窗,可按任一個視窗右上角之 ✕ 鈕。

## 重新排列視窗

若同時開啟數個活頁簿檔,由於每一個活頁簿檔均有獨立之視窗,欲完全以滑鼠來安排各視窗之大小與位置,實也不太容易!

欲重新安排各視窗之大小與位置,可以下示步驟進行:

Step ❶ 按『 **檢視 / 視窗 / 並排顯示** 』 ⊟ 並排顯示 鈕,轉入『重排視窗』對話方塊

Step **2** 選取所要之排列方式，其方式計有：

**磚塊式並排 (T)** 將視窗平均地依照相同等分，由上到下由左而右重排。

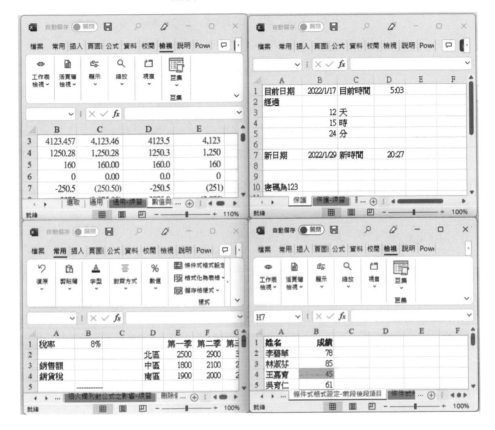

**水平並排 (O)** 將視窗平均地依照相同等分，從上到下重排。

**垂直並排 (V)** 將視窗平均地依照相同等分，從左到右重排。

**階梯式並排 (C)** 以階梯式排列之方式，將視窗排滿整個螢幕。

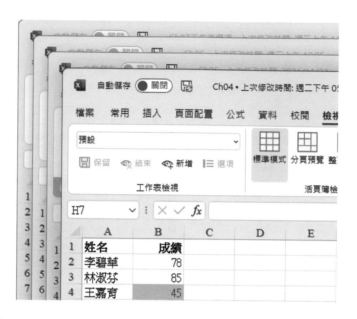

Step ③ 選妥後，按 ▢確定▢ 鈕離開

# 管理活頁簿

## 8-1 儲存活頁簿並設定密碼

對一般活頁簿檔，通常僅以「**檔案 / 儲存檔案**」（或按  鈕）進行儲存；但若其內資料具有機密性或較為重要，為免輕易被他人看到，則可考慮於儲存時另加上密碼（password）。

若要於存檔時，加入檔案分享權限密碼（開檔權及修改權）或設定成唯讀，就得依下列步驟進行：

Step 1 執行「**檔案 / 另存新檔 / 瀏覽**」，於轉入『**另存新檔**』對話方塊

Step ② 按右下角之 工具(L) ▼ 鈕，續選「**一般選項 (G)…**」

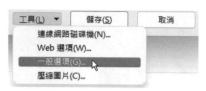

轉入『一般選項』對話方塊，設定存檔
選項：

Step ③ 設妥選項（詳下節說明）及輸入密碼後，按 確定 鈕，轉入

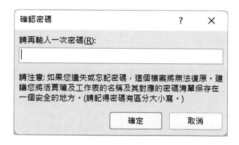

Step ④ 再次輸入相同之密碼，按 確定 鈕，回『另存新檔』對話方塊

Step ⑤ 按 儲存(S) 鈕，即可進行存檔

若該檔係一舊檔，將續顯示

Step ⑥ 續按 是(Y) 鈕，進行存檔

## 存檔選項

『一般選項』對話方塊內，各設定項目之作用分別為：

### ■ 建立備份 (B)

選用此項，將於每一次儲存活頁簿檔案時，都會自動建立一於主檔名後加入 " 的備份 " 字串，並將其附加名改為 .xlk 之備份檔。

### ■ 保護密碼 (O)

此功能之主要作用是防止無使用權的人開啟此一檔案。只有在儲存未命名之新檔（或是將舊檔案另存新檔）時，才可設定密碼。

設定時，直接於其後之文字方塊內，鍵入密碼，最多可達十五個字元。所輸入之密碼將以星號顯示，以免被別人看到：

完成密碼輸入後，按 [ 確定 ] 鈕，將轉入『確認密碼』對話方塊，輸入確認密碼，必須兩次輸入內容完全吻合才可：

> **注意**
>
> 注意，密碼中的大小寫是有區別的！將來要取消或修改密碼，也是使用相同之操作方法。

注意，務必切記所設定之密碼。將來欲開啟此檔時，將以

等待輸入密碼，必須密碼正確才允許開啟該檔。否則，將獲致警告畫面，並拒絕開啟該檔：

■ **修改權密碼 (M)**

這個功能的主要目的是防止他人更改資料，但卻允許任何人對檔案進行查閱（只要他不將更改後之內容存檔即可），所有處理觀念同『保護密碼』。將來欲開啟此檔時，將出現右側畫面等待輸入密碼，必須密碼正確才允許對其進行修改。若未曾設定保護密碼，任何人均可不輸入修改權密碼，而以按 唯讀(R) 鈕，來開啟檔案，以查閱內容。

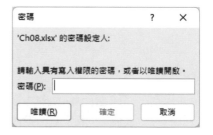

若無修改權之使用者，更改了唯讀檔案內容，於其欲進行存檔時，將顯示下示之警告訊息：

此時，若要將修改過的資料存檔，可於轉入『另存新檔』對話方塊時，
指定一個新的檔案名稱，將其存入另一新檔案。

■ 建議唯讀 (R)

選用此項，以後於開啟檔案時，將顯示訊息，建議使用者是否考慮以
唯讀方式開啟檔案：

## 8-2 建立新的活頁簿

若以執行「檔案 / 新增」來建立新的活頁簿，將先轉入：

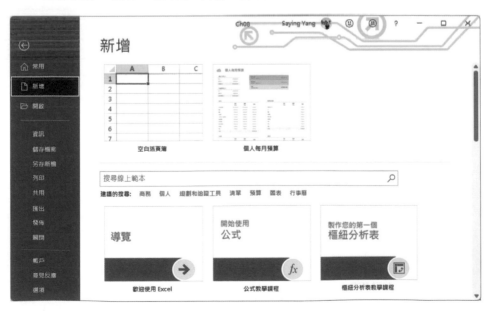

若點選左上角第一個『空白活頁簿』圖示,仍將開啟先前我們一直在使用的普通空白活頁簿。若欲再建立新的空白活頁簿,可按 Ctrl + N 鍵。

　　右側是 Excel 所提供之常用活頁簿範本,『建議的搜尋:』處有:商務、個人、規劃和追蹤工具、清單、預算、圖表行事曆、預算、記錄檔與小型企業行事曆等幾大類,點按即可查詢到各該類的範本可供選用。(詳第一章之說明)

# 繪製圖表

CHAPTER 9

EXCEL

## 9-1 建立圖表

有道是：「文不如表，表不如圖。」一大堆的原始數據，以文字進行說明，只怕無法解釋得很詳盡，將其彙總成表，固然有利閱讀與比較；但若能繪成圖表，不僅可使資料變得生動有趣，且有助於分析和比較資料，不是更能一目瞭然嗎？

Excel 的圖表，無論是插入圖表類型、設定格式、加入標記及圖例、填入圖表標題及座標軸標題……等，整個過程相當簡單容易，但所產生之圖表品質卻相當高。

於 Excel 中繪製圖表，其主要步驟為：

### ■ 選取建立圖表範圍

若係連續範圍，直接以滑鼠拖曳拉出其範圍；若非連續範圍，則先選取一範圍後，再按住 Ctrl 鍵並續以滑鼠逐一選取其餘範圍。（最好包含標記及圖例所需之文字）假定，以範例 Ch09.xlsx『圖表』工作表 A1:G4 範圍之一～六月之業績資料為例：

| | A | B | C | D | E | F | G | H |
|---|---|---|---|---|---|---|---|---|
| 1 | 品名 | 一月 | 二月 | 三月 | 四月 | 五月 | 六月 | 總計 |
| 2 | 電視 | 3,600 | 4,200 | 5,500 | 4,800 | 4,500 | 3,800 | 26,400 |
| 3 | 電冰箱 | 2,400 | 2,600 | 2,550 | 3,000 | 3,800 | 4,000 | 18,350 |
| 4 | 冷氣機 | 2,500 | 2,000 | 3,650 | 4,200 | 6,400 | 8,000 | 26,750 |

■ 選擇圖表類型

接著，於『**插入 / 圖表**』群組，選擇其圖表類型，計有：長條圖、線條圖、圓形圖、立體長條圖、立體圓形圖、雷達圖、股票圖、樹狀圖、放射環狀圖與組合圖、……等圖表種類：

每個主要類型之下，均又另提供一副圖表類型選單。如，直條圖之副圖表類型選單為：

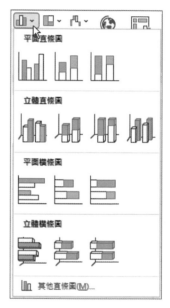

於其上選按某一副圖表類型，即可完成選擇。

若不確定應選哪一個主要類型，可以選「**其他直條圖 (M)…**」，或直接選按『**圖表**』群組右下角之『**查看所有圖表**』鈕：

轉入『插入圖表 / 所有圖表』對話方塊，顯示出所有圖表之主 / 副類型，以供選擇：

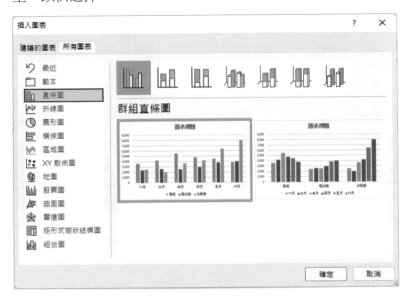

於左側選擇某一主圖表類型後，即可於右側顯示出其所有之副圖表類型，將來所產生之圖表外觀就如右側副類型方塊所顯示之外觀，故選擇時應無多大困難。

選按某一副圖表類型，假定，我們選分欄符號（直條圖）第四個副圖表類型（立體群組直條圖）。

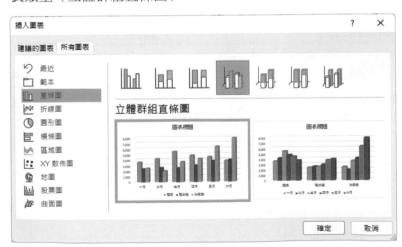

續按 ☐確定☐ 鈕,即可完成選擇,於目前工表顯示出其圖表:

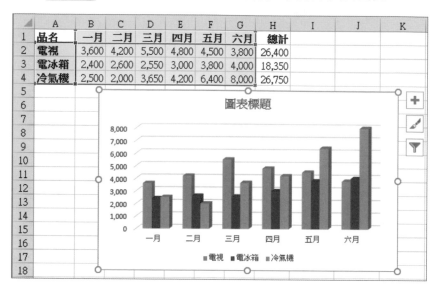

■ 利用『圖表設計』與『格式』功能區,美化圖表

正常情況下,我們是看不到『圖表設計』與『格式』這兩個隱藏式的主索引標籤。必須停於(選取)已建立之圖表上才可看到。這幾個部分之操作,詳後文及下兩章之說明。

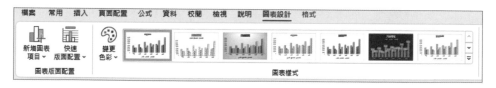

## 9-2 圖表基本操作

### 移動位置

移動圖表位置的步驟為：（詳範例 Ch09.xlsx『圖表基本操作』工作表）

Step ❶ 於該圖表右上角之空白區單按滑鼠，將其選取。其外緣將有八個調整控點，此時只可以水平或垂直捲動軸來捲動畫面。

Step ❷ 將滑鼠移往圖框內空白處，最好停在『圖表區』位置，稍將滑鼠停住，其下會有一小方塊，指出所停位置：

Step ❸ 按住滑鼠進行拖曳即可移動其位置，指標將轉為四向箭頭（✛）。如，將圖表下移到 A6 位置：

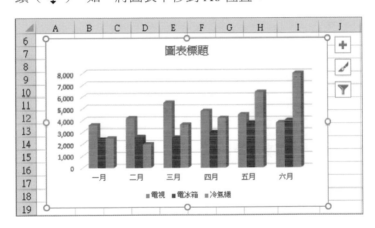

### 調整圖表大小

調整圖表外框大小的步驟為：（詳範例 Ch09.xlsx『圖表基本操作』工作表）

Step ❶ 選取圖表

Step ❷ 依欲調整之方向，將滑鼠移往最近之調整控點上。指標將轉為左右或上下之雙向箭頭（↕ ↔ ↘ ↗）

Step ❸ 按住滑鼠進行拖曳，即可調整圖框大小

Step ④ 調妥外框大小後鬆開滑鼠

## 複製

圖表的複製方法同一般儲存格，其操作步驟為：

Step ❶ 以滑鼠單按來源圖表之『圖表區』，將其選取。

Step ❷ 按『常用 / 剪貼簿 / 複製』⎘﹀鈕或 Ctrl + C 鍵，將圖表內容存入剪貼暫存區。

Step ❸ 以滑鼠單按目的地的儲存格，將其選取。

Step ❹ 按『常用 / 剪貼簿 / 貼上』▢ 鈕（或 Ctrl + V 鍵），自剪貼暫存區將所存圖表貼上（複製）於目前位置。

## 刪除

刪除圖表的方法亦同一般儲存格，可以滑鼠單按圖表選取。續按 Delete 鍵，將其刪除。

# 9-3 安排圖表標題

任一圖表，均可於將其選取後，以下示步驟安排其圖表標題：（詳範例 Ch09.xlsx『安排圖表標題』工作表）

Step ❶ 以滑鼠單按來源圖表之『圖表區』，將其選取。

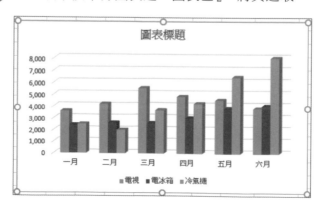

Step ② 按『圖表設計/圖表版面配置/
快速版面配置』 鈕，續選取
要安排何種類型之標題。

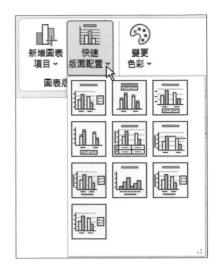

如，最左上角之『版面配置1』可於中央上方安排圖表主標題，另
於右側安排圖例方塊、中間之『版面配置2』可於中央上方安排圖
表主標題與圖例方塊、右側之『版面配置3』可於中央上方安排圖
表主標題另於下方顯示圖例方塊。

Step ③ 本例按『圖表配置』群組右側之
下拉鈕，選『版面配置9』，可
於圖表中央上方安排圖表主標
題、於X軸下方安排X軸標
題、Y軸左方安排Y軸標題、並
於右側顯示圖例方塊

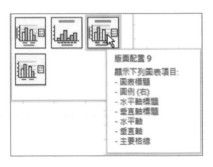

圖表轉為：

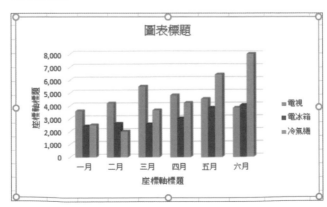

Step ❹ 於上方之『圖表標題』上，點按一下滑鼠，即可輸入或編輯其內
容，將其改為『中華公司』。

Step ❺ 於 X/Y 軸之標題上（目前均為『座標軸標題』），點按一下滑鼠，
即可輸入內容，將其改為『月別』與『金額』

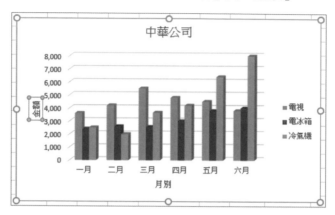

## 9-4　變更圖表類型

任一圖表，均可於將其選取後，隨時以下列方式變更圖表類型：（詳範
例 Ch09.xlsx『變更圖表類型』工作表）

■ 到『插入 / 圖表』群組，重新選擇圖表類型。

■ 直接選按『圖表』群組右下角之『查看所有圖表』鈕，轉入『變更圖
表類型』對話方塊，重新選擇圖表類型。

■ 按『圖表設計 / 類型 / 變更圖表類型』 鈕，轉入『變更圖表類
型』對話方塊，重新選擇圖表類型。

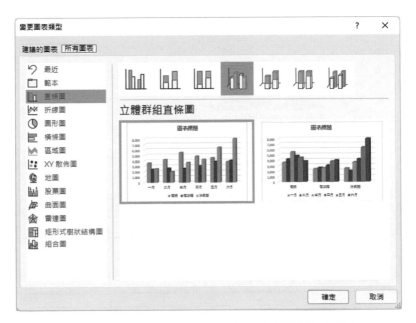

如，將原『立體群組直條圖』，改變成『立體群組橫條圖』：

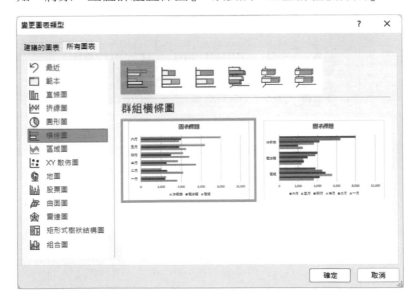

圖形外觀轉為：

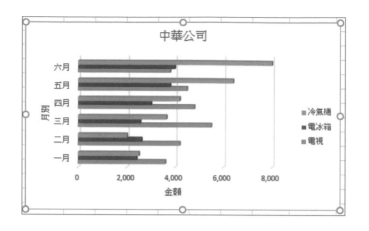

# 9-5 變更資料來源

若發現圖表所使用之資料來源錯誤,如,當初選取了 A1:H4 之範圍進行繪圖:(詳範例 Ch09.xlsx『變更資料來源』工作表)

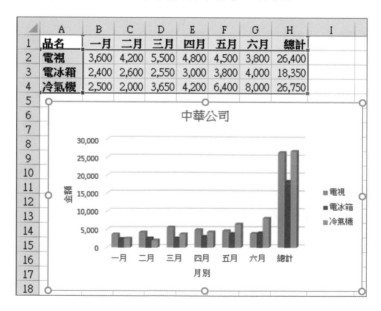

| | A | B | C | D | E | F | G | H | I |
|---|---|---|---|---|---|---|---|---|---|
| 1 | 品名 | 一月 | 二月 | 三月 | 四月 | 五月 | 六月 | 總計 | |
| 2 | 電視 | 3,600 | 4,200 | 5,500 | 4,800 | 4,500 | 3,800 | 26,400 | |
| 3 | 電冰箱 | 2,400 | 2,600 | 2,550 | 3,000 | 3,800 | 4,000 | 18,350 | |
| 4 | 冷氣機 | 2,500 | 2,000 | 3,650 | 4,200 | 6,400 | 8,000 | 26,750 | |

繪後才發現,多了總計欄,擬將其改回成 A1:G4。

## 以『選取資料』進行變更

若以『圖表設計 / 資料 / 選取資料』進行變更，其處理步驟為：

Step 1 於圖上單按滑鼠，將其選取

Step 2 按『圖表設計 / 資料 / 選取資料』 鈕，轉入『選取資料來源』
對話方塊

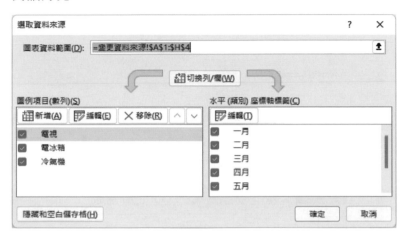

Step 3 先按『圖表資料範圍 (D):』右側之 🔼 鈕，將其縮小

可顯示出原工作表內容。此時，即可將滑鼠移往工作表，以拖曳方
式，再次進行選取正確範圍（A1:G4）

Step **4** 選妥後，續按 ⬚ 鈕，還原『選取資料來源』對話方塊

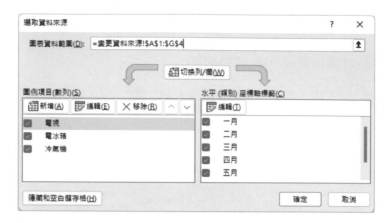

Step **5** 按 ⬚ 確定 ⬚ 鈕，即可將原選取錯誤範圍之圖表，變更成正確之範圍

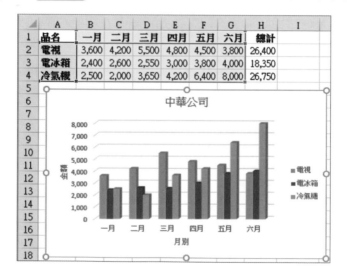

## 直接在工作表上變更資料來源

這應該是變更資料來源的最快速方法，其步驟為：

Step **1** 選取圖表，工作表上將以藍線框出圖表所使用之資料範圍

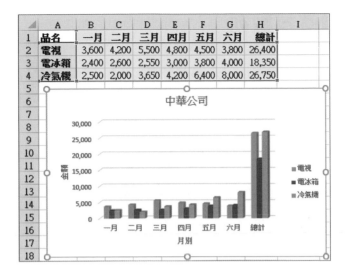

Step ② 以滑鼠按住藍線範圍的右下角之拖曳控點，向左拖曳到 G4

| | A | B | C | D | E | F | G | H |
|---|---|---|---|---|---|---|---|---|
| 1 | **品名** | **一月** | **二月** | **三月** | **四月** | **五月** | **六月** | **總計** |
| 2 | 電視 | 3,600 | 4,200 | 5,500 | 4,800 | 4,500 | 3,800 | 26,400 |
| 3 | 電冰箱 | 2,400 | 2,600 | 2,550 | 3,000 | 3,800 | 4,000 | 18,350 |
| 4 | 冷氣機 | 2,500 | 2,000 | 3,650 | 4,200 | 6,400 | 8,000 | 26,750 |

即可將資料範圍調整為正確範圍：

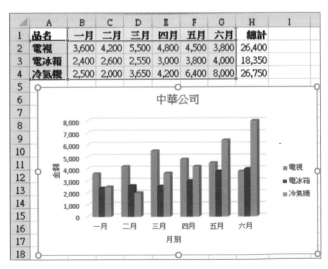

## 9-6 新增資料數列

新增資料數列，係指加入一整類新圖案。如：『微波爐』之各月銷售資料。假定，原範例 Ch09.xlsx『新增資料』工作表銷售業績資料中，已增加一類新產品『微波爐』之資料：

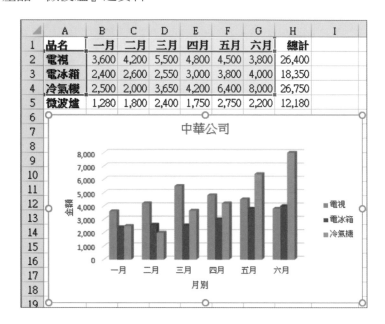

今考慮將『微波爐』之銷售額，亦一併加入原直條圖中。其可行之方法為：

■ 以『**選取資料**』 鈕進行

本部分之操作方式同前所述，僅須重選範圍即可，於此不另贅述。

■ 以『**複製／貼上**』之方式進行

■ 直接在工作表上調整範圍

## 以『複製／貼上』之方式進行

於圖表上，也可以『**複製／貼上**』之方式，來新增資料數列。其步驟為：(詳範例 Ch09.xlsx『新增資料』工作表)

Step ❶ 選取要新增之資料數列（如：A5:G5）

Step ❷ 按『常用 / 剪貼簿 / 複製』⧉ ﹀ 鈕（或 Ctrl + C 鍵），記下要新增之資料數列內容

Step ❸ 往要新增資料數列之圖表上，單按滑鼠左鍵，續按『貼上』⧉ 鈕（或 Ctrl + V 鍵），即可將新產品『微波爐』之資料，新增到圖表中

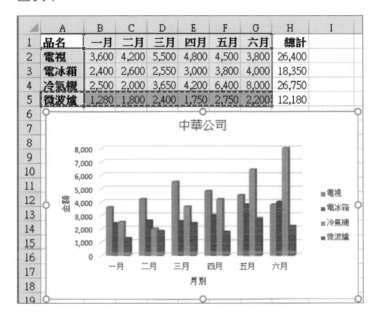

## 直接在工作表上調整範圍

這應該是最快速的新增資料數列方法，其步驟為：

Step ❶ 選取圖表，工作表上將以藍線框出圖表所使用之資料範圍

| | A | B | C | D | E | F | G | H | I |
|---|---|---|---|---|---|---|---|---|---|
| 1 | 品名 | 一月 | 二月 | 三月 | 四月 | 五月 | 六月 | 總計 | |
| 2 | 電視 | 3,600 | 4,200 | 5,500 | 4,800 | 4,500 | 3,800 | 26,400 | |
| 3 | 電冰箱 | 2,400 | 2,600 | 2,550 | 3,000 | 3,800 | 4,000 | 18,350 | |
| 4 | 冷氣機 | 2,500 | 2,000 | 3,650 | 4,200 | 6,400 | 8,000 | 26,750 | |
| 5 | 微波爐 | 1,280 | 1,800 | 2,400 | 1,750 | 2,750 | 2,200 | 12,180 | |
| 6 | | | | | | | | | |
| 7 | | | | 中華公司 | | | | | |
| 8 | | | | | | | | | |
| 9 | | 8,000 | | | | | | | |
| | | 7,000 | | | | | | | |

Step ❷ 以滑鼠按住藍線範圍的右下角之拖曳控點，向下拖曳到將新增資料
數列納入其內，即可將新資料數列增加到圖表中

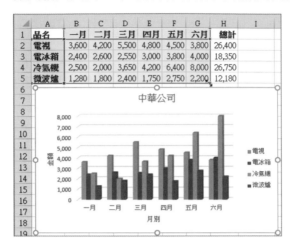

# 9-7 移除資料數列

欲移除原存於圖表中之資料數列，可以下式步驟進行：（詳範例
Ch09.xlsx『移除資料』工作表）

Step ❶ 選取圖表

Step ❷ 按『**圖表設計 / 資料 / 選取資料**』 鈕，轉入『選取資料來源』
對話方塊

Step ❸ 於『圖例項目(數列)』處，選妥要移除之項目（本例選『冷氣
機』），其前之打勾符號會消失

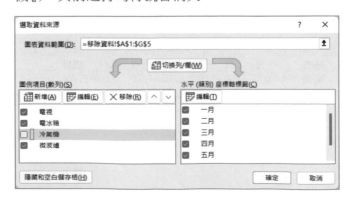

Step ④ 按 ［ 確定 ］ 鈕，即可獲致移除『冷氣機』資料數列後的新圖表，但並不影響工作表上之資料內容：

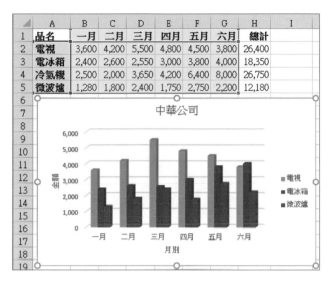

事實上，移除資料數列最便捷之方式為：（詳範例 Ch09.xlsx『移除資料 1』工作表）

Step ① 選取圖表

Step ② 以滑鼠單按欲移除之資料數列的任一個圖點，將該數列之所有圖點均選取（本例選『電冰箱』數列）

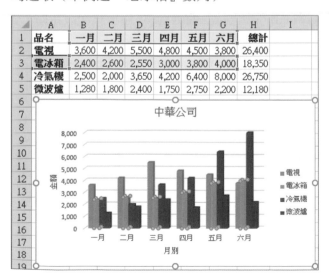

Step ❸ 按 Delete 鍵，即可將所選取之資料數列自圖表中移除（並不影響工作表上之資料內容）

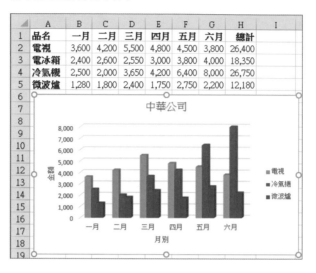

# 9-8 改變資料方向

　　圖表中之資料數列，以欄方向或列方向均可繪製圖表（但只能就二者擇一使用）。欲改變圖表資料方向，可於選取該圖表後，按『圖表設計 / 資料 / 切換列 / 欄』 鈕，進行切換。如，將範例 Ch09.xlsx『改變資料方向』工作表原圖表資料由列方向改為欄方向：（再按一次該鈕即可還原）

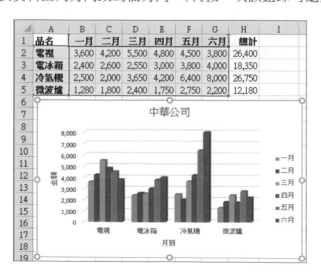

# 9-9 移動圖表位置

Excel 預設狀況為將所產生之圖表,安排於本身資料來源的工作表上。但仍可於選取圖表後,按『**圖表設計 / 位置 / 移動圖表**』 鈕,來移動圖表位置。

按該鈕後,將先轉入『移動圖表』對話方塊:

若選用「新工作表 (S)」,續按 確定 鈕。可將圖表轉到另一新的圖表工作表(屬於同一個活頁簿,插入於現工作表之左邊,其預設名稱依序為:Chart1, Chart2, ……),其大小恰會填滿一個螢幕畫面,適合於使用投影片進行簡報時使用。如:

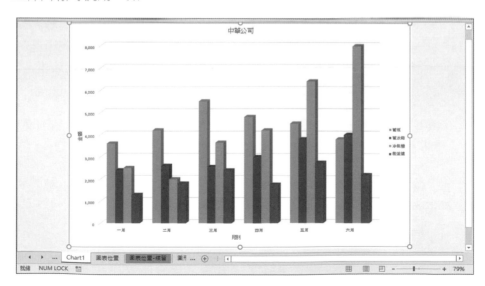

若選用「**工作表中的物件 (O)**」，可按其右側之下拉鈕，進行選擇要將圖表移到哪一個工作表。

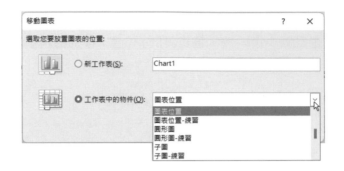

## 9-10 立體圓形圖、圓形圖、環圈圖與放射狀環圈圖

立體圓形圖、圓形圖、環圈圖與放射狀環圈圖之繪製過程完全相同，其資料性質的共通點為：

■ 此類圖形，必須且只能有一數字性圖表數列，作為繪製圖扇所需之數值資料（如：各產品之銷售額總計）。若使用一個以上之數字性圖表數列（如：取各產品一月～六月之每月銷售額），將僅取用其第一個而已（一月），超過部分（二月～六月）之資料將被自動放棄。（但環圈圖則無此一限制）

■ 另可加入一文字性之數列資料，作為圖例文字（如：產品別名稱），此項資料並非必需，但為求圖表美觀與易讀，通常會加入。

茲假定，欲使用範例 Ch09.xlsx『圓形圖』工作表之資料，繪製一各產品上半年銷售狀況的立體圓形圖。其繪製步驟為：

Step **1** 選取所需之繪圖資料

本例以選取不連續範圍之方法，選取所需之繪圖資料。先選取 A1:A6 範圍（圖例文字），續按住 Ctrl 鍵，再選 H1:H6 範圍（圖扇數字及圖表標題）：

| | A | B | C | D | E | F | G | H |
|---|---|---|---|---|---|---|---|---|
| 1 | 品名 | 一月 | 二月 | 三月 | 四月 | 五月 | 六月 | 總計 |
| 2 | 電視 | 3,600 | 4,200 | 5,500 | 4,800 | 4,500 | 3,800 | 26,400 |
| 3 | 電冰箱 | 2,400 | 2,600 | 2,550 | 3,000 | 3,800 | 4,000 | 18,350 |
| 4 | 冷氣機 | 2,500 | 2,000 | 3,650 | 4,200 | 6,400 | 8,000 | 26,750 |
| 5 | 微波爐 | 1,280 | 1,800 | 2,400 | 1,750 | 2,750 | 2,200 | 12,180 |
| 6 | 音響 | 1,400 | 1,650 | 2,200 | 1,875 | 2,900 | 3,200 | 13,225 |

Step **2** 按『插入／圖表／插入圓形圖或環圈圖』 鈕，選擇欲繪製『立體圓形圖』

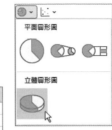

即可獲致初步之立體圓形圖

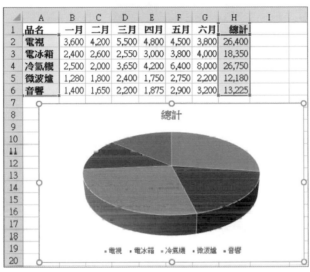

Step **3** 移妥位置，於『總計』上單按滑鼠，進行修改圖表標題內容，將其改為『中華公司』

Step **4** 點選任一圖扇，將其等選取

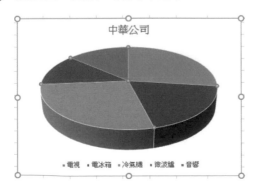

Step **5** 按『圖表設計 / 圖表版面配置 / 快速配置版
面』  鈕，選『版面配置 1』

可於圖扇上安排其數列名稱及百分比：

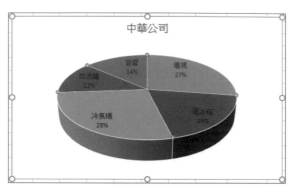

（其他『圖表版面配置』之外觀，請讀者自行點選查閱）

此一圖表，若將其種類改為圓形圖或環圈圖，其外觀將如：

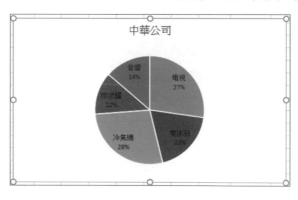

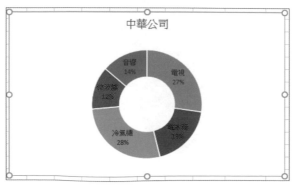

本圖若改為放射狀環圈圖（使用『**版面配置3**』快速版面配置），其外觀如：

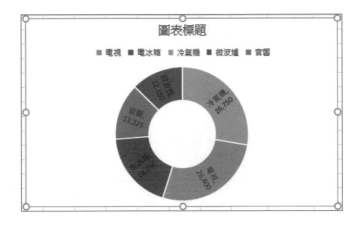

## 含子橫條圖或子母圓形圖

前例，若於按『**插入/圖表/插入圓形圖或環圈圖**』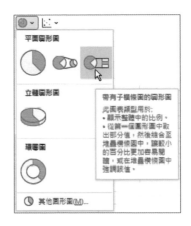 鈕，選擇欲繪製『平面圓形圖/帶有子橫條圖的圓形圖』之副類型：（詳範例 Ch09.xlsx『子圖』工作表）

產生圖表後，加入標題並選用『**版面配置1**』，其圓形圖將為：

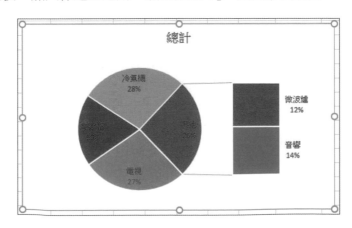

會先將最後兩項產品（微波爐與音響）之內容，合併成一『其他』橫條圖。

本例之圖表類型，若改為『**子母圓形圖**』，其外觀將為：

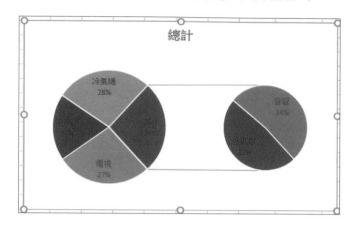

## 使某一圖扇能脫離圓心

若欲使某一圖扇能脫離圓心，以強調某特殊效果。可於完成立體圓形圖後，續執行下列步驟：（詳範例 Ch09.xlsx『脫離圓心』工作表）

Step ❶ 於立體圖之圖扇上單按滑鼠將其選取，所選取者為整個圓形圖之各圖扇，各圖扇上均有控點

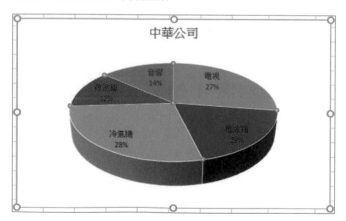

Step ❷ 以滑鼠單按欲脫離圓心之某圖扇，將其選取，會轉成僅該圖扇有控點而已（本例選微波爐圖扇）

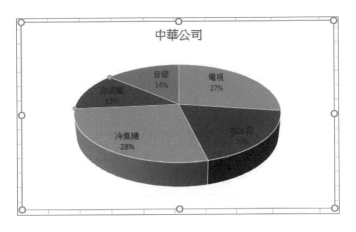

Step 3 以滑鼠按住該圖扇，往圓外拖曳即可使之脫離圓心

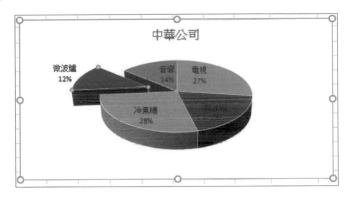

# 9-11 雷達圖

雷達圖可用來比較幾個數列在同一項目上的高低差異，如範例 Ch09.xlsx『雷達圖』工作表：

| | A | B | C |
|---|---|---|---|
| 1 | 評比項目 | 全體平均 | 甲老師 |
| 2 | 教學內容 | 3.5 | 4.0 |
| 3 | 學生互動 | 3.2 | 2.6 |
| 4 | 教學認真 | 3.8 | 4.2 |
| 5 | 實用性 | 3.4 | 4.3 |
| 6 | 啟發思考 | 3.1 | 3.9 |

『全體平均』欄資料，為選修某一科目之全校學生針對其老師在：教學內容、與學生互動、教學認真、實用性、啟發思考等項目之評比的均數（最高 5 分，最低 1 分）；C 欄資料則為講授該科目之甲老師在這些項目上所獲得之評比分數。

　　光從這些數字，要與全體均數進行比較，實也不太容易！但透過雷達圖則可一目瞭然。其建立步驟為：

Step **1** 選取 A1:C6 之連續範圍

Step **2** 按『插入 / 圖表 / 插入瀑布圖、漏斗圖、股票圖、曲面圖或雷達圖』鈕，選擇欲繪製『雷達圖』

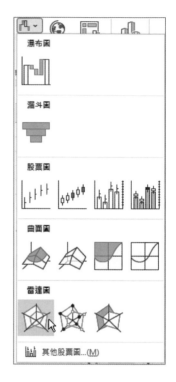

即可產生雷達圖圖表：

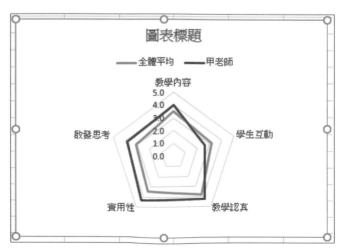

可看出該老師在『教學內容』、『教學認真』、『實用性』與『啟發思考』等項目之評比均高過全體均數；唯獨在『學生互動』項目上之評比低於全體均數，應該加強一下。

# 9-12 XY 散佈圖

XY 散佈圖通常用以探討兩數值資料之相關情況，如：廣告費與銷售量之關係、年齡與所得之關係、所得與購買能力之關係、每月所得與信用分數之關係、……。

在 X 軸之資料稱為**自變數**；Y 軸之資料稱為**因變數**；利用 XY 圖即可判讀出：當 X 軸資料變動後，對 Y 軸資料之影響程度。如：隨廣告費逐漸遞增，銷售量將如何變化？

繪製 XY 散佈圖時，所有數列資料均必需為數值性資料（圖例及標記文字除外），若安排予字串標記將被視為 0，其所繪之圖形即無任何意義。通常，為使其圖形較具有可看性，X 軸之資料應以遞增之順序排列，以免其圖形因拉出交錯之線條而顯得亂七八糟！

茲以範例 Ch09.xlsx『XY 圖』工作表，年齡與該年齡層之平均每月所得資料，說明繪製 XY 散佈圖之執行步驟：

Step **1** 選取 A1:B15 之連續範圍

| | A | B |
|---|---|---|
| 1 | 年齡 | 每月所得 |
| 2 | 15 | 6,000 |
| 3 | 20 | 10,000 |
| 4 | 25 | 15,000 |
| 5 | 30 | 26,000 |
| 6 | 35 | 35,000 |
| 7 | 40 | 42,000 |
| 8 | 45 | 50,500 |
| 9 | 50 | 40,500 |
| 10 | 55 | 37,650 |
| 11 | 60 | 30,500 |
| 12 | 65 | 25,000 |
| 13 | 70 | 15,800 |
| 14 | 75 | 10,200 |
| 15 | 80 | 8,000 |

Step ❷ 按『插入 / 圖表 / 插入 XY 散佈圖或泡泡圖』
鈕，選『散佈圖 / 散佈圖』

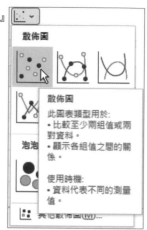

產生圖表後，選用『版面配置 1』並加入標題，其 XY 散佈圖
將為：

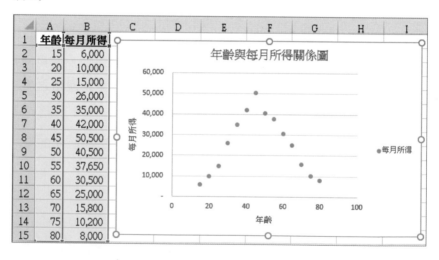

可輕易看出隨年齡逐漸增長所得亦逐漸增加，一直到 45 歲左右達
於高峰，然後開始轉而逐年遞減。

# 9-13 折線圖

折線圖並不像 XY 圖，雖然其 X 軸可能也是數字（如：時間），但其只是約當文字性資料而已，並無法用來探討兩數值資料之相關情況！但卻可以用來觀察當某一段時間（時、日、週、月、年）之後，其可能的結果為多少？

茲以範例 Ch09.xlsx『百貨業銷售額』工作表為例，其資料為 2020 年 10 月到 2021 年 10 月，台灣區每個月百貨業之銷售總額，擬繪製線條圖，其執行步驟為：

Step 1 選取 A1:B14 之連續範圍

| | A | B |
|---|---|---|
| 1 | 時間 | 銷售量(億) |
| 2 | 10/20 | 12,298 |
| 3 | 11/20 | 11,955 |
| 4 | 12/20 | 12,430 |
| 5 | 01/21 | 12,380 |
| 6 | 02/21 | 10,452 |
| 7 | 03/21 | 11,868 |
| 8 | 04/21 | 11,925 |
| 9 | 05/21 | 12,191 |
| 10 | 06/21 | 12,337 |
| 11 | 07/21 | 12,443 |
| 12 | 08/21 | 12,064 |
| 13 | 09/21 | 12,447 |
| 14 | 10/21 | 12,481 |

Step 2 按『插入 / 圖表 / 插入折線圖或區域圖』 鈕，選『含有資料標記的折線圖』

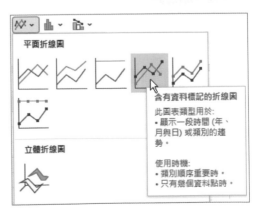

Step **3** 產生圖表後，由於橫軸之文字內容較多，故拉寬圖表寬度，續選用『版面配置 2』之格式，可加入圖例數字。並將標題改為 " 百貨業銷售額 "，其 XY 散佈圖將為：

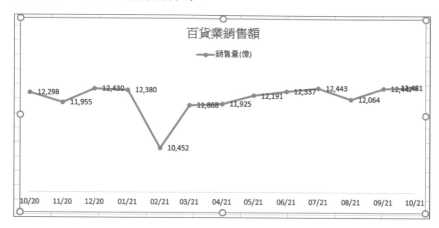

可判讀出各月之銷售業績的消長情況，比單純由其數字去了解，要來得方便！

但是，有了此一圖表之後，我們可能更關心的是：未來的某一段時間（如：一個月、三個月、半年或一年）的可能銷售情況是多少？

在這個圖表上，我們可大概判斷下個月的銷售額，應該還是持續向上走，其數字可能範圍是在 12,500 左右。但是，其 95% 的信賴區間是多少？若時間拉長到半年之後，其情況又是如何？光由此圖判斷，我們可沒多大的信心！

# 9-14 預測圖

關於未來的某一段時間（如：一個月、三個月、半年或一年）的可能銷售情況是多少？這方面的相關動作，可利用「**資料 / 預測 / 預測工作表**」來幫我們處理。

以範例 Ch09.xlsx『預測百貨業銷售額』工作表為例（資料同於前節），進行說明其處理步驟：

Step **1** 選取 A1:B14 之連續範圍

Step **2** 按『資料 / 預測 / 預測工作表』 ![預測工作表] 鈕，轉入

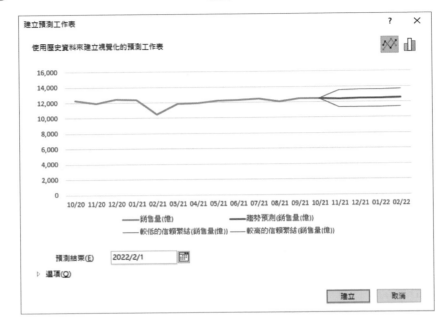

『預測結束』處可以設定要預測到哪一個時間？目前預設值為 4 個月。

Step **3** 按 [ 建立 ] 鈕，即可於本工作表之左邊新增一個工作表，產生預測圖表（產生圖表後，由於橫軸之文字內容較多，故拉寬圖表寬度）、預測的可能值及其最高與最低的可能清況

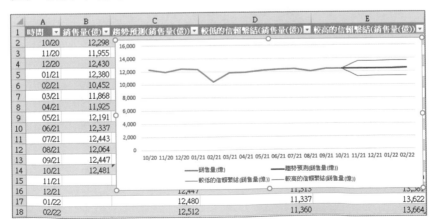

以 2022 年 2 月為例，其預測值為 12,512，95% 的預測信賴區間之最低值為 11,360；最高值為 13,664。

當然，我們也可修改其標題，讓其更容易看得懂：（按『**資料 / 排序與篩選 / 篩選**』 鈕，可取消標題列各欄右側下拉鈕）

| | 時間 | 銷售量(億) | 趨勢預測 | 95%信賴區間(低) | 95%信賴區間(高) |
|---|---|---|---|---|---|
| 14 | 10/21 | 12,481 | 12,481 | 12,481 | 12,481 |
| 15 | 11/21 | | 12,415 | 11,290 | 13,539 |
| 16 | 12/21 | | 12,447 | 11,313 | 13,581 |
| 17 | 01/22 | | 12,480 | 11,337 | 13,622 |
| 18 | 02/22 | | 12,512 | 11,360 | 13,664 |

# 9-15 股票圖

『成交量 - 開盤價 - 最高價 - 最低價 - 收盤價』股票圖，係專供股票或期貨投資者繪製價格趨勢分析圖，以探討價格趨勢走向、買壓或賣壓之大小，透過價量之比較，期能判斷出正確之進出貨時間及數量。

本圖表內，必須包含五種數列，並須依照下列順序排列：成交量、開盤價、最高價、最低價、收盤價：（詳範例 Ch09.xlsx『股票圖』工作表）

| | A | B | C | D | E | F |
|---|---|---|---|---|---|---|
| 1 | 日期 | 成交量 | 開盤價 | 最高價 | 最低價 | 收盤價 |
| 2 | 12/3 | 1200 | 52 | 56 | 50 | 54 |
| 3 | 12/4 | 1250 | 53 | 56 | 52 | 55 |
| 4 | 12/5 | 1500 | 56 | 62 | 56 | 60 |
| 5 | 12/6 | 1600 | 62 | 62 | 58 | 60 |
| 6 | 12/7 | 2500 | 60 | 60 | 56 | 58 |
| 7 | 12/10 | 2400 | 56 | 57 | 52 | 54 |
| 8 | 12/11 | 3000 | 54 | 55 | 50 | 52 |
| 9 | 12/12 | 3600 | 50 | 55 | 45 | 50 |
| 10 | 12/13 | 3000 | 50 | 56 | 48 | 54 |
| 11 | 12/14 | 2560 | 55 | 58 | 53 | 58 |
| 12 | 12/17 | 2000 | 60 | 66 | 60 | 66 |
| 13 | 12/18 | 2200 | 66 | 70 | 64 | 70 |
| 14 | 12/19 | 2000 | 71 | 76 | 70 | 75 |
| 15 | 12/20 | 1800 | 74 | 78 | 70 | 76 |

然後，依下列步驟執行：

Step 1 選取 A1:F15 之連續範圍

Step 2 按『插入 / 圖表 / 插入
瀑布圖、漏斗圖、股票
圖、曲面圖或雷達圖』
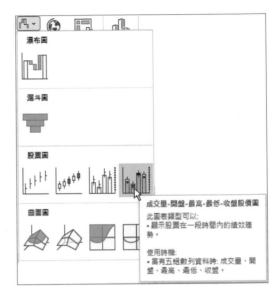 鈕，選擇欲繪製
『 股票圖 / 成交量 - 開
盤 - 最高 - 最低 - 收盤
股價圖』

9

繪
製
圖
表

因為將休市之處顯示成空白之故，於此所見到之畫面，為不連續之
圖表：

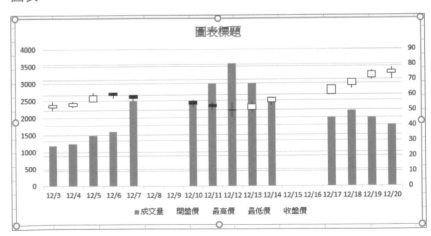

Step **3** 於橫軸之日期資料上，單按右鍵，續選「**座標軸格式 (F)…**」（或按『**格式 / 目前的選取範圍 / 格式化選取範圍**』 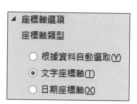 鈕），轉入『**座標軸格式**』窗格

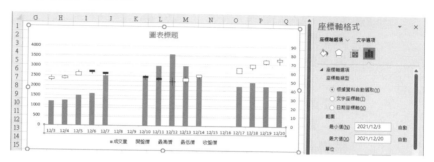

Step **4** 將『**座標軸格式**』窗格上方『**座標軸類型：**』改為「**文字座標軸 (T)**」

即可消除其圖表中不連續之情況

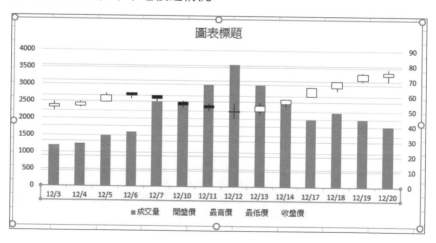

Step **5** 點選圖表標題，直接輸入新圖表標題

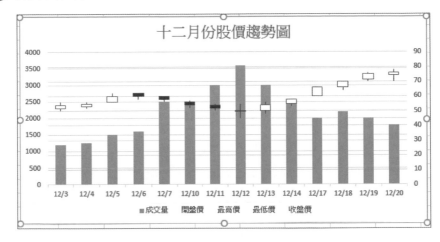

圖中，各圖案之表現方式及其意義分別為：

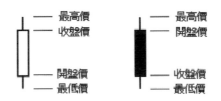

各種不同外觀之意義分別為：

**空心條狀** 開低走高，開盤價較低收盤價較高，條狀長度越長表買氣越旺，股價走勢看漲之可能性較高。

**實心條狀** 開高走低，開盤價較高收盤價較低，條狀長度越長表賣壓越重，股價走勢看跌之可能性較高。

**上線條** 線條頂點表最高價位，表做多者企圖拉高股價（買者多價格即攀升），但因賣壓很重而被打壓回收盤之價位（賣者多價格即回貶）。線條越長表多空雙方之爭戰狀況越激烈且賣壓越大，上漲之可能性較低。

**下線條** 線條低點表最低價位，表做空者企圖壓低股價（賣者多價格即下降），但因買氣很旺價格仍被拉回收盤之價位（買者多價格即回升），線條越長表多空雙方之爭戰狀況越激烈且買氣越旺，下跌之可能性較低。

十字線　　開盤價與收盤價相同，未來走勢以持平居多，但仍得看
　　　　　其上下線條之情況而定。

當然，所有價格上之走勢判斷，仍需配合當日成交量，方可知曉真
正的買氣或賣壓高低。

# 9-16　組合圖

有時，為了方便比較，也可將平均數納入圖表，產生組合圖。以範例
Ch09.xlsx『組合圖』工作表之資料：

| | A | B | C | D | E | F | G | H |
|---|---|---|---|---|---|---|---|---|
| 1 | 品名 | 一月 | 二月 | 三月 | 四月 | 五月 | 六月 | 總計 |
| 2 | 電視 | 3,600 | 4,200 | 5,500 | 4,800 | 4,500 | 3,800 | 26,400 |
| 3 | 電冰箱 | 2,400 | 2,600 | 2,550 | 3,000 | 3,800 | 4,000 | 18,350 |
| 4 | 冷氣機 | 2,500 | 2,000 | 3,650 | 4,200 | 6,400 | 8,000 | 26,750 |
| 5 | 平均 | 2,833 | 2,933 | 3,900 | 4,000 | 4,900 | 5,267 | 23,833 |

可以下示步驟將『平均』之資料數列以折線圖顯示，產生組合圖：

Step 1　選取 A1:G5 範圍

Step 2　按『插入 / 圖表 / 插入組合式圖表』 鈕，選擇『建立自訂組合圖』轉入『插入圖表』對話方塊

組合圖

建立自訂組合圖(C)…

建立自訂組合圖

開啟 [插入圖表] 對話方塊以查看預覽，並為資料數列選擇不同的圖表類型，或將資料數列移至副座標軸。

您也可在此對話方塊中以其他圖表類型瀏覽資料的預覽。

Step **3** 由於，冷氣機之圖形為折線圖，故點按『冷氣機』項右側的下拉
鈕，選「**群組直條圖**」

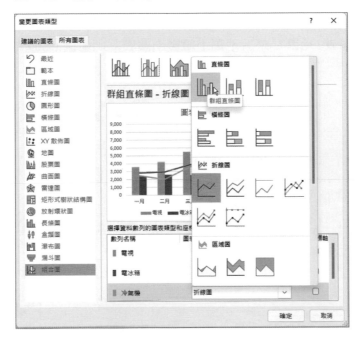

將『冷氣機』由折線圖改為群組直條圖。

Step **4** 按 ⬚ 確定 鈕離開，完成設定，即可獲致兩種不同類型圖表並列的
組合式結果，很容易就可以比較出哪一個貨品之銷售額，高於平均
或低於平均。

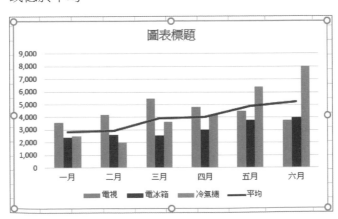

## 9-17 地圖

若繪圖資料上擁有國別、省、縣 / 市、……等地區資料，也可以利用『插入 / 圖表 / 地圖』來於地圖上繪製出圖表。以範例 Ch09 地圖 .xlsx『地圖』工作表之資料：

| | A | B | C | D | E | F |
|---|---|---|---|---|---|---|
| 1 | 國別 | 美國 | 中國 | 澳洲 | 俄羅斯 | 加拿大 |
| 2 | 失業率 | 9.60% | 4.70% | 7.00% | 6.40% | 7.80% |

可以下示步驟於地圖上繪圖表：

Step 1　選取 A1:F2 範圍

Step 2　按『插入 / 圖表 / 地圖』  鈕，選「區域分布圖」

獲致

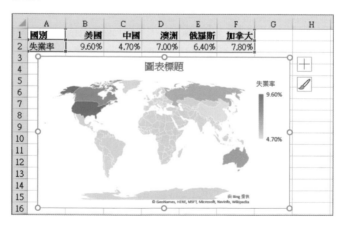

於各國地圖上，以色階深淺表示其等之失業率高低。

Step 3　按圖表標題，將其改為「世界各大國失業率比較」

Step ④ 按圖表右上角之加號鈕，選擇要加入資料標籤，可於地圖上加標出其實際之失業率

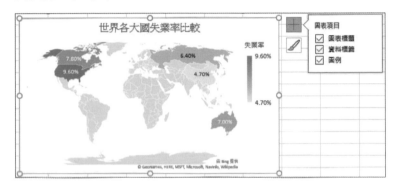

# 9-18 3D 地圖

### 單維資料

若繪圖資料上擁有國別、省、縣／市或鄉鎮、……等地區資料，也可以利用『**插入／導覽／3D 地圖**』來於地圖上繪製出 3D 圖表。甚至，還可以加入時間資料，以導覽影片播放，比較不同時段之圖表。

先繪製一個比較簡單的 3D 地圖實例，以範例 Ch09-3D 地圖 .xlsx『3D-1』工作表之資料：

| | A | B |
|---|---|---|
| 1 | 地區 | 業績 |
| 2 | 台北 | 5000 |
| 3 | 台中 | 2330 |
| 4 | 高雄 | 3800 |
| 5 | 新竹 | 2400 |
| 6 | 花蓮 | 1320 |
| 7 | 宜蘭 | 600 |
| 8 | 台南 | 2000 |

擁有地區名稱及其銷售資料,可以下示步驟於地圖上繪製出 3D 圖表:(讀者請以範例 Ch09-3D 地圖 - 練習 .xlsx『3D-1』工作表進行練習)

Step ❶ 選取 A1:B8 範圍

Step ❷ 按『插入 / 導覽 /3D 地圖』 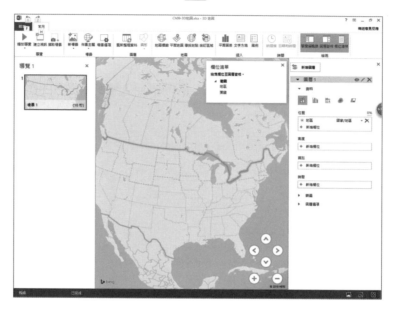 鈕之上半,轉入

Step ❸ 於右側『位置』處,按『國家 / 地區』處之下拉鈕,將其改為「鄉/ 鎮 / 市 / 區」

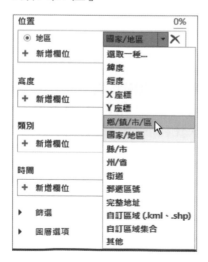

圖表地圖可轉回台灣，獲致

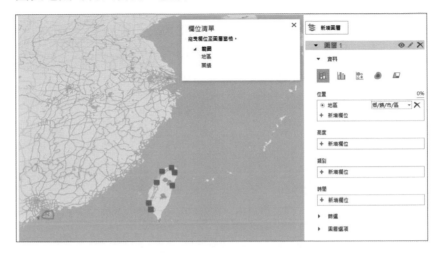

Step ④ 於右側『高度』處，按其加號，將其設定為「業績」

獲致

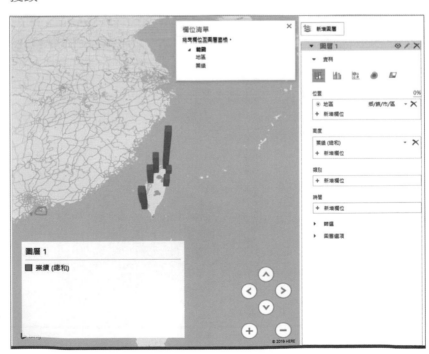

Step ⑤ 利用右下角之調整按鈕

可調整其大小及方向，左下角之『圖層 1』，移
往其上時可看到圓形之調整控點：

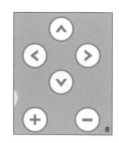

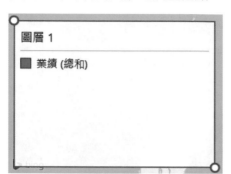

可調整其大小，按中央之部位拖曳，移動其位置；單按右鍵還可選
擇將其移除。要重現時，可按『**常用 / 插入 / 圖例**』 圖例 鈕。右上
角之『**欄位清單**』，也可以拖曳方式移動其位置，按『**常用 / 檢視 /
欄位清單**』 欄位清單 鈕，則可切換其顯示 / 隱藏。將整個圖調整為：

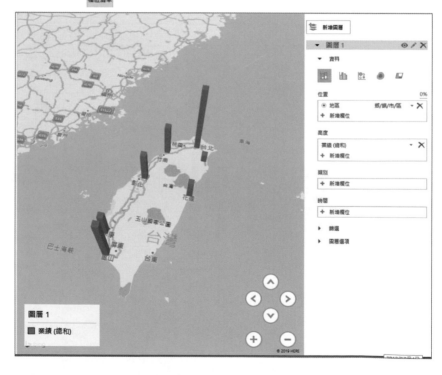

Step **6** 按『**常用 / 地圖 / 地圖標籤**』 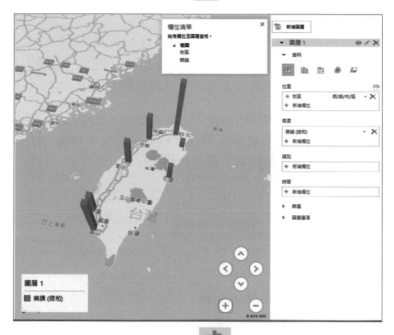 鈕，可取得地圖上之地名

Step **7** 按『**常用 / 插入 / 平面圖表**』 平面圖表 鈕，可獲致一直方圖，其調整
大小、搬移、……等操作方式，同於『圖層 1』，將其移往左上角

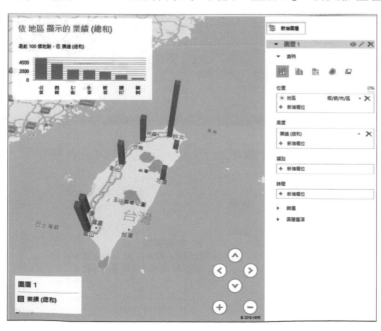

右上角之『檢視』功能表區

所提供之按鈕，可用來關閉或重現左右側的『導覽編輯器』與『圖層』窗格，使整個畫面都供地圖及圖表使用。

將來，若資料有所更動，可按『常用 / 圖層 / 重新整理資料』鈕。若想僅擷取中央部位之地圖，可按『常用 / 導覽 / 擷取場景』鈕，可轉貼到其他軟體使用：

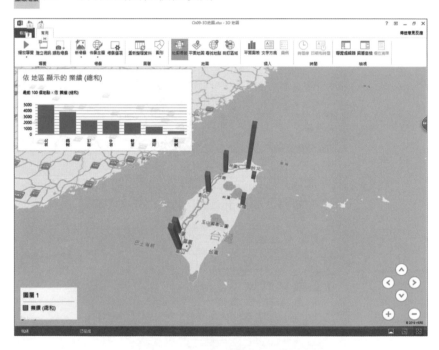

Step 8 按最右上角之關閉鈕 ⊠ 鈕，可返回原 Excel 畫面

| | A | B | C | D | E | F |
|---|---|---|---|---|---|---|
| 1 | 地區 | 業績 | | | | |
| 2 | 台北 | 5000 | | | | |
| 3 | 台中 | 2330 | | | | |
| 4 | 高雄 | 3800 | | 3D 地圖導覽 | | |
| 5 | 新竹 | 2400 | | 這份活頁簿提供 3D 地圖導覽。 | | |
| 6 | 花蓮 | 1320 | | 開啟 3D 地圖編輯或播放導覽。 | | |
| 7 | 宜蘭 | 600 | | | | |
| 8 | 台南 | 2000 | | | | |

多加了一個提示用的文字方塊，告知此一活頁簿已建有 3D 之地圖。

若想要重新取得先前所建立 3D 地圖，仍得按『插入 / 導覽 /3D 地
圖』 鈕之上半，轉入『啟動 3D 地圖』視窗，選取要使用之導
覽即可：

## 二維資料

一個活頁簿允許建立多個 3D 地圖，同
時，於 3D 地圖也允許使用二維之資料。以範
例 Ch09-3D 地圖 .xlsx『3D-2』工作表之資料：

| | A | B | C |
|---|---|---|---|
| 1 | 地區 | 品名 | 業績 |
| 2 | 台北 | 電腦 | 1500 |
| 3 | 台北 | 手機 | 7060 |
| 4 | 台北 | 音響 | 2800 |
| 5 | 台中 | 手機 | 650 |
| 6 | 台中 | 電腦 | 780 |
| 7 | 台中 | 音響 | 900 |
| 8 | 高雄 | 電腦 | 400 |
| 9 | 高雄 | 手機 | 3550 |
| 10 | 高雄 | 音響 | 600 |
| 11 | 新竹市 | 電腦 | 3460 |
| 12 | 新竹市 | 手機 | 3550 |
| 13 | 新竹市 | 音響 | 2600 |

擁有地區、品名及其銷售資料，可以下示步驟於地圖上繪製出 3D 圖
表：（請以範例 Ch09-3D 地圖 - 練習 .xlsx『3D-2』工作表進行練習）

Step 1 選取 A1:C13 範圍

Step **2** 按『**插入 / 導覽 /3D 地圖**』  鈕之上半,轉入

Step **3** 按 ⊕ 新導覽,以建立另一個新的導覽,轉入『3D 地圖』建立畫面

可發現『欄位清單』窗格上,又多增了一組『範圍 1』,其內含有:
品名、地區與業績。

Step **4** 於右側『位置』處，按『國家/地區』處之下拉鈕，將其改為「**鄉
/鎮/市/區**」

Step **5** 於右側『高度』處，按其加號，將其設定為「**業績**」

Step **6** 於右側『類別』處，按其加號，將其設定為「**品名**」

Step **7** 關閉『欄位清單』窗格，調整『圖層 1』窗格之大小及位置。獲致

目前之圖形為堆疊式。

Step 8 按右側之「**變更視覺效果為 [ 群組直條圖 ]**」  鈕

將圖表視覺效果轉為『群組直條圖』

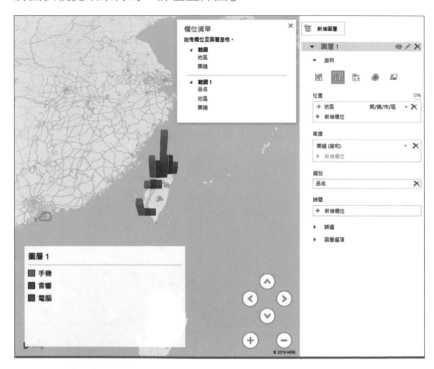

Step 9 按右上角『圖層 1』處那一隻筆（  ），可對其重新命名

本例將其改為 " 品名 "：

Step 10　仿前節之操作技巧，調整圖表並取得地圖上之地名

Step 11　最後，按最右上角之關閉鈕 × 鈕，返回原 Excel 畫面

## 含時間軸

　　若繪圖資料上，加入有時間資料，可以讓 3D 地圖依時間變化，以導覽影片播放，讓使用者比較不同時段之圖表。

　　以範例 Ch09-3D 地圖 .xlsx『3D-3』工作表之資料：

擁有地區、月別（日期資料，轉為僅顯示中文月份之格式：[DBNum1]m" 月 "）及其銷售量（故意讓其資料變化大一點，以利於導覽影片中看出其變化）。

| | A | B | C | D |
|---|---|---|---|---|
| 1 | 地區 | 月別 | 銷售量 | |
| 2 | 台北 | 一月 | 7200 | |
| 3 | 台北 | 二月 | 2600 | |
| 4 | 台北 | 三月 | 12800 | |
| 5 | 台北 | 四月 | 1400 | |
| 6 | 台北 | 五月 | 10780 | |
| 7 | 台北 | 六月 | 9000 | |
| 8 | 高雄 | 一月 | 6500 | |
| 9 | 高雄 | 二月 | 13550 | |
| 10 | 高雄 | 三月 | 3600 | |
| 11 | 高雄 | 四月 | 12400 | |
| 12 | 高雄 | 五月 | 3500 | |
| 13 | 高雄 | 六月 | 6200 | |

（儲存格 B2：2015/1/1）

可以下示步驟，於地圖上繪製含時間軸變化之出 3D 圖表：（請以範例 Ch09-3D 地圖 - 練習 .xlsx『3D-3』工作表進行練習）

Step **1** 選取 A1:C13 範圍

Step **2** 按『**插入 / 導覽 /3D 地圖**』 鈕之上半，轉入

Step **3** 按 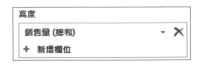，以建立另一個新的導覽，轉入『3D 地圖』建立畫面

Step **4** 於右側『位置』處，按『國家 / 地區』處之下拉鈕，將其改為「**鄉 / 鎮 / 市 / 區**」，圖表地圖轉回台灣

Step **5** 於右側『高度』處，按其加號，將其設定為「**銷售量**」

再按其右側之下拉鈕，將其改為「**無彙總**」，因為總和或平均資料，都不會隨時間變化：

Step **6** 於右側『時間』處，按其加號，將其設定為「**月別**」

Step **7** 關閉『欄位清單』窗格，調整『圖層 1』窗格之大小及位置。

Step **8** 仿前節之操作技巧，調整圖表、取得地圖上之地名

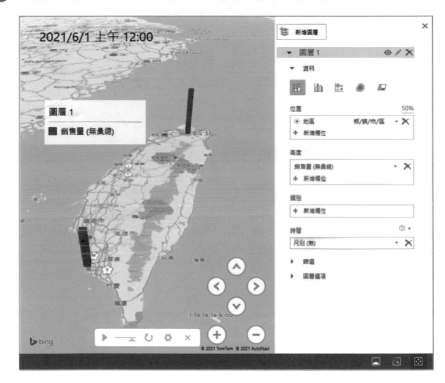

可發現最上面有時間資料，下方還有一個用來播放影片的控制
軸。按其三角播放鈕（▶），可由 2021/1/1 開始，一直播放到
2021/6/1，以利使用者比較各時段的銷售量。前圖是六月的圖表，
下圖則為二月的圖表，銷售量明顯不同：

播放中可隨時按暫停鈕（ ▌▌ ），判讀不同時段的結果。

Step 9　最後，按最右上角之關閉鈕 ✕ 鈕，返回原 Excel 畫面

# 潤飾圖表

## 10-1 圖表標題

Excel 的圖表，預設狀況均會有圖表標題，但通常都無其他座標軸標題。要插入這些標題，可以使用前章所述之方法：按『圖表設計/圖表版面配置/快速配置版面』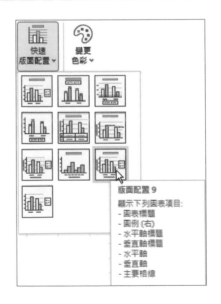 鈕，選取要安排何種類型之標題。如其『版面配置9』，表要於圖表中央上方安排圖表主標題、於 X 軸下方安排水平軸標題、Y 軸左方安排垂直軸標題、並於右側顯示圖例方塊：

不過，其選項仍嫌不足。如：僅要圖表主標題與水平軸標題，就沒有版面配置可供選擇，更別談要使用重疊之主標題了！

事實上，Excel 對圖表上的每一個部位，均提供有個別的設定選項。如圖表之主垂直軸標題，就可以單獨決定是否要安排？標題內容要旋轉、垂直或水平安排？

茲分別針對圖表標題與座標軸標題說明於后。

### 插入圖表標題

範例 Ch10.xlsx『圖表標題』工作表原圖表並未安排標題文字,可依下示步驟插入:

Step ❶ 以滑鼠單按圖表,將其選取

Step ❷ 按『**圖表設計/新增圖表項目**』鈕,選『**圖表標題(C)**』,將顯示一選單

Step ❸ 就其下拉式選單,選擇「**圖表上方 (A)**」或「**置中重疊 (C)**」,以決定圖表標題之位置(本例選前者),即可於該位置顯示出標題,其預設內容為『**圖表標題**』

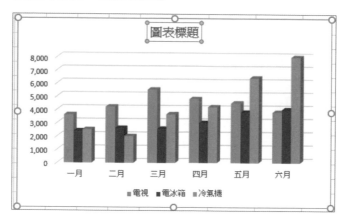

## 編輯圖表標題

若原圖表已安排有標題文字,則可依下示步驟進行編輯內容:(接續前例)

Step 1 以滑鼠單按原標題文字將其選取,會變成以框線圍住且邊緣有用以移動位置之圓形控點(畫面同前)

此時,可按『**常用 / 字型**』與『**常用 / 對齊**』群組內的格式鈕,抑或『**格式 / 圖案樣式**』與『**格式 / 文字藝術師樣式**』群組內之格式按鈕:

對其安排字型、字體、大小、填滿、特效、……等格式。亦可按住框邊或任一圓形控點進行拖曳,以移動位置;但無法以拖曳方式來變更大小。

Step 2 再以滑鼠單按已被選取之『**圖表標題**』內容,轉入編輯狀態,其外框將轉為虛線並顯示出游標,即可開始對原標題內容進行編修

若欲安排多列內容,可於按 Enter 換列後,繼續輸入未完之標題內容。編修中,可以按滑鼠進行拖曳將其選取(以反白顯示),然後以『**常用 / 字型**』與『**常用 / 對齊**』群組內所提供之格式按鈕來設定其:字型、大小、字體、對齊方式、顏色、……等必要格式。如下圖將圖表標題移到左上角、設定底色、加入部分文字、安排成兩列與設定部分字體大小及顏色後之外觀:

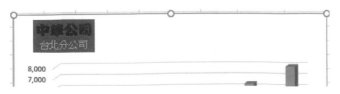

## 10-2　圖表標題格式

選取圖表標題後：（詳範例 Ch10.xlsx『圖表標題格式』工作表）

切換到『**格式 / 圖案樣式**』群組：

直接選按，或按其右側
之下拉鈕：

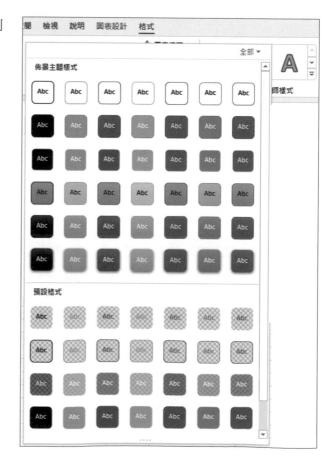

均可選擇所要使用之圖案樣式，本例選用第四列第二組之『輕微效果 - 輔色 1』樣式，其圖表標題轉為：

於『**格式 / 圖案樣式**』群組中，與標題文字有關之幾個按鈕及其作用分別為：

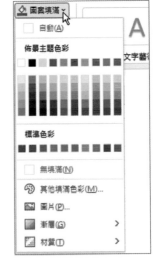

圖案填滿 可將標題文字方塊填滿色彩，按其右側之向下箭頭，可選擇填滿色彩、漸層、材質、圖樣或圖片。

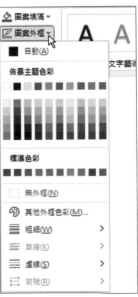

圖案外框 可選擇標題文字方塊外框線條之粗細、實線或虛線、顏色。

 按其右側之向下箭頭，可選擇標題文字要使用何種特殊效果。

如，下圖將圖表標題安排成使用 0.75 實線紅框、填滿黃色漸層底色並使用紅色之光暈特效：

所有標題文字方塊，尚可使用『**格式 / 文字藝術師樣式**』群組上之樣式：

來改變其文字樣式，如，續將前例之標題文字設定為目前『**文字藝術師樣式**』處，第三個之立體樣式，其外觀變為：

# 10-3 座標軸標題

座標軸有垂直與水平兩座標軸，假定，要於範例 Ch10.xlsx『座標軸標題』工作表垂直軸安排一直書之標題。可依下示步驟插入：

Step **1** 以滑鼠單按圖表，將其選取

Step **2** 按『圖表設計 / 新增圖表項目』  鈕，續選『座標軸標題 (A)/ 主垂直 (V)』

Step **3** 將於垂直軸左側，顯示一『座標軸標題』文字方塊

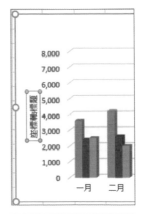

此時，一樣可以前述方法設定其格式。亦可按住框邊或任一圓形控點進行拖曳，以移動位置；但無法以拖曳方式來變更大小。

Step **4** 再以滑鼠單按已被選取之『座標軸標題』內容，其外框將轉為虛線並顯示出游標，即可開始對原標題內容進行編修。如，將其內容改為標楷體 12 點之粗體『金額』：

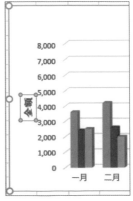

Step ⑤ 按『**常用 / 對齊方式 / 方向**』 鈕，選 『**垂直文字 (V)**』將其文字方向設定為垂直

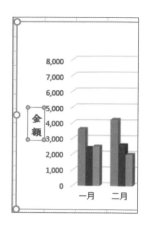

若圖表為股票圖，則其可用之 軸標題，將有主 / 副水平軸標題與 主 / 副垂直軸標題：

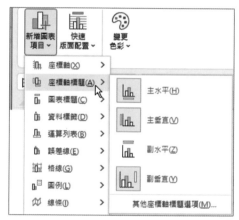

以利安排如下示之股票圖各軸標題，範例 Ch10.xlsx『股票圖座標軸標題』 工作表中之『成交量』係以「**主垂直 (V)**」來安排；『股價』係以「**副垂直 (Y)**」來安排；『日期』係以「**主水平 (H)**」來安排：

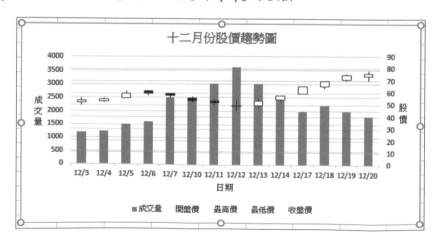

# 10-4 座標軸標籤

Excel 的圖表，預設均會顯示水平或垂直座標軸標籤，如：一月、二月、……或金額之數字。欲控制其隱藏或重現，可以下列步驟進行處理：（詳範例 Ch10.xlsx『顯示隱藏座標軸』工作表）

**Step 1** 選取欲處理之圖表

**Step 2** 按『圖表設計 / 新增圖表項目』 ![新增圖表項目] 鈕，將顯示一下拉式之選單，選「座標軸 / 主水平 (H)」（或「主垂直 (V)」）即可將其隱藏

如，隱藏主垂直與水平兩軸標籤後之圖表外觀為：

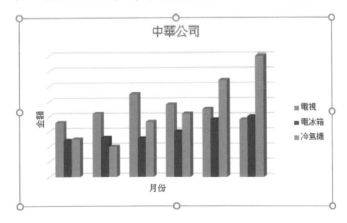

再重新執行一次，即可讓其重現。

## 10-5 圖例

前文各圖中，其右側之

■ 電視

■ 電冰箱

■ 冷氣機

即圖例，用以指出那種顏色或樣式之圖塊，係代表哪一個資料數列？範例 Ch10.xlsx『圖例』工作表原圖表並未安排圖例，可依下示步驟插入：

Step **1** 單按圖表，將其選取

Step **2** 按『圖表設計 / 新增圖表項目』鈕，選『圖例 (L)』

Step **3** 續就其下拉選單，選擇欲將圖例安排於哪個位置。選妥後，即可於指定之位置，顯示出圖例方塊。（本例選「下 (B)」）

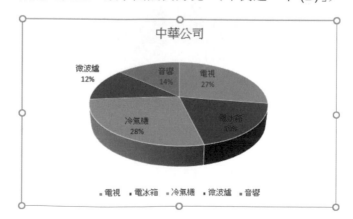

若重新執行一次，選「**無 (N)**」；或於以滑鼠單按圖例方塊將其選取後，續按 Delete 鍵，即可將圖例方塊移除。

# 10-6 資料標籤

### 插入資料標籤

範例 Ch10.xlsx『資料標籤 1』工作表原圖表並未安排資料標籤內容，可依下示步驟插入：

Step **1** 若只要為某一資料數列（同一顏色者）加入資料標籤，則於該數列之任一圖點上單按滑鼠，可將該類別之各圖點全部選取。

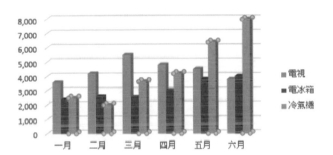

若只要為某一圖點（同一顏色中的某一個）加入資料標籤，則續再於該圖點上單按滑鼠。

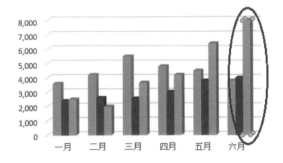

本例擬為『冷氣機』所屬之整個資料數列加入資料標籤，故使用第一種方式，將該類別之各圖點全部選取。

若要為每一資料點均加入資料標籤，則不用進行任何選擇。（甚少使用，因每一資料點均加入資料標籤後，將是密密麻麻的一片，任誰也讀不出其內容）

Step ❷ 按『圖表設計 / 新增圖表項目』 鈕，選『資料標籤 (D)』

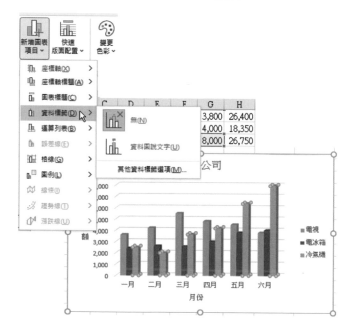

Step ❸ 續就其下拉選單，選擇「資料圖說文字 (U)」，即可安排上預設之數列名稱及數值資料標籤

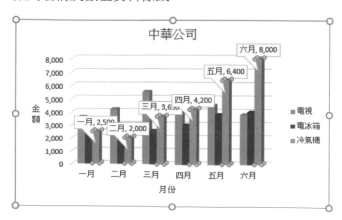

如果處理之對象為圓形圖（詳範例 Ch10.xlsx『資料標籤 2』工作表），則按『**圖表設計 / 新增圖表項目 / 資料標籤 (D)**』，可就所顯示之下拉選單，選擇欲於何位置顯示其資料標籤。

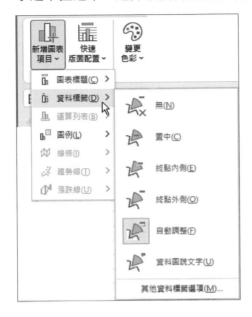

如，選「**終點外側 (O)**」，其外觀將為：

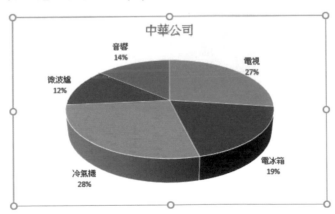

無論處理何種類型圖表，若選「**其他資料標籤選項 (M)…**」，可轉入『資料標籤格式』窗格，按 ▮▮ 鈕切換到『標籤選項』標籤：

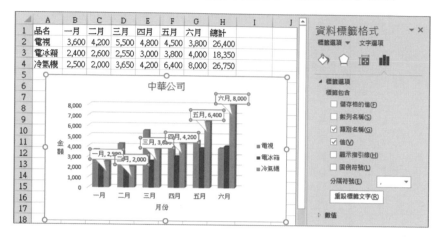

（直條圖）

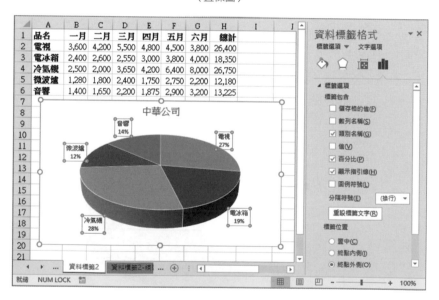

（圓形圖）

尚可選取欲安排何種資料標籤，可供使用之選項將視處理對象而異，其作用分別為：（允許同時選取多個）

**數列名稱 (S)**　　以數列名稱當資料標籤（如：冷氣機）。

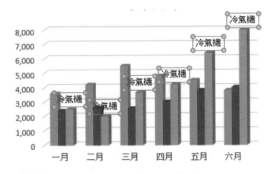

**類別名稱 (C)**　　以類別名稱當資料標籤（如：月份）。

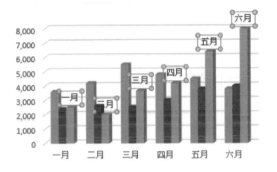

**值 (V)**　　　　　於各圖點之上顯示其數值。

**百分比 (P)**　　　僅各類圓形圖適用，將於各圖扇顯示其百分比。（詳範例 Ch10.xlsx『資料標籤 2』工作表）

中華公司

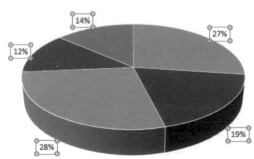

顯示指引線 (D)　　當移動標籤文字到距離圖扇較遠之位置時，將於其間拉出
　　　　　　　　　　指引線。

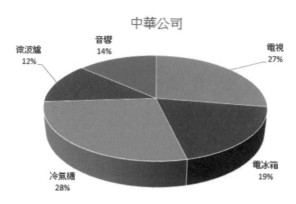

小秘訣

所有數值、百分比或類別標記，均將隨工作表內容變動而自動更新。

### 編輯資料標籤

　　若原圖表已安排有資料標籤內容（詳範例 Ch10.xlsx『資料標籤3』工
作表），則可依下示步驟編輯：

Step 1　選取要編輯之資料標籤

　　　　無論何種資料標籤，均允許使用者於將其選取後，
　　　　對其進行：刪除、編修、設定格式、……等編輯工
　　　　作。選取時，先以滑鼠單按該類資料標籤，將該類
　　　　全數選取。續單按欲處理之某資料標籤，將之選取，
　　　　其外圍會變成以框線圍住，且邊緣有用以移動位置
　　　　之圓形控點。

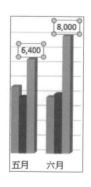

Step 2　選取某資料標籤後，可以下列方式進行必要之編輯：

　　　　刪除　　　直接按 Delete 鍵。

　　　　移動　　　可按住邊緣任一圓形控點進行拖曳。

定格式 以『**常用**』或『**格式**』標籤上，所提供之格式按鈕來設定：字型、大小、字體、對齊方式、顏色、填滿、特效、……等必要格式。

修改內容 再以滑鼠單按框內之資料標籤內容，轉入編輯狀態，外圍之方框將改為虛線，並顯示出游標，方可對原資料標籤內容進行編修。若欲安排多列內容，可於按 Enter 換列後，繼續輸入未完之內容。**在此情形下，原數字及文字標記，將不會隨工作表資料異動而自動更新。**

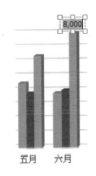

如下圖所安排者，即為刪除部分標記內容，僅留下最高及最低金額，除將最低金額改為紅色加底線之粗斜體外，並於最高金額下之第二列，加入註解文字 " 夏季促銷 "。

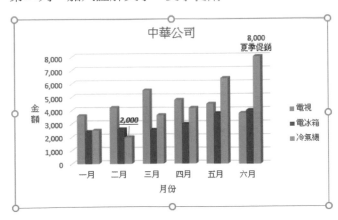

## 10-7 運算列表

除各類圓形圖、XY 散佈圖、泡泡圖與雷達圖外，其他各類圖表，均可加入圖表來源的運算列表格。其操作方法為：（詳範例 Ch10.xlsx『運算列表』工作表）

Step ➊ 選取欲處理之圖表

Step ➋ 按『圖表設計 / 新增圖表項目』 鈕，選『運算列表(B)』

Step ➌ 選「有圖例符號 (W)」或「無圖例符號 (L)」（本例選前者），即可於原圖表下方，加入運算列表

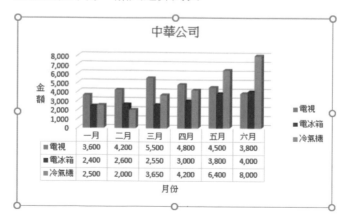

| | 一月 | 二月 | 三月 | 四月 | 五月 | 六月 |
|---|---|---|---|---|---|---|
| ■電視 | 3,600 | 4,200 | 5,500 | 4,800 | 4,500 | 3,800 |
| ■電冰箱 | 2,400 | 2,600 | 2,550 | 3,000 | 3,800 | 4,000 |
| ■冷氣機 | 2,500 | 2,000 | 3,650 | 4,200 | 6,400 | 8,000 |

# 10-8 格線

除各類圓形圖與雷達圖外，其他各類圖表均可加入水平或垂直之格線。其操作方法為：（詳範例 Ch10.xlsx『格線』工作表）

Step ❶ 選取欲處理之圖表

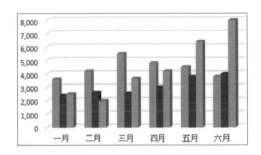

Step ❷ 按『**圖表設計 / 新增圖表項目**』 新增圖表項目 鈕，選『**格線 (G)**』

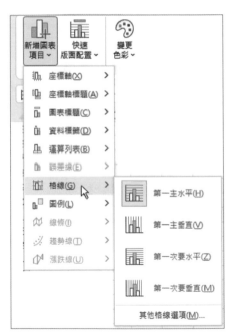

Step ❸ 續就其下拉式功能表，選擇要於水平或垂直軸加入何種格線，主格線較粗；次要格線較細。如，同時顯示水平及垂直之主 / 次格線時，其外觀為：

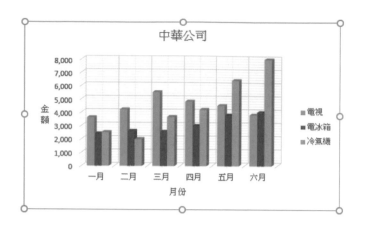

# 10-9 圖片

## 自圖形檔匯入圖像

有很多視窗軟體可產生圖案，也可以自 Internet 網頁取得圖形檔（於圖上單按滑鼠右鍵，續選「**另存圖片 (S)…**」），或以 Windows 之『小畫家』自行剪貼、繪製（或修改）圖案。只要這些圖案已存入圖形檔中，即可以下示步驟，將其圖案內容插入 Excel 圖表內：（詳範例 Ch10.xlsx『自圖形檔匯入圖像』工作表）

Step **1** 選取欲變更圖樣之資料數列圖點（於其上，分兩次按滑鼠左鍵，本例選藍色之『COSTCO』圖扇）

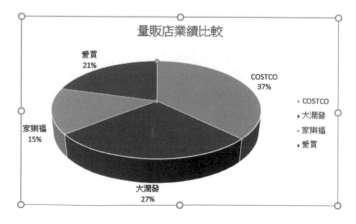

Step **2** 按『**格式 / 圖案樣式 / 圖案填滿**』鈕，選「**圖片 (P)…**」

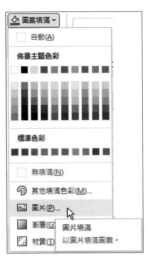

Step **3** 轉入『**插入圖片**』對話方塊

Step **4** 選「**從檔案**」，轉入適當之資料匣（本書範例內有量販店之商標圖檔），選妥適當之檔案

Step **5** 續按 | 插入(S) | ▼ 鈕（或直接雙按），即可將該檔之圖像載入

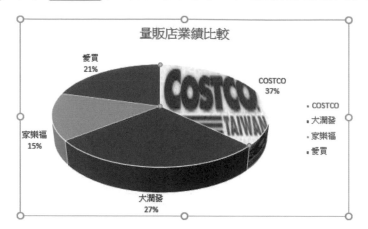

Step **6** 仿前述步驟，插入其餘各量販店之商標圖案

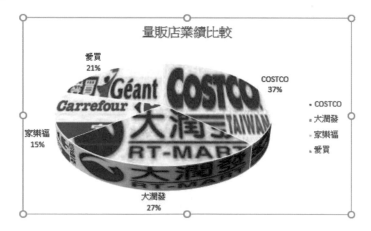

## 自『圖示集合』匯入圖像

　　利用『圖示集合』可以找到很多圖像，可依下示步驟，將其安排到圖表內：（詳範例 Ch10.xlsx『自圖示集合搜尋匯入圖像』工作表）

**Step 1** 選取欲變更圖樣之資料數列的圖點（於其上，分兩次按滑鼠左鍵）

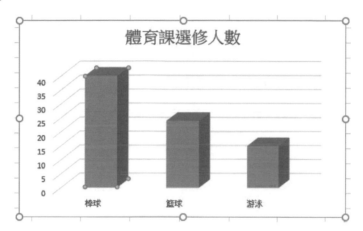

**Step 2** 按『**格式 / 圖案樣式 / 圖案填滿**』⬛圖案填滿∨ 鈕，選「**圖片 (P)…**」，轉入『**插入圖片**』對話方塊，選「**從圖示**」

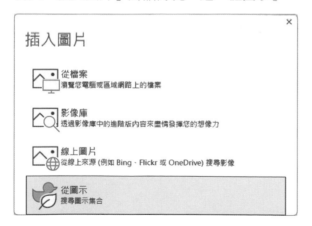

轉入『圖示』對話方塊，於上方選「運動」：

Step **3** 雙按要選用之圖案，即可將該圖案，貼到所選取之資料數列圖點

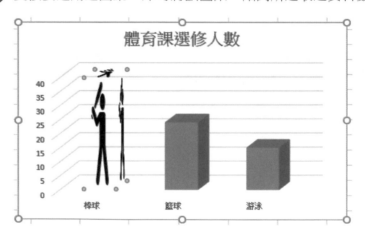

Step **4** 仿前步驟，分別找出籃球及游泳之圖案，將所有資料數列的圖點均
改為圖案

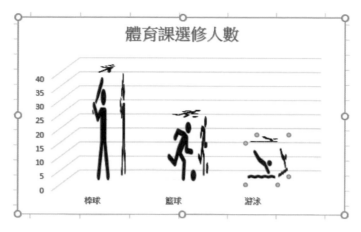

## 自小畫家剪貼圖片

有時，圖案並不存在於檔案或『線上圖片』中，可能只是暫時顯示於
螢幕上而已。此時，就無法使用前述方法將其圖案匯入到圖表中。

不過，只要圖案可出現在螢幕上，就可利用 Print Screen 鍵（或 Alt +
Print Screen ）記下其內容，續轉往『小畫家』上進行剪貼，剪下其部分內容，再
將其貼到我們的圖表中。

假定，於範例 Ch10.xlsx『自小畫家剪貼圖案』工作表，希望以 Word
及 Excel 之圖示，來表示每週使用這兩種軟體之小時數：

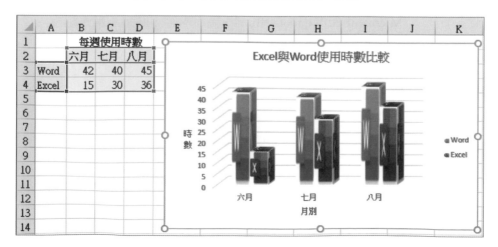

由於 Word 及 Excel 之圖示並非已存在之圖形檔,更非『線上圖片』內之圖案。故只能以剪貼技巧,將其轉到『小畫家』進行剪裁,再將其貼回圖表中。

其處理步驟為:

Step **1** 轉入 C:\Program Files\Microsoft Office\root\Office16,找出 Word 及 Excel 之圖示

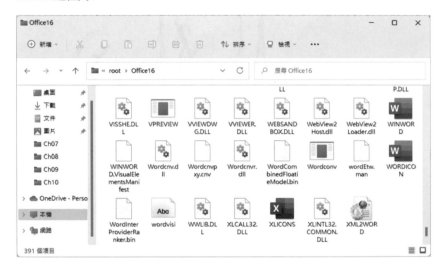

Step **2** 按 Alt + Print Screen 鍵,記下視窗內容

Step **3** 執行「**開始 / 小畫家**」,轉入『小畫家』

Step **4** 按『**貼上**』□ 鈕(或按 Ctrl + V 鈕),將 C:\Program Files\Microsoft Office\root\Office16 視窗內容,貼到小畫家視窗內

Step **5** 按『**選取項目**』□ 鈕,以拖曳方式,選取 Word 圖示之內容,將以虛線方框將其包圍

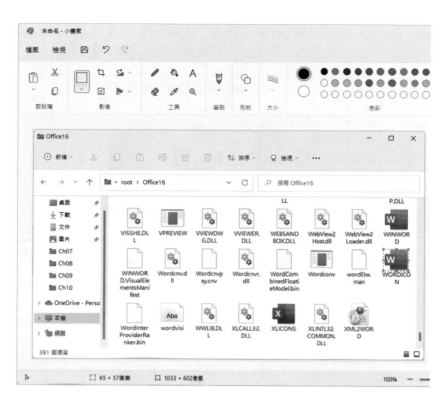

小秘訣

別選太大了，最好不要含太多空白。若覺得不好選，可按『放大鏡』

鈕，續選按要處理之圖案，將圖放大後，再行選取：

Step 6 按『複製』 □ 鈕，將所選之 Word 圖示存入『剪貼簿』暫存區

Step **7** 接著，轉回 Excel 視窗，選取先前繪妥之 Word 及 Excel 每週使用時數圖表。以滑鼠左鍵單按 Word 圖塊，將其選取

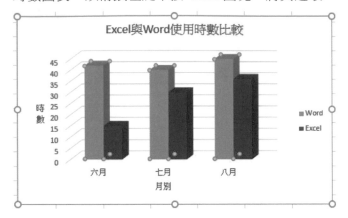

Step **8** 按『**常用 / 剪貼簿 / 貼上**』 鈕，將 Word 圖示貼入其圖塊

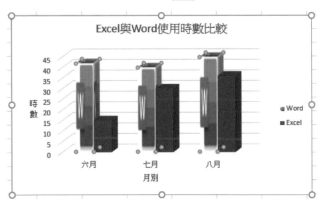

Step **9** 仿前述步驟，再將 Excel 圖示貼上，即大功告成

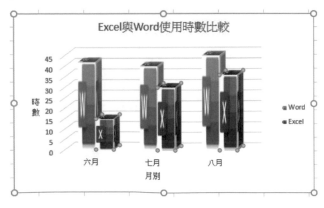

## 自 Internet 網頁剪貼圖片

由於 Internet 上之各網站的畫面多采多姿且資料豐富。因此，若所要使用之圖案，於 Windows 或『圖示集合』內找不到。大可到 Internet 上去找，利用網路搜尋引擎，輸入幾個簡單之關鍵字，可能就可順利找到所要之圖案。

範例 Ch10xlsx『自網路匯入圖像』工作表之資料，為美國華府智庫卡托研究所（Cato Institute）公佈之「2020 全球痛苦指數」（2020 Misery Index Scores-Global），在 156 個評比國家地區中，台灣為 3.8%，排名 155，居全球第二低。痛苦指數為一種總體經濟指標，代表令人不愉快的經濟狀況，其公式為：痛苦指數 ＝ 通貨膨脹百分比 ＋ 失業率百分比。

假定，要將範例 Ch10.xlsx『自網路匯入圖像』工作表之圖表：

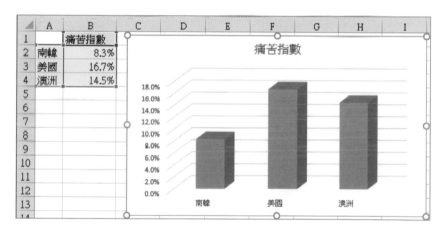

轉為使用國旗為其圖案。其處理步驟為：

Step 1 到 https://www.ifreesite.com/world/ 取得各國國旗畫面（利用搜尋網站，以『各國國旗』進行查詢，即可順利查得『世界各國國旗』之超連結）

Step 2 於要使用之圖案上，單按滑鼠右鍵，續選「Copy Image」記下其內容

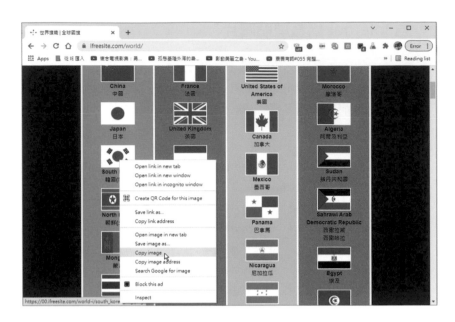

Step ③ 回到 Excel，選取欲變更圖樣之資料數列的圖點（於其上，分兩次單按滑鼠左鍵）

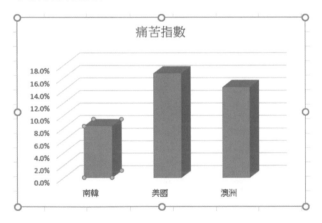

Step ④ 按『常用 / 剪貼簿 / 貼上』 鈕，即可將所記下之圖案，貼到選取之資料數列圖點

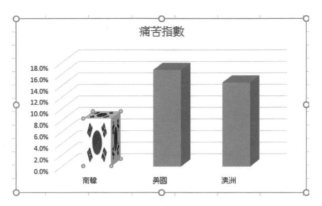

Step **5** 仿前述步驟，將所有資料數列的圖點均改為國旗圖案。

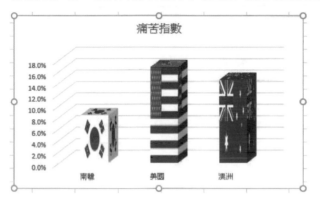

# 10-10 趨勢線

Excel 可就區域圖、橫條圖、直條圖、折線圖和 XY 散佈圖等圖表中任一數值資料數列，以迴歸之技巧（簡單迴歸、多項式迴歸、指數迴歸、⋯⋯）或移動平均技巧（三日平均、五日平均、⋯⋯，日可能改為週、月或年），計算並繪出該數列之趨勢線，以便使用者進行評估及定決策。

### 預測所得趨勢

茲以前章年齡與所得關係圖之每月所得資料為例，進行說明如何建立趨勢線：（詳範例 Ch10.xlsx『趨勢線』工作表）

Step **1** 於該數列之任一圖點上，單按滑鼠，將其選取

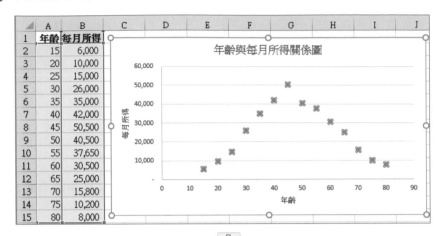

Step **2** 按『**圖表設計 / 新增圖表項目**』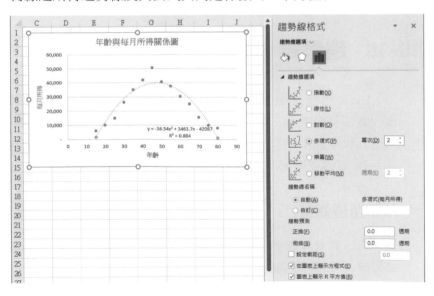 鈕，選『**趨勢線 / 其他趨勢線選項 (M)**…』，轉入『**趨勢線格式**』窗格『**趨勢線選項**』標籤，本例之所得資料由低漸高，然後又逐漸降低，近似拋物線，故將其迴歸分析類型改為「**多項式 (P)**」之冪次「**2**」，另於最底下，加選「**在圖表上顯示方程式 (E)**」與「**圖表上顯示 R 平方值 (R)**」（判定係數，即總變異中可被解釋之百分比），即可於原圖表上產生一拋物線之所得趨勢線及其公式與判定係數（R 平方值）

# 10-11 股價趨勢線

茲以前章之股票圖為例,進行說明如何建立移動平均趨勢線:(詳範例 Ch10.xlsx『股價趨勢線』工作表)

**Step 1** 直接於任一日股票收盤價格之位置上,單按滑鼠將其選取

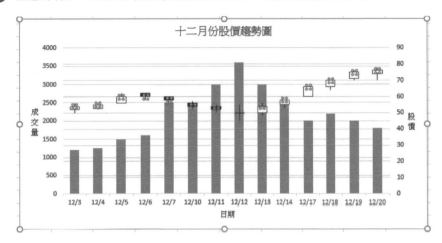

---

**小秘訣**

若無法確定所選的位置是否為收盤價,可按『格式 / 目前的選取範圍 / 圖表項目』( 圖表區 ▼ )的下拉鈕,就其下拉式選單,點選擇要選取的部位:(收盤價)

Step **2** 按『**圖表設計 / 新增圖表項目**』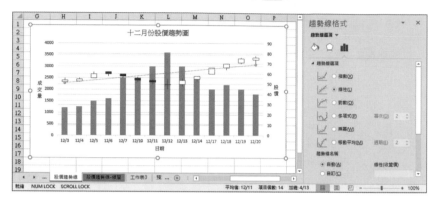 鈕，將顯示一下拉式之選單，選『**趨勢線 / 其他趨勢線選項 (M)…**』，轉入『**趨勢線格式**』窗格『**趨勢線選項**』標籤，按『**趨勢線選項**』鈕

Step **3** 選「**移動平均 (M)**」，並將週期定為 3（因欲計算三日之移動平均）

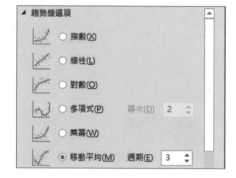

即可於原圖表上產生一股價的三日平均趨勢線

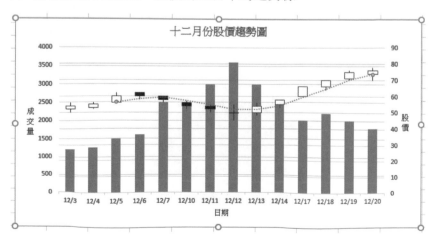

# 10-12　預測未來股價

關於未來的某一段時間（如：一天、三天、五天）的可能股價是多少？前圖雖有移動平均線，但並未給我們帶來多少幫助！這時，可利用「**資料 / 預測 / 預測工作表**」來處理。

以範例 Ch10.xlsx『預測股價』工作表為例（資料同於前節），進行說明其處理步驟：

**Step 1** 選取 A1:A15 範圍，續按 `Ctrl`，再選取 F1:F15

| | A | B | C | D | E | F |
|---|---|---|---|---|---|---|
| 1 | 日期 | 成交量 | 開盤價 | 最高價 | 最低價 | 收盤價 |
| 2 | 12/3 | 1200 | 52 | 56 | 50 | 54 |
| 3 | 12/4 | 1250 | 53 | 56 | 52 | 55 |
| 4 | 12/5 | 1500 | 56 | 62 | 56 | 60 |
| 5 | 12/6 | 1600 | 62 | 62 | 58 | 60 |
| 6 | 12/7 | 2500 | 60 | 60 | 56 | 58 |
| 7 | 12/10 | 2400 | 56 | 57 | 52 | 54 |
| 8 | 12/11 | 3000 | 54 | 55 | 50 | 52 |
| 9 | 12/12 | 3600 | 50 | 55 | 45 | 50 |
| 10 | 12/13 | 3000 | 50 | 56 | 48 | 54 |
| 11 | 12/14 | 2560 | 55 | 58 | 53 | 58 |
| 12 | 12/17 | 2000 | 60 | 66 | 60 | 66 |
| 13 | 12/18 | 2200 | 66 | 70 | 64 | 70 |
| 14 | 12/19 | 2000 | 71 | 76 | 70 | 75 |
| 15 | 12/20 | 1800 | 74 | 78 | 70 | 76 |

**Step 2** 按『資料 / 預測 / 預測工作表』鈕，轉入

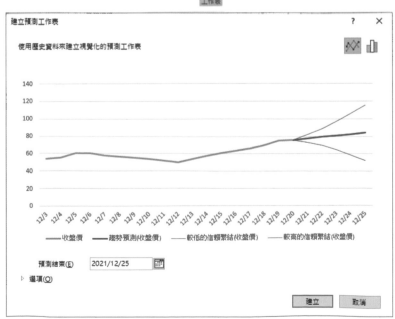

Step ③ 按 ┃ 建立 ┃ 鈕，即可於本工作表之左邊新增一個工作表，產生預測圖表、預測的可能值及其最高與最低的可能清況（經自行調整欄寬及設定格式）

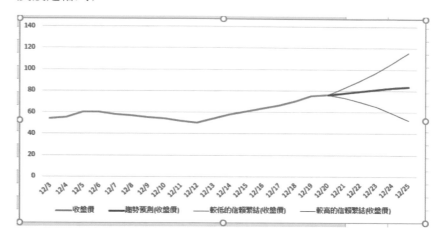

| 日期 ▼ | 收盤價 ▼ | 趨勢預測(收盤價) ▼ | 較低的信賴繫結(收盤價) ▼ | 較高的信賴繫結(收盤價) ▼ |
|---|---|---|---|---|
| 19 | 12/20 | 76 | 76 | 76.00 | 76.00 |
| 20 | 12/21 | | 77.90789281 | 73.18 | 82.64 |
| 21 | 12/22 | | 79.42741937 | 69.70 | 89.16 |
| 22 | 12/23 | | 80.94694594 | 64.90 | 96.99 |
| 23 | 12/24 | | 82.4664725 | 59.09 | 105.85 |
| 24 | 12/25 | | 83.98599907 | 52.39 | 115.59 |

以 12/21 為例，其預測值為 77.91，95% 的預測信賴區間之最低值為 73.18；最高值為 82.64。**這種預測，不可能做太長期。因為，對於越後面的日期，其預測就越不可能準確，故其預測信賴區間就越拉越大！**以 12/25 為例，其預測值為 83.99，95% 的預測信賴區間之最低值為 52.39；最高值為 115.59。

# 10-13 加入說明文字

　　圖表完成後，為使閱讀者能看得更清楚，有時仍得加入說明文字。雖然，以資料標籤也可加入一些說明文字，但其字數畢竟有限，且也較不易進行相關之格式設定。最好，還是利用『**插入 / 圖例 / 圖案**』 🔘 鈕或『**圖說文字**』快取圖案，插入圖片說明。

## 快取圖案圖片說明

按『**格式 / 插入圖案**』的下拉鈕

所顯示之下拉選單中,最底下有一組『**圖說文字**』快取圖案:

提供各種不同類型之圖片說明圖案,用以於儲存格、圖表或圖片上,拉出一含指示線條或箭頭的文字方塊,允許輸入任意文字內容作為說明。

執行時,選按某圖案按鈕後,滑鼠指標將轉為十字,得先以拖曳方式拉出文字方塊:(詳範例 Ch10.xlsx『說明文字 1』工作表)

此時,拖曳控點,可調整文字方塊之大小;拖曳框邊,可移動文字方塊之位置;拖曳上方之圓點,可對其進行 360 度的任一角度旋轉;拖曳箭頭處之黃色控點,可拉長 / 縮短箭頭長度或移動其方向。

切換到『**格式 / 圖案樣式**』群組:

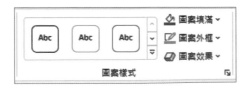

按右側之下拉鈕,選用其第四列第二組之『輕微效果 - 輔色 1』樣式,文字方塊轉為:

於文字方塊上單按滑鼠右鍵，續選「**編輯文字 (X)**」，可於文字方塊內看到游標，即可開始輸入文字：（詳範例 Ch10.xlsx『說明文字 1』工作表）

輸入文字後，若覺得圖片說明方塊之大小並不妥當。可先按一下框邊，續拖曳其空心之控點來調整大小。

續利用『**格式 / 圖案樣式**』群組上之 ⬚ 圖案填滿 ▾ 、 ▱ 圖案外框 ▾ 與 ▱ 圖案效果 ▾ ，將圖片說明安排為實線紅框、填滿黃色漸層並使用浮凸之特效：（詳範例 Ch10.xlsx『說明文字 2』工作表）

所有『**圖說文字**』的文字方塊，亦同樣可使用『**格式 / 文字藝術師樣式**』群組上之樣式：

來改變其文字樣式，如，將範例 Ch10.xlsx『說明文字 3』工作表之圖說文字，設定為目前右側之立體樣式，其外觀變為：

# 11-1 圖表樣式

各類圖表均可於選取後：（詳範例 Ch11.xlsx『圖表樣式』工作表，本例為立體圖表）

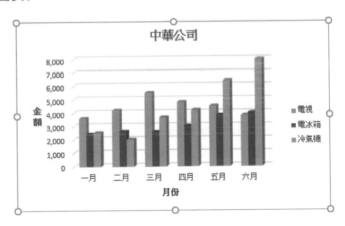

切換到『圖表設計/圖表樣式』群組選取樣式：

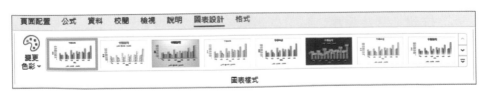

或按其右側之下拉鈕，就

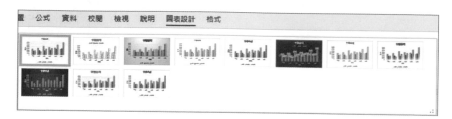

選取樣式，來改變其基
本外觀。本例選第一列
第 2 個之『**樣式 2**』，其
外觀為：

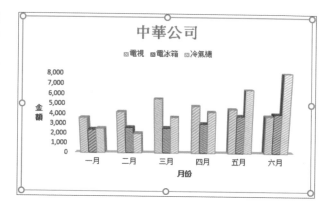

# 11-2 選取圖表項目

要設定圖表個別項目之格式，當然還是得事先將其選取後，才能進行
格式設定。通常，我們是以直接點選圖表項目選取。但是，一個圖表中，
可設定格式之項目相當多：圖表區、繪圖區、圖表標
題、垂直軸、水平軸、圖表牆、圖表底板、圖例、資
料數列、……。這些項目，很多重疊且相當接近，一
不小心還是很可能選到其他部位！

若無法確定所選的位置是否正確，可先按『**格
式 / 目前的選取範圍 / 圖表項目**』 圖表區 的
下拉鈕，就其選單，點選要選取的部位：（詳範例
Ch11.xlsx『圖表樣式』工作表）

# 11-3 資料數列格式

要對資料數列進行格式設定，得先單按該資料數列之圖塊，將其選取：
（詳範例 Ch11.xlsx『資料數列格式 - 數列選項』工作表）

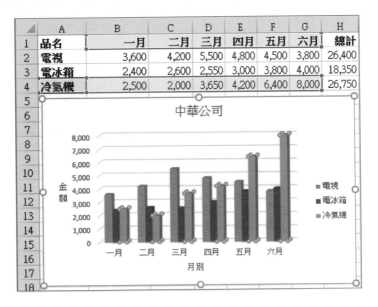

續以下列任一方式進行：

■ 於其上單按滑鼠右鍵，續選「**資料數列格式 (F)…**」

■ 按『**格式 / 目前的選取範圍 / 格式化選取範圍**』 格式化選取範圍 鈕

■ 於要設定之資料數列上，直接雙按滑鼠左鍵

　這三種方式，均將轉入『資料數列格式』窗格進行設定，其內有『數列選項』、『效果』、『填滿與線條』等標籤，其外觀及設定項又隨處理之圖案類別不同而異。茲逐一說明於后。

## 數列選項

### 立體圖

於立體圖中,『資料數列格式』窗格
『數列選項』標籤之外觀如:

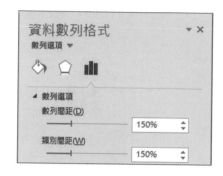

可用以設定下列各選項:(若畫面被切換,得先選取資料數列,續按『數列
選項』 ▮▮ 鈕切回)

**數列間距 (D)**　設定各數列與水平軸邊緣線間之間隔距離,預設值為
150%。下圖為將其調整為 500% 後之外觀,圖點明顯向後
縮了許多:(詳範例 Ch11.xlsx『資料數列格式 - 數列選項』
工作表)

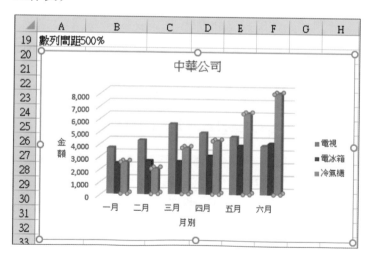

**類別間距 (W)**　設定各類別(如:一月、二月、……)圖點間之間隔距離,
預設值為 150%。下圖為將其調整為 50% 後之外觀,各類
圖點變成比較寬,以縮小類別間距:

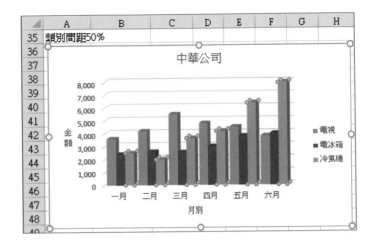

## 平面圖

於平面圖中：（詳範例 Ch11.xlsx『資料數列格式 - 數列選項』工作表）

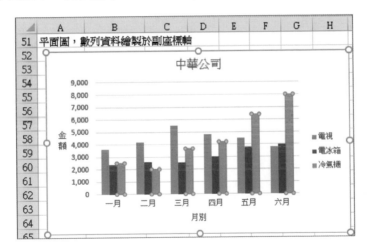

『資料數列格式』窗格『數列選項』標籤之
外觀如：

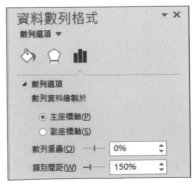

將多一項選擇『數列資料繪製於』:「**主座標軸 (P)**」或「**副座標軸 (S)**」。預設狀況為前者,數列資料以左邊之主座標軸數字進行繪製圖表;若設定為後者,將於右側多增加一組副座標軸,其數字不同於主座標軸,數列資料將改為以右邊之副座標軸數字進行繪製圖,且將執行前所選取之資料數列的圖放大,其餘各資料數列的圖縮小:

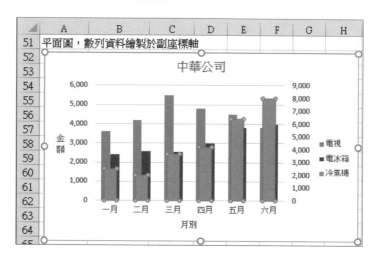

## 圓形圖

於各類圓形圖中:(詳範例 Ch11.xlsx『資料數列格式 - 數列選項』工作表)

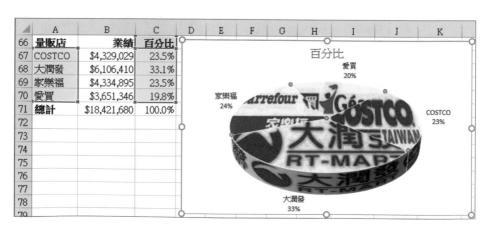

『資料數列格式』窗格『數列選項』標籤
之外觀如：

其「**第一扇區起始角度 (A)**」，可用來設定第一個圖扇（『COSTCO』之圖
扇），欲自哪一個角度開始繪製？如，將其改為 45 度後之外觀為：

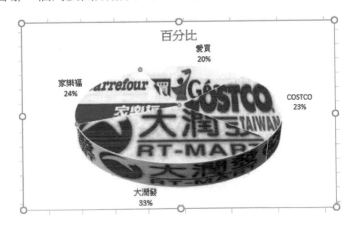

此外，其「**圓形圖分裂 (X)**」項，用以設定各圖扇之分離程度。如，
續於前圖中，僅選取『家樂福』之圖扇，且設定為「**圓形圖分裂 (X)**」45%
後，會將『家樂福』之圖扇脫離圓心（百分比越高，脫離程度愈高）：

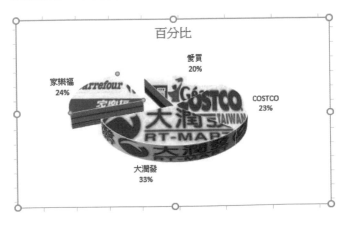

### 環圈圖

於環圈圖中：（詳範例 Ch11.xlsx『資料數列格式 - 數列選項』工作表）

選取圖扇後，『資料數列格式』窗格『數列選項』標籤之外觀如：

其「**環圈內徑大小 (D)**」項，可設定環圈內部直徑大小，可用範圍為 10%〜 90%。如，下圖係將其改為 20% 後，內圈之空白部分變小（內部直徑縮為原直徑之 20%）：

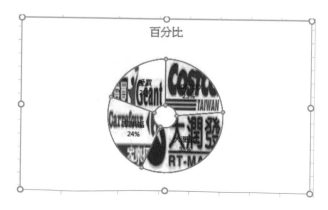

## 直條的形狀

『資料數列格式』窗格『數列選項』標籤之『直條的形狀』設定項，僅出現在圖表為立體圖之情況下，其外觀為：（詳範例 Ch11.xlsx『資料數列格式 - 形狀』工作表）

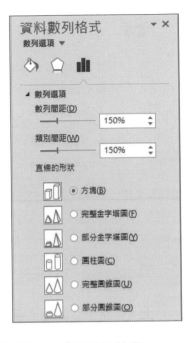

可用以選取圖柱之形狀。如，將『電視』資料數列改為「完整圓椎圖 (U)」後，圖表外觀為：

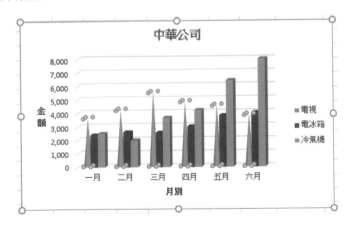

## 填滿與線條

### 填滿

『資料數列格式』窗格『數列選項』標籤
之『填滿』設定項的外觀為：

本部分可設定圖塊內應填滿何種底色，可用選項有：（有些選項會受前階段
之設定影響，故您於電腦上所見之外觀未必與書上相同，若畫面被移轉，
請先點選某一數列，續按『填滿與線條』 鈕）

**無填滿 (N)**　　不加上任何顏色。

**實心填滿 (S)**　　選此項，『資料數列格式』窗
　　　　　　　　格『數列選項』標籤之畫面
　　　　　　　　轉為：

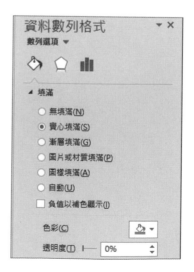

按『色彩 (C):』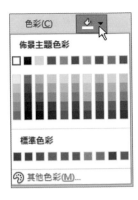 之下拉鈕

就色盤選一色彩，即可將該數列填滿該顏色。如，將『電視』資料數列轉為填滿紅色：

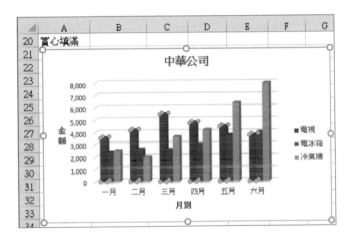

『透明 (T)』處，用以設定圖案的透明程度，範圍從 0%( 完全不透明 ) 到 100%( 完全透明 )。如，續將前圖設定為 45%之透明效果，將可因部分透明的關係，而可看到其後之水平格線：

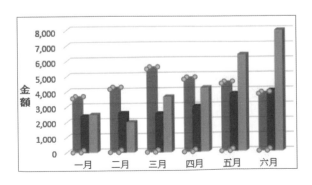

漸層填滿 (G)　選此項，『資料數列格式』窗格『數
　　　　　　　　列選項』標籤之畫面轉為：

設定時，可先按『預設漸
層』 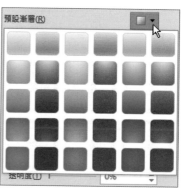 鈕

續就其選單，選擇某一已經預存之漸層樣式。如，將『電
視』資料數列轉為使用第一欄第二列之漸層：

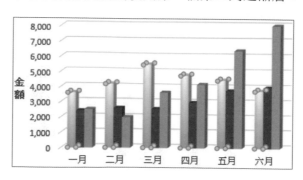

選妥預設漸層後，尚可於『類型 (Y):』處，選擇其類型：線性（條狀）、輻射（排列恰與線性相反之圓弧）、矩形（方塊狀）或路徑（中央向外擴張）：

此外，選妥預設色彩之類型後，尚可於『方向 (D)』處，選擇其色彩的方向（水平、垂直、右斜、左斜、……）：

如，續將前圖，安排為使用第三個之『從中央』方向：

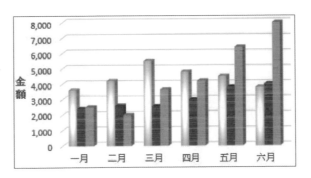

若為線性類別，尚會多加一個『角度 (E)』設定項，係用以安排顏色的傾斜角度。如前例『線性對角』方向即為使用 45 度，當然也允許使用者再另行選擇不同之任意角度。

『漸層停駐點』係當安排多層顏色時，每一種顏色由何處開始何處結束。

最後之『色彩 (C)』與『透明 (T)』處，其設定方法同前文實心填滿，用以於原設定中加入另一種顏色及其透明度。如，針對原為灰色之『冷氣機』資料數列，改為線性類別、輕度漸層、加入黃色，並設定為 45 度之左斜：

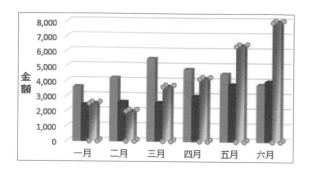

圖片或材質填滿 (P)　　選此項，『資料數列
格式』窗格『數列選
項』標籤畫面轉為：

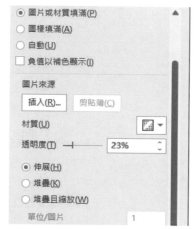

若要將資料數列填滿某材質，可按『材質』 之下
拉鈕：

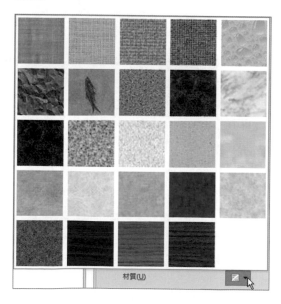

就新聞紙、再生紙、羊
皮紙、信紙、綠色大理
石、白色大理石、⋯⋯
等材質，擇一使用。右
圖將『COSTCO』之資
料數列，安排為綠色大
理石：

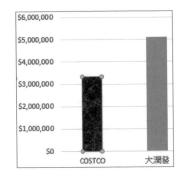

若要將資料數列填滿某圖案，可按 插入(R)... 鈕，轉入
『插入圖片』對話方塊：

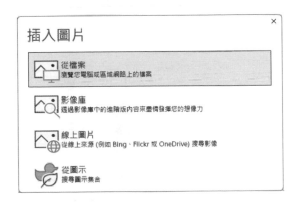

即可以同於前章『圖片』一節所述之方法，插入圖片
檔或圖示。本例選「從檔案」續轉入

以選取某一存在之圖檔，將其插入到所選取的資料數
列中。如，將『大潤發』之圖塊，安排為其商標：

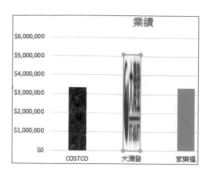

選妥後，尚得選擇格式（伸展或堆疊）。如，續將前圖選用「**堆疊(A)**」格式後，可將『大潤發』之圖塊，改為堆疊之圖案：

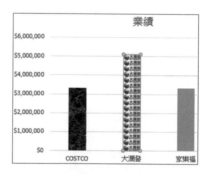

若覺得堆疊圖案太小，可選用「**堆疊且縮放(W)**」，並於其下方『單位/圖片』處設定單位，本例將其設定為 1,000,000：

表每一百萬轉為一個商標圖示，堆疊圖案改為：

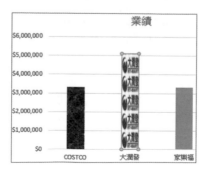

**小秘訣**

本節前文之各項設定,亦可按『格式 / 圖案樣式 / 圖案填滿』 圖案填滿 之下拉鈕來完成:

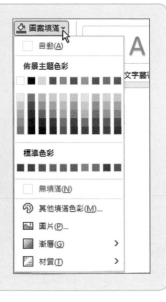

自動 (U)　　　　　　此為預設狀況,係由 Excel 自動為每一圖塊加上預設之色彩,各數列依序分別為:藍、橙、灰、黃、……。若想改變其設定,可按『**圖表設計 / 圖表樣式 / 變更色彩**』 鈕,進行選擇:

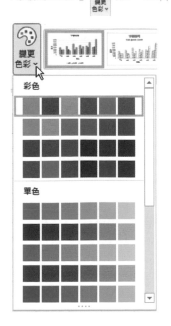

**負值以補色顯示 (I)**　　若無設定，無論是正值或負值，均使用相同之顏色：

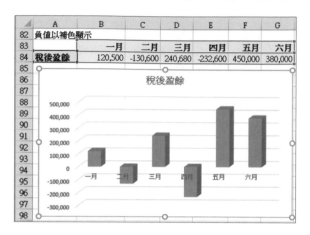

若選此項設定，可將負值改為使用另一種互補之顏色：

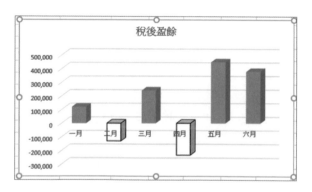

**依資料點分色 (V)**　　若無設定，同一資料數列之每一個圖塊，均使用相同之顏色：

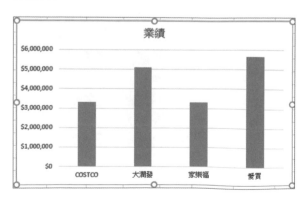

選用此項設定，可使每一圖塊使用不同之顏色：

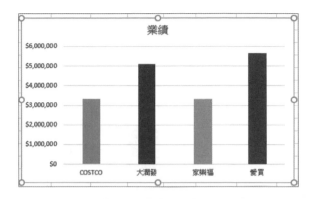

## 框線

『資料數列格式』窗格『數列選項』標籤之『框線』標籤外觀為：（詳範例 Ch11.xlsx『資料數列格式 - 框線』工作表）

　　預設狀況為「**自動 (U)**」，依圖表自動選擇是否加上外框；若選「**無**」，則不加上任何框線。要自行設定時，得選「**實心線條 (S)**」，畫面轉為：

續按『色彩 (C)』 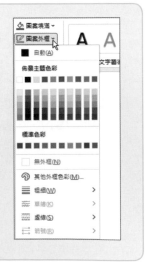 之向下箭頭，選擇所要使用之框線顏色。如，設定前，各國旗之資料數列並無框線：

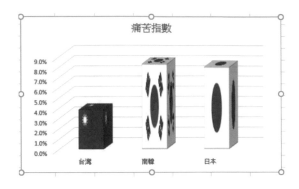

將各國旗所示之資料數列加上紅色框線後，其外觀轉為：

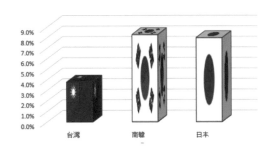

『寬度 (W)』則是讓我們設定線條之粗細。

小秘訣

有關框線之線條樣式、粗細及其顏色之設定，亦可按『格式 / 圖案樣式 / 圖案外框』 之下拉鈕來完成：

## 標記

　　若圖表為 XY 分佈圖或折線圖，其『資料數列格式』窗格可用以設定主 / 副座標軸之線條顏色、粗細、樣式，標記類型、填滿效果、線條樣式、線條顏色……等。其設定方式與前文所述類似，故不贅述。茲僅舉設定標記類型為例進行說明。

　　首先，選取資料數列之圖點，目前冷氣機標記為灰色之圓形符號：（詳範例 Ch11.xlsx『資料數列格式 - 標記』工作表）

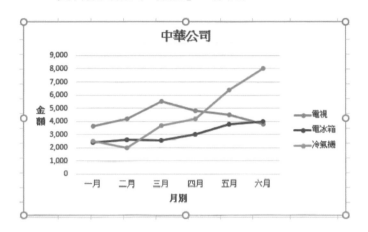

　　按『格式 / 目前的選取範圍 / 格式化選取範圍』
 鈕，將轉入『資料數列格式』窗格『數列選項』標籤之『標記選項』設定項，選「內建」，按『類型』 之下拉鈕，即可就其選單，選擇欲使用之標記類型：

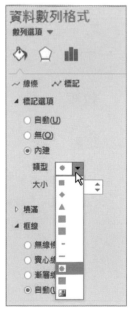

本例將其改為三角記號，可將冷氣機標記由圓形號改為三角記號：

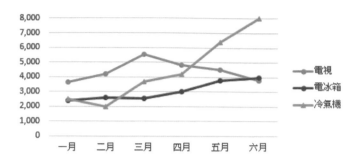

至於其標記之大小，可於其下方之『大小』數字方塊進行調整。

此外，對於目前星號之線條顏色與線條樣式，則可利用『線條』設定項進行設定，本例將其改為 2.25 點之粗紅線。而三角記號標記間之線條顏色與樣式，則係使用『色彩』與『複合類型』進行設定，本例將其改為紅色雙線條。冷氣機之資料數列的外觀轉為：

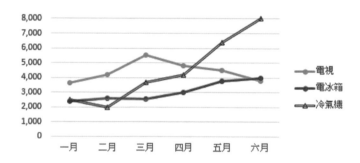

## 效果

### 陰影

若無特殊設定，圖表各資料數列之圖塊，並不會顯示出陰影：（詳範例 Ch11.xlsx『資料數列格式 - 陰影』工作表）

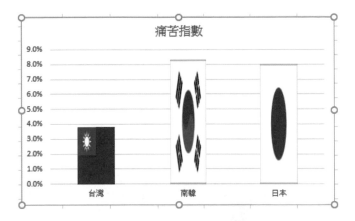

『資料數列格式』窗格『效果』標籤之『陰影』設定項的外觀為：（若畫面被切換，請點選某一數列，續按『效果』 ⬠ 鈕）

可利用其『預設』 ▭▾ 鈕，選擇其陰影樣式：

續利用其『色彩 (C)』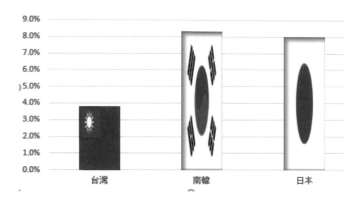 鈕選擇色彩。如,將其安排為紅色之內陰影第一種樣式(上方與左側有陰影):

『資料數列格式』窗格『效果』標籤之『陰影』設定項內,『透明度』(陰影透明度)、『大小』、『模糊』(四邊陰影寬度)、『角度』(陰影旋轉角度)與『距離』(原設定位置之陰影寬度)等項目,可對陰影進行更細部之設定。

**小秘訣**

有關陰影之設定,亦可按『格式 / 圖案樣式 / 圖案效果』 之下拉鈕,續選「陰影 (S)」來完成:

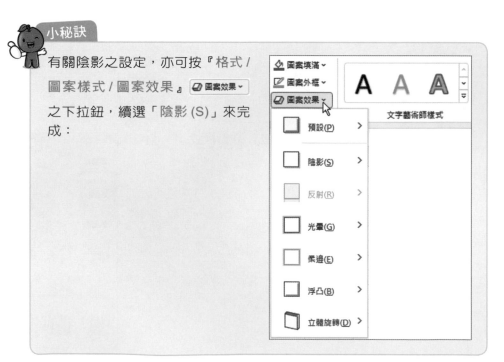

## 光暈

『資料數列格式』窗格『效果』標籤之
『光暈』設定項：

可先利用光暈之『預設 (P)』 □▾ 鈕，選擇
光暈樣式：

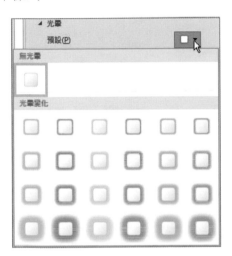

如，將範例 Ch11.xlsx『資料數列格式 - 光暈』工作表之圖表，安排為
藍色光暈第二種樣式（第一欄第二列）：

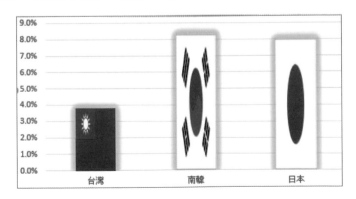

小秘訣

有關光暈之設定，亦可按
『格式 / 圖案樣式 / 圖案
效果』 🖉 圖案效果 ˅ 之下拉
鈕，續選「光暈 (G)」來
完成

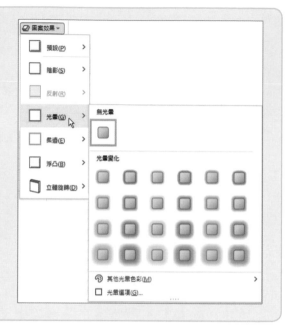

## 柔邊

設定光暈後，可續利用『資料數列格
式』窗格『效果』標籤之『柔邊』設定項，
來安排其柔邊大小：

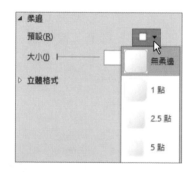

如，將範例 Ch11.xlsx『資料數列格式 -
柔邊』工作表之圖表，安排 5 點柔邊：

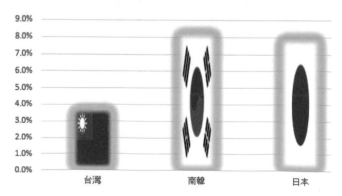

**小秘訣**

有關柔邊之設定，亦可按『格式 / 圖案樣式 / 圖案效果』 圖案效果▾ 之下拉鈕，續選「柔邊 (E)」來完成。

## 立體格式

『資料數列格式』窗格『效果』標籤之『立體格式』設定項：

其上之『上方浮凸』、『下方浮凸』與『材質』等項之設定方法均類似，只是設定之部位不同而已。以設定『上方浮凸』立體格式為例，按 之下拉鈕，續就其選單擇一使用即可：

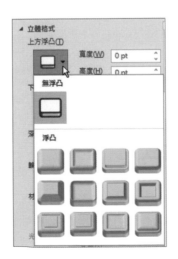

以範例 Ch11.xlsx『資料數列格式 - 立體』工作表為例,未設定『上方浮凸』立體格式時,其圖塊頂部為平的:

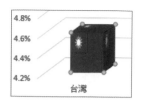

經設定『上方浮凸』立體格式之第一個『圓形浮凸』後,其圖塊頂部變為:

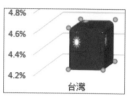

其後之『寬度 (W)』與『高度 (H)』,還可用以調整高度與寬度之點數,數字愈大其浮凸程度將愈高愈寬。

小秘訣

有關立體格式之設定,亦可按『格式 / 圖案樣式 / 圖案效果』 之下拉鈕,續選「浮凸 (B)」來完成:

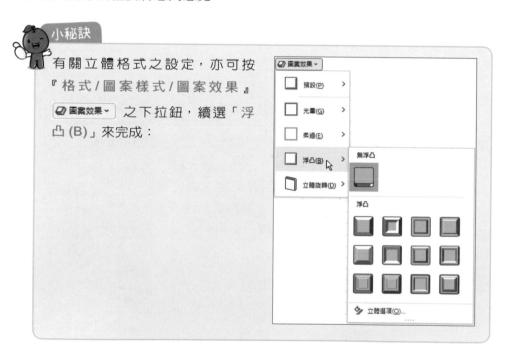

# 11-4 圖表及各軸標題格式

我們於前章之『圖表標題格式』處,已學會如何以『格式 / 圖案樣式』與『文字藝術師』群組之各格式按鈕,對圖表及各軸標題進行格式設定。

此部分之設定，亦可於選取其標題後，按『**格式 / 目前的選取範圍 / 格式化選取範圍**』 格式化選取範圍 鈕，轉入『圖表標題格式』窗格之各標籤進行設定，其設定方式同於前文所述。如，下圖將範例 Ch11.xlsx『資料數列格式 - 圖表及各軸標題』工作表，原為純文字之圖表標題，安排成以綠色與黃色之水平漸層填滿、紅色光暈與圓形的上浮凸：

# 11-5 圖表區格式

## 填滿、框線、陰影與立體格式

圖表區是整個圖表中最大的區塊，其格式設定也是最顯而易見的。欲設定圖表區之格式，可於圖表區上單按滑鼠將其選取後，按『**格式化選取範圍**』 格式化選取範圍 鈕，轉入『圖表區格式』窗格之各標籤進行設定方式同於前文所述。

如下圖，將範例 Ch11.xlsx『圖表區格式』工作表內之圖表填滿「信紙」材質、紅色 4 點雙線框、右上方位移紅色 105% 大小陰影與凹痕之上方浮凸立體格式：

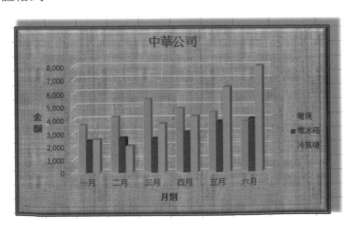

有關圖表區格式之設定，亦可按『格式 / 圖案樣式』群
組之各樣式鈕來完成：

格式

🅰 圖案填滿 ˇ
📝 圖案外框 ˇ
🅰 圖案效果 ˇ

## 立體旋轉

　　若圖表為立體圖表，可按『**格式
/ 圖案樣式 / 圖案效果**』🅰 圖案效果 ˇ
之下拉鈕，續選「**立體旋轉 (D)**」
進行各種不同角度與特效之立體旋
轉方式：（詳範例 Ch11.xlsx『圖表
區格式 - 立體格式』工作表）

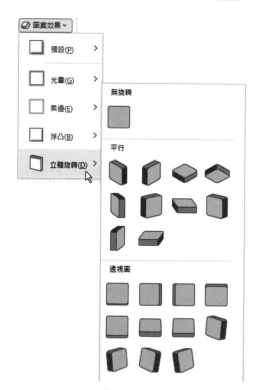

　　當然，也可於選取圖表區後，
按『**格式 / 目前的選取範圍 / 格式
化選取範圍**』 🅰 格式化選取範圍 鈕，轉
入『圖表區格式』窗格『立體格
式』標籤之『立體旋轉』設定項進
行設定：

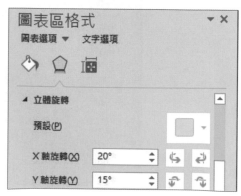

如，將其 X 軸旋轉 80 度，Y 軸旋轉 -80 度後，其圖表外觀為：

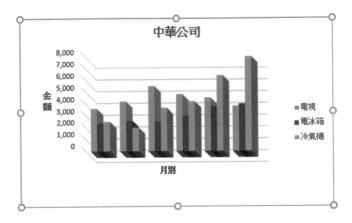

# 11-6 圖表牆格式

欲設定圖表牆（各數列圖塊後之背景，背景牆）之色彩或圖樣，可於圖表牆上非格線部位單按滑鼠左鍵將其選取：（詳範例 Ch11.xlsx『圖表牆格式』工作表）

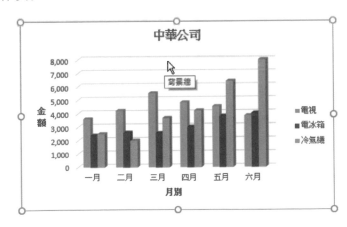

續按『**格式化選取範圍**』 格式化選取範圍 鈕，將轉入『圖表牆格式』窗格之各標籤進行設定，其設定項及方法同前文所述。

如下圖，將圖表牆改為填滿『C:\Windows\Web\Screen\img100.jpg』圖案：

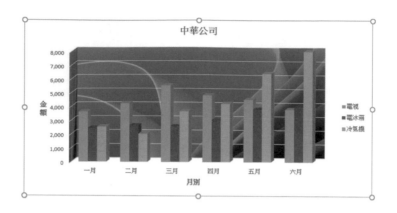

## 11-7　圖表底板

　　欲設定圖表底板（各數列圖塊底部平面）之色彩或圖樣，可於圖表底板上單按滑鼠左鍵將其選取：（詳範例 Ch11.xlsx『圖表底板』工作表）

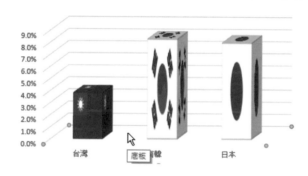

　　續按『**格式化選取範圍**』 格式化選取範圍 鈕，將轉入『底板格式』窗格之各標籤進行設定，其設定項及方法同前文所述。

　　如下圖，將底板改為填滿『橡樹』之木板材質：

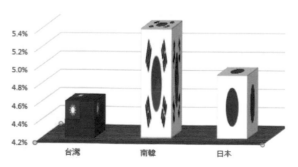

# 11-8 圖例格式

以滑鼠單按圖例方塊之空白區可將其選取：（詳範例 Ch11.xlsx『圖例格式』工作表）

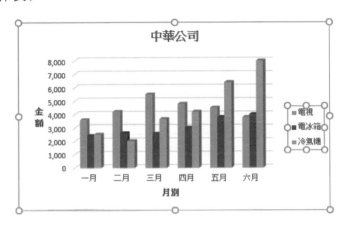

可對整個圖例方塊進行必要之：移動位置、變更其外框大小、更動圖例安排方式、設定格式、……等。

此時，除了可以『常用 / 字型』、『格式 / 圖案樣式』與『文字藝術師』群組之各格式按鈕，對其進行格式設定（字體、字型、填滿、色彩、陰影、……）。亦可按『格式化選取範圍』 　格式化選取範圍 　鈕，轉入『圖例格式』窗格：

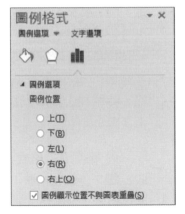

目前所顯示者為『圖例選項』標籤，可用以決定欲將圖例方塊安排於圖表的哪個位置？（其餘各標籤之操作方法，詳前文各節）

下圖，將圖例安排於「下 (B)」位置，並將其底色定為藍色水平漸層、字體為標楷粗體 11 點字體：

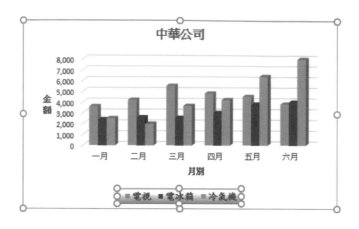

# 11-9 格線格式

格線有主／次格線兩種，前者較粗；後者反之。欲設定某一類格線格式，可於該類格線上單按滑鼠，將其選取：（本例選取主要格線，範例 Ch11.xlsx『格線』工作表）

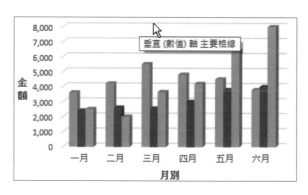

然後，按『**格式化選取範圍**』 格式化選取範圍 鈕，即可轉入『格線格式』窗格進行設定，格線格式的變化並不多，只有線條色彩、線條樣式（粗細）與陰影而已。（其操作方法，詳前文各節）如圖，將主要水平格線安排為紅色 1.5 點線條：

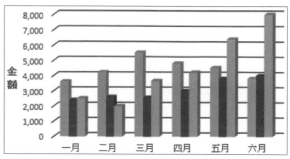

# 11-10 座標軸格式

座標軸有水平軸與垂直軸，軸內容可能是數字也可能是文字，故而其格式設定項就很多，且不盡相同。

## 數值座標軸格式

欲對數值座標軸進行設定格式，可於座標軸之數字上單按滑鼠左鍵，將其選取：（詳範例 Ch11.xlsx『數值座標軸格式 1』工作表）

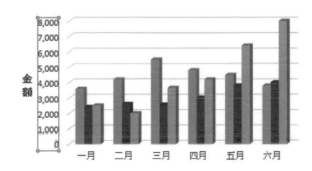

然後，按『**格式化選取範圍**』

格式化選取範圍 鈕，即可轉入『座標軸格式』窗格進行設定：

　　除『座標軸選項』標籤外，其餘各標籤之設定方法及作用，我們均已學過。底下，僅就『座標軸選項』標籤內各設定項進行說明。

### 最小值 / 最大值

最大值係用以指定出現在數值軸上最大的資料值，較理想之數值應稍大於全體數列資料之最大值。

最小值係用以指定出現在數值軸上的最小值，只要是小於最大值之任何值均可。

對於數值軸，Excel 會自動判斷其資料的全距，以安排各軸之上下限。此時，其最高圖點幾乎恰與繪圖區之圖表上緣切齊（如六月份之冷氣機資料）。若將其最大值修訂成 12000，將可使繪圖區上緣能多留一點空間：

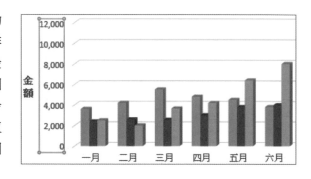

又如，範例 Ch11.xlsx『數值座標軸格式 2』工作表之股價趨勢圖表上，成交量的長條圖，高到與表示股價之圖點重疊，增加判讀困難。且股價部分因下限由 0 開始，而使得每一圖點顯得太小而不易讀出其漲跌幅度：

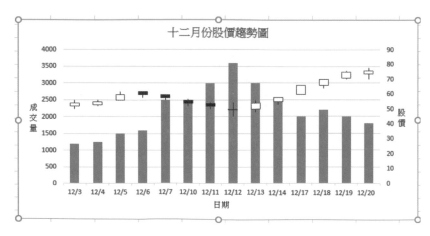

故將成交量之最大值修訂成 40000;股價之最小值修訂成 30。將可使成交量與股價之圖點能分開,且拉大價格之圖點:

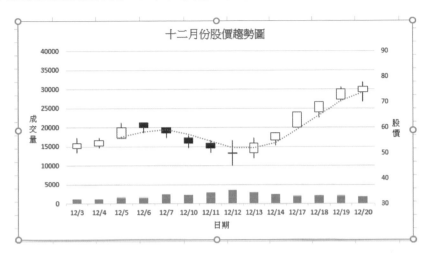

### 主要刻度間距

指定顯示在數值軸上,主要刻度符號和主要格線間的間距值。如,下圖將主要刻度由1000改為2000:(詳範例 Ch11.xlsx『主要刻度間距』工作表)

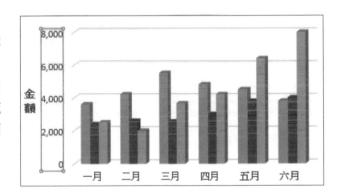

### 次要刻度間距

指定顯示在數值軸上,次要刻度符號和次要格線間的間距值,得在顯示有次要格線時才可看到其效果。

### 底板交叉於

指定類別軸與數值軸交叉處的數值,預設值為 0(自動)。如,範例 Ch11.xlsx『底板』工作表,將其改為 3000:

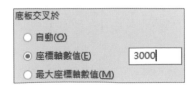

就可發現原低於 3000 之值，均已轉到平面底板之下方：

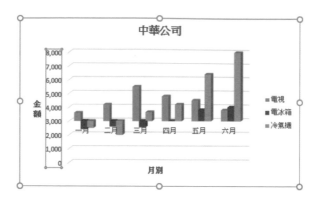

若安排為「**最大座標軸數值 (M)**」，則所有資料均轉到平面底板之下方：

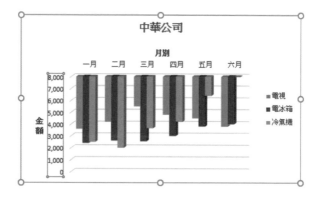

**數值次序反轉 (U)**

其作用為縱向翻轉圖表，在圖表頂端顯示最低刻度值；圖表底邊顯示最高刻度值。此時，原於底部之水平軸內容，亦翻轉到上方之主標題底下：（詳範例 Ch11.xlsx『數值次序反轉』工作表）

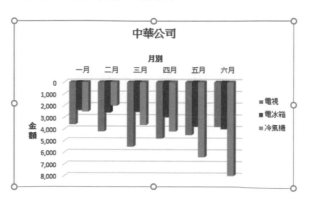

## 對數刻度 (L)

根據圖表的資料範圍，以 10（或自訂之數值）為乘冪，重新計算「**最小值**」、「**最大值**」、「**主要刻度間距**」和「**次要刻度間距**」的數值。在對數圖表上，不許有零、負或未滿 10 的資料值。

這通常是用在資料數字相差懸殊之情況，由於數字之上限值很大，會使得數字較小之圖塊變得非常小，小到幾乎看不到它的存在：（詳範例 Ch11.xlsx『對數刻度』工作表）

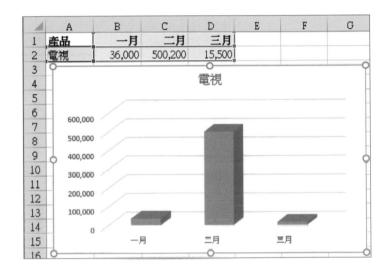

若將其改為使用以 10 為基底之對數刻度：

可透過改變刻度，而使數字小之圖塊能變得大一點：

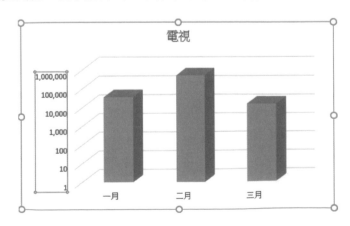

### 座標軸標籤

用以決定數值座標軸標籤（數字部分）應安排
於何處。

預設狀況係安排於軸旁（垂直軸之左側）。

如，範例 Ch11.xlsx『座標軸標籤』工作表，將其安排為「高」後，會將垂
直軸及其標籤轉到右側：

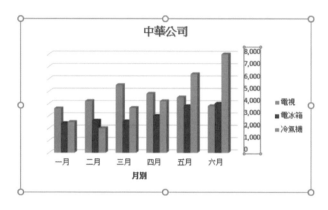

### 顯示單位 (U)

將數值轉為以百、千、萬、……等為單位，
以縮減其寬度：

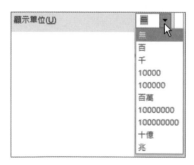

如，下圖將原數值轉為
以「千」為單位：（詳範例
Ch11.xlsx『顯示單位』工
作表）

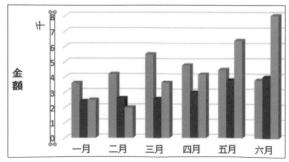

其下方之「**在圖表上顯示單位標籤 (S)**」，可用以決定是否顯示目前之單位標籤（千）。

**主／次要刻度**

此二部分，在決定座標軸上是否顯示刻度之橫線及其顯示方式：

以主要刻度言，若設定為「**外側**」是顯示於垂直線之外側：（詳範例 Ch11.xlsx『主次要刻度』工作表）

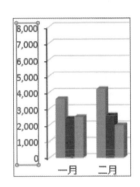

若設定為「**無**」，則無刻度橫線：

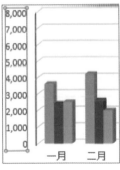

若設定為「**交叉**」，則內外側均有刻度橫線：

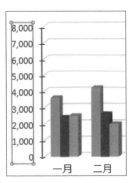

### 文字座標軸格式

前文述及格線及座標軸格式時，均只針對數值之垂直軸進行舉例說明。事實上，我們也可以對文字性的座標軸，進行格式設定。

以水平軸為例，於標題文字上單按滑鼠左鍵，即可將其選取：

然後，按『**格式化選取範圍**』，即可轉入『座標軸格式』窗格進行設定：

除『座標軸選項』標籤外，其餘各標籤之設定方法及作用，我們均已學過。

底下，僅就『座標軸選項』標籤內各設定項進行說明。其中，仍有許多選項於前節『數值座標軸格式』已說明過，就略過不談。

### 垂直軸交叉於

此一功能用以決定垂直軸的位置，應安排於第幾個類別之左邊。預設值為1，垂直軸在第1個類別之左邊。若改為2：

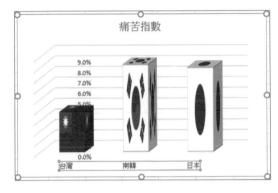

垂直軸將轉到第2個類別之左邊：（詳範例 Ch11.xlsx『垂直軸交叉於』工作表）

若安排為「**最大類別**」，則可將垂直軸整個換到右邊：

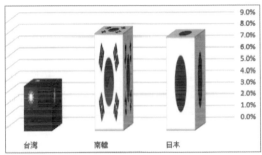

### 類別次序翻轉 (C)

將圖表以水平方式翻轉過來，原類別為一月、二月、……到六月，變成六月、五月、……到一月；且垂直軸整個換到右邊：（詳範例 Ch11.xlsx『文字座標軸格式 - 標籤』工作表）

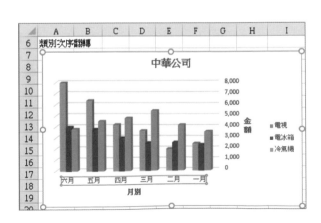

### 刻度與刻度之間相距 (B)

刻度是指橫軸線下之小直線：

本選項用以控制各刻度之間，應隔幾個類別再顯示另一個刻度。如，將其改為 2，刻度之小直線馬上減少一半：

### 標籤與標籤之間相距

通常，水平軸之標籤文字（如：一月、二月、三月、……），是會自動隨圖表大小調整其應顯示之個數（如：圖小一點就改顯示單數月而已）。此處則是以手動方式，來控制其應隔幾個類別再顯示另一個標籤。如，改為 3：

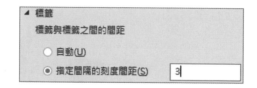

原可完整出現一月~六月之標籤，將只出現一月及四月：（詳範例 Ch11.xlsx『文字座標軸格式 - 標籤』工作表）

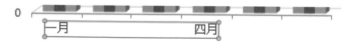

### 標籤與座標軸的距離

控制水平軸之標籤文字與其軸線間之距離。

# 11-11  甘特圖

於企劃書中，經常得繪製各項工作進度之甘特圖。假定，範例 Ch11.xlsx『甘特圖』工作表為各項工作進度開始日期、工作天數與結束日期之詳細資料：

其內，B 欄之日期與 C 欄之天數均為直接輸入之資料；D 欄則為 B 欄加 C 欄之結果。但 C 欄之天數則另以『儲存格格式』，將其數值格式自訂為『0"天"』，用以於原數值之後加顯示一 "天" 字：

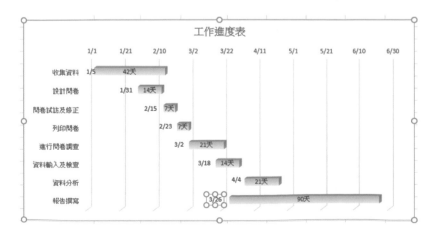

擬繪製下示之甘特圖：

工作進度表

其處理步驟為：

Step 1 選取 A1:B9 範圍為資料來源

| | A | B | C | D |
|---|---|---|---|---|
| 1 | 工作項目 | 開始日期 | 天數 | 結束日期 |
| 2 | 收集資料 | 2021/01/05 | 42天 | 2021/02/16 |
| 3 | 設計問卷 | 2021/01/31 | 14天 | 2021/02/14 |
| 4 | 問卷試訪及修正 | 2021/02/15 | 7天 | 2021/02/22 |
| 5 | 列印問卷 | 2021/02/23 | 7天 | 2021/03/02 |
| 6 | 進行問卷調查 | 2021/03/02 | 21天 | 2021/03/23 |
| 7 | 資料輸入及檢查 | 2021/03/18 | 14天 | 2021/04/01 |
| 8 | 資料分析 | 2021/04/04 | 21天 | 2021/04/25 |
| 9 | 報告撰寫 | 2021/03/26 | 90天 | 2021/06/24 |

Step 2 按『插入 / 圖表 / 插入直條圖或橫條圖』 鈕，選擇欲繪製「立體橫條圖 / 立體堆疊橫條圖」

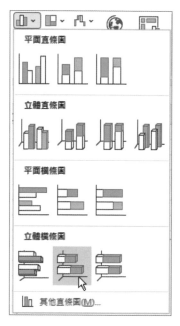

獲致

Step ③ 調整大小與位置，以拖曳方式，拖曳 B9 右下角之藍色控點，將其拉到 C9，讓圖表範圍擴大到 A1:C9

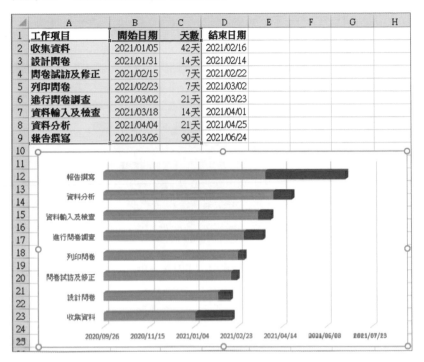

Step ④ 調整圖表高度及寬度

Step ⑤ 按『圖表設計 / 新增圖表項目』 ![新增圖表項目] 鈕，選「圖表標題 / 圖表上方 (A)」，加入上方標題，並將其內容改為『工作進度表』

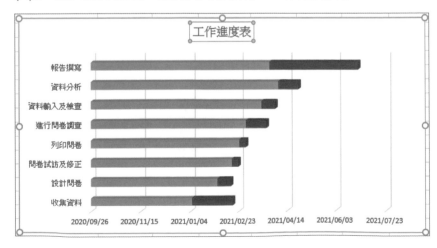

Step **6** 按『**圖表設計 / 新增圖表項目**』 鈕，選『**資料標籤 (D)/ 其他資料標籤選項 (M)…**』，為各資料數列之圖塊，加上資料標籤

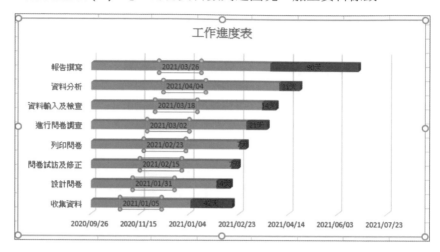

Step **7** 點選目前有日期標籤之『**開始日期**』的任一橫條圖塊，將其選取

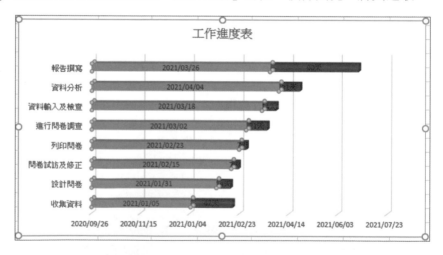

Step **8** 按『**格式 / 目前的選取範圍 / 格式化選取範圍**』 [格式化選取範圍] 鈕，轉入『資料數列格式』窗格『數列選項』標籤，將其設定為無填滿

資料數列格式
數列選項 ▾

◢ 填滿
　◉ 無填滿(N)

可讓其圖塊隱藏起來，但仍可看到其資料標籤之日期

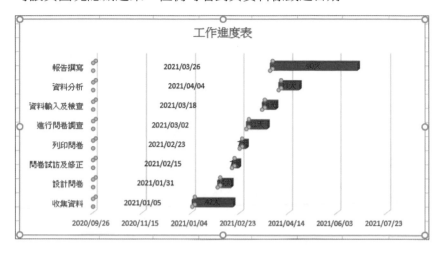

Step 9　點選任一日期標籤，將其選取，按
　　　『格式化選取範圍』 格式化選取範圍 鈕，
　　　轉入『資料標籤格式』窗格之『數
　　　值』標籤，將其設定為僅顯示月/日
　　　資料

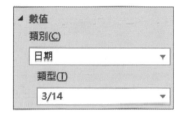

可讓其資料標籤變為僅顯示月/日資料而已

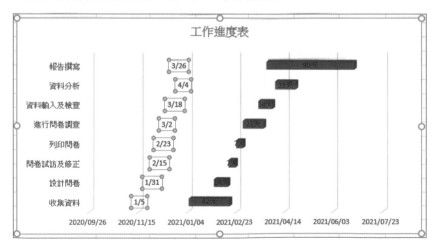

Step ⑩ 點選底下水平軸任一日期，將其選取，按『**格式化選取範圍**』

 鈕，轉入『座標軸格式』窗格之『座標軸選項』標籤，將其最小值設定為比工作進度開始日期（2021/01/05）小幾天之日期 2021/01/01（只要比開始日期小之日期即可，差距不要太大，用以讓圖左移，輸入日期後會自動轉為其對應之數值 44197.0）

Step ⑪ 將其最大值設定為比整個工作進度的結束日期（2021/06/24），稍大之日期 2021/07/01（用以讓工作天數圖塊變大，輸入日期後會自動轉為其對應之數值 44378.0）

| 座標軸選項 | |
|---|---|
| 範圍 | |
| 最小值(N) | 44197.0 |
| 最大值(X) | 44378.0 |

獲致

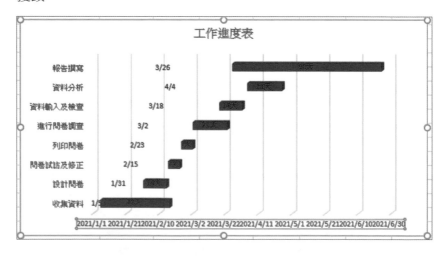

Step ⑫ 續按『**格式化選取範圍**』 鈕，轉入『座標軸格式』窗格之『數值』標籤，仿步驟 9 作法，將橫軸日期設定為僅顯示月日資料

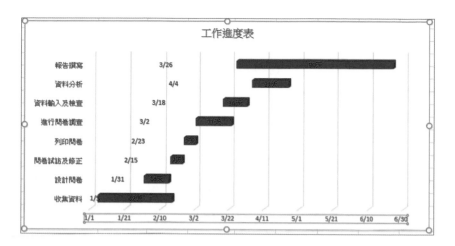

Step **13** 點選顯示有天數標籤之任一橫條圖塊，將其選取，按『**格式化選取範圍**』 格式化選取範圍 鈕，轉入『資料數列格式』窗格『數列選項』標籤，將其安排為藍色之線性漸層，以免天數標籤因底色太深而看不到

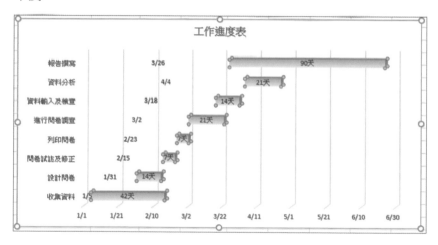

Step **14** 點選垂直軸之任一工作項目，將其選取，按『**格式化選取範圍**』 格式化選取範圍 鈕，轉入『座標軸格式』窗格之『座標軸選項』標籤，點選「**類別次序翻轉 (C)**」，獲致依工作項目進度由上而下排列之圖表

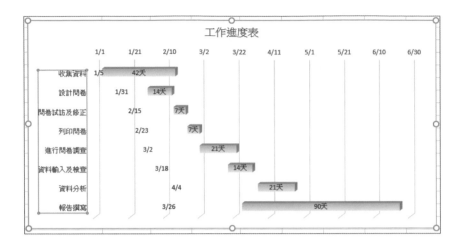

Step ⑮ 分兩次單按日期標籤，將單一日期標籤選取，續以拖曳框邊之方式逐一將其右移，使其緊鄰於工作天數圖塊的左邊，並稍加調整圖框大小即可大功告成

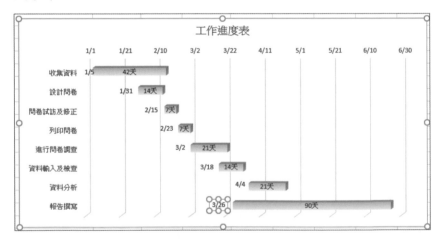

# 列印

## 12-1　列印報表

　　工作表及其相關圖表建立完成後，難免得印出其內容。Excel 允許使用者僅單獨印出所選取之工作表範圍或某一圖表；抑或同時印出整個工作表（或整本活頁簿）及所有圖表，以獲致『圖文並茂』的報表。

　　在 Excel 中，欲列印報表，可執行「**檔案 / 列印**」。按一下右側之『**顯示列印預覽**』 鈕，可預先檢視列印結果；（詳範例 Ch12.xlsx『預覽列印』工作表）

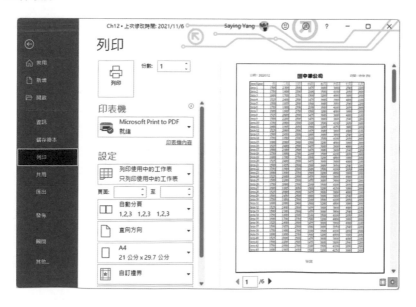

小秘訣

若覺得畫面太小，看不清楚！可按最右下角之『縮放至頁面』  鈕，
將其放大到列印時之頁面大小。（再按一次可還原）

檢視中，可利用下方之翻頁鈕 ◀ 1 /6 ▶ 進行翻頁；也可以利用垂直及水
平捲動軸來捲動畫面。檢視後，若完全正確，想直接列印，可按左上角『列
印』 🖨 鈕，將報表經由印表機印出。
列印

# 12-2 設定列印選項

於先前之預覽視窗，其中央靠左之部分，已可以供我們安排一些基本
的列印設定。如：

**列印份數**　　可選擇要列印幾份報表？

份數： 1

**印表機**　　　顯示使用中印表機的名稱、狀態及
位置等訊息。欲切換時，可按右側
之下拉鈕進行選擇，也可以將列印
內容轉存為 PDF 檔。

**列印內容**　　可選擇要列印目前使用中之工作
表、整本活頁簿或僅列印選取之範
圍。

若選「**列印選取範圍**」，將只列印已選取之儲存格，非相鄰的選取範圍
將列印於不同頁。

若列印前曾選取某一圖表，則本處將轉為：

將僅列印目前選取之圖表而已。但其頁首／頁尾係與原工作表相互獨
立，故得另行以『版面設定』之『頁首／頁尾』標籤進行定義。（詳範
例 Ch12.xlsx『列印圖表』工作表，先選取圖表，再執行「檔案／列印」）

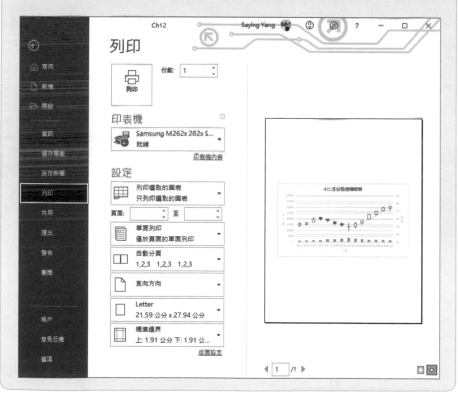

**列印範圍**　　　可選擇要列印第幾頁到第幾頁？

| | | |
|---|---|---|
| **自動分頁** | 當列印多份報表時,例如三份,可選擇一次列印整份報表,分三次列印;還是,先印三份第一頁,再印三份第二頁、…? |  |
| **列印方向** | 直印還是橫印? |  |

| | | | | |
|---|---|---|---|---|
| **紙張大小** | 列印於何種報表紙? | **設定邊界** | 安排報表各邊界及頁首頁尾之大小? | |

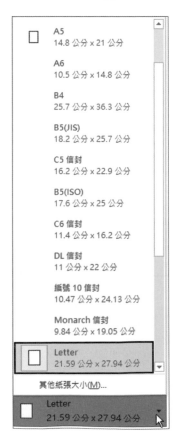

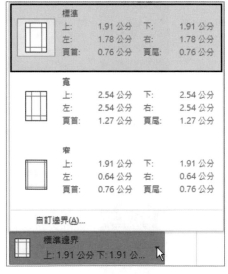

| 縮放比例 | 安排要縮小還是放大報表之比例？ |
|---|---|

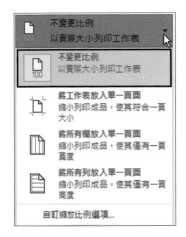

完成所有設定後，按『列印』鈕，即可開始列印報表。

## 12-3 檢視報表並安排頁首頁尾

為美化報表，仍得要設定頁首及頁尾之內容，如：報表標題及頁碼。要設定頁首及頁尾，最簡便之方式為利用『整頁模式』檢視來進行安排。

按『檢視/活頁簿檢視/整頁模式』 鈕；或使用工作表最底下一列檢視捷徑之『頁面配置』 鈕進行切換，可將所有內容分成相當於列印時之一頁一頁的整頁顯示，並允許對其進行設定頁首/頁尾的內容：

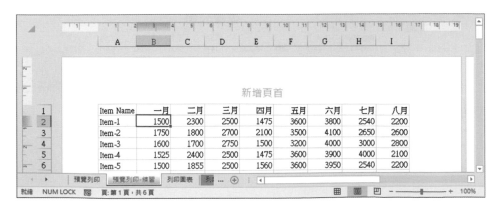

於『新增頁首』處，單按一下滑鼠左鍵，即可進行安排頁首內容。向下捲到頁尾：

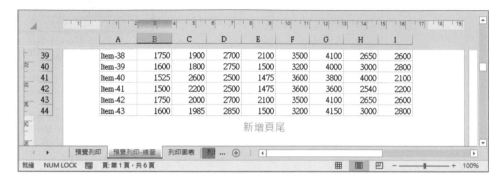

於『新增頁尾』處，單按一下滑鼠左鍵，即可進行安排頁尾內容。頁首 / 頁尾均可安排左邊、中間、右邊等三個內容。可安排自行輸入之任意字串（如：學號、姓名）、日期、時間、頁碼、檔名、……等內容。如將目前範例 Ch12.xlsx『預覽列印』工作表之頁首 / 頁尾，分別安排為：

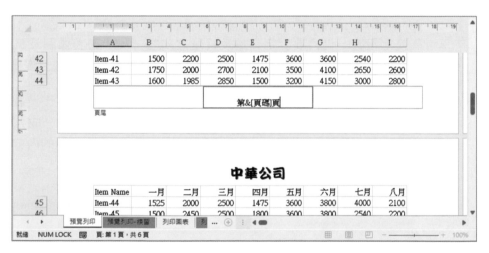

其外觀將為：

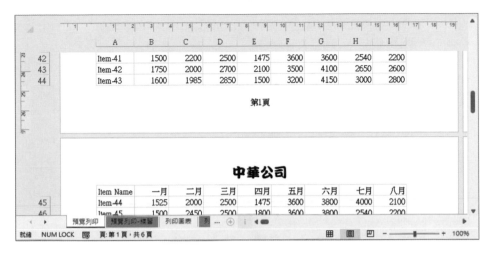

此外，也可利用『頁面配置』索引標籤上的各工具按鈕，進行各項設定。若覺得其設定項目不足，或是對其操作方式不熟。也可按『版面設定』群組右下角之『版面設定』啟動鈕：

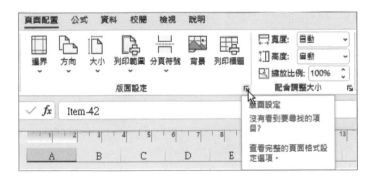

轉入『版面設定』對話方塊進行設定（詳後文說明）。

## 12-4　版面設定『頁面』標籤

　　『版面設定』對話
方塊『頁面』標籤，可
用以選取紙張列印方
向、縮放比例、紙張大
小、列印品質和起始頁
碼。

　　其內各設定項之作用分別為：

**方向**　　　指定列印資料或圖案的方向為直印或橫印。
　　　　　此部分也可以利用『**頁面配置 / 版面設定 /
　　　　　方向**』 鈕進行選擇：

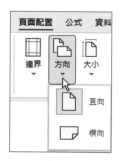

**縮放比例**　依比例放大或縮小列印結果，可用比例範圍為 10 ％ ～ 400
　　　　　％。譬如，當發現列印內容僅差一點點就可擠進一頁之中，為
　　　　　免其因此而列印成兩頁，可將其稍微縮小，即可縮成一頁。
　　　　　此部分也可以利用『**頁面配置 / 配合調整大小 / 縮放比例**』
　　　　　 鈕進行選擇。

調整成　　　以所指定的頁寬或頁高進行
　　　　　　比例縮放（不適用於圖表）。
　　　　　　此部分也可以利用『**頁面配**
　　　　　　**置 / 配合調整大小**』群組上的
　　　　　　『**寬度**』與『**高度**』下拉鈕進
　　　　　　行選擇：

紙張大小　　安排紙張大小，可選取 Letter、
　　　　　　A4、……等大小。此部分也可以
　　　　　　利用『**頁面配置 / 版面設定 / 大**
　　　　　　**小**』 下拉鈕進行選擇：

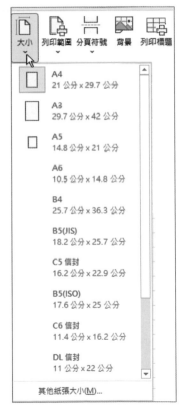

列印品質　　選取列印的解析度，解析度是指
　　　　　　每英吋應印多少點數 (dpi)，點數愈大，列印品質愈好，其上限
　　　　　　視報表機而定。

起始頁碼　　輸入第一張工作表應印出的起始頁碼。

# 12-5 版面設定『邊界』標籤

『版面設定』對話方塊『邊界』標籤，可用以控制紙張邊界以及頁首／頁尾邊界，並可設定工作表在一頁中垂直或水平置中（或二者兼有）。

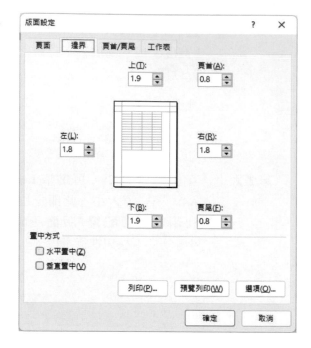

『邊界』標籤內，各設定項之作用分別為：（設定中，中央預覽處會顯示出欲改變的是哪一個大小）

**上**　　　　上邊界，指資料和列印頁上緣間之距離。

**下**　　　　下邊界，指資料和列印頁底邊間之距離。如果資料未滿一頁，此設定無效。

**左**　　　　左邊界，指資料和列印頁左邊邊線間之距離。

**右**　　　　右邊界，指資料和列印頁右邊邊線間之距離。如果資料寬度小於頁寬，此設定亦無效。

**頁首**　　　頁首標題和頁的上緣間之距離，應小於上邊界的設定值，以免頁首和資料重疊在一起。

**頁尾**　　　頁尾標題和頁的下緣間之距離，應小於下邊界的設定值，以免下標題和資料重疊在一起。

**水平置中**　資料在左右邊界範圍內水平置中。

**垂直置中**　資料在上下邊界範圍內垂直置中。

## 利用『頁面配置』調整邊界

　　有關邊界部分，也可以利用『**頁面配置／版面設定／邊界**』　　鈕進行選擇：

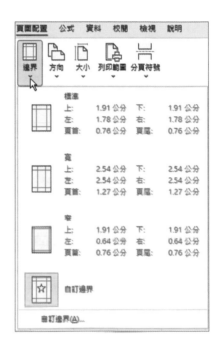

## 於『整頁模式』以拖曳調整邊界

　　於『整頁模式』檢視下，亦可拖曳水平尺規左、右邊界，垂直尺規及頁首／頁尾上、下邊界，來調整各邊界值。調整左邊界之畫面如：

調整頁首邊界之畫面如：

## 12-6 版面設定『頁首／頁尾』標籤

　　『版面設定』對話方塊『頁首／頁尾』標籤，可用以控制列印在每一頁上方和底邊的頁首／頁尾標題，除可對其設定格式和安排位置外，並可檢視其列印時之外觀。

　　『頁首／頁尾』標籤內，各設定項之作用分別為：（設定中，上緣及下緣預覽方塊內，會顯示當時所安排之頁首／頁尾外觀）

**頁首**　　　　可顯示內建的頁首清單，供選取所要的頁首。

這些項目也可以利用『頁
首及頁尾工具／頁首及頁尾
／頁首』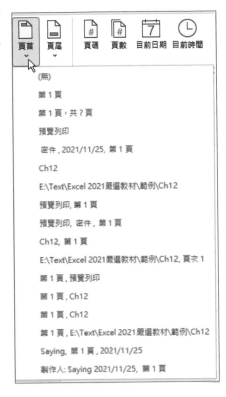 鈕進行選擇：

頁尾　　　可顯示內建的頁尾清單，供選取所要的頁尾。

自訂頁首　將轉入『頁首』對話方塊，顯示當時之頁首，並允許使用者
（自訂頁首(C)...）　設定格式、輸入或編輯其內容。

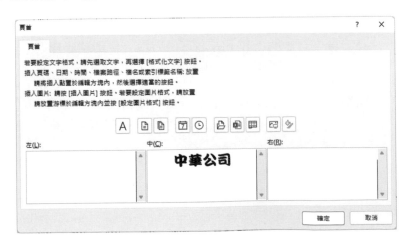

**自訂頁尾 ( 自訂頁尾(U)... )**　　將轉入『頁尾』對話方塊（外觀同『頁首』），顯示當時之頁尾，並允許使用者設定格式、輸入或編輯其內容。

**奇數與偶數頁不同 (D)**　　奇數與偶數頁使用不同之頁首 / 頁尾。

**第一頁不同 (I)**　　將第一頁視為封面，使用不同之頁首 / 頁尾。（獨立於奇數與偶數頁之頁首 / 頁尾）

**隨文件縮放 (L)**　　頁首 / 頁尾之內容，隨工作表之大小縮放而自動調整其大小。

**對齊頁面邊界 (M)**　　頁首 / 頁尾之寬度，隨工作表之邊界調整而自動調整寬度，安排於靠左、置中及靠右之位置。

　　　　　　　　這幾個部分也可以利用『**頁首及頁尾工具 / 選項**』之設定項進行選擇：

## 自訂頁首 / 頁尾

　　有關『頁首』或『頁尾』對話方塊之操作方法均同，茲以『頁首』對話方塊進行說明。其下方之三個方塊，分別代表標題之左、中及右三個部位之內容，允許進行下列編輯動作：

**新增**　　於其上單按滑鼠，轉入編輯模式，可對其輸入任意之敘述性文字。若欲以多列方式顯示，可於按 Enter 後繼續輸入。

**刪除**　　將其選取後，按 Delete 鍵，可刪除選取之內容。

**設定格式**　　選取欲設定格式之內容後，按『**格式化文字**』 A 鈕，可轉入

『字型』對話方塊，進行字體、字型、大小……等格式設定。

**插入特殊功能變數**　　按下列特殊按鈕，可加入特殊功能變數：

　　📄 **插入頁碼**　　　　將安排一 &[ 頁碼 ]，可於該處插入頁數。

　　📄 **插入頁數**　　　　將安排一 &[ 總頁數 ]，可插入整個報表之總頁數。

　　📅 **插入日期**　　　　將安排一 &[ 日期 ]，以插入當天日期。

　　🕐 **插入時間**　　　　將安排一 &[ 時間 ]，以插入當時時間。

　　📂 **插入檔案路徑**　　將安排一 &[ 路徑 ]&[ 檔案 ]，可插入活頁簿檔案名
　　　　　　　　　　　　　稱及其路徑。

　　📄 **插入檔案名稱**　　將安排一 &[ 檔案 ]，可插入活頁簿檔案名稱。

　　📊 **插入工作表名稱**　將安排一 &[ 索引標籤 ]，可插入該工作表的名稱。

▣ 插入圖片　　　　將轉入

選「**從檔案**」轉入適當之資料夾，選妥適當之檔案：

以插入圖片檔案。插入後，將安排一 &[ 圖片 ]。於列印時，可於該處顯示出其圖案內容。可用以插入商標或裝飾圖案。

注意，於頁首頁尾中，一個活頁簿檔案只能使用一個圖檔而已！若要更新，得將指標停於含 &[ 圖片 ] 之文字區塊上，續按『**插入圖片**』▣ 鈕，續於

選按 取代(R) 鈕，才可進行選擇新圖檔。

設定圖片格式　於以 🖼 插入圖片檔案後，得將指標停於含 &[ 圖片 ] 之文字區塊上，才可看到此按鈕。其作用為設定該圖片檔之格式（大小與旋轉、比例、色彩、亮度、……）：

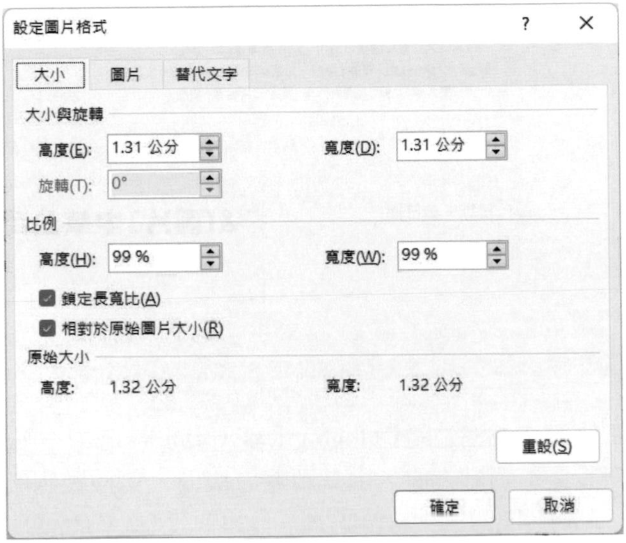

設定圖片格式　　　　　　　　　　　　　　　　　? ✕

| 大小 | 圖片 | 替代文字 |

**大小與旋轉**

高度(E): 1.31 公分　　　　　　寬度(D): 1.31 公分

旋轉(T): 0°

**比例**

高度(H): 99 %　　　　　　　　寬度(W): 99 %

☑ 鎖定長寬比(A)

☑ 相對於原始圖片大小(R)

**原始大小**

高度:　1.32 公分　　　　　寬度:　1.32 公分

重設(S)

確定　　取消

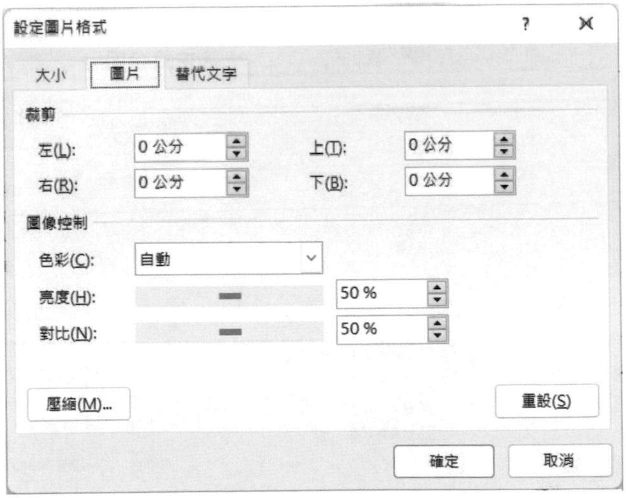

設定圖片格式　　　　　　　　　　　　　　　　　? ✕

| 大小 | 圖片 | 替代文字 |

**裁剪**

左(L): 0 公分　　　　　　上(T): 0 公分

右(R): 0 公分　　　　　　下(B): 0 公分

**圖像控制**

色彩(C): 自動

亮度(H):　━━━　　　　50 %

對比(N):　━━━　　　　50 %

壓縮(M)...　　　　　　　　　　　　重設(S)

確定　　取消

茲將頁首設定成：（詳範例 Ch12.xlsx『頁首頁尾』工作表）

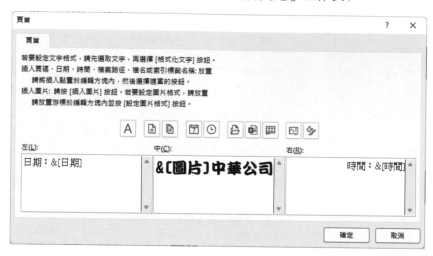

所使用之圖檔為範例 logo.gif 檔，大小設定為 50%。按 ［確定］ 鈕，回『版面設定』對話方塊，由其預覽方塊內，可檢視到所安排之頁首外觀：

若有任何不適，仍可再按 自訂頁首(C)... 鈕，回『頁首』對話方塊繼續編修。按 預覽列印(W) 鈕，可預覽到報表上之頁首的外觀：

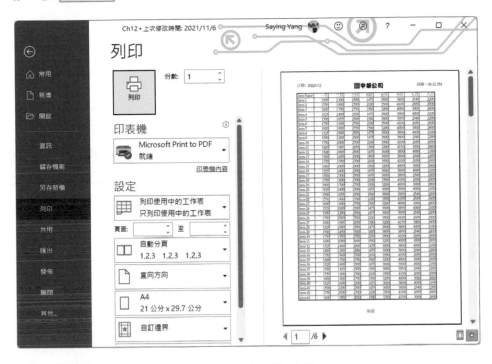

或是，切換到『整頁模式』也可以預覽到其外觀：

## 以『整頁模式』自訂頁首／頁尾

　　有關頁首／頁尾的部分，也可以於『整頁模式』下，以滑鼠左鍵單按『新增頁首』或『新增頁尾』處，即可進行安排頁首／頁尾內容。

茲舉一安排頁尾之實例，首先捲動到看得到頁尾之部位：

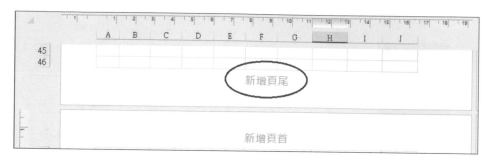

於『新增頁尾』處，單按一下滑鼠左鍵。切換到『頁首及頁尾工具』索引標籤，其下『頁首及頁尾項目』群組之工具按鈕，即為前文於『自訂頁首』時所使用之工具按鈕；其新增 / 編輯資料之方法亦同：

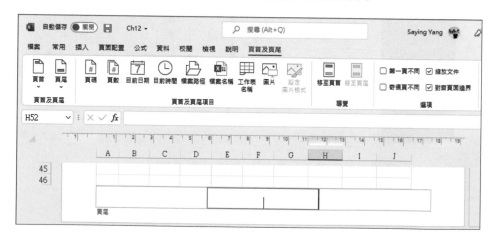

『頁首及頁尾工具 / 選項』群組之選項，即為原『版面設定』對話方塊『頁首 / 頁尾』標籤之最底下的幾個設定項目。

茲將其內容安排為可於左右顯示學號姓名，於中央顯示出目前頁碼（" ～ " 符號係自行輸入，頁碼則使用 頁碼 鈕取得）：

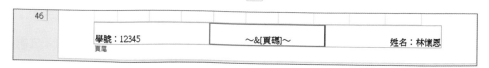

離開編輯狀態後，其外觀將為：

| 46 | | | | | | | | | | |
|---|---|---|---|---|---|---|---|---|---|---|
| 學號：12345 | | | | ～1～ | | | | | 姓名：林懷恩 | |

# 12-7 版面設定『工作表』標籤

『版面設定』對話方塊『工作表』標籤，可用以指定要列印之工作表範圍，並且控制列印標題列 / 標題欄、列印順序和草稿品質。也可決定是否列印格線、儲存格附註以及欄名列號。

其內，各設定項之作用分別為：

列印範圍　　　　　指定欲列印的工作表範圍。可直接輸入範圍，或將滑鼠指標轉入工作表去標定（連續或不連續均可）。省略時，其預設值為整個工作表（不含尾部無資料之部分）。

**標題列 / 標題欄**　選取作為每頁之標題列或標題欄的內容。其使用時機有：

■ 報表內容很寬時

如各貨品名稱之右側有十二個月之銷售金額，超過右邊界以外之資料，將被印往下一頁。此時，新頁上將無法查知各貨品之名稱。如：（詳範例 Ch12.xlsx『欄標題』工作表）

| Item Name | 一月 | 二月 | 三月 | 四月 |
|---|---|---|---|---|
| Item-A | 1500 | 2300 | 2500 | 1475 |
| Item-B | 1750 | 1800 | 2700 | 2100 |
| Item-C | 1600 | 1700 | 2750 | 1500 |
| Item-D | 1525 | 2400 | 2500 | 1475 |
| Item-E | 1500 | 1855 | 2500 | 1560 |
| Item-F | 1750 | 1900 | 2700 | 2100 |
| Item-G | 1600 | 1800 | 2750 | 1500 |
| Item-H | 1525 | 2600 | 2500 | 1475 |

| 五月 | 六月 | 七月 | 八月 |
|---|---|---|---|
| 3600 | 3800 | 2540 | 2200 |

| 九月 | 十月 | 十一月 | 十二月 | 總計 |
|---|---|---|---|---|
| 1780 | 2430 | 1685 | 2200 | 28010 |
| 2000 | 2600 | 1800 | 2100 | 29700 |
| 2100 | 2000 | 1900 | 2400 | 28950 |
| 2400 | 2400 | 2000 | 2300 | 30600 |
| 1780 | 2430 | 1685 | 2200 | 27800 |
| 2000 | 2600 | 1800 | 2100 | 29800 |

為方便閱讀，可將存放貨品名稱之欄位定為標題欄。如此，每頁內容之最左側，均將先印出貨品名稱後，再列印各月銷售金額：

| | 一月 | 二月 | 三月 | 四月 |
|---|---|---|---|---|
| Item-A | 1500 | 2300 | 2500 | 1475 |
| Item-B | 1750 | 1800 | 2700 | 2100 |
| Item-C | 1600 | 1700 | 2750 | 1500 |
| Item-D | 1525 | 2400 | 2500 | 1475 |
| Item-E | 1500 | 1855 | 2500 | 1560 |
| Item-F | 1750 | 1900 | 2700 | 2100 |
| Item-G | 1600 | 1800 | 2750 | 1500 |
| Item-H | 1525 | 2600 | 2500 | 1475 |
| Item-I | 1500 | 2200 | 2500 | 1475 |

| 五月 | 六月 | 七月 | 八月 |
|---|---|---|---|
| 3600 | 3800 | 2540 | 2200 |

| | 九月 | 十月 | 十一月 | 十二月 | 總計 |
|---|---|---|---|---|---|
| Item-A | 1780 | 2430 | 1685 | 2200 | 28010 |
| Item-B | 2000 | 2600 | 1800 | 2100 | 29700 |
| Item-C | 2100 | 2000 | 1900 | 2400 | 28950 |
| Item-D | 2400 | 2400 | 2000 | 2300 | 30600 |
| Item-E | 1780 | 2430 | 1685 | 2200 | 27800 |
| Item-F | 2000 | 2600 | 1800 | 2100 | 29800 |
| Item-G | 2100 | 2000 | 1900 | 2400 | 29050 |

■ 報表內容很長時

如第 1 列存有各欄資料之表頭（姓名、性別、年資、……），若員工人數很多，其資料將拉得很長。超過一頁高度以外之資料，將被印往下一頁。此時，新頁上將無法再看到各欄資料之表頭。如，下圖即看不到欄 / 列標題：（詳範例 Ch12.xlsx『欄 - 列標題』工作表）

| | | | | |
|---|---|---|---|---|
| 2400 | 2400 | 2000 | 2300 | 30700 |
| 1780 | 2430 | 1685 | 2200 | 27710 |
| 2000 | 2600 | 1800 | 2100 | 29900 |
| 2100 | 2000 | 1900 | 2400 | 29485 |
| 2400 | 2400 | 2000 | 2300 | 30100 |
| 1780 | 2430 | 1685 | 2200 | 28485 |
| 2000 | 2600 | 1800 | 2100 | 29850 |
| 2100 | 2000 | 1900 | 2400 | 29400 |
| 2400 | 2400 | 2000 | 2300 | 30500 |
| 1780 | 2430 | 1685 | 2200 | 28010 |
| 2000 | 2600 | 1800 | 2100 | 29700 |

為方便閱讀，可將第一列表頭內容定為列標題。如此，每頁內容之最上側，均將先印姓名、性別、年資、……等表頭後，再列印其各員工之資料內容。加入欄 / 列標題後，每換一新頁，即可再顯示一次欄 / 列標題：（詳範例 Ch12.xlsx『欄 - 列標題』工作表）

| Item Name | 九月 | 十月 | 十一月 | 十二月 | 總計 |
|---|---|---|---|---|---|
| Item-87 | 2100 | 2000 | 1900 | 2400 | 29050 |
| Item-88 | 2400 | 2400 | 2000 | 2300 | 30700 |
| Item-89 | 1780 | 2430 | 1685 | 2200 | 27710 |
| Item-90 | 2000 | 2600 | 1800 | 2100 | 29900 |
| Item-91 | 2100 | 2000 | 1900 | 2400 | 29485 |
| Item-92 | 2400 | 2400 | 2000 | 2300 | 30100 |
| Item-93 | 1780 | 2430 | 1685 | 2200 | 28485 |
| Item-94 | 2000 | 2600 | 1800 | 2100 | 29850 |
| Item-95 | 2100 | 2000 | 1900 | 2400 | 29400 |
| Item-96 | 2400 | 2400 | 2000 | 2300 | 30500 |
| Item-97 | 1780 | 2430 | 1685 | 2200 | 28010 |

設定欄 / 列標題時，可將滑鼠指標轉入工作表去點選標題範圍，Excel 係以整列或整欄為單位。如：

$A:$A

表以 A 欄內容為欄標題。而：

$1:$1

表以第一列內容為列標題。有時，報表真的很大，還允許同時設定欄標題及列標題：

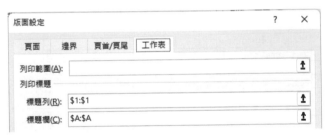

省略時，將無任何標題列或標題欄。

列印格線　　　　　列印工作表上水平和垂直的儲存格格線。如，下圖為有 / 無格線之報表比較：（詳範例 Ch12.xlsx『列印格線』工作表）

| Item Name | 一月 | 二月 | 三月 | 四月 | 五月 |
|---|---|---|---|---|---|
| Item-1 | 1500 | 2300 | 2500 | 1475 | 3600 |
| Item-2 | 1750 | 1800 | 2700 | 2100 | 3500 |
| Item-3 | 1600 | | | | |
| Item-4 | 1525 | | | | |
| Item-5 | 1500 | | | | |
| Item-6 | 1750 | | | | |

| Item Name | 一月 | 二月 | 三月 | 四月 | 五月 |
|---|---|---|---|---|---|
| Item-1 | 1500 | 2300 | 2500 | 1475 | 3600 |
| Item-2 | 1750 | 1800 | 2700 | 2100 | 3500 |
| Item-3 | 1600 | 1700 | 2750 | 1500 | 3200 |
| Item-4 | 1525 | 2400 | 2500 | 1475 | 3600 |
| Item-5 | 1500 | 1855 | 2500 | 1560 | 3600 |

此部分之設定，亦可以使用『頁面配置 / 工作表選項 /
格線』項進行設定，若勾選「列印」格線項，表印表
時，將列印格線：

**儲存格單色列印** 以黑白列印儲存格和圖形。於使用彩色印表機之情況，
若選取本項，將可進行快速列印，以縮短列印時間。

**草稿品質** 以較差之品質列印，且不列印儲存格格線，可縮短列印
時間。

**列與欄位標題** 加印欄名（A、B、C ……）及列號（1、2、3 ……）。如，
下圖為有 / 無欄名列號之報表比較：（詳範例 Ch12.xlsx
『欄名列號』工作表）

| | A | B | C | D | E | F |
|---|---|---|---|---|---|---|
| 1 | Item Name | 一月 | 二月 | 三月 | 四月 | 五月 |
| 2 | Item-1 | 1500 | 2300 | 2500 | 1475 | 3600 |
| 3 | Item-2 | 1750 | | | | |
| 4 | Item-3 | 1600 | | | | |
| 5 | Item-4 | 1525 | | | | |
| 6 | Item-5 | 1500 | | | | |

| Item Name | 一月 | 二月 | 三月 | 四月 | 五月 |
|---|---|---|---|---|---|
| Item-1 | 1500 | 2300 | 2500 | 1475 | 3600 |
| Item-2 | 1750 | 1800 | 2700 | 2100 | 3500 |
| Item-3 | 1600 | 1700 | 2750 | 1500 | 3200 |
| Item-4 | 1525 | 2400 | 2500 | 1475 | 3600 |
| Item-5 | 1500 | 1855 | 2500 | 1560 | 3600 |
| Item-6 | 1750 | 1900 | 2700 | 2100 | 3500 |

此部分之設定，亦可以使用『**頁面配置 / 工作表選項 / 標題**』項進行設定，若勾選「**列印**」標題項，表印表時，將列印所指定之欄 / 列標題：

**註解**　　　若曾使用『**校閱 / 註解 / 新增註解**』 新增註解 鈕（或於儲存格上單按滑鼠右鍵，續選「**插入註解 (M)**」），於儲存格加入註解文字。其儲存格右上角會有一紅色三角記號，將滑鼠指標停於其上，可看到其註解文字：（詳範例 **Ch12.xlsx**『**註解**』工作表）

| | A | B | C | D |
|---|---|---|---|---|
| 1 | Item Name | 一月 | 二月 | 三月 |
| 2 | Item-A | | | 2500 |
| 3 | Item-B | | | 2700 |
| 4 | Item-C | | | 2750 |
| 5 | Item-D | 1525 | 2400 | 2500 |

> 楊世瑩:
> 此部份之名稱係以英文字母進行編排

於列印時，若想一併列印出註解。其情況有兩種，一為「**顯示在工作表底端**」，將在最後一頁，列印工作表內所有儲存格的註解。如：

```
                                                    註解

    儲存格: A2
      註解: 楊世瑩:
            此部份之名稱係以英文字母進行編排

    儲存格: F7
      註解: 楊世瑩:
            所有數字均是虛擬資料
```

另一種為「和工作表上的顯示狀態相同」，得按『校閱 /
附註 / 顯示所有註解』 ☐ 顯示所有附註(S) 鈕，顯示出所有註
解：

| | A | B | C | D | E | F | G | H |
|---|---|---|---|---|---|---|---|---|
| 1 | Item Name | | | 三月 | 四月 | 五月 | 六月 | 七月 |
| 2 | Item-A | 楊世瑩：此部份之名稱係以英文字母進行編排 | | 2500 | 1475 | 3600 | 3800 | 2540 |
| 3 | Item-B | | | 2700 | 2100 | 3500 | 4100 | 2650 |
| 4 | Item-C | | | 2750 | 1500 | 3200 | 4000 | 3000 |
| 5 | Item-D | 1525 | 2400 | 2500 | 1475 | 3600 | 3900 | 4000 |
| 6 | Item-E | 1500 | 1855 | 2500 | 1560 | 3600 | 楊世瑩：所有數字均是虛擬資料 | |
| 7 | Item-F | 1750 | 1900 | 2700 | 2100 | 3500 | | |
| 8 | Item-G | 1600 | 1800 | 2750 | 1500 | 3200 | | |
| 9 | Item-H | 1525 | 2600 | 2500 | 1475 | 3600 | | |

列印時，才會印出如工作表上所顯示之註解內容：

註解

| Item Name | | | 三月 | 四月 | 五月 | 六月 | 七月 | 八月 |
|---|---|---|---|---|---|---|---|---|
| Item-A | 楊世瑩：此部份之名稱係以英文字母進行編排 | | 2500 | 1475 | 3600 | 3800 | 2540 | 2200 |
| Item-B | | | 2700 | 2100 | 3500 | 4100 | 2650 | 2600 |
| Item-C | | | 2750 | 1500 | 3200 | 4000 | 3000 | 2800 |
| Item-D | 1525 | 2400 | 2500 | 1475 | 3600 | 3900 | 4000 | 2100 |
| Item-E | 1500 | 1855 | 2500 | 1560 | 3600 | 楊世瑩：所有數字均是虛擬資料 | | 2200 |
| Item-F | 1750 | 1900 | 2700 | 2100 | 3500 | | | 2600 |
| Item-G | 1600 | 1800 | 2750 | 1500 | 3200 | | | 2800 |
| Item-H | 1525 | 2600 | 2500 | 1475 | 3600 | | | 2100 |
| Item-I | 1500 | 2200 | 2500 | 1475 | 3600 | 3600 | 2540 | 2200 |

列印方式　　　　當資料為多頁內容時，控制編頁碼和列印的順序。計有：

循欄列印　　由上而下由左而右列印工作表

循列列印　　由左而右由上而下列印工作表

# 12-8 插入或移除分頁線

　　若完全讓 Excel 依所定報表格式進行分頁，有時難免會將圖表或原為
一完整群體之內容，分印到不同頁上。如，資料依男女順序排列，男性在
前，計有 35 筆；女性在後，計有 40 筆。假定，每頁可印 50 列資料，於印
完男性之 35 筆後，第一頁尚有 15 列之空間可印資料。將使女性的前 15 筆

資料與男性資料印在同一頁上；而另外之 25 筆女性資料，則轉印到下一頁。為考慮資料完整性，可於女性資料前插入分頁線，以使列印到女性資料時，即跳換新頁，以利將女性資料列印在另一新頁上。

於工作表中，欲以手動方式插入分頁線，控制報表跳頁。可以下列步驟進行：

**Step 1** 移往欲插入分頁線之位置，單按滑鼠將其選取，其情況可分為：

**選取一列** 插入水平分頁線

**選取一欄** 插入垂直分頁線

**選取一格** 插入水平及垂直分頁線

**Step 2** 按『**頁面配置 / 版面設定 / 分頁符號**』  鈕，續選「**插入分頁 (I)**」

即可插入手動分頁線。分頁線係以灰黑線來代表，當列印至該線條處，即可跳換新頁。（詳範例 Ch12.xlsx 之『分頁線』工作表）

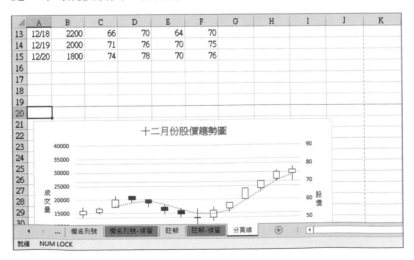

欲刪除分頁線，可先選取手動分頁線下方或右側之儲存格，續
按『**頁面配置 / 版面設定 / 分頁符號**』 [分頁符號] 鈕，續選「**移除分頁
(R)**」，即可將該分頁線刪除。

# 資料庫管理

## 13-1 Excel 之資料庫

在 Excel 中，其所謂『**資料庫**』（舊版稱『**清單**』，Excel 2007 以後稱『**表格**』）乃是指：一個至少擁有兩列 × 一欄之資料範圍。此範圍中之第一列（即表頭部分）將被視為欄名列，此列中每一欄之字串標記，即為該欄資料之**欄名**（field）。其欄名可為任何合理之文字標記（中文或英文），最多可使用 255 個字元。此範圍內，第二列開始之每一列資料，即被視為一筆**記錄**（record）。

假定，下表為某公司之薪資資料：（詳範例 Ch13.xlsx『排序』工作表）

| | A | B | C | D | E | F | G | H | I | J |
|---|---|---|---|---|---|---|---|---|---|---|
| 1 | 編號 | 姓名 | 性別 | 部門 | 職稱 | 生日 | 婚姻 | 教育 | 年齡 | 薪資 |
| 2 | M01 | 吳明美 | 女 | 業務 | 主任 | 11/29/86 | 已婚 | 4 | 35 | 61,750 |
| 3 | A02 | 呂玉鳳 | 女 | 會計 | 主任 | 08/26/98 | 已婚 | 4 | 23 | 61,150 |
| 4 | S01 | 孫國寧 | 女 | 門市 | 主任 | 02/18/94 | 已婚 | 3 | 27 | 56,350 |
| 5 | M03 | 蘇儀義 | 男 | 業務 | 專員 | 05/30/95 | 已婚 | 5 | 26 | 56,300 |
| 6 | A05 | 林美惠 | 女 | 會計 | 專員 | 01/21/85 | 已婚 | 4 | 36 | 51,800 |
| 7 | M08 | 劉銘川 | 男 | 業務 | 專員 | 05/01/94 | 已婚 | 4 | 27 | 51,350 |
| 8 | M07 | 林美珍 | 女 | 業務 | 專員 | 02/24/01 | 未婚 | 4 | 20 | 51,000 |
| 9 | M04 | 黃啟川 | 男 | 業務 | 專員 | 11/06/01 | 未婚 | 4 | 20 | 51,000 |
| 10 | M08 | 梁國棟 | 男 | 業務 | 專員 | 06/05/02 | 未婚 | 4 | 19 | 50,950 |
| 11 | A04 | 蕭惠真 | 女 | 會計 | 專員 | 05/26/97 | 已婚 | 3 | 24 | 46,200 |
| 12 | M05 | 林龍盛 | 男 | 業務 | 專員 | 10/25/96 | 未婚 | 3 | 25 | 46,250 |
| 13 | S03 | 楊惠芬 | 女 | 門市 | 專員 | 02/20/92 | 未婚 | 2 | 29 | 41,450 |

若將其 A1:J13 範圍視為一資料庫，則圖中第 1 列之表頭部分的：編號、姓名、性別、生日、……等即為欄名，第 2 列開始的每列資料即被視為一筆記錄。

使用 Excel 資料庫應注意之事項為：

■ 有關欄名部分，由於係以表頭內容作為欄名，且其僅接受以一列內容為欄名，故若使用兩列（或以上）字串標號作為欄名者。如：

| 產品 |
| 名稱 |
| 電視機 |
| 電冰箱 |

其欄名為『產品』；而『名稱』將被視為第一筆記錄。

■ 有時，於螢幕上外觀看似相同之內容，如：『姓名』與『姓名　』，由於電腦可察覺後者之尾部含有空白字元，故會將二者視為不同之欄名（以肉眼則不易發現其差異！），而造成在進行資料查詢，會有找不到符合條件之記錄的情況發生。

■ 有關記錄部分，由於有人常於表頭與實際資料之間，以一列橫線作為間隔符號之習慣，如：

| 姓名 | 性別 | 生日 |
| -------- | -------- | --------- |
| 何思函 | 男 | 5/12/72 |
| 林美珍 | 女 | 8/24/73 |

因欄名（姓名、性別、生日）下之第一列內容即被視為第一筆記錄，故該列橫線亦將被當成記錄。

■ 於進行與資料庫有關之各種作業時（如：排序、篩選、小計、……），不需要做任何特殊動作便能把相連之**表格**視為資料庫。只要將指標停於資料庫內任一儲存格上，Excel 自會判斷出資料庫之範圍為何？但為免 Excel 誤判其應有之範圍，整個資料庫範圍的上下左右，均不應連接別的資料。

■ 資料庫之中，不應夾有空白列（或欄）。否則，空白列（或欄）以下（或右側）之資料，將不被認為是資料庫的一部分。

■ 資料庫的右側，即使是不相臨之部位，最好亦不應安排資料或公式。因為，將來可能會以資料庫之內容進行資料篩選。這些資料或公式，若安排於與不符合過濾條件之記錄同列，將不會被顯示出來，而導致看不到部分或全部資料。

# 13-2 排序

## 單一排序鍵

若僅欲依單一排序鍵進行排序，可利用『**資料 / 排序與篩選 / 從 A 到 Z 排序**』或『**從 Z 到 A 排序**』鈕（ $\frac{A}{Z}\downarrow$ $\frac{Z}{A}\downarrow$ ）快速達成。其執行步驟為：

Step **1** 以滑鼠單按欲作為主排序鍵之欄位的任一儲存格

Step **2** 若欲遞增排序，按 $\frac{A}{Z}\downarrow$ 鈕；反之，若欲遞減排序，則按 $\frac{Z}{A}\downarrow$ 鈕，即可快速獲得排序結果。如，以『薪資』欄進行遞減排序：

| | A | B | C | D | E | F | G | H | I | J |
|---|---|---|---|---|---|---|---|---|---|---|
| 1 | 編號 | 姓名 | 性別 | 部門 | 職稱 | 生日 | 婚姻 | 教育 | 年齡 | 薪資 |
| 2 | M01 | 吳明美 | 女 | 業務 | 主任 | 11/29/86 | 已婚 | 4 | 35 | 61,750 |
| 3 | A02 | 呂玉鳳 | 女 | 會計 | 主任 | 08/26/98 | 已婚 | 4 | 23 | 61,150 |
| 4 | S01 | 孫國寧 | 女 | 門市 | 主任 | 02/18/94 | 已婚 | 3 | 27 | 56,350 |
| 5 | M03 | 蘇儀義 | 男 | 業務 | 專員 | 05/30/95 | 已婚 | 5 | 26 | 56,300 |
| 6 | A05 | 林美惠 | 女 | 會計 | 專員 | 01/21/85 | 已婚 | 4 | 36 | 51,800 |
| 7 | M08 | 劉銘川 | 男 | 業務 | 專員 | 05/01/94 | 已婚 | 4 | 27 | 51,350 |
| 8 | M07 | 林美珍 | 女 | 業務 | 專員 | 02/24/01 | 未婚 | 4 | 20 | 51,000 |
| 9 | M04 | 實敢川 | 男 | 業務 | 專員 | 11/06/01 | 未婚 | 4 | 20 | 51,000 |
| 10 | M08 | 梁國棟 | 男 | 業務 | 專員 | 06/05/02 | 未婚 | 4 | 19 | 50,950 |
| 11 | M05 | 林龍盛 | 男 | 業務 | 專員 | 10/25/96 | 未婚 | 3 | 25 | 46,250 |
| 12 | A04 | 蕭惠真 | 女 | 會計 | 專員 | 05/26/97 | 已婚 | 3 | 24 | 46,200 |
| 13 | S03 | 楊惠芬 | 女 | 門市 | 專員 | 02/20/92 | 未婚 | 2 | 29 | 41,450 |

**小秘訣**

Excel 進行遞增排序時，其資料排列之順序依序為：

- 數字
- 文字
- 邏輯值
- 錯誤值
- 空白儲存格

除了空白儲存格之外，遞減排序的順序與上列順序恰好相反。無論遞增或遞減排序，空白儲存格永遠是排於最後。

## 以排序工具鈕處理多重排序

事實上，$\frac{A}{Z}\downarrow$ $\frac{Z}{A}\downarrow$ 排序鈕也可用於多重排序上，其處理方式為逆向進行，先排最後一個依據，然後逐一倒著順序排，……。最後，才排主排序鍵。

假定，擬主依性別遞增排序，同性別再依部門遞增排序，同部門再依職稱遞增排序，同職稱者再按年齡遞減排序。其排序步驟為：（詳範例 Ch13.xlsx『多重排序』工作表）

**Step 1** 以滑鼠單按最後一個排序鍵之欄位（年齡）的任一儲存格，續按 $\frac{Z}{A}\downarrow$ 鈕，進行按年齡遞減排序

**Step 2** 以滑鼠單按第三個排序鍵之欄位（職稱）的任一儲存格，續按 $\frac{A}{Z}\downarrow$ 鈕，進行按職稱遞增排序

**Step 3** 以滑鼠單按第二個排序鍵之欄位（部門）的任一儲存格，續按 $\frac{A}{Z}\downarrow$ 鈕，進行按部門遞增排序

**Step 4** 最後，以滑鼠單按主要排序鍵之欄位（性別）的任一儲存格，續按 $\frac{A}{Z}\downarrow$ 鈕，進行按性別遞增排序。即為所求：（如此，再多的排序鍵也可處理）

| | A | B | C | D | E | F | G | H | I | J |
|---|---|---|---|---|---|---|---|---|---|---|
| 1 | 編號 | 姓名 | 性別 | 部門 | 職稱 | 生日 | 婚姻 | 教育 | 年齡 | 薪資 |
| 2 | S01 | 孫國寧 | 女 | 門市 | 主任 | 02/18/94 | 已婚 | 3 | 27 | 56,350 |
| 3 | S03 | 楊惠芬 | 女 | 門市 | 專員 | 02/20/92 | 未婚 | 2 | 29 | 41,450 |
| 4 | A02 | 呂玉鳳 | 女 | 會計 | 主任 | 08/26/98 | 已婚 | 4 | 23 | 61,150 |
| 5 | A05 | 林美惠 | 女 | 會計 | 專員 | 01/21/85 | 已婚 | 4 | 36 | 51,800 |
| 6 | A04 | 蕭惠真 | 女 | 會計 | 專員 | 05/26/97 | 已婚 | 3 | 24 | 46,200 |
| 7 | M01 | 吳明美 | 女 | 業務 | 主任 | 11/29/86 | 已婚 | 4 | 35 | 61,750 |
| 8 | M07 | 林美珍 | 女 | 業務 | 專員 | 02/24/01 | 未婚 | 4 | 20 | 51,000 |
| 9 | M08 | 劉銘川 | 男 | 業務 | 專員 | 05/01/94 | 已婚 | 4 | 27 | 51,350 |
| 10 | M03 | 蘇儀義 | 男 | 業務 | 專員 | 05/30/95 | 已婚 | 5 | 26 | 56,300 |
| 11 | M05 | 林龍盛 | 男 | 業務 | 專員 | 10/25/96 | 未婚 | 3 | 25 | 46,250 |
| 12 | M04 | 黃啟川 | 男 | 業務 | 專員 | 11/06/01 | 未婚 | 4 | 20 | 51,000 |
| 13 | M08 | 梁國棟 | 男 | 業務 | 專員 | 06/05/02 | 未婚 | 4 | 19 | 50,950 |

## 透過導引完成排序

另一種排序方式為利用對話方塊，逐步導引使用者完成排序所需之相關選擇，其執行步驟為：(詳範例 Ch13.xlsx『導引排序』工作表)

Step 1 以滑鼠單按資料庫上之任一儲存格

Step 2 按『**資料 / 排序與篩選 / 排序**』 鈕，Excel 會自動選取整個資料庫之所有內容，續轉入『**排序**』對話方塊

Step 3 按『排序方式』右側之下拉鈕，續於欄名選單中，選取欲以哪一欄為主排序鍵？(本例選「性別」)

Step 4 按『排序對象』下『值』右側之下拉鈕，續於選單中，選取排序依據。可用內容有：值、儲存格色彩、字型色彩、條件格式設定圖示 (本例選「**儲存格值**」，儲存格色彩、字型色彩或條件格式設定圖示排序並沒有預設的順序，使用者必須另為每一個色彩或圖示定義所要的順序，詳下例之說明)

Step **5** 按『順序』下『A 到 Z』右側之下拉鈕，續於選單中，選取欲依該欄進行「A 到 Z」（遞增或小到大）、「Z 到 A」（遞減或大到小）或「自訂清單…」（如：月份、星期、……）排序（本例選「A 到 Z」）

Step **6** 若還有其他排序要求，按 <kbd>十 新增層級(A)</kbd> 鈕，於其下增加一個空白層級

次要排序方式係用於當主排序鍵值相同時，再以此依據進行排列順序；如此依序排列，最多可以排序 64 欄，其設定方式均同。

Step **7** 完成所有排序方式設定後，於右側記得勾選或取消「**我的資料有標題 (H)**」，以決定此排序資料有無標題列。注意，絕不可將欄標題部分亦納入排序範圍。否則，欄名列可能無法再維持於標題列之位置。（本例因已加有標題列，故應勾選）

Step **8** 最後，按 <kbd>確定</kbd> 鈕進行排序。於本例之薪資資料中，將其排序依據定成：

表主依『性別』遞增排序，同『性別』者再按『薪資』遞減排序。
其排序結果為：

| | A | B | C | D | E | F | G | H | I | J |
|---|---|---|---|---|---|---|---|---|---|---|
| 1 | 編號 | 姓名 | 性別 | 部門 | 職稱 | 生日 | 婚姻 | 教育 | 年齡 | 薪資 |
| 2 | M01 | 吳明美 | 女 | 業務 | 主任 | 11/29/86 | 已婚 | 4 | 35 | 61,750 |
| 3 | A02 | 呂玉鳳 | 女 | 會計 | 主任 | 08/26/98 | 已婚 | 4 | 23 | 61,150 |
| 4 | S01 | 孫國寧 | 女 | 門市 | 主任 | 02/18/94 | 已婚 | 3 | 27 | 56,350 |
| 5 | A05 | 林美惠 | 女 | 會計 | 專員 | 01/21/85 | 已婚 | 4 | 36 | 51,800 |
| 6 | M07 | 林美珍 | 女 | 業務 | 專員 | 02/24/01 | 未婚 | 4 | 20 | 51,000 |
| 7 | A04 | 蕭惠真 | 女 | 會計 | 專員 | 05/26/97 | 已婚 | 3 | 24 | 46,200 |
| 8 | S03 | 楊惠芬 | 女 | 門市 | 專員 | 02/20/92 | 未婚 | 2 | 29 | 41,450 |
| 9 | M03 | 蘇儀義 | 男 | 業務 | 專員 | 05/30/95 | 已婚 | 5 | 26 | 56,300 |
| 10 | M08 | 劉銘川 | 男 | 業務 | 專員 | 05/01/94 | 已婚 | 4 | 27 | 51,350 |
| 11 | M04 | 黃啟川 | 男 | 業務 | 專員 | 11/06/01 | 未婚 | 4 | 20 | 51,000 |
| 12 | M08 | 梁國棟 | 男 | 業務 | 專員 | 06/05/02 | 未婚 | 4 | 19 | 50,950 |
| 13 | M05 | 林龍盛 | 男 | 業務 | 專員 | 10/25/96 | 未婚 | 3 | 25 | 46,250 |

## 13-3 色彩或圖示排序

利用儲存格色彩、字型色彩或圖示進行排序。對這些排序依據，
Excel 並沒有預設的順序，使用者必須分別為每一個色彩或圖示定義所要
的順序。無論是色彩或圖示，其處理方式類似，故僅以儲存格色彩為例進
行說明。

範例 Ch13.xlsx『顏色排序』
工作表內姓名部分，分別有幾個
儲存格已安排填滿紅、橙、黃、
綠等顏色，但目前仍呈亂序排列：

| | A | B | C | D | E | F |
|---|---|---|---|---|---|---|
| 1 | 編號 | 姓名 | 性別 | 部門 | 職稱 | 生日 |
| 2 | M01 | 吳明美 | 女 | 業務 | 主任 | 11/29/86 |
| 3 | A02 | 呂玉鳳 | 女 | 會計 | 主任 | 08/26/98 |
| 4 | S01 | 孫國寧 | 女 | 門市 | 主任 | 02/18/94 |
| 5 | M03 | 蘇儀義 | 男 | 業務 | 專員 | 05/30/95 |
| 6 | A05 | 林美惠 | 女 | 會計 | 專員 | 01/21/85 |
| 7 | M08 | 劉銘川 | 男 | 業務 | 專員 | 05/01/94 |
| 8 | M07 | 林美珍 | 女 | 業務 | 專員 | 02/24/01 |
| 9 | M04 | 黃啟川 | 男 | 業務 | 專員 | 11/06/01 |
| 10 | M08 | 梁國棟 | 男 | 業務 | 專員 | 06/05/02 |
| 11 | A04 | 蕭惠真 | 女 | 會計 | 專員 | 05/26/97 |
| 12 | M05 | 林龍盛 | 男 | 業務 | 專員 | 10/25/96 |
| 13 | S03 | 楊惠芬 | 女 | 門市 | 專員 | 02/20/92 |

擬將其以：紅、橙、黃、綠之順序排列，未填滿顏色者排最後。其執行步驟為：

Step **1** 以滑鼠單按資料庫上之任一儲存格

Step **2** 按『**資料 / 排序與篩選 / 排序**』 鈕，Excel 會自動選取整個資料庫之所有內容，續轉入『排序』對話方塊

Step **3** 按『排序方式』右側之下拉鈕，續於欄名選單中，選取以「姓名」欄為主排序鍵

Step **4** 按『排序對象』下『值』右側之下拉鈕，續於選單中，選取以「**儲存格色彩**」為排序依據

Step **5** 按『順序』下『無儲存格色彩』右側之下拉鈕，續於選單中（其內顯示者恰為目前『姓名』欄所含的四個顏色），選取要排於最前面之第一個顏色（紅色）

Step **6** 續於其後，決定此顏色要安排於最上層或最底層（本例選「**最上層**」）

Step **7** 由於還有其他顏色，故續按 ┼新增層級(A) 鈕，於其下增加一個空白
層級

| 排序 | | | | ? ✕ |
|---|---|---|---|---|
| ┼ 新增層級(A) | ✕ 刪除層級(D) | 複製層級(C) | ∧ ∨ | 選項(O)... | ☑ 我的資料有標題(H) |
| 欄 | | 排序對象 | | 順序 |
| 排序方式 | 姓名 ∨ | 儲存格色彩 ∨ | | ▆ ▾ | 最上層 ∨ |
| 次要排序方式 | ∨ | 儲存格值 ∨ | | A 到 Z ∨ |

Step **8** 仿前述之操作步驟，依序安排橙色、黃色及綠色

| 排序 | | | | ? ✕ |
|---|---|---|---|---|
| ┼ 新增層級(A) | ✕ 刪除層級(D) | 複製層級(C) | ∧ ∨ | 選項(O)... | ☑ 我的資料有標題(H) |
| 欄 | | 排序對象 | | 順序 |
| 排序方式 | 姓名 ∨ | 儲存格色彩 ∨ | | ▆ ▾ | 最上層 ∨ |
| 次要排序方式 | 姓名 ∨ | 儲存格色彩 ∨ | | ▆ ▾ | 最上層 ∨ |
| 次要排序方式 | 姓名 ∨ | 儲存格色彩 ∨ | | ▆ ▾ | 最上層 ∨ |
| 次要排序方式 | 姓名 ∨ | 儲存格色彩 ∨ | | ▆ ▾ | 最上層 ∨ |

確定　取消

Step **9** 最後，按 確定 鈕進行
排序。即可將資料依姓名
欄儲存格之顏色，以紅、
橙、黃、綠之順序排列，
未填滿顏色者排最後：

| | A | B | C | D | E | F |
|---|---|---|---|---|---|---|
| 1 | 編號 | 姓名 | 性別 | 部門 | 職稱 | 生日 |
| 2 | M01 | 吳明美 | 女 | 業務 | 主任 | 11/29/86 |
| 3 | M07 | 林美珍 | 女 | 業務 | 專員 | 02/24/01 |
| 4 | S03 | 楊惠芬 | 女 | 門市 | 專員 | 02/20/92 |
| 5 | A05 | 林美惠 | 女 | 會計 | 專員 | 01/21/85 |
| 6 | A02 | 呂玉鳳 | 女 | 會計 | 主任 | 08/26/98 |
| 7 | M08 | 劉銘川 | 男 | 業務 | 專員 | 05/01/94 |
| 8 | A04 | 蕭惠真 | 女 | 會計 | 專員 | 05/26/97 |
| 9 | M03 | 蘇儀義 | 男 | 業務 | 專員 | 05/30/95 |
| 10 | M08 | 梁國棟 | 男 | 業務 | 專員 | 06/05/02 |
| 11 | S01 | 孫國寧 | 女 | 門市 | 主任 | 02/18/94 |
| 12 | M04 | 黃啟川 | 男 | 業務 | 專員 | 11/06/01 |
| 13 | M05 | 林龍盛 | 男 | 業務 | 專員 | 10/25/96 |

# 13-4 自動篩選

　　**篩選**意指於資料庫（清單）中，依某條件過濾出符合條件之記錄（將不合條件之記錄暫時隱藏）。Excel 提供有「**自動篩選**」與「**進階篩選**」兩種篩選方式，大部分情況，使用自動篩選已可應付查詢工作之所需。不過，當所使用之過濾條件準則較複雜時，就得使用進階篩選。

## 單一欄位

　　以自動篩選方式，利用單一欄位過濾資料之操作步驟為：（詳範例 Ch13.xlsx『篩選 - 單欄』工作表）

Step **1**　以滑鼠單按資料庫上的任一儲存格

Step **2**　按『**資料 / 排序與篩選 / 篩選**』　鈕，將直接於各欄名右側加入一下拉鈕（　）

| | A | B | C | D | E | F | G | H | I | J |
|---|---|---|---|---|---|---|---|---|---|---|
| 1 | 編號 | 姓名 | 性別 | 部門 | 職稱 | 生日 | 婚姻 | 教 | 年 | 薪 |
| 2 | A02 | 呂玉鳳 | 女 | 會計 | 主任 | 08/26/98 | 已婚 | 4 | 23 | 61,150 |

Step **3**　按欲作為篩選依據欄位右側的下拉鈕，可顯示該欄之各種內容：（假定選『性別』欄為篩選依據）

Step **4**　選取某內容，即表示欲找尋該內容之記錄，如：於『性別』欄選「男」（取消「女」），即表要找尋男性之所有記錄。Excel 會暫時隱藏不符合條件之記錄，僅顯示符合條件之記錄列供使用者查閱

| | A | B | C | D | E | F | G | H | I | J |
|---|---|---|---|---|---|---|---|---|---|---|
| 1 | 編號 ▼ | 姓名 ▼ | 性別 ▼ | 部門 ▼ | 職稱 ▼ | 生日 ▼ | 婚姻 ▼ | 教 ▼ | 年ī ▼ | 薪 ▼ |
| 6 | M03 | 蘇儀義 | 男 | 業務 | 專員 | 05/30/95 | 已婚 | 5 | 26 | 56,300 |
| 7 | M04 | 黃啟川 | 男 | 業務 | 專員 | 11/06/01 | 未婚 | 4 | 20 | 51,000 |
| 8 | M05 | 林龍盛 | 男 | 業務 | 專員 | 10/25/96 | 未婚 | 3 | 25 | 46,250 |
| 10 | M08 | 劉銘川 | 男 | 業務 | 專員 | 05/01/94 | 已婚 | 4 | 27 | 51,350 |
| 11 | M08 | 梁國棟 | 男 | 業務 | 專員 | 06/05/02 | 未婚 | 4 | 19 | 50,950 |
| 14 | | | | | | | | | | |

◀ ▶ … 篩選-單欄 篩選-單欄練習 篩選-多重條件 篩選-多重條件-練習 篩

就緒 從12中找出5筆記錄 NUM LOCK

設定有過濾條件之下拉鈕，外觀將改為 ▼，符合條件之記錄，其列標題亦改以藍色顯示，由其列號可看出不符合條件之記錄係被暫時隱藏。同時，螢幕左下角之訊息列也會顯示出，由總計幾筆記錄中，篩選出多少筆符合條件之記錄。

**小秘訣**

欲解除某欄所設定之條件，可於該欄所提供之下拉選單內選「(全選)」項。若欲解除所有條件，可直接按『清除』 ▽清除 鈕。欲解除各欄名右側之下拉鈕，可重按一次『篩選』 ▽篩選 鈕。如此，也可使資料還原為全部顯示。

**小秘訣**

若將篩選後之結果，以「複製/貼上」之技巧抄往別別處，其結果將僅抄出符合條件之部分內容而已；而不會將已隱藏之內容亦一併抄出。

## 多重欄位多重條件

由於，對每一欄名均可加入篩選條件，故亦可組合出複合條件。如，找尋『性別』為「**男**」且『婚姻』為「**已婚**」之所有記錄：(詳範例 Ch13.xlsx『篩選 - 多重條件』工作表)

## 數值篩選

對於數值內容，有時並不太會找尋恰為多少之值；反倒是，大於、小於、大於等於、小於等於、介於、……等情況的使用機會較多。故可選「**數字篩選 (F)…**」，續於其右側，選擇適當之比較方式或直接選「**自訂篩選 (F) …**」項：

轉入『自訂自動篩選』對話方塊，設定其他如：等於、不等於、大於、大於或等於、小於、小於或等於、……等條件式，並配合「**且 (A)**」或「**或 (O)**」，組合出較為複雜之條件。如：

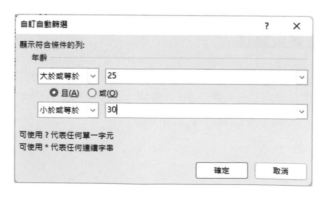

表要過濾『年齡』介於 25 ～ 30 之記錄：（詳範例 Ch13.xlsx『篩選 - 介於』工作表）

| | A | B | C | D | E | F | G | H | I | J |
|---|---|---|---|---|---|---|---|---|---|---|
| 1 | 編號 | 姓名 | 性別 | 部門 | 職稱 | 生日 | 婚姻 | 教 | 年齡 | 薪 |
| 4 | S01 | 孫國寧 | 女 | 門市 | 主任 | 02/18/94 | 已婚 | 3 | 27 | 56,350 |
| 5 | M03 | 蘇儀義 | 男 | 業務 | 專員 | 05/30/95 | 已婚 | 5 | 26 | 56,300 |
| 7 | M08 | 劉銘川 | 男 | 業務 | 專員 | 05/01/94 | 已婚 | 4 | 27 | 51,350 |
| 12 | M05 | 林龍盛 | 男 | 業務 | 專員 | 10/25/96 | 未婚 | 3 | 25 | 46,250 |
| 13 | S03 | 楊惠芬 | 女 | 門市 | 專員 | 02/20/92 | 未婚 | 2 | 29 | 41,450 |

## 依順序找前幾名

於「數字篩選 (F)…」之選單中，尚有一「前 10 項 (T)…」可供選用，用以依順序找排名在前（後）面的前（後）幾名。

假定，要找出薪資最高的前 3 名。其處理步驟為：（詳範例 Ch13.xlsx『篩選 - 找前幾名』工作表）

Step ❶ 按『薪資』欄右側的下拉鈕，選「數字篩選 (F)…/ 前 10 項…」，轉入

Step ❷ 決定「最前」或「最後」（本例選「最前」）

Step ❸ 輸入數字 3

Step ❹ 決定要顯示項目或百分比

本例選「項」，要顯示最前面 3 個。

Step **5** 最後，按 [ 確定 ] 鈕，獲致篩選結果，顯示薪資最高的前 3 個

| | A | B | C | D | E | F | G | H | I | J |
|---|---|---|---|---|---|---|---|---|---|---|
| 1 | 編號 | 姓名 | 性別 | 部門 | 職稱 | 生日 | 婚姻 | 教 | 年資 | 薪 |
| 2 | M01 | 吳明美 | 女 | 業務 | 主任 | 11/29/86 | 已婚 | 4 | 35 | 61,750 |
| 3 | A02 | 呂玉鳳 | 女 | 會計 | 主任 | 08/26/98 | 已婚 | 4 | 23 | 61,150 |
| 4 | S01 | 孫國寧 | 女 | 門市 | 主任 | 02/18/94 | 已婚 | 3 | 27 | 56,350 |

## 日期篩選

日期資料也是一種數值資料，故也可以拿來作比較。「**日期篩選 (F)**…」項下，除了有類似比較數值大小的：之前、之後、介於外；尚有：下週、本週、上週、下月、本月、上月、去年、今年、明年、……等選項。當然，也可以選「**自訂篩選 (F)**…」轉入『自訂自動篩選』對話方塊進行設定。輸入日期資料時，可以直接輸入日期，或利用其後之『日期選擇』[ ] 鈕進行選擇：

如，將其安排成：

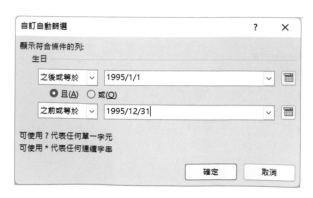

表要找出恰為 1995 年出生之記錄：（詳範例 Ch13.xlsx『篩選 - 日期介於』工作表）

| | A | B | C | D | E | F | G |
|---|---|---|---|---|---|---|---|
| 1 | 編號 | 姓名 | 性別 | 部門 | 職稱 | 生日 | 婚姻 |
| 5 | M03 | 蘇儀義 | 男 | 業務 | 專員 | 05/30/95 | 已婚 |

## 文字篩選

若處理欄位為文字資料，於其『自訂快速篩選』對話方塊內安排條件，尚可使用 * ? 等萬用字元組合過濾條件。

*　　　代表任何連續字串

?　　　代表任何單一字元

如，將其安排成：

表欲找出所有『編號』以 "A" 為首之記錄：（詳範例 Ch13.xlsx『自動篩選 - 萬用字元』工作表）

| | A | B | C | D | E | F |
|---|---|---|---|---|---|---|
| 1 | 編號 | 姓名 | 性別 | 部門 | 職稱 | 生日 |
| 3 | A02 | 呂玉鳳 | 女 | 會計 | 主任 | 08/26/98 |
| 6 | A05 | 林美惠 | 女 | 會計 | 專員 | 01/21/85 |
| 11 | A04 | 蕭惠真 | 女 | 會計 | 專員 | 05/26/97 |

而如：

表欲找出所有『姓名』第一個字為
" 林 "，或名稱恰為三個字且第二
個字為 " 國 " 之記錄：( 詳範例
Ch13.xlsx『自動篩選 - 萬用字元
1』工作表 )

若只是要找姓林或姓名最後一個字為 " 川 " 者，亦可將條件安排為：
( 詳範例 Ch13.xlsx『自動篩選 - 字串』工作表 )

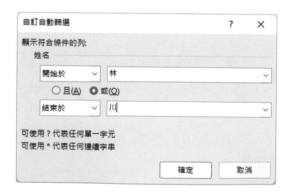

其篩選結果為：

即便是文字資料，其『自訂快速篩選』對話方塊內，設定比較符號之選單內，也一樣有：**等於、不等於、大於、大於等於、小於與小於等於**、……等項。前二者，大部分的人都可接受，但若將字串拿來比較大小，就可能不太會被接受（中文字又怎麼比？）。

事實上，電腦對每一個英文字、數字或中文字，均有一對應之代碼，故也可拿來進行比較。如："A"<"B"、" 小 ">" 大 "、"5">"2"、……均是成立（**TRUE**）的。對英文或數字進行比較大小還容易懂，但對中文就較常使用**等於**或**不等於**而已，很少有機會對其進行比較大小。如，將『電話』之篩選條件設定為：

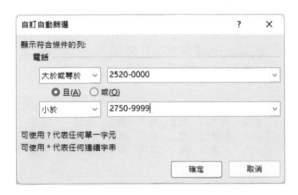

表要篩選出『電話』前四碼介於 2520~2750 之記錄：（詳範例 **Ch13.xlsx**『自動篩選 - 字串比較』工作表）

| | A | B | C | D | E | F | G | H |
|---|---|---|---|---|---|---|---|---|
| 1 | 編號 | 姓名 | 性別 | 部門 | 職稱 | 生日 | 婚姻 | 電話 |
| 3 | A04 | 蕭惠真 | 女 | 會計 | 專員 | 05/26/97 | 已婚 | 2657-1301 |
| 6 | M03 | 蘇儀義 | 男 | 業務 | 專員 | 05/30/95 | 已婚 | 2666-3342 |
| 8 | M05 | 林龍盛 | 男 | 業務 | 專員 | 10/25/96 | 未婚 | 2555-7892 |
| 9 | M07 | 林美珍 | 女 | 業務 | 專員 | 02/24/01 | 未婚 | 2617-6408 |
| 10 | M08 | 劉銘川 | 男 | 業務 | 專員 | 05/01/94 | 已婚 | 2736-3972 |

而字串比較符號的後面六項：

開始於、不開始於、結束於、不結束於、包含與不包含，則是僅限於字串資料欄使用。如：

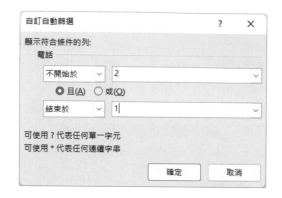

表要篩選出『電話』字首非 "2" 且字尾為 "1" 之記錄：（詳範例 Ch13.xlsx 『自動篩選 - 字串比較 1』工作表）

# 13-5 進階篩選

若篩選條件較為複雜，如：要找尋姓林、姓吳或姓黃、……。因自動篩選，於同一欄內只能使用兩個條件式，故就得使用「**進階篩選**」方可達成目的。

## 安排準則範圍

進行進階篩選前，須先安排準則範圍之內容，其內又分成欄名列與條件式兩個部分：

## 欄名列部分

準則範圍之第一列內容必須為資料欄名稱。通常，為省去自行輸入之麻煩，且為求其欄名之正確性，可以複製方式將資料庫之欄名列，抄到準則範圍之第一列。若自行輸入則較可能出錯，如：有時於螢幕上外觀看似相同之內容："性別　　"與"性別"，在電腦看來是完全不同之內容，故將造成在進行資料查詢，會有找不到符合條件之記錄的情況發生。

抄錄準則範圍之資料欄名稱時，若僅欲抄錄部分欄位，除可使用『**複製／貼上**』進行抄錄外（可按住 Ctrl 鍵，續以滑鼠拖曳或點選，進行不連續之選取，僅需一次『**複製／貼上**』即可全數貼上，可增快抄錄速度）；亦可以先輸入 = 號，再輸入欲抄錄之來源格位址。如：於 A16 位置輸入 =C1，即可透過運算式之方式，取得 C1 之『性別』內容。

## 條件式部分

準則範圍之第二列開始的內容即必須是條件式，其條件式之列數並無限制。僅使用一列條件式時，稱為**單一準則**；使用多列條件式時，則稱為**多重準則**。安排條件式內容之方法將隨資料型態而稍有不同，若處理對象為文字串可配合 * ? 等萬用字元（wild card）來組成條件式。

茲假定，欲利用『部門』欄進行過濾資料。若將準則範圍之內容安排成：

| 部門 |
|------|
| 會計 |

則其意義表：欲找出所有『部門』欄內容為"會計"之記錄。若偷懶，亦可將之安排成：

| 部門 |
|------|
| 會* |

或

| 部門 |
|------|
| 會 |

其意義均表：欲找出所有『部門』欄內容的第一個字為"會"者之記錄。

## 於原資料範圍進行進階篩選

茲假定欲找出所有『部門』欄內容為"門市"之記錄，執行步驟為：

Step ❶ 安排準則範圍之內容

假定欲將其安排於 A16:A17，分別於下列儲存格輸入：（詳範例 Ch13.xlsx『進階篩選-單欄』工作表）

| A15 | 準則範圍 A16:A17 | （僅作為註解，非必須） |
|-----|----------------|---------------------|
| A16 | =D1 | （D1 內容為 " 部門 "） |
| A17 | =D5 | （D5 內容為 " 門市 "） |

| | A | B | C | D |
|---|---|---|---|---|
| 1 | **編號** | **姓名** | **性別** | **部門** |
| 13 | M08 | 梁國棟 | 男 | 業務 |
| 14 | | | | |
| 15 | 準則範圍A16:A17 | | | |
| 16 | **部門** | | | |
| 17 | 門市 | | | |

**Step ②** 以滑鼠單按資料庫上之任一儲存格（這個步驟很重要，可使 Excel 自動選取正確之資料庫範圍）

**Step ③** 按『資料 / 排序與篩選 / 進階 ...』  鈕，會先選取整個資料庫範圍，續轉入『進階篩選』對話方塊

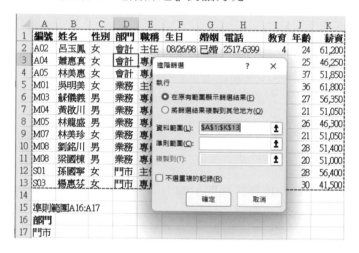

其『資料範圍 (L):』處，已標定出欲進行進階篩選的資料庫範圍 $A$1:$K$13（Excel 會依步驟 2 所停位置自動判斷，通常不用更改）。

**Step ④** 單按『準則範圍 (C):』後之文字方塊，續輸入或以拖曳方式標出條件準則所在之範圍（本例以後者選取 A16:A17）

Step **5** 按 `確定` 鈕進行篩選，由於預設之動作係「在原有範圍顯示篩選結果 (F)」，故將直接於原資料庫範圍上，暫時隱藏不符合條件之記錄，而僅顯示出符合條件之內容

| ◢ | A | B | C | D | E | F | G | H | I | J |
|---|---|---|---|---|---|---|---|---|---|---|
| 1 | 編號 | 姓名 | 性別 | 部門 | 職稱 | 生日 | 婚姻 | 電話 | 教育 | 年齡 |
| 12 | S01 | 孫國寧 | 女 | 門市 | 主任 | 02/18/94 | 已婚 | 8894-5677 | 3 | 27 |
| 13 | S03 | 楊惠芬 | 女 | 門市 | 專員 | 02/20/92 | 未婚 | 3399-5146 | 2 | 29 |
| 14 | | | | | | | | | | |
| 15 | 準則範圍A16:A17 | | | | | | | | | |
| 16 | 部門 | | | | | | | | | |
| 17 | 門市 | | | | | | | | | |

**小秘訣**

於所有查詢動作結束，直接按『清除』 `清除` 鈕，可將資料庫還原為顯示所有記錄。

## 以比較式來安排準則

亦可以比較式來安排準則之條件式，如將準則範圍安排成：

| 年齡 |
|---|
| >35 |

表欲找出所有『年齡』欄內容大於 35 者之記錄：(詳範例 Ch13.xlsx『進階篩選 - 比較式』工作表)

| ◢ | A | B | C | D | E | F | G | H | I | J |
|---|---|---|---|---|---|---|---|---|---|---|
| 1 | 編號 | 姓名 | 性別 | 部門 | 職稱 | 生日 | 婚姻 | 電話 | 教育 | 年齡 |
| 4 | A05 | 林美惠 | 女 | 會計 | 專員 | 01/21/85 | 已婚 | 2515-5428 | 4 | 36 |
| 14 | | | | | | | | | | |
| 15 | 準則範圍A16:A17 | | | | | | | | | |
| 16 | 年齡 | | | | | | | | | |
| 17 | >35 | | | | | | | | | |

而若將準則範圍安排成：

| 16 | 生日 |
|---|---|
| 17 | >=2001/1/1 |

表欲找出所有『生日』在 2001/1/1 以後之記錄：（詳範例 Ch13.xlsx『進階篩選 - 日期』工作表）

| | A | B | C | D | E | F | G |
|---|---|---|---|---|---|---|---|
| 1 | 編號 | 姓名 | 性別 | 部門 | 職稱 | 生日 | 婚姻 |
| 7 | M04 | 黃啟川 | 男 | 業務 | 專員 | 11/06/01 | 未婚 |
| 9 | M07 | 林美珍 | 女 | 業務 | 專員 | 02/24/01 | 未婚 |
| 11 | M08 | 梁國棟 | 男 | 業務 | 專員 | 06/05/02 | 未婚 |
| 14 | | | | | | | |
| 15 | 準則範圍A16:A17 | | | | | | |
| 16 | 生日 | | | | | | |
| 17 | >=2001/1/1 | | | | | | |

## 同列之複合條件

任何標於同一列之條件式，即如同以「且」將其連結在一起般，記錄內容唯有完全符合其交集之條件才算符合條件。如，將準則範圍定成：

| 婚姻 | 薪資 |
|---|---|
| 未婚 | >50000 |

表欲找出未婚且薪資大於五萬之資料。（詳範例 Ch13.xlsx『進階篩選 - 且』工作表）

| | A | B | C | D | E | F | G | H | I | J | K |
|---|---|---|---|---|---|---|---|---|---|---|---|
| 1 | 編號 | 姓名 | 性別 | 部門 | 職稱 | 生日 | 婚姻 | 電話 | 教育 | 年齡 | 薪資 |
| 7 | M04 | 黃啟川 | 男 | 業務 | 專員 | 11/06/01 | 未婚 | 5897-4651 | 4 | 20 | 51,000 |
| 9 | M07 | 林美珍 | 女 | 業務 | 專員 | 02/24/01 | 未婚 | 2617-6408 | 4 | 20 | 51,000 |
| 11 | M08 | 梁國棟 | 男 | 業務 | 專員 | 06/05/02 | 未婚 | 7639-8751 | 4 | 19 | 50,950 |
| 14 | | | | | | | | | | | |
| 15 | 準則範圍A16:B17 | | | | | | | | | | |
| 16 | 婚姻 | 薪資 | | | | | | | | | |
| 17 | 未婚 | >50000 | | | | | | | | | |

有時，為組合複雜之條件式，甚至允許同一欄名出現多次。如：

| 婚姻 | 薪資 | 薪資 |
|---|---|---|
| 已婚 | >=40000 | <=50000 |

表欲找出已婚且薪資介於 40000 ～ 50000 之資料：（詳範例 Ch13.xlsx『進階篩選 - 同列兩個相同欄名』工作表）

| | A | B | C | D | E | F | G | H | I | J | K |
|---|---|---|---|---|---|---|---|---|---|---|---|
| 1 | 編號 | 姓名 | 性別 | 部門 | 職稱 | 生日 | 婚姻 | 電話 | 教育 | 年齡 | 薪資 |
| 8 | M05 | 林龍盛 | 男 | 業務 | 專員 | 10/25/96 | 未婚 | 2555-7892 | 3 | 25 | 46,250 |
| 13 | S03 | 楊惠芬 | 女 | 門市 | 專員 | 02/20/92 | 未婚 | 3399-5146 | 2 | 29 | 41,450 |
| 14 | | | | | | | | | | | |
| 15 | 準則範圍A16:C17 | | | | | | | | | | |
| 16 | 婚姻 | 薪資 | 薪資 | | | | | | | | |
| 17 | 未婚 | >=40000 | <=50000 | | | | | | | | |

## 不同列之複合條件

標於不同列之條件式，即如同以「或」將其連結在一起般，記錄之內容若能符合其聯集條件，即算符合條件。如，將準則範圍安排成：

| 姓名 | | 姓名 |
|------|---|------|
| 蘇 | | 蘇* |
| 梁 | 或 | 梁* |
| 楊 | | 楊* |
| 黃 | | 黃* |

其意義表欲找尋姓蘇、梁、楊或黃之員工：（詳範例 Ch13.xlsx『進階篩選 - 或』工作表）

| | A | B | C | D | E | F |
|---|---|---|---|---|---|---|
| 1 | 編號 | 姓名 | 性別 | 部門 | 職稱 | 生日 |
| 6 | M03 | 蘇儀義 | 男 | 業務 | 專員 | 05/30/95 |
| 7 | M04 | 黃啟川 | 男 | 業務 | 專員 | 11/06/01 |
| 11 | M08 | 梁國棟 | 男 | 業務 | 專員 | 06/05/02 |
| 13 | S03 | 楊惠汾 | 女 | 門市 | 專員 | 02/20/92 |
| 14 | | | | | | |
| 15 | 準則範圍A16:A20 | | | | | |
| 16 | 姓名 | | | | | |
| 17 | 蘇* | | | | | |
| 18 | 梁* | | | | | |
| 19 | 楊* | | | | | |
| 20 | 黃* | | | | | |

而若將準則範圍安排成：

| 性別 | 婚姻 | 年齡 |
|------|------|------|
| 男 | 已婚 | >=25 |
| 女 | 未婚 | <30 |

其意義表欲找尋：25 歲及以上之已婚男性或 30 歲以下之未婚女性：（詳範例 Ch13.xlsx『進階篩選 - 多列多欄』工作表）

| | A | B | C | D | E | F | G | H | I | J |
|---|---|---|---|---|---|---|---|---|---|---|
| 1 | 編號 | 姓名 | 性別 | 部門 | 職稱 | 生日 | 婚姻 | 電話 | 教育 | 年齡 |
| 6 | M03 | 蘇儀義 | 男 | 業務 | 專員 | 05/30/95 | 已婚 | 2666-3342 | 5 | 26 |
| 9 | M07 | 林美珍 | 女 | 業務 | 專員 | 02/24/01 | 未婚 | 2617-6408 | 4 | 20 |
| 10 | M08 | 劉銘川 | 男 | 業務 | 專員 | 05/01/94 | 已婚 | 2736-3972 | 4 | 27 |
| 13 | S03 | 楊惠芬 | 女 | 門市 | 專員 | 02/20/92 | 未婚 | 3399-5146 | 2 | 29 |
| 14 | | | | | | | | | | |
| 15 | 準則範圍A16:C18 | | | | | | | | | |
| 16 | 性別 | 婚姻 | 年齡 | | | | | | | |
| 17 | 男 | 已婚 | >=25 | | | | | | | |
| 18 | 女 | 未婚 | <30 | | | | | | | |

## 以參照位址組成之比較式

亦可以參照位址組成比較式,來安排準則之條件式。
如將準則範圍安排成:

其意義表:欲找出所有 K 欄(『薪資』欄)內容大於 60000 之記錄:(詳範例 Ch13.xlsx『進階篩選 - 以位址組成比較式』工作表)

| | A | B | C | D | E | F | G | H | I | J | K |
|---|---|---|---|---|---|---|---|---|---|---|---|
| 1 | 編號 | 姓名 | 性別 | 部門 | 職稱 | 生日 | 婚姻 | 電話 | 教育 | 年齡 | 薪資 |
| 2 | A02 | 呂玉鳳 | 女 | 會計 | 主任 | 08/26/98 | 已婚 | 2517-6399 | 4 | 23 | 61,150 |
| 5 | M01 | 吳明美 | 女 | 業務 | 主任 | 11/29/86 | 已婚 | 2502-1520 | 4 | 35 | 61,750 |
| 14 | | | | | | | | | | | |
| 15 | 準則範圍A16:A17 | | | | | | | | | | |
| 16 | 高薪 | | | | | | | | | | |
| 17 | TRUE | ← =K2>=60000 | | | | | | | | | |

不過,應注意:條件式所使用者均必需是第一筆記錄之位址,如 K2 為第一筆記錄之『薪資』欄位址;若安排成 K3 則無法順利達成效果。

另外,若以參照位址安排比較式作為過濾條件時,其欄名部分應使用資料庫中找不到之新欄名(如:本例之『高薪』)。若仍使用原已存在之舊欄名:

Excel 會誤以為直接於『薪資』找 =K2>60000 之結果(TRUE 或 FALSE),將不可能找到所要之記錄。

以參照位址表示之比較運算式,為達成其易讀性。可按『公式 / 已定義之名稱 / 定義名稱』  鈕或『從選取範圍建立』 鈕,對相關儲存格命名。

茲以下列步驟，對各欄名之應有位置進行定義：（詳範例 Ch13.xlsx『進階篩選 - 使用範圍名稱』工作表）

13

Step **1** 選取欄名列及其第一筆記錄

| | A | B | C | D | E | F | G | H | I | J | K |
|---|---|---|---|---|---|---|---|---|---|---|---|
| 1 | 編號 | 姓名 | 性別 | 部門 | 職稱 | 生日 | 婚姻 | 電話 | 教育 | 年齡 | 薪資 |
| 2 | A02 | 呂玉鳳 | 女 | 會計 | 主任 | 08/26/98 | 已婚 | 2517-6399 | 4 | 23 | 61,150 |

Step **2** 按『公式 / 已定義之名稱 / 從選取範圍建立』 從選取範圍建立 鈕，選取以「頂端列(T)」之內容建立名稱

Step **3** 按 確定 鈕，完成範圍名稱之定義

因 K2 已命名成「薪資」，故亦可將準則範圍安排成：

其閱讀效果較直接寫 =K2>=60000 更佳。

---

**小秘訣**

通常，輸入以參照位址組成之比較式後，Excel 會立刻進行比較，並於該儲存格回應出比較結果是否成立？故於該儲存格內所看到者應為 TRUE 或 FALSE：

| | A | B | C | D | E | F | G | H | I | J | K |
|---|---|---|---|---|---|---|---|---|---|---|---|
| 1 | 編號 | 姓名 | 性別 | 部門 | 職稱 | 生日 | 婚姻 | 電話 | 教育 | 年齡 | 薪資 |
| 2 | A02 | 呂玉鳳 | 女 | 會計 | 主任 | 08/26/98 | 已婚 | 2517-6399 | 4 | 23 | 61,150 |
| 5 | M01 | 吳明美 | 女 | 業務 | 主任 | 11/29/86 | 已婚 | 2502-1520 | 4 | 35 | 61,750 |
| 14 | | | | | | | | | | | |
| 15 | 準則範圍A16:A17 | | | | | | | | | | |
| 16 | | 高薪 | | | | | | | | | |
| 17 | TRUE | ← =薪資>=60000 | | | | | | | | | |

即便其為 FALSE 亦不表示並無任何記錄符合要求，因其僅是目前儲存格之比較結果而已。

## 利用 AND 及 OR 組合複雜之比較式

像前文以參照位址組成之比較式，亦可利用 AND() 及 OR() 函數來組合出複雜的比較式。AND() 函數之語法為：

> AND(logical1, logical2, ...)

logical1, logical2, ...，均係可獲得 TRUE 或 FALSE 之邏輯值的比較條件，最多可安排 255 個，這些條件必須同時成立，本函數之值才為成立。如，條件安排為：

| 16 | 未婚高薪男性 |
|----|-------------|
| 17 | =AND(性別="男",婚姻="未婚",薪資>50000) |

表要找出男性未婚且薪資 >50000 之記錄：（詳範例 Ch13.xlsx『進階篩選-AND』工作表）

| | A | B | C | D | E | F | G | H | I | J | K |
|---|---|---|---|---|---|---|---|---|---|---|---|
| 1 | 編號 | 姓名 | 性別 | 部門 | 職稱 | 生日 | 婚姻 | 電話 | 教育 | 年齡 | 薪資 |
| 7 | M04 | 黃啟川 | 男 | 業務 | 專員 | 11/06/01 | 未婚 | 5897-4651 | 4 | 20 | 51,000 |
| 11 | M08 | 梁國棟 | 男 | 業務 | 專員 | 06/05/02 | 未婚 | 7639-8751 | 4 | 19 | 50,950 |
| 14 | | | | | | | | | | | |
| 15 | 準則範圍A16:A17 | | | | | | | | | | |
| 16 | 未婚高薪男性 | | | | | | | | | | |
| 17 | FALSE | ← =AND(性別="男",婚姻="未婚",薪資>50000) | | | | | | | | | |

OR() 函數之語法為：

> OR(logical1,logical2,...)

logical1, logical2, ...，也是可獲得 TRUE 或 FALSE 之邏輯值的比較條件，最多也同樣可安排 255 個。但這些條件中，只要有任何一個成立，本函數之值即為成立。

如，條件安排為：

| 16 | 男專員或女主任 |
|----|-------------|
| 17 | =OR(AND(性別="男",職稱="專員"),AND(性別="女",職稱="主任")) |

表要找出男專員或女主任之記錄：（詳範例 Ch13.xlsx『進階篩選-OR』工作表）

| | A | B | C | D | E | F | G | H | I | J |
|---|---|---|---|---|---|---|---|---|---|---|
| 1 | 編號 | 姓名 | 性別 | 部門 | 職稱 | 生日 | 婚姻 | 電話 | 教育 | 年齡 |
| 2 | A02 | 呂玉鳳 | 女 | 會計 | 主任 | 08/26/98 | 已婚 | 2517-6399 | 4 | 23 |
| 5 | M01 | 吳明美 | 女 | 業務 | 主任 | 11/29/86 | 已婚 | 2502-1520 | 4 | 35 |
| 6 | M03 | 蘇儀義 | 男 | 業務 | 專員 | 05/30/95 | 已婚 | 2666-3342 | 5 | 26 |
| 7 | M04 | 黃啟川 | 男 | 業務 | 專員 | 11/06/01 | 未婚 | 5897-4651 | 4 | 20 |
| 8 | M05 | 林龍盛 | 男 | 業務 | 專員 | 10/25/96 | 未婚 | 2555-7892 | 3 | 25 |
| 10 | M08 | 劉銘川 | 男 | 業務 | 專員 | 05/01/94 | 已婚 | 2736-3972 | 4 | 27 |
| 11 | M08 | 梁國棟 | 男 | 業務 | 專員 | 06/05/02 | 未婚 | 7639-8751 | 4 | 19 |
| 12 | S01 | 孫國寧 | 女 | 門市 | 主任 | 02/18/94 | 已婚 | 8894-5677 | 3 | 27 |
| 14 | | | | | | | | | | |
| 15 | 準則範圍A16:A17 | | | | | | | | | |
| 16 | 男專員或女主任 | | | | | | | | | |
| 17 | TRUE | ← =OR(AND(性別="男",職稱="專員"),AND(性別="女",職稱="主任")) | | | | | | | | |

## 找某年出生者

若不使用 YEAR() 函數，要找出 1990 ～ 1992
年出生者。於『進階』篩選，其條件式可為：（詳範
例 Ch13.xlsx『進階篩選 -YEAR』工作表）

| 生日 | 生日 |
|---|---|
| >=1990/1/1 | <=1992/12/31 |

或

=AND(F2>=DATE(1990,1,1),F2<=DATE(1992,12,31))

| 條件 |
|---|
| =AND(F2>=DATE(1990,1,1),F2<=DATE(1992,12,31)) |

注意

條件式不可為

=AND(F2>=1990/1/1,F2<=1992/12/31)

因為 1990/1/1 與 1992/12/31 於此式中均為數值運算式。如 1990/1/1 之
值為將 1990 除以 1 再除以 1，其結果為 1990（1900 年 1 月 1 日經過
1990 天的日期序列數字，相當 1905 年 6 月 12 日）並非 1990 年 1 月 1
日。

而有了 YEAR() 函數，條件式即可簡化成：

=AND(YEAR(F2)>=1990,YEAR(F2)<=1992)

| Year |
|---|
| =AND(YEAR(F2)>=1990,YEAR(F2)<=1992) |

其執行結果為：

| | A | B | C | D | E | F | G | H |
|---|---|---|---|---|---|---|---|---|
| 1 | 編號 | 姓名 | 性別 | 部門 | 職稱 | 生日 | 婚姻 | 電話 |
| 13 | S03 | 楊惠芬 | 女 | 門市 | 專員 | 02/20/92 | 未婚 | 3399-5146 |
| 14 | | | | | | | | |
| 15 | 生日 | 生日 | | | | | | |
| 16 | >=1990/1/1 | <=1992/12/31 | | | | | | |
| 17 | | | | | | | | |
| 18 | 條件 | | | | | | | |
| 19 | FALSE | ← =AND(F2>=DATE(1990,1,1),F2<=DATE(1992,12,31)) | | | | | | |
| 20 | | | | | | | | |
| 21 | Year | | | | | | | |
| 22 | FALSE | ← =AND(YEAR(F2)>=1990,YEAR(F2)<=1992) | | | | | | |

## 找某月份之壽星

利用 MONTH() 函數，可用來找某月出生，或介於某兩個月出生之員工。如，條件式為：

=MONTH(F2)=5

表要找出 5 月份出生者：(詳範例 Ch13.xlsx『進階篩選 -MONTH』工作表)

| | A | B | C | D | E | F |
|---|---|---|---|---|---|---|
| 1 | 編號 | 姓名 | 性別 | 部門 | 職稱 | 生日 |
| 3 | A04 | 蕭惠真 | 女 | 會計 | 專員 | 05/26/97 |
| 6 | M03 | 蘇儀義 | 男 | 業務 | 專員 | 05/30/95 |
| 10 | M08 | 劉銘川 | 男 | 業務 | 專員 | 05/01/94 |
| 14 | | | | | | |
| 15 | 條件 | | | | | |
| 16 | FALSE | ← =MONTH(F2)=5 | | | | |

若要將條件式變為允許使用者輸入任意月份進行找尋，可將其設計成要於 B18 輸入月份，而於 A16 之條件式記得要使用 $B$18 之絕對參照位址：(詳範例 Ch13.xlsx『進階篩選 - 依月份』工作表)

```
=MONTH(F2)=$B$18
```

| | A | B | C | D | E | F |
|---|---|---|---|---|---|---|
| 1 | 編號 | 姓名 | 性別 | 部門 | 職稱 | 生日 |
| 9 | M07 | 林美珍 | 女 | 業務 | 專員 | 02/24/01 |
| 12 | S01 | 孫國寧 | 女 | 門市 | 主任 | 02/18/94 |
| 13 | S03 | 楊惠芬 | 女 | 門市 | 專員 | 02/20/92 |
| 14 | | | | | | |
| 15 | 條件 | | | | | |
| 16 | FALSE | ← =MONTH(F2)=$B$18 | | | | |
| 17 | | | | | | |
| 18 | 請輸入月份 | 2 | | | | |

　　範例 Ch13.xlsx『進階篩選 - 依月份區間』工作表，將條件式安排為：

```
=AND(MONTH(F2)>=$G$16,MONTH(F2)<=$H$16)
```

可篩選出介於 G16 與 H16 所輸入之某兩個月出生的員工：

| | A | B | C | D | E | F | G | H |
|---|---|---|---|---|---|---|---|---|
| 1 | 編號 | 姓名 | 性別 | 部門 | 職稱 | 生日 | 婚姻 | 電話 |
| 2 | A02 | 呂玉鳳 | 女 | 會計 | 主任 | 08/26/98 | 已婚 | 2517-6399 |
| 8 | M05 | 林龍盛 | 男 | 業務 | 專員 | 10/25/96 | 未婚 | 2555-7892 |
| 14 | | | | | | | | |
| 15 | 條件 | | | | | | 開始月 | 結束月 |
| 16 | TRUE | | | | | | 8 | 10 |
| 17 | ↑ =AND(MONTH(F2)>=$G$16,MONTH(F2)<=$H$16) | | | | | | | |

## 找年資已滿 10 年者

　　範例 Ch13.xlsx『進階篩選 - 滿 10 年』工作表，執行前之到職日資料為：

| | A | B |
|---|---|---|
| 1 | 今天日期 | 2021/11/2 |
| 2 | | |
| 3 | 員工姓名 | 到職日期 |
| 4 | 李碧莊 | 2020/02/02 |
| 5 | 林淑芬 | 2006/02/08 |
| 6 | 王嘉育 | 2009/05/07 |
| 7 | 吳育仁 | 2018/02/28 |
| 8 | 呂姿瀅 | 2020/07/28 |
| 9 | 孫國華 | 2021/09/01 |

於 A12 使用之過濾條件式為：

```
=B4<=DATE(YEAR(NOW())-10,MONTH(NOW()),DAY(NOW()))
```

可過濾出年資已滿 10 年者：

| | A | B | C | D | E | F | G |
|---|---|---|---|---|---|---|---|
| 1 | 今天日期 | 2021/11/2 | | | | | |
| 2 | | | | | | | |
| 3 | 員工姓名 | 到職日期 | | | | | |
| 5 | 林淑芬 | 2006/02/08 | | | | | |
| 6 | 王嘉育 | 2009/05/07 | | | | | |
| 10 | | | | | | | |
| 11 | 條件式 | | | | | | |
| 12 | FALSE | ← =B4<=DATE(YEAR(NOW())-10,MONTH(NOW()),DAY(NOW())) | | | | | |

## 將篩選結果複製到別處

於『進階篩選』對話方塊，若選「**將篩選結果複製到其他地方(O)**」，得另於『複製到(T)：』處輸入一位址或範圍，以指明欲將符合條件之記錄複製到何處？

此時，若該範圍並未安排任何欄名列，則會將符合條件之記錄的所有欄位內容抄出。

範例 Ch13.xlsx『進階篩選 - 輸出全部欄位』工作表，將條件準則及『進階篩選』對話方塊之內容定義成：

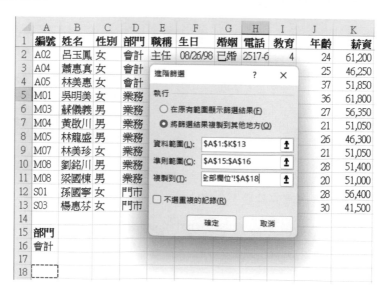

要求將篩選結果複製到 A18。因該處並無任何欄名，故將抄錄出所有欄位之內容：

| | A | B | C | D | E | F | G | H | I | J | K |
|---|---|---|---|---|---|---|---|---|---|---|---|
| 1 | **編號** | **姓名** | **性別** | **部門** | **職稱** | **生日** | **婚姻** | **電話** | **教育** | **年齡** | **薪資** |
| 13 | S03 | 楊惠芬 | 女 | 門市 | 專員 | 02/20/92 | 未婚 | 3399-5 | 2 | 29 | 41,450 |
| 14 | | | | | | | | | | | |
| 15 | **部門** | | | | | | | | | | |
| 16 | 會計 | | | | | | | | | | |
| 17 | | | | | | | | | | | |
| 18 | **編號** | **姓名** | **性別** | **部門** | **職稱** | **生日** | **婚姻** | **電話** | **教育** | **年齡** | **薪資** |
| 19 | A02 | 呂玉鳳 | 女 | 會計 | 主任 | 08/26/98 | 已婚 | 2517-6 | 4 | 23 | 61,150 |
| 20 | A04 | 蕭惠真 | 女 | 會計 | 專員 | 05/26/97 | 已婚 | 2657-1 | 3 | 24 | 46,200 |
| 21 | A05 | 林美惠 | 女 | 會計 | 專員 | 01/21/85 | 已婚 | 2515-5 | 4 | 36 | 51,800 |

反之，**若該位置安排有欄名列，則僅會抄出所指定之欄位內容而已。**輸出範圍的第一列所安排之資料欄名稱，除可用以決定欲抄錄之欄位內容外；亦同時決定其應以何種順序排列。如範例 Ch13.xlsx『進階篩選 - 輸出部分欄位』工作表，將輸出範圍之欄名列安排成：

| 18 | 姓名 | 部門 | 教育 | 薪資 | 職稱 | 生日 | |
|---|---|---|---|---|---|---|---|

表示僅欲於輸出範圍內，抄錄出這幾個欄位而已，且資料內容應依目前所示之順序排列。

　　安排欄名列時，為省去自行輸入之麻煩且為求其欄名之正確性，亦大都以抄錄方式進行。若僅欲抄錄部分欄位，可以按住 Ctrl 鍵並配合以滑鼠點選之方式，進行不連續之多重選取，續進行『**複製 / 貼上**』即可；亦可先輸入 = 號再輸入來源格之位址，如於 A18 位置輸入 =B1 即可透過運算式取得 B1 之『姓名』字串內容。

茲將條件準則、輸出範圍及『進階篩選』對話方塊之內容定義成：

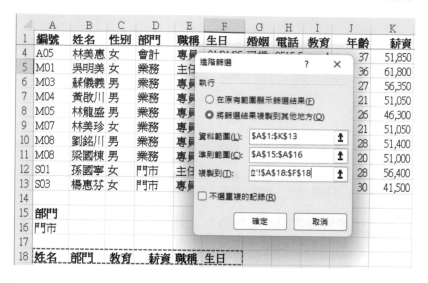

要求將篩選結果複製到 A18:F18。執行過進階篩選後，將僅於輸出範圍內抄錄出所指定之幾個欄位而已，且資料內容亦依所示之順序排列：

| | A | B | C | D | E | F | G | H | I | J | K |
|---|---|---|---|---|---|---|---|---|---|---|---|
| 1 | 編號 | 姓名 | 性別 | 部門 | 職稱 | 生日 | 婚姻 | 電話 | 教育 | 年齡 | 薪資 |
| 13 | S03 | 楊惠芬 | 女 | 門市 | 專員 | 02/20/92 | 未婚 | 3399-5 | 2 | 29 | 41,450 |
| 14 | | | | | | | | | | | |
| 15 | 部門 | | | | | | | | | | |
| 16 | 門市 | | | | | | | | | | |
| 17 | | | | | | | | | | | |
| 18 | 姓名 | 部門 | 教育 | 薪資 | 職稱 | 生日 | | | | | |
| 19 | 孫國寧 | 門市 | 3 | 56,350 | 主任 | 02/18/94 | | | | | |
| 20 | 楊惠芬 | 門市 | 2 | 41,450 | 專員 | 02/20/92 | | | | | |

　　於『進階篩選』對話方塊之『複製到 (T)：』處，定義輸出範圍時，應注意下列情況：

- 若僅標定欄名所在之一格（如：A18）或一列範圍（如：A18:F18），表輸出資料將由該列向下無限延伸地抄下去，故執行前應確認並無資料會遭輸出結果覆蓋才行。

- 最好將輸出範圍標定為：除欄名列外另加上足以容納篩選結果之幾列空白列（如：A18:F25），則將僅在所定之範圍進行處理而已，其下之資料則不會遭輸出結果覆蓋。

■ **輸出範圍應足夠大**，如前例若標定輸出範圍為 A18:F20，將因預留之空白列數不足，而導致錯誤：

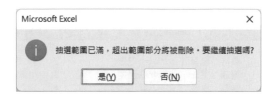

若選 ⌊ 是(Y) ⌋，資料仍會全數抄出，但將會覆蓋掉所預留之列數以外的內容。若選 ⌊ 否(N) ⌋，則輸出內容將僅能抄錄於所標定之範圍內而已，以確保輸出範圍底下之資料不會被覆蓋。

> **注意**
>
> 注意，不論於何種情況，均無法按『復原』 ⟲ 鈕將其還原。所以，容不得您出一次錯。

### 不選重複的記錄

於『進階篩選』對話方塊，選「**不選重複的記錄 (R)**」:（詳範例 **Ch13.xlsx**『進階篩選 - 不重複』工作表）

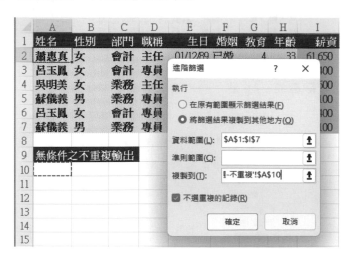

若符合條件之記錄存有完全相同之內容，將僅顯示其中之一筆，而將多餘之重複記錄排除，以確保記錄均為唯一：

| | A | B | C | D | E | F | G | H | I |
|---|---|---|---|---|---|---|---|---|---|
| 1 | 姓名 | 性別 | 部門 | 職稱 | 生日 | 婚姻 | 教育 | 年齡 | 薪資 |
| 2 | 蕭惠真 | 女 | 會計 | 主任 | 01/12/89 | 已婚 | 4 | 32 | 61,600 |
| 3 | 呂玉鳳 | 女 | 會計 | 專員 | 07/05/94 | 已婚 | 3 | 27 | 46,350 |
| 4 | 吳明美 | 女 | 業務 | 主任 | 10/04/90 | 已婚 | 4 | 31 | 61,550 |
| 5 | 蘇儀義 | 男 | 業務 | 專員 | 01/07/80 | 已婚 | 5 | 41 | 57,050 |
| 6 | 呂玉鳳 | 女 | 會計 | 專員 | 07/05/94 | 已婚 | 3 | 27 | 46,350 |
| 7 | 蘇儀義 | 男 | 業務 | 專員 | 01/07/80 | 已婚 | 5 | 41 | 57,050 |
| 8 | | | | | | | | | |
| 9 | 無條件之不重複輸出 | | | | | | | | |
| 10 | 姓名 | 性別 | 部門 | 職稱 | 生日 | 婚姻 | 教育 | 年齡 | 薪資 |
| 11 | 蕭惠真 | 女 | 會計 | 主任 | 01/12/89 | 已婚 | 4 | 32 | 61,600 |
| 12 | 呂玉鳳 | 女 | 會計 | 專員 | 07/05/94 | 已婚 | 3 | 27 | 46,350 |
| 13 | 吳明美 | 女 | 業務 | 主任 | 10/04/90 | 已婚 | 4 | 31 | 61,550 |
| 14 | 蘇儀義 | 男 | 業務 | 專員 | 01/07/80 | 已婚 | 5 | 41 | 57,050 |

## 移除重複的記錄

範例 Ch13.xlsx『移除重複記錄』工作表內有多筆重覆之記錄：

| | A | B | C | D | E | F | G | H | I |
|---|---|---|---|---|---|---|---|---|---|
| 1 | 姓名 | 性別 | 部門 | 職稱 | 生日 | 婚姻 | 教育 | 年齡 | 薪資 |
| 2 | 蕭惠真 | 女 | 會計 | 主任 | 01/12/89 | 已婚 | 4 | 32 | 61,600 |
| 3 | 呂玉鳳 | 女 | 會計 | 專員 | 07/05/94 | 已婚 | 3 | 27 | 46,350 |
| 4 | 吳明美 | 女 | 業務 | 主任 | 10/04/90 | 已婚 | 4 | 31 | 61,550 |
| 5 | 蘇儀義 | 男 | 業務 | 專員 | 01/07/80 | 已婚 | 5 | 41 | 57,050 |
| 6 | 呂玉鳳 | 女 | 會計 | 專員 | 07/05/94 | 已婚 | 3 | 27 | 46,350 |
| 7 | 蘇儀義 | 男 | 業務 | 專員 | 01/07/80 | 已婚 | 5 | 41 | 57,050 |

若想直接將重覆之記錄移除，可於點選該表之任一位置後，按『**資料 / 資料工具 / 移除重複**』 鈕，轉入：

於此是要選擇拿來判斷是否重複的欄位，若是全部欄位均為判斷依據，則直接按 確定 鈕，將顯示：

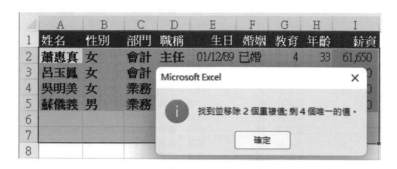

告知已刪除兩筆重覆記錄，再按一次 確定 鈕，即可結束。

# 13-6 分組摘要統計

### 單一統計數字

利用『**資料/大綱/小計**』  鈕，可將資料庫清單資料，依指定之分組依據進行分組，求算某欄或某幾欄數值資料之：小計、總計、均數、標準差……等簡單統計資料。如：以性別分組，求各性別之薪資及年齡均數；另一併求算全部之薪資及年齡均數。

> **注意**
>
> 為求適當分組，得先以該依據進行排序。

茲以範例 Ch13.xlsx『小計 - 單一統計數字』工作表薪資資料為例，舉例說明進行分組求算統計資料之過程：

Step 1 以滑鼠單按分組依據欄之任一儲存格（假定欲以『性別』進行分組）

Step **2** 按『資料 / 排序與篩選 / 從 A 到 Z 排序』 $\frac{A}{Z}\downarrow$ 鈕，進行遞增排序

| | A | B | C | D | E | F | G | H | I | J | K |
|---|---|---|---|---|---|---|---|---|---|---|---|
| 1 | 編號 | 姓名 | 性別 | 部門 | 職稱 | 生日 | 婚姻 | 電話 | 教育 | 年齡 | 薪資 |
| 2 | A02 | 呂玉鳳 | 女 | 會計 | 主任 | 08/26/98 | 已婚 | 2517-6 | 4 | 23 | 61,150 |
| 3 | A04 | 蕭惠真 | 女 | 會計 | 專員 | 05/26/97 | 已婚 | 2657-1 | 3 | 24 | 46,200 |
| 4 | A05 | 林美惠 | 女 | 會計 | 專員 | 01/21/85 | 已婚 | 2515-5 | 4 | 36 | 51,800 |
| 5 | M01 | 吳明美 | 女 | 業務 | 主任 | 11/29/86 | 已婚 | 2502-1 | 4 | 35 | 61,750 |
| 6 | M07 | 林美珍 | 女 | 業務 | 專員 | 02/24/01 | 未婚 | 2617-6 | 4 | 20 | 51,000 |
| 7 | S01 | 孫國寧 | 女 | 門市 | 主任 | 02/18/94 | 已婚 | 8894-5 | 3 | 27 | 56,350 |
| 8 | S03 | 楊惠芬 | 女 | 門市 | 專員 | 02/20/92 | 未婚 | 3399-5 | 2 | 29 | 41,450 |
| 9 | M03 | 蘇儀義 | 男 | 業務 | 專員 | 05/30/95 | 已婚 | 2666-3 | 5 | 26 | 56,300 |
| 10 | M04 | 黃啟川 | 男 | 業務 | 專員 | 11/06/01 | 未婚 | 5897-4 | 4 | 20 | 51,000 |
| 11 | M05 | 林龍盛 | 男 | 業務 | 專員 | 10/25/96 | 未婚 | 2555-7 | 3 | 25 | 46,250 |
| 12 | M08 | 劉銘川 | 男 | 業務 | 專員 | 05/01/94 | 已婚 | 2736-3 | 4 | 27 | 51,350 |
| 13 | M08 | 梁國棟 | 男 | 業務 | 專員 | 06/05/02 | 未婚 | 7639-8 | 4 | 19 | 50,950 |

Step **3** 按『資料 / 大綱 / 小計』  鈕，轉入『小計』對話方塊

Step **4** 選擇分組小計之依據

按『分組小計欄位 (A)：』下之下拉鈕，續選取欲進行分組之依據欄位。（於本例已按性別排序，故應選『性別』欄）

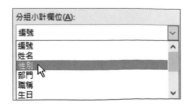

Step **5** 選擇要求算何種分組小計

按『使用函數 (U)：』下之下拉鈕，續選取欲求算之統計資料，其內計有：加總、項目個數、平均值、最大值、最小值、乘積、數字項個數、標準差、母體標準差、變異值、母體變異值、……等，常用之基本統計資料可供選用。(本例選「**平均值**」)

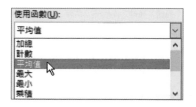

Step **6** 選取新增小計位置

於『新增小計位置 (D)：』下選擇表中，選取欲對那個資料欄，求算前階段選取之統計資料。本例選取欲求算『年齡』與『薪資』兩數值欄之平均值。

**小秘訣**

非數值資料欄，僅能求算次數資料；而無法求加總、均數、……等統計資料。

Step **7** 選妥後，按 ▢ 確定 ▢ 鈕即可獲致分組統計資料。以女性資料而言，其平均年齡為 27.71、平均薪資為 52,814：

| | A | B | C | D | E | F | G | H | I | J | K |
|---|---|---|---|---|---|---|---|---|---|---|---|
| 1 | 編號 | 姓名 | 性別 | 部門 | 職稱 | 生日 | 婚姻 | 電話 | 教育 | 年齡 | 薪資 |
| 2 | A02 | 呂玉鳳 | 女 | 會計 | 主任 | 08/26/98 | 已婚 | 2517-6 | 4 | 23 | 61,150 |
| 3 | A04 | 蕭惠真 | 女 | 會計 | 專員 | 05/26/97 | 已婚 | 2657-1 | 3 | 24 | 46,200 |
| 4 | A05 | 林美惠 | 女 | 會計 | 專員 | 01/21/85 | 已婚 | 2515-5 | 4 | 36 | 51,800 |
| 5 | M01 | 吳明美 | 女 | 業務 | 主任 | 11/29/86 | 已婚 | 2502-1 | 4 | 35 | 61,750 |
| 6 | M07 | 林美珍 | 女 | 業務 | 專員 | 02/24/01 | 未婚 | 2617-6 | 4 | 20 | 51,000 |
| 7 | S01 | 孫國寧 | 女 | 門市 | 主任 | 02/18/94 | 已婚 | 8894-5 | 3 | 27 | 56,350 |
| 8 | S03 | 楊惠芬 | 女 | 門市 | 專員 | 02/20/92 | 未婚 | 3399-5 | 2 | 29 | 41,450 |
| 9 | | | 女 平均值 | | | | | | | 27.7143 | 52,814 |
| 10 | M03 | 蘇儀義 | 男 | 業務 | 專員 | 05/30/95 | 已婚 | 2666-3 | 5 | 26 | 56,300 |
| 11 | M04 | 黃啟川 | 男 | 業務 | 專員 | 11/06/01 | 未婚 | 5897-4 | 4 | 20 | 51,000 |
| 12 | M05 | 林龍盛 | 男 | 業務 | 專員 | 10/25/96 | 未婚 | 2555-7 | 3 | 25 | 46,250 |
| 13 | M08 | 劉銘川 | 男 | 業務 | 專員 | 05/01/94 | 已婚 | 2736-3 | 4 | 27 | 51,350 |
| 14 | M08 | 梁國棟 | 男 | 業務 | 專員 | 06/05/02 | 未婚 | 7639-8 | 4 | 19 | 50,950 |
| 15 | | | 男 平均值 | | | | | | | 23.4 | 51,170 |
| 16 | | | 總計平均數 | | | | | | | 25.9167 | 52,129 |

**小秘訣**

要移除已建妥之小計結果，可按『資料 / 大綱 / 小計』 ▦ 小計 鈕，轉入『小計』對話方塊，續按 ▢ 全部移除(R) ▢ 鈕。

## 安排多個統計數字

Excel 允許使用者執行多次之『小計』 ▦ 小計 鈕，以分組求算多個統計數字。

續前例，假定於安排過平均數後，仍欲安排其他統計資料，可依下列步驟進行：（詳範例 Ch13.xlsx『小計 - 多組統計數字』工作表）

Step **1** 再次按『資料 / 大綱 / 小計』 ▦ 小計 鈕，轉入『小計』對話方塊

Step **2** 選取『性別』欄作為分組小計欄位

Step **3** 於『使用函數 (U)：』下，續選第二個統計資料（假定選取「**最大**」）

Step **4** 於『新增小計位置 (D)：』處，仍選取欲求算『年齡』與『薪資』兩數值欄之統計資料

Step **5** 取消「**取代目前小計 (C)**」之選取

若非初次執行，而欲以此次之小計資料取代前次之計算結果，請選擇「**取代目前小計 (C)**」。若取消此設定，則允許多次選取之統計資料一併顯示。（於本例擬同時出現平均值與最大值，故應確定已取消此一選項）

Step **6** 選妥後，按 ⬚確定 鈕，即可獲致

| 1 2 3 4 | | A | B | C | D | E | F | G | H | I | J | K |
|---|---|---|---|---|---|---|---|---|---|---|---|---|
| | 1 | 編號 | 姓名 | 性別 | 部門 | 職稱 | 生日 | 婚姻 | 電話 | 教育 | 年齡 | 薪資 |
| | 2 | A02 | 呂玉鳳 | 女 | 會計 | 主任 | 08/26/98 | 已婚 | 2517-6 | 4 | 23 | 61,150 |
| | 3 | A04 | 蕭惠真 | 女 | 會計 | 專員 | 05/26/97 | 已婚 | 2657-1 | 3 | 24 | 46,200 |
| | 4 | A05 | 林美惠 | 女 | 會計 | 專員 | 01/21/85 | 已婚 | 2515-5 | 4 | 36 | 51,800 |
| | 5 | M01 | 吳明美 | 女 | 業務 | 主任 | 11/29/86 | 已婚 | 2502-1 | 4 | 35 | 61,750 |
| | 6 | M07 | 林美珍 | 女 | 業務 | 專員 | 02/24/01 | 未婚 | 2617-6 | 4 | 20 | 51,000 |
| | 7 | S01 | 孫國寧 | 女 | 門市 | 主任 | 02/18/94 | 已婚 | 8894-5 | 3 | 27 | 56,350 |
| | 8 | S03 | 楊惠芬 | 女 | 門市 | 專員 | 02/20/92 | 未婚 | 3399-5 | 2 | 29 | 41,450 |
| | 9 | | | 女 最大 | | | | | | | 36 | 61,750 |
| | 10 | | | 女 平均值 | | | | | | | 27.7143 | 52,814 |
| | 11 | M03 | 蘇儀義 | 男 | 業務 | 專員 | 05/30/95 | 已婚 | 2666-3 | 5 | 26 | 56,300 |
| | 12 | M04 | 黃啟川 | 男 | 業務 | 專員 | 11/06/01 | 未婚 | 5897-4 | 4 | 20 | 51,000 |
| | 13 | M05 | 林龍盛 | 男 | 業務 | 專員 | 10/25/96 | 未婚 | 2555-7 | 3 | 25 | 46,250 |
| | 14 | M08 | 劉銘川 | 男 | 業務 | 專員 | 05/01/94 | 已婚 | 2736-3 | 4 | 27 | 51,350 |
| | 15 | M08 | 梁國棟 | 男 | 業務 | 專員 | 06/05/02 | 未婚 | 7639-8 | 4 | 19 | 50,950 |
| | 16 | | | 男 最大 | | | | | | | 27 | 56,300 |
| | 17 | | | 男 平均值 | | | | | | | 23.4 | 51,170 |
| | 18 | | | 總計最大值 | | | | | | | 36 | 61,750 |
| | 19 | | | 總計平均數 | | | | | | | 25.9167 | 52,129 |

各性別除顯示前次執行之平均值資料外；另於其上顯示所選取之數值欄的最大值。仿此過程繼續執行，仍可再加入其他統計數字。

若欲使每一分組資料能列印於不同頁，可於『小計』對話方塊選「**每組資料分頁 (P)**」項，將於每一組資料後插入分頁線。（於列印時，將促使分頁；於螢幕上，則僅顯示一條表示分頁之粗線）

若欲將分組小計之結果，顯示於各組資料之前，可取消「**摘要置於小計資料下方 (S)**」之設定。

# 13-7 資料分析

## 一般統計函數

在未介紹資料庫統計函數之前，得先認識幾個簡單之一般統計函數，其語法及作用分別為：

| | |
|---|---|
| SUM(Number1,[Number2],...) | 求總和 |
| AVERAGE(Number1,[Number2],...) | 求平均數 |
| MAX(Number1,[Number2],...) | 求極大值 |
| MIN(Number1,[Number2],...) | 求極小值 |
| VAR(Number1,[Number2],...) | 求變異數 |
| STDEV(Number1,[Number2],...) | 求標準差 |
| COUNT(Number1,[Number2],...) | 求算數值資料之儲存格個數 |
| COUNTA(Number1,[Number2],...) | 求算非空白之儲存格個數 |

Number1,[Number2],... 為函數要處理之範圍引數，最多可達 255 個。方括號包圍之內容，表其可以省略。如：（詳範例 Ch13.xlsx『一般統計函數』工作表）

| E2 | | ✓ : × ✓ fx | =COUNT($B$2:$B$13) | | | |
|---|---|---|---|---|---|---|
| | A | B | C | D | E | F |
| 1 | **姓名** | **成績** | | | | |
| 2 | 李碧華 | 88 | | 記錄筆數 | 11 | ← =COUNT($B$2:$B$13) |
| 3 | 林淑芬 | 90 | | 記錄筆數 | 12 | ← =COUNTA($B$2:$B$13) |
| 4 | 王嘉育 | 缺考 | | 總分 | 853 | ← =SUM($B$2:$B$13) |
| 5 | 吳育仁 | 88 | | 平均 | 77.55 | ← =AVERAGE($B$2:$B$13) |
| 6 | 呂姿瑩 | 75 | | 最高 | 91 | ← =MAX($B$2:$B$13) |
| 7 | 孫國華 | 85 | | 最低 | 45 | ← =MIN($B$2:$B$13) |
| 8 | 吳樹人 | 66 | | 標準差 | 14.57 | ← =STDEV($B$2:$B$13) |
| 9 | 李慶嘉 | 45 | | 變異數 | 212.27 | ← =VAR($B$2:$B$13) |

除了 COUNTA() 係以非空白之儲存格為處理對象外；其餘函數的處理對象，均只限定為數值資料，故 E2 與 E3 所算得之筆數並不相同。

## 依條件算筆數 COUNTIF()

COUNTIF() 函數之語法為：

> COUNTIF(range,criteria)
> COUNTIF( 範圍 , 條件準則 )

此函數可於指定之**範圍**內，依**條件準則**進行求算符合條件之筆數。

**條件準則**可以是數字、比較式、文字或含這些內容之儲存格位址。但除非恰好要找等於某數值，可省略等號，如：2 表找恰為 2；70 表找恰為 70。否則，應以雙引號將其包圍。如：" 男 " 表要找出男性，">=80" 表要找 ≥ 80。

如，擬於範例 Ch13.xlsx『COUNTIF 函數』工作表中，分別求男女人數：

其 F2 求男性人數之公式應為：

> =COUNTIF(B2:B9," 男 ")

表要在 B2:B9 之性別欄中，求算內容為 " 男 " 之人數。同理，其 F3 求女性人數之公式則為：

> =COUNTIF(B2:B9," 女 ")

較特殊者為：加有比較符號之條件式仍得以雙引號將其包圍。如，於 F5 求成績 80 分及以上之人數的公式應為：

```
=COUNTIF(C2:C9,">=80")
```

表要在 C2:C9 之成績欄中，求算內容大於等於 80( ">=80" ) 之人數。同理，其 F6 求 80 分以下之人數的公式則為：

```
=COUNTIF(C2:C9,"<80")
```

如此，若成績欄中存有不及格之分數，您應該也會求及格與不及格之人數才對。

　　同樣之例子，也可將**條件準則**輸入於儲存格內，省去於函數內得加雙引號包圍之麻煩：(詳範例 Ch13.xlsx『COUNTIF 函數 2』工作表 )

| F2 | | | ✕ ✓ fx | =COUNTIF($B$2:$B$9,E2) | | | | |
|---|---|---|---|---|---|---|---|---|
| | A | B | C | D | E | F | G | H | I |
| 1 | 姓名 | 性別 | 成績 | | 性別 | 人數 | | | |
| 2 | 陳以真 | 女 | 70 | | 男 | 3 | ← =COUNTIF($B$2:$B$9,E2) | | |
| 3 | 林淑芬 | 女 | 89 | | 女 | 5 | ← =COUNTIF($B$2:$B$9,E3) | | |
| 4 | 王嘉育 | 男 | 78 | | | | | | |
| 5 | 程家嘉 | 男 | 82 | | 成績 | 人數 | | | |
| 6 | 廖彗君 | 女 | 83 | | >=80 | 5 | ← =COUNTIF($C$2:$C$9,E6) | | |
| 7 | 莊媛智 | 女 | 87 | | <80 | 3 | ← =COUNTIF($C$2:$C$9,E7) | | |

## 依多重條件求算筆數 COUNTIFS()

　　COUNTIFS() 之用法類似 COUNTIF()，只差其允許使用多重條件，最多允許使用 127 組條件準則。其語法為：

```
COUNTIFS(criteria_range1, criteria1, [criteria_range2, criteria2]…)
COUNTIFS( 準則範圍 1, 條件準則 1,[ 準則範圍 2, 條件準則 2],…)
```

如，擬於範例 Ch13.xlsx『COUNTIFS 函數 1』工作表中，分別求：男性月費 600 以下、男性月費 600 及以上、女性月費 600 以下與女性月費 600 及以上，四種組合條件之人數：

| F2 | | | ✕ ✓ fx | =COUNTIFS($C$1:$C$201,"男",$B$1:$B$201,"<600") | | | | | |
|---|---|---|---|---|---|---|---|---|---|
| | B | C | D | E | F | G | H | I | J | K |
| 1 | 月費 | 性別 | | | | | | | | |
| 2 | 400 | 男 | | 男性月費600以下 | 62 | ← =COUNTIFS($C$1:$C$201,"男",$B$1:$B$201,"<600") | | | | |
| 3 | 800 | 男 | | 男性月費600及以上 | 41 | ← =COUNTIFS($C$1:$C$201,"男",$B$1:$B$201,">=600") | | | | |
| 4 | 400 | 女 | | | | | | | | |
| 5 | 600 | 男 | | 女性月費600以下 | 66 | ← =COUNTIFS($C$1:$C$201,"女",$B$1:$B$201,"<600") | | | | |
| 6 | 800 | 男 | | 女性月費600及以上 | 31 | ← =COUNTIFS($C$1:$C$201,"女",$B$1:$B$201,">=600") | | | | |
| 7 | 400 | 女 | | | | | | | | |
| 8 | 400 | 男 | | 總人數 | 200 | ← =COUNT(B2:B201) | | | | |

其 F2 求男性月費 600 以下之人數的公式應為：

```
=COUNTIFS($C$1:$C$201," 男 ",$B$1:$B$201,"<600")
```

表要在 $C$2:$C$201 之性別欄中，求算內容為 " 男 "；且於 $B$2:$B$201 之月費欄中，內容 <600 之人數。其位址分別加上 $，轉為絕對位址，係為了方便向下抄錄之故。

同理，其 F3 求男性月費 600 及以上之人數的公式則為：

```
=COUNTIFS($C$1:$C$201," 男 ",$B$1:$B$201,">=600")
```

F5 求女性月費 600 以下之人數的公式為：

```
=COUNTIFS($C$1:$C$201," 女 ",$B$1:$B$201,"<600")
```

F6 求女性月費 600 及以上之人數的公式則為：

```
=COUNTIFS($C$1:$C$201," 女 ",$B$1:$B$201,">=600")
```

同樣之例子，也可將**條件準則**輸入於儲存格內，省去於函數內得加雙引號包圍之麻煩，且也方便抄錄：（詳範例 Ch13.xlsx『COUNTIFS 函數 2』工作表）

| G2 | | | fx | =COUNTIFS($C$1:$C$201,E2,$B$1:$B$201,F2) | | | | |
|---|---|---|---|---|---|---|---|---|
| | A | B | C | D | E | F | G | H | I |
| 1 | 編號 | 月費 | 性別 | | 性別 | 月費 | 人數 | | |
| 2 | 1 | 400 | 男 | | 男 | <600 | 62 | | |
| 3 | 2 | 800 | 男 | | 男 | >=600 | 41 | | |
| 4 | 3 | 400 | 女 | | 女 | <600 | 66 | | |
| 5 | 4 | 600 | 男 | | 女 | >=600 | 31 | | |
| 6 | 5 | 800 | 男 | | 總計 | | 200 | ← =COUNT(B2:B201) | |

G2 求男性月費 600 以下之人數的公式為：

```
=COUNTIFS($C$1:$C$201,E2,$B$1:$B$201,F2)
```

以拖曳複製控點之方式，向下依序向下抄給 G3:G5，即可分別求出：男性月費 600 以下、男性月費 600 及以上、女性月費 600 以下與女性月費 600 及以上，四種組合條件之人數。

### 依條件算加總 SUMIF()

SUMIF() 函數功能類似 COUNTIF() 函數，但所求對象改為求某欄中符合條件部分之加總。其語法為：

> SUMIF(range,criteria,[sum_range])
> SUMIF( 準則範圍 , 條件準則 ,[ 加總範圍 ])

式中，方括號所包圍之內容，表其可省略。

**準則範圍**　　是**條件準則**用來進行條件比較的範圍。

**條件準則**　　可以是數字、比較式、文字或含這些內容之儲存格位址。但除非使用數值，否則應以雙引號將其包圍。如：50000、" 門市 " 或 ">=800000"。

**[ 加總範圍 ]**　　則用以標出要進行加總的儲存格範圍，如果省略，則計算**準則範圍**中的儲存格。僅適用於**準則範圍**為數值時，如：

> =SUMIF(C2:C9,">=30000")

將加總 C2:C9 範圍內，大於或等於 30000 者。

如，擬於範例 Ch13.xlsx『分組加總 1』工作表中，分別求各部門之業績總和：

其 E3 求『門市』部之業績合計的公式應為：

> =SUMIF(A2:A9," 門市 ",C2:C9)

表要在 A2:A9 之部門欄中，求算內容為 " 門市 " 之業績合計。同理，其 E5 求『業務』部之業績合計的公式則應為：

```
=SUMIF(A2:A9," 業務 ",C2:C9)
```

而若擬將業績分成三萬及以上與三萬以下兩組，並分別求其業績總和，則可使用：

```
=SUMIF(C2:C9,">=30000",C2:C9)
=SUMIF(C2:C9,"<30000",C2:C9)
```

或

```
=SUMIF(C2:C9,">=30000")
=SUMIF(C2:C9,"<30000")
```

因為，省略 [ 加總範圍 ] 將加總準則範圍中的儲存格（C2:C9）內容。

若將相關文字及條件輸入於儲存格內，則求合計之各公式可改為：（詳範例 Ch13.xlsx『分組加總 2』工作表）

```
=SUMIF($A$2:$A$9,E2,$C$2:$C$9)
=SUMIF($A$2:$A$9,E3,$C$2:$C$9)
=SUMIF($C$2:$C$9,E5)
=SUMIF($C$2:$C$9,E6)
```

| F2 | | | ✕ ✓ ƒx | =SUMIF($A$2:$A$9,E2,$C$2:$C$9) | | | | | |
|---|---|---|---|---|---|---|---|---|---|
| | A | B | C | D | E | F | G | H | I | J |
| 1 | 部門 | 姓名 | 業績 | | | 合計 | | | | |
| 2 | 門市 | 戴春華 | 12500 | | 門市 | 104600 | ← =SUMIF($A$2:$A$9,E2,$C$2:$C$9) | | | |
| 3 | 業務 | 林淑芬 | 36200 | | 業務 | 142850 | ← =SUMIF($A$2:$A$9,E3,$C$2:$C$9) | | | |
| 4 | 門市 | 王嘉育 | 18700 | | | | | | | |
| 5 | 門市 | 吳育仁 | 40800 | | >=30000 | 193750 | ←=SUMIF($C$2:$C$9,E5) | | | |
| 6 | 業務 | 呂姿瑩 | 51650 | | <30000 | 53700 | ← =SUMIF($C$2:$C$9,E6) | | | |

## 依多重條件求算加總 SUMIFS()

SUMIFS() 之用法類似 SUMIF() 只差其允許使用多重條件。其語法為：

SUMIFS(sum_range, criteria_range1, criteria1, [criteria_range2, criteria2], ...)
SUMIFS( 加總範圍 , 準則範圍 1, 條件準則 1,[ 準則範圍 2, 條件準則 2],…)

如，擬於範例 Ch13.xlsx『性別與地區分組求業績總和 1』工作表中：

| | A | B | C | D |
|---|---|---|---|---|
| 1 | 姓名 | 性別 | 地區 | 業績 |
| 2 | 古雲翰 | 男 | 北區 | 2,159,370 |
| 3 | 陳善鼎 | 男 | 北區 | 678,995 |
| 4 | 羅惠泱 | 女 | 南區 | 1,555,925 |
| 5 | 王得翔 | 男 | 中區 | 1,065,135 |

分別求：北區、中區、南區及東區四個區域，不同性別之業績總和：

| G2 | | × ✓ fx | =SUMIFS($D$1:$D$101,$B$1:$B$101,"男",$C$1:$C$101,"北區") | | | | | |
|---|---|---|---|---|---|---|---|---|
| | F | G | H | I | J | K | L | M | N |
| 2 | 北區男性業績總和 | 15,106,586 | ← =SUMIFS($D$1:$D$101,$B$1:$B$101,"男",$C$1:$C$101,"北區") |
| 3 | 中區男性業績總和 | 10,467,223 | ← =SUMIFS($D$1:$D$101,$B$1:$B$101,"男",$C$1:$C$101,"中區") |
| 4 | 南區男性業績總和 | 12,791,173 | ← =SUMIFS($D$1:$D$101,$B$1:$B$101,"男",$C$1:$C$101,"南區") |
| 5 | 東區男性業績總和 | 8,324,985 | ← =SUMIFS($D$1:$D$101,$B$1:$B$101,"男",$C$1:$C$101,"東區") |
| 6 | | |
| 7 | | |
| 8 | 北區女性業績總和 | 28,809,787 | ← =SUMIFS($D$1:$D$101,$B$1:$B$101,"女",$C$1:$C$101,"北區") |
| 9 | 中區女性業績總和 | 16,954,457 | ← =SUMIFS($D$1:$D$101,$B$1:$B$101,"女",$C$1:$C$101,"中區") |
| 10 | 南區女性業績總和 | 21,200,297 | ← =SUMIFS($D$1:$D$101,$B$1:$B$101,"女",$C$1:$C$101,"南區") |
| 11 | 東區女性業績總和 | 14,043,291 | ← =SUMIFS($D$1:$D$101,$B$1:$B$101,"女",$C$1:$C$101,"東區") |

其中，G2 內求北區男性業績總和之公式為：

=SUMIFS($D$1:$D$101,$B$1:$B$101," 男 ",$C$1:$C$101," 北區 ")

表求算加總之範圍為 $D$1:$D$101 之業績欄，其條件為：在 $B$1:$B$101 之性別欄內容為 " 男 "；且於 $C$1:$C$101 之地區欄內容為 " 北區 "。其位址分別加上 $，轉為絕對位址，係為了方便向下抄錄之故。

同理，其 G3:G5 求中區、南區與北區，男性業績總和之公式則分別為：

=SUMIFS($D$1:$D$101,$B$1:$B$101," 男 ",$C$1:$C$101," 中區 ")
=SUMIFS($D$1:$D$101,$B$1:$B$101," 男 ",$C$1:$C$101," 南區 ")
=SUMIFS($D$1:$D$101,$B$1:$B$101," 男 ",$C$1:$C$101," 東區 ")

而 G8:G11 範圍內，求各地區女性業績總和之公式則分別為：

=SUMIFS($D$1:$D$101,$B$1:$B$101," 女 ",$C$1:$C$101," 北區 ")
=SUMIFS($D$1:$D$101,$B$1:$B$101," 女 ",$C$1:$C$101," 中區 ")
=SUMIFS($D$1:$D$101,$B$1:$B$101," 女 ",$C$1:$C$101," 南區 ")
=SUMIFS($D$1:$D$101,$B$1:$B$101," 女 ",$C$1:$C$101," 東區 ")

同樣之例子，也可將**條件準則**輸入於儲存格內，省去於函數內得加雙引號包圍之麻煩，且也方便抄錄：（詳範例 Ch13.xlsx『性別與地區分組求業績總和 2』工作表）

| I3 | ✓ : × ✓ fx | =SUMIFS($D$1:$D$101,$B$1:$B$101,G3,$C$1:$C$101,H3) | | | | | | |
|---|---|---|---|---|---|---|---|---|
| | B | C | D | E | F | G | H | I | J |
| 1 | 性別 | 地區 | 業績 | | | | | |
| 2 | 男 | 北區 | 2,159,370 | | | 性別 | 地區 | 業績總和 |
| 3 | 男 | 北區 | 678,995 | | | 男 | 北區 | 15,106,586 |
| 4 | 女 | 南區 | 1,555,925 | | | 男 | 中區 | 10,467,223 |
| 5 | 男 | 中區 | 1,065,135 | | | 男 | 南區 | 12,791,173 |
| 6 | 女 | 北區 | 1,393,475 | | | 男 | 東區 | 8,324,985 |
| 7 | 女 | 中區 | 1,216,257 | | | 女 | 北區 | 28,809,787 |
| 8 | 女 | 南區 | 1,531,583 | | | 女 | 中區 | 16,954,457 |
| 9 | 男 | 北區 | 1,125,285 | | | 女 | 南區 | 21,200,297 |
| 10 | 女 | 中區 | 546,210 | | | 女 | 東區 | 14,043,291 |

I3 內求北區男性業績總和之公式為：

=SUMIFS($D$1:$D$101,$B$1:$B$101,G3,$C$1:$C$101,H3)

以拖曳複製控點之方式，向下依序向下抄給 I4:I10，即可分別求出北區、中區、南區及東區四個區域，不同性別之業績總和。

## 依條件求平均 AVERAGEIF()

AVERAGEIF() 之用法同於 SUMIF()，只差所求算之對象是均數而非加總而已。其語法為：

AVERAGEIF(range,criteria,[sum_range])
AVERAGEIF( 準則範圍 , 條件準則 ,[ 平均範圍 ])

範例 Ch13.xlsx『分組均數』工作表，H2 與 H3 之公式分別為：

```
=AVERAGEIF(A2:A9,E2,C2:C9)
=AVERAGEIF(A2:A9,E3,C2:C9)
```

可直接求算出各部門之平均業績。

| | H2 | | $f_x$ | =AVERAGEIF(A2:A9,E2,C2:C9) | | | | | |
|---|---|---|---|---|---|---|---|---|---|
| | A | B | C | D | E | F | G | H | I |
| 1 | 部門 | 姓名 | 業績 | | | 合計 | 筆數 | 平均 | |
| 2 | 門市 | 戴春華 | 12500 | | 門市 | 104600 | 4 | 26150 | ← =AVERAGEIF(A2:A9,E2,C2:C9) |
| 3 | 業務 | 林淑芬 | 36200 | | 業務 | 142850 | 4 | 35713 | ← =AVERAGEIF(A2:A9,E3,C2:C9) |
| 4 | 門市 | 王嘉育 | 18700 | | | | | | |

## 依多重條件求平均 AVERAGEIFS()

AVERAGEIFS() 之用法類似 SUMIFS()，同樣允許使用多重條件；只差其求算對象為均數而非加總而已。其語法為：

AVERAGEIFS(average_range, criteria_range1, criteria1, [criteria_range2, criteria2], ...)

AVERAGEIFS( 平均範圍 , 準則範圍 1, 條件準則 1,[ 準則範圍 2, 條件準則 2],…)

如，擬於範例 Ch13.xlsx『性別與地區分組求平均業績 1』工作表中：

分別求：北區、中區、南區及東區四個區域，不同性別之平均業績：

| | A | B | C | D |
|---|---|---|---|---|
| 1 | 姓名 | 性別 | 地區 | 業績 |
| 2 | 古雲翰 | 男 | 北區 | 2,159,370 |
| 3 | 陳善鼎 | 男 | 北區 | 678,995 |
| 4 | 羅惠泱 | 女 | 南區 | 1,555,925 |
| 5 | 王得翔 | 男 | 中區 | 1,065,135 |

| | G2 | | $f_x$ | =AVERAGEIFS($D$1:$D$101,$B$1:$B$101,"男",$C$1:$C$101,"北區") |
|---|---|---|---|---|
| | F | G | H I J K L M N |
| 1 | | | |
| 2 | 北區男性平均業績 | 1,162,045 | ← =AVERAGEIFS($D$1:$D$101,$B$1:$B$101,"男",$C$1:$C$101,"北區") |
| 3 | 中區男性平均業績 | 1,308,403 | ← =AVERAGEIFS($D$1:$D$101,$B$1:$B$101,"男",$C$1:$C$101,"中區") |
| 4 | 南區男性平均業績 | 1,279,117 | ← =AVERAGEIFS($D$1:$D$101,$B$1:$B$101,"男",$C$1:$C$101,"南區") |
| 5 | 東區男性平均業績 | 1,189,284 | ← =AVERAGEIFS($D$1:$D$101,$B$1:$B$101,"男",$C$1:$C$101,"東區") |
| 6 | | | |
| 7 | | | |
| 8 | 北區女性平均業績 | 1,440,489 | ← =AVERAGEIFS($D$1:$D$101,$B$1:$B$101,"女",$C$1:$C$101,"北區") |
| 9 | 中區男性平均業績 | 1,304,189 | ← =AVERAGEIFS($D$1:$D$101,$B$1:$B$101,"女",$C$1:$C$101,"中區") |
| 10 | 南區男性平均業績 | 1,177,794 | ← =AVERAGEIFS($D$1:$D$101,$B$1:$B$101,"女",$C$1:$C$101,"南區") |
| 11 | 東區男性平均業績 | 1,276,663 | ← =AVERAGEIFS($D$1:$D$101,$B$1:$B$101,"女",$C$1:$C$101,"東區") |

其中，G2 內求北區男性業績總和之公式為：

=AVERAGEIFS($D$1:$D$101,$B$1:$B$101," 男 ",$C$1:$C$101," 北區 ")

表求算均數之範圍為 $D$1:$D$101 之業績欄，其條件為：在 $B$1:$B$101 之性別欄內容為 " 男 "；且於 $C$1:$C$101 之地區欄內容為 " 北區 "。其位址分別加上 $，轉為絕對位址，係為了方便向下抄錄之故。

同理，其 G3:G5 求中區、男區與北區，男性業績均數和之公式則分別為：

=AVERAGEIFS($D$1:$D$101,$B$1:$B$101," 男 ",$C$1:$C$101," 中區 ")
=AVERAGEIFS($D$1:$D$101,$B$1:$B$101," 男 ",$C$1:$C$101," 南區 ")
=AVERAGEIFS($D$1:$D$101,$B$1:$B$101," 男 ",$C$1:$C$101," 東區 ")

而 G8:G11 範圍內，求各地區女性業績總和之公式則分別為：

=AVERAGEIFS($D$1:$D$101,$B$1:$B$101," 女 ",$C$1:$C$101," 北區 ")
=AVERAGEIFS($D$1:$D$101,$B$1:$B$101," 女 ",$C$1:$C$101," 中區 ")
=AVERAGEIFS($D$1:$D$101,$B$1:$B$101," 女 ",$C$1:$C$101," 南區 ")
=AVERAGEIFS($D$1:$D$101,$B$1:$B$101," 女 ",$C$1:$C$101," 東區 ")

同樣之例子，也可將條件準則輸入於儲存格內，省去於函數內得加雙引號包圍之麻煩，且也方便抄錄：（詳範例 Ch13.xlsx『性別與地區分組求業績均數 2』工作表）

| I3 | | | fx | =AVERAGEIFS($D$1:$D$101,$B$1:$B$101,G3,$C$1:$C$101,H3) | | | | |
| --- | --- | --- | --- | --- | --- | --- | --- | --- |
| | A | B | C | D | E | F | G | H | I |
| 1 | 姓名 | 性別 | 地區 | 業績 | | | | | |
| 2 | 古雲翰 | 男 | 北區 | 2,159,370 | | | 性別 | 地區 | 平均業績 |
| 3 | 陳善鼎 | 男 | 北區 | 678,995 | | | 男 | 北區 | 1,162,045 |
| 4 | 羅惠泱 | 女 | 南區 | 1,555,925 | | | 男 | 中區 | 1,308,403 |
| 5 | 王得翔 | 男 | 中區 | 1,065,135 | | | 男 | 南區 | 1,279,117 |
| 6 | 許馨尹 | 女 | 北區 | 1,393,475 | | | 男 | 東區 | 1,189,284 |
| 7 | 鄭欣怡 | 女 | 中區 | 1,216,257 | | | 女 | 北區 | 1,440,489 |
| 8 | 鍾詩婷 | 女 | 南區 | 1,531,583 | | | 女 | 中區 | 1,304,189 |
| 9 | 梁國棟 | 男 | 北區 | 1,125,285 | | | 女 | 南區 | 1,177,794 |
| 10 | 吳貞儀 | 女 | 中區 | 546,210 | | | 女 | 東區 | 1,276,663 |

I3 內求北區男性業績均數之公式為：

=AVERAGEIFS($D$1:$D$101,$B$1:$B$101,G3,$C$1:$C$101,H3)

以拖曳複製控點之方式，向下依序向下抄給 I4:I10，即可分別求出北區、中區、南區及東區四個區域，不同性別之業績均數。

## 資料庫統計函數

Excel 中，常用之資料庫統計函數有 DSUM、DAVERAGE、DCOUNT、DCOUNTA、DMAX、DMIN、DVAR 與 DSTDEV 等幾個，其語法及作用分別為：

| | |
|---|---|
| DSUM(database,field,criteria) | 求總和 |
| DAVERAGE(database,field,criteria) | 求平均數 |
| DMAX(database,field,criteria) | 求極大值 |
| DMIN(database,field,criteria) | 求極小值 |
| DVAR(database,field,criteria) | 求變異數 |
| DSTDEV(database,field,criteria) | 求標準差 |
| DCOUNT(database,field,criteria) | 求算數值資料記錄筆數 |
| DCOUNTA(database,field,criteria) | 求算非空白之記錄筆數 |

每個函數中，均得使用三個引數，其內容之標定方式為：

database    為一資料庫表單之範圍（應含欄名列）

field    以數值標出欲處理之欄位為 database 內之第幾欄，由 1 起算。也可以是以雙引號包圍之欄位名稱，如：" 年齡 "、" 薪資 "、……。或是，含欄名字串之儲存格位址。

criteria    為一含欄名列與條件式的準則範圍，其安排方法及規則同『進階篩選』。

故而，若於範例 Ch13.xlsx『資料庫函數』工作表之 D17 儲存格中輸入

```
=DMIN($A$1:$J$13,10,$A$15:$A$16)
```

或

```
=DMIN($A$1:$J$13," 薪資 ",$A$15:$A$16)
```

由於 J1 之內容為 " 薪資 "，故也可將運算式安排為：

```
=DMIN($A$1:$J$13,J1,$A$15:$A$16)
```

| | A | B | C | D | E | F | G | H | I | J |
|---|---|---|---|---|---|---|---|---|---|---|
| 1 | 編號 | 姓名 | 性別 | 部門 | 職稱 | 生日 | 婚姻 | 教育 | 年齡 | 薪資 |
| 12 | S01 | 孫國寧 | 女 | 門市 | 主任 | 02/18/94 | 已婚 | 3 | 27 | 56,350 |
| 13 | S03 | 楊惠芬 | 女 | 門市 | 專員 | 02/20/92 | 未婚 | 2 | 29 | 41,450 |
| 14 | | | | | | | | | | |
| 15 | 部門 | | 記錄筆數 | 2 | ← =DCOUNTA($A$1:$J$13,1,$A$15:$A$16) | | | | | |
| 16 | 門市 | | 最高薪資 | 56350 | ← =DMAX($A$1:$J$13,"薪資",$A$15:$A$16) | | | | | |
| 17 | | | 最低薪資 | 41450 | ← =DMIN($A$1:$J$13,10,$A$15:$A$16) | | | | | |
| 18 | | | 平均薪資 | 48900 | ← =DAVERAGE($A$1:$J$13,J1,$A$15:$A$16) | | | | | |
| 19 | | | 最大年齡 | 29 | ← =DMAX($A$1:$J$13,"年齡",$A$15:$A$16) | | | | | |
| 20 | | | 最小年齡 | 27 | ← =DMIN($A$1:$J$13,9,$A$15:$A$16) | | | | | |
| 21 | | | 平均年齡 | 28.0 | ← =DAVERAGE($A$1:$J$13,I1,$A$15:$A$16) | | | | | |

其意義均表：就 $A$1:$J$13 之資料範圍，依 $A$15:$A$16 準則範圍所示之
過濾條件，計算第 10 欄（J1 欄，薪資）之極小值。

　　圖中，D15:D21 內所輸入之函數內容，即標示於 E15:E21 內；顯示於
D15:D21 之值，即為依該函數所求算之統計量值。如，目前 A16 之值為 "
門市 "，故依 A15:A16 之準則範圍，D15:D21 中各函數，將僅進行求算，
部門為 " 門市 " 之記錄的某項統計量而已。

# 13-8　資料驗證

　　按『資料 / 資料工具 / 資料驗證』 鈕，可用以驗證所輸入之資料
的合理性。如：學號必須不超過 6 位數、姓名不可為空白、成績必須介於 0
～ 100、生日不可大過今天之日期、……。

　　茲以範例 Ch13.xlsx『資料驗證』工作表，輸入學生成績之資料為例，
說明如何以『資料驗證』來控制所輸入之成績必須介於 0 ～ 100。其處理步
驟為：

Step 1　將指標移往欲設定資料驗證之儲存格
　　　　（若為多格可一起選取）

| | A | B | C |
|---|---|---|---|
| 1 | 學號 | 姓名 | 成績 |
| 2 | | | |

Step 2 按『**資料 / 資料工具 / 資料驗證**』  鈕，轉入『**資料驗證**』對話方塊『**設定**』標籤

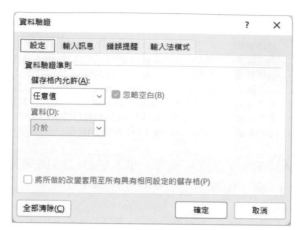

Step 3 按『**儲存格內允許 (A):**』處之下拉鈕，就所顯示選單，選取符合要求之資料類別（本例為成績資料，故選「**整數**」）

Step 4 按『**資料 (D):**』處之下拉鈕，就所顯示之選單，選取所要之比較符號（本例為成績資料須介於 0 ～ 100，故選「**介於**」）

Step **5** 於『最小值 (M)』及『最大值 (X)』處，分別輸入允收資料的最小
值及最大值。本例成績資料須介於 0 ～ 100，故分別輸入 0 及 100
作為最小值及最大值

Step **6** 轉入『提示訊息』標籤，輸入標題及提示訊息之文字內容

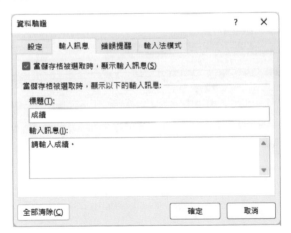

將來，當移往此儲存格準備輸
入資料時，將會有如右之提
示：

| | A | B | C | D |
|---|---|---|---|---|
| 1 | 學號 | 姓名 | 成績 | |
| 2 | | | | |
| 3 | | | 成績 | |
| 4 | | | 請輸入成績。 | |
| 5 | | | | |

Step **7** 轉入『錯誤警告』標籤，按『樣式 (Y):』處下拉鈕，選擇當輸入資料不符要求時，要顯示何種類型訊息？（本例選「**停止**」）

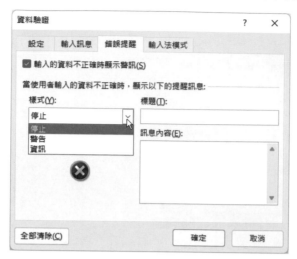

Step **8** 輸入當資料不符要求時，應出現之標題及錯誤訊息

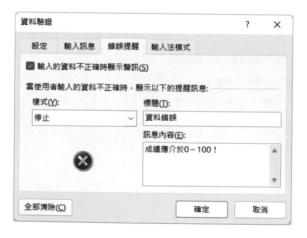

將來，若輸入非 0 ～ 100 之錯誤成績，將顯示如下示之錯誤訊息並拒絕該錯誤資料，必須重新輸入正確資料或放棄該資料，才可離開：

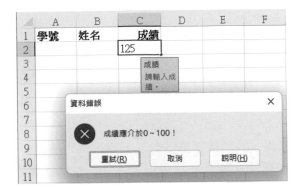

若於前一步驟選用「**警告**」，則當輸入非 0 ～ 100 之錯誤成績，將
僅顯示如下示之警告訊息：

若選按 是(Y) 鈕，則仍允許接受該錯誤資料。

若於前一步驟係選用「**資訊**」，則若輸入 0 ～ 100 以外的錯誤成
績，將僅顯示如下示之訊息：

若選按 確定 鈕，亦仍將允許接受該錯誤資料。

Step **9** 完成所有設定後，按 確定 鈕結束

---

**小秘訣**

日後，若欲修改有關『資料驗證』之設定，可重按『資料／資料工具／
資料驗證』 鈕，轉入『資料驗證』對話方塊進行更改。若欲清除
所有設定，則於該對話方塊內選按 全部清除(C) 鈕。

試以「停止」樣式，建立一防止輸入未來日期之驗證條件及必要之提示與錯誤訊息。（提示：條件式為小於等於今天之日期，詳範例 Ch13.xlsx『資料驗證 - 日期』工作表）

若於『設定』標籤，將『儲存格內允許』設定為「清單」，然後於『來源』處，以半形逗號標開所輸入之清單內容（如：性別、部門別、職稱、……）。本例輸入性別（男,女）：

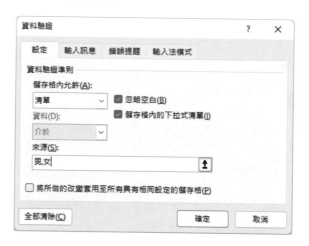

將來，於輸入資料時停於該儲存格，將會顯示一下拉鈕，按該鈕將會有一選單，讓使用者以選擇之方式來完成輸入。如此，除可確保輸入值之正確性外；也大幅增快輸入速度：（詳範例 Ch13.xlsx『資料驗證 - 清單』工作表）

# 樞紐分析表及圖

CHAPTER 14

EXCEL

　　樞紐分析表即俗稱之『交叉分析表』，利用分析表內容所繪製之圖表，即為樞紐分析圖。Excel 可將表格或範圍（資料庫）之記錄，依使用者選取之欄列內容及統計資料，建立二維、三維或多維交叉分析表或圖。

## 14-1　建立樞紐分析表

　　範例 Ch14.xlsx『樞紐分析表1』工作表資料有 100 筆，係普通之連續範圍，未曾設定為表格，也未曾對該範圍進行命名：

| | A | B | C | D | E | F | G | H | I | J |
|---|---|---|---|---|---|---|---|---|---|---|
| 1 | 姓名 | 性別 | 地區 | 部門 | 職稱 | 生日 | 婚姻 | 教育 | 薪資 | 業績 |
| 2 | 古雲翰 | 男 | 北區 | 會計 | 經理 | 1974/03/22 | 已婚 | 4 | 75,587 | 2,159,370 |
| 3 | 陳善鼎 | 男 | 北區 | 業務 | 專員 | 1968/08/11 | 已婚 | 4 | 43,480 | 678,995 |
| 4 | 羅惠泱 | 女 | 南區 | 業務 | 課長 | 1975/11/12 | 未婚 | 3 | 53,819 | 1,555,925 |

以之建立樞紐分析表的步驟為：

Step ❶　以滑鼠單按此連續範圍之任一儲存格

Step ❷　按『插入/表格/樞紐分析表』 樞紐分析表 鈕，轉入『建立樞紐分析表』對話方塊

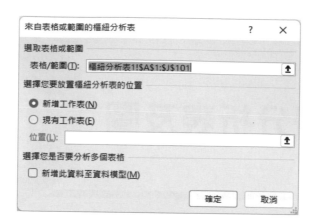

Step ③ 於上半部，選「**選取表格或範圍 (S)**」，其內所顯示者，為此連續
範圍 A1:J101 之界限（Excel 會自動判斷範圍，若有不適，仍可自
行輸入或重選正確之範圍）

Step ④ 於下半部，選「**現有工作表 (E)**」項，續於『位置 (L)』處選按 L3
儲存格。表欲將樞紐分析表安排於目前工作表之 L3 處

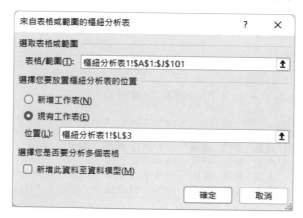

若選「**新工作表 (N)**」，將再自動產生一新的工作表，以顯示樞紐
分析表。

Step **5** 按 確定 鈕，續利用捲動軸，轉到可看見 L3 儲存格之位置，可發現已有一空白的樞紐分析表，且右側也有一個『樞紐分析表欄位』窗格

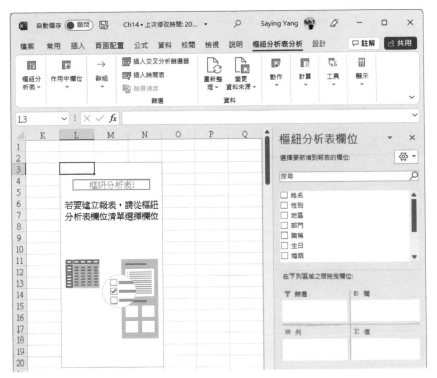

小秘訣

『樞紐分析表欄位』窗格，可以『樞紐分析表分析 / 顯示 / 欄位清單』 ▣ 欄位清單 鈕，進行顯示或隱藏。

Step **6** 於『選擇要新增到報表的欄位：』處，將『□ 職稱』拖曳到『列』方塊（☰ 列）；將『□ 部門』拖曳到『欄』方塊（▥ 欄）；將『□ 業績』拖曳到『Σ 值』方塊（Σ 值），可求得初始樞紐分析表，**表內所求算之統計量，其預設值為加總**（若選取之欄位為非數值之資料，如：姓名，則預設為求其計數）

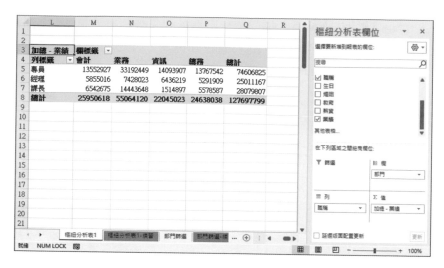

**Step 7** 於『Σ 值』方塊，單按『加總 - 業績』項（ 加總 - 業績 ▼ ），續選「值欄位設定 (N)…」，轉入『值欄位設定』對話方塊

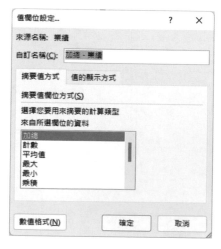

**Step 8** 於『摘要值欄位方式 (S)』處將其改為「平均值」，以求算平均業績；續於上方『自訂名稱 (C)』處，將原內容改為『平均業績』

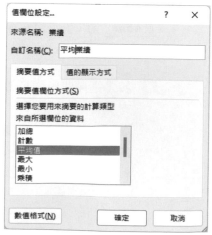

Step **9** 按 ⬚確定⬚ 鈕，L3 儲存格處之樞紐分析表已改為平均業績

| | L | M | N | O | P | Q |
|---|---|---|---|---|---|---|
| 1 | | | | | | |
| 2 | | | | | | |
| 3 | 平均業績 | 欄標籤 ▾ | | | | |
| 4 | 列標籤 ▾ | 會計 | 業務 | 資訊 | 總務 | 總計 |
| 5 | 專員 | 1355292.7 | 1383018.708 | 1084146.692 | 1147295.167 | 1264522.458 |
| 6 | 經理 | 1463754 | 1857005.75 | 1609054.75 | 1322977.25 | 1563197.938 |
| 7 | 課長 | 1090445.833 | 1203637.333 | 757448.5 | 1115717.4 | 1123192.28 |
| 8 | 總計 | 1297530.9 | 1376603 | 1160264.368 | 1173239.905 | 1276977.99 |

Step **10** 點按 M3 儲存格，將其『欄標籤』字串改為『部門』；點按 L4 儲存格，將其『列標籤』字串改為『職稱』，以利閱讀

| | L | M | N | O | P | Q |
|---|---|---|---|---|---|---|
| 3 | 平均業績 | 部門 ▾ | | | | |
| 4 | 職稱 ▾ | 會計 | 業務 | 資訊 | 總務 | 總計 |
| 5 | 專員 | 1355292.7 | 1383018.708 | 1084146.692 | 1147295.167 | 1264522.458 |
| 6 | 經理 | 1463754 | 1857005.75 | 1609054.75 | 1322977.25 | 1563197.938 |
| 7 | 課長 | 1090445.833 | 1203637.333 | 757448.5 | 1115717.4 | 1123192.28 |
| 8 | 總計 | 1297530.9 | 1376603 | 1160264.368 | 1173239.905 | 1276977.99 |

**小秘訣**

若想讓『欄標籤』與『列標籤』兩標題部分，自動轉為『部門』與『職稱』字串，可按『樞紐分析表分析 / 樞紐分析表 / 選項』 ⬚選項⬚ ▾ 鈕，轉入『樞紐分析表選項 / 顯示』標籤，加選「古典樞紐分析表版面配置 ( 在格線中啟用拖曳欄位 ) (L) 」：

樞紐分析表選項 ? ×

樞紐分析表名稱(N): 樞紐分析表1

| 列印中 | 資料 | 替代文字 |
|---|---|---|
| 版面配置與格式 | 總計與篩選 | 顯示 |

顯示

☑ 顯示展開/摺疊按鈕(S)

☑ 顯示關聯式工具提示(C)
☐ 在工具提示顯示內容(T)

☑ 顯示欄位標題和篩選下拉式清單(D)
☑ 古典樞紐分析表版面配置 ( 在格線中啟用拖曳欄位)(L)

可省掉本步驟之輸入動作。其外觀轉將為：

| 平均業績 | 部門 | | | | |
|---|---|---|---|---|---|
| 職稱 | 會計 | 業務 | 資訊 | 總務 | 總計 |
| 專員 | 1355292.7 | 1383018.708 | 1084146.692 | 1147295.167 | 1264522.458 |
| 經理 | 1463754 | 1857005.75 | 1609054.75 | 1322977.25 | 1563197.938 |
| 課長 | 1090445.833 | 1203637.333 | 757448.5 | 1115717.4 | 1123192.28 |
| 總計 | 1297530.9 | 1376603 | 1160264.368 | 1173239.905 | 1276977.99 |

Step **11** 選取 M5:Q8，按『**常用 / 數值 / 千分位樣式**』 圖 鈕與『**減少小數位 數**』 圖 鈕，將其數值設定為千分位樣式之整數，續雙按各欄標題 右側框邊，將其等調整為最適欄寬

| 平均業績 | 部門 | | | | |
|---|---|---|---|---|---|
| 職稱 | 會計 | 業務 | 資訊 | 總務 | 總計 |
| 專員 | 1,355,293 | 1,383,019 | 1,084,147 | 1,147,295 | 1,264,522 |
| 經理 | 1,463,754 | 1,857,006 | 1,609,055 | 1,322,977 | 1,563,198 |
| 課長 | 1,090,446 | 1,203,637 | 757,449 | 1,115,717 | 1,123,192 |
| 總計 | 1,297,531 | 1,376,603 | 1,160,264 | 1,173,240 | 1,276,978 |

由此彙總資料，可看出『經理』之平均業績，高過其他各種不同職稱 之員工；而『業務』與『會計』部平均業績，高過其他兩個部門之員工。 整體而言，業務經理與資訊經理之平均業績表現最為耀眼，明顯領先其他 所有員工！

## 14-2 篩選

樞紐分析表之欄 / 列標題處，均提供有篩選鈕，可用來進行簡單之自 動篩選，或複雜之進階篩選。不過，由於樞紐分析表結果通常是歸類過之 匯總，故而不太可能會進行很複雜之篩選動作！

### 以部門及職稱篩選

茲將前例之內容抄錄到範例 Ch14.xlsx『部門篩選』工作表中，進行本 節之說明。假定，我們只想分析『業務』與『會計』部之資料而已；或是

只想分析『職稱』為經理與課長之平均業績，就可以使用其欄 / 列標題之篩選鈕來過濾資料，這樣將比較容易抓到分析重點。

篩選時，按 **職稱** ▾ 或 **部門** ▾ 之篩選鈕，可選擇要保留或取消哪一類別之資料：

篩選表單內所提供之選擇內容，為該欄資料之各種唯一值（若重複出現，僅顯示一個），於 Excel 2021 中，其上限可達 1,048,576 類。

選妥後，按 確定 鈕，樞紐分析表可立即改成最新之交叉結果。假定，僅保留『會計』與『業務』兩部門；職稱處則保留『經理』與『課長』：

| ▲ | L | M | N | O |
|---|---|---|---|---|
| 3 | 平均業績 部門 ▾ | | | |
| 4 | 職稱 ▾ | 會計 | 業務 | 總計 |
| 5 | 經理 | 1,463,754 | 1,857,006 | 1,660,380 |
| 6 | 課長 | 1,090,446 | 1,203,637 | 1,165,907 |
| 7 | 總計 | 1,239,769 | 1,366,979 | 1,318,052 |

由於僅集中於少數之分析對象上，我們可以比較容易看出分析資料間之關係。例如，由此結果可看出：無論職稱是經理或課長，業務部之平均業績，普遍均高於會計部；而無論哪一個部門，經理之平均業績也都高過課長。

### 移除篩選

有篩選條件之欄 / 列標題的篩選鈕，會轉為含一漏斗之外觀（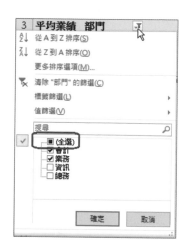），以別於無篩選條件之篩選鈕。

想要移除其內所設定之篩選條件，固可以單按該篩選鈕，續勾選「( 全選 )」：

但若要清除各欄 / 列標籤內之篩選條件，得逐一就所有欄 / 列標籤之篩選鈕，進行多次勾選「( 全選 )」，較為浪費時間。若直接執行『樞紐分析表分析 / 動作 / 清除 / 清除篩選 (F)』：

僅需一次單一動作，即可一舉清除所有欄 / 列標籤內之篩選條件。

### 篩選平均業績最高的前 3 個部門

按欄 / 列標題的篩選鈕，其下拉功能表內，有一「值篩選 (V)」功能項，其內之「前 10 項 (T)…」，可用以依欄 / 列總計之數值大小，找尋排名在前（後）的幾名：

假定，要針對範例 Ch14.xlsx『篩選前幾名』工作表之樞紐分析表：

| | L | M | N | O | P | Q |
|---|---|---|---|---|---|---|
| 3 | 平均業績 | 部門 ▼ | | | | |
| 4 | 職稱 ▼ | 會計 | 業務 | 資訊 | 總務 | 總計 |
| 5 | 專員 | 1,355,293 | 1,383,019 | 1,084,147 | 1,147,295 | 1,264,522 |
| 6 | 經理 | 1,463,754 | 1,857,006 | 1,609,055 | 1,322,977 | 1,563,198 |
| 7 | 課長 | 1,090,446 | 1,203,637 | 757,449 | 1,115,717 | 1,123,192 |
| 8 | 總計 | 1,297,531 | 1,376,603 | 1,160,264 | 1,173,240 | 1,276,978 |

僅顯示部門總平均業績最高的前 3 個部門。其處理步驟為：

Step 1 按部門欄標題右側的篩選鈕（ **部門** ▼ ），選「**值篩選 (V)…/ 前 10 項 (T)…**」，轉入

Step 2 決定「**最前**」或「**最後**」（本例選「**最前**」）

Step 3 於中央，利用上下箭頭調整（或直接輸入）數字，本例輸入 3

Step 4 決定要顯示幾個或多少百分比之內容；或是總計最高者

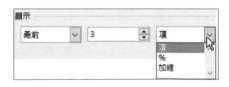

本例選「**項**」，要顯示最前面 3 個：

Step ⑤ 最後，按 ⌈ 確定 ⌋ 鈕，獲致篩選結果，僅顯示部門總平均業績最高的前 3 個（以第 8 列之總計進行篩選，資訊部門則已被排除）

| | L | M | N | O | P |
|---|---|---|---|---|---|
| 3 | 平均業績 | 部門 🔽 | | | |
| 4 | 職稱 🔽 | 會計 | 業務 | 總務 | 總計 |
| 5 | 專員 | 1,355,293 | 1,383,019 | 1,147,295 | 1,315,498 |
| 6 | 經理 | 1,463,754 | 1,857,006 | 1,322,977 | 1,547,912 |
| 7 | 課長 | 1,090,446 | 1,203,637 | 1,115,717 | 1,154,996 |
| 8 | 總計 | 1,297,531 | 1,376,603 | 1,173,240 | 1,304,355 |

## 14-3 新增或移除樞紐分析表資料項

在建立樞紐分析表之後，若要新增或移除樞紐分析表資料項，其處理步驟為：（詳範例 Ch14.xlsx『樞紐分析表 2』工作表）

Step ① 於樞紐分析表上，欲新增資料項之儲存格上，單按滑鼠

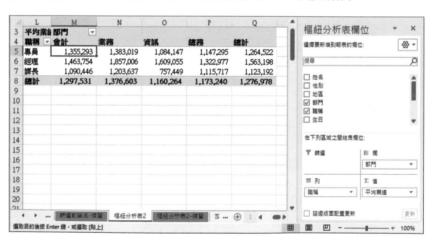

Step ② 假定，欲於交叉表內增加『人數』，於右側『樞紐分析表欄位』窗格上方之『選擇要新增到報表的欄位』處，以滑鼠拖曳『□ 性別』欄位。將其拉到右下方之『Σ 值』方塊內，『平均業績』項目之下。所增加之內容，目前係加於原各欄之右側，由於『性別』為文字內容，無法計算加總，故只能計算其項目個數（計數，即記錄筆數）

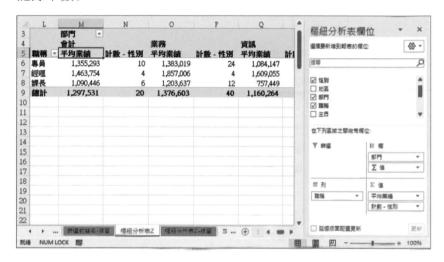

Step ③ 以滑鼠拖曳『欄』方塊內『Σ 值』項目，將其拉到『列』方塊內，『職稱』項目之下

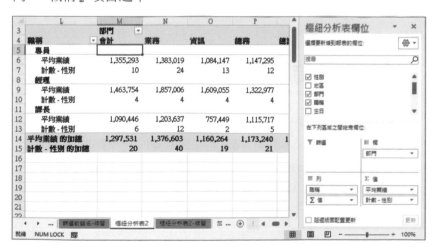

Step **4** 點按 L7 儲存格，將其『計數 - 性別』字串改為『人數』，以利閱讀

| | L | M | N | O | P | Q |
|---|---|---|---|---|---|---|
| 3 | | 部門 | | | | |
| 4 | 職稱 | 會計 | 業務 | 資訊 | 總務 | 總計 |
| 5 | 專員 | | | | | |
| 6 | 平均業績 | 1,355,293 | 1,383,019 | 1,084,147 | 1,147,295 | 1,264,522 |
| 7 | 人數 | 10 | 24 | 13 | 12 | 59 |
| 8 | 經理 | | | | | |
| 9 | 平均業績 | 1,463,754 | 1,857,006 | 1,609,055 | 1,322,977 | 1,563,198 |
| 10 | 人數 | 4 | 4 | 4 | 4 | 16 |
| 11 | 課長 | | | | | |
| 12 | 平均業績 | 1,090,446 | 1,203,637 | 757,449 | 1,115,717 | 1,123,192 |
| 13 | 人數 | 6 | 12 | 2 | 5 | 25 |
| 14 | 平均業績 的加總 | 1,297,531 | 1,376,603 | 1,160,264 | 1,173,240 | 1,276,978 |
| 15 | 人數 的加總 | 20 | 40 | 19 | 21 | 100 |

若要刪除，則亦同樣以拖曳之方式，將『Σ 值』方塊內之內容，拖出『樞紐分析表欄位』窗格外即可。例如，將『平均業績』項目拖出『樞紐分析表欄位』窗格，可使原樞紐分析表變成僅顯示人數而已：

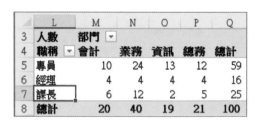

# 14-4 加入篩選依據

　　樞紐分析表內，尚允許加入篩選項目（如：性別），作為交叉表的上一層分組依據，以便查閱不同性別下，各部門不同職稱的平均業績。假定，欲於範例 Ch14.xlsx『加入篩選依據』工作表內之樞紐分析表內，再加入『性別』作為篩選依據。其處理步驟為：

Step **1** 以滑鼠單按樞紐分析表內任一儲存格

Step **2** 於右側『樞紐分析表欄位』窗格上方之『選擇要新增到報表的欄位』處,以滑鼠拖曳『性別』欄位。將其拉到『篩選』(▼ 篩選 )方塊內,即可完成加入篩選依據之設定,獲致新的樞紐分析表

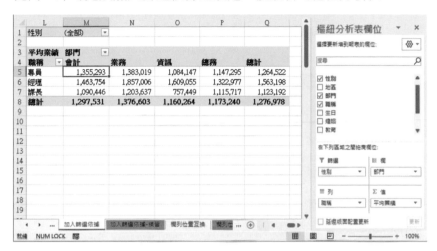

若要刪除,亦同樣以拖曳方式將篩選欄位(『性別』),拖離『篩選』方塊即可。

以「**性別**」為篩選依據之樞紐分析表,會於上方加有一下拉式選擇表( 性別 (全部) ▼ )。目前其上顯示「(全部)」,故樞紐分析表內,所顯示者為全部資料的交叉表分析結果。欲查閱不同性別資料時,可單按右側之下拉鈕,將顯示各性別之內容以供選擇:

選妥後,按 確定 鈕,樞紐分析表內容將轉為僅顯示該性別之內容而已。如,僅過濾出「**女**」性之資料而已:

| | L | M | N | O | P | Q |
|---|---|---|---|---|---|---|
| 1 | 性別 | 女 | | | | |
| 2 | | | | | | |
| 3 | 平均業績 | 部門 | | | | |
| 4 | 職稱 | 會計 | 業務 | 資訊 | 總務 | 總計 |
| 5 | 專員 | 1,345,197 | 1,418,159 | 1,107,811 | 1,036,603 | 1,250,261 |
| 6 | 經理 | 1,231,882 | 1,857,006 | 1,735,234 | 1,711,065 | 1,630,520 |
| 7 | 課長 | 1,215,609 | 1,555,925 | | 1,139,426 | 1,219,168 |
| 8 | 總計 | 1,287,086 | 1,517,799 | 1,197,443 | 1,127,082 | 1,306,578 |

# 14-5 變更樞紐分析表的版面配置

欲變更樞紐分析表的版面配置，如：將樞紐分析表資料進行轉軸（移轉欄列方向）或移動資料項位置，均可以直接拖放欄位方式，來更改樞紐分析表資料的版面配置。當重新組織樞紐分析表的資料時，它會自動重新計算，且不影響來源資料。

## 欄列位置互換

欲將範例 Ch14.xlsx『欄列位置互換』工作表之樞紐分析表進行轉軸（移轉欄列方向），其處理步驟為：

Step **1** 以滑鼠單按樞紐分析表內任一儲存格

Step **2** 於右側『樞紐分析表欄位』窗格，以滑鼠拖曳方式，將『欄』與『列』之內容互換位置，欄/列內容即已互換

仿此操作方式，續將『篩選』處之性別與目前之部門互換，其結果變為：

| | L | M | N | O | P |
|---|---|---|---|---|---|
| 1 | 部門 | (全部) | | | |
| 2 | | | | | |
| 3 | 平均業績 | 職稱 | | | |
| 4 | 性別 | 專員 | 經理 | 課長 | 總計 |
| 5 | 女 | 1,250,261 | 1,630,520 | 1,219,168 | 1,306,578 |
| 6 | 男 | 1,299,757 | 1,450,994 | 1,059,209 | 1,228,683 |
| 7 | 總計 | 1,264,522 | 1,563,198 | 1,123,192 | 1,276,978 |

## 移動樞紐分析表資料項目

移動樞紐分析表資料項目位置，當然可於『樞紐分析表欄位』窗格之『Σ 值』方塊，以拖曳方式進行移動位置。但也可以於樞紐分析表上，直接以滑鼠進行拖曳！

於範例 Ch14.xlsx『移動資料項目』工作表之樞紐分析表，若欲將『平均業績』與『人數』兩資料項，進行互換位置：

| | L | M | N | O | P | Q |
|---|---|---|---|---|---|---|
| 4 | 職稱 ▼ | 會計 | 業務 | 資訊 | 總務 | 總計 |
| 5 | 專員 | | | | | |
| 6 | 平均業績 | 1,355,293 | 1,383,019 | 1,084,147 | 1,147,295 | 1,264,522 |
| 7 | 人數 | 10 | 24 | 13 | 12 | 59 |
| 8 | 經理 | | | | | |
| 9 | 平均業績 | 1,463,754 | 1,857,006 | 1,609,055 | 1,322,977 | 1,563,198 |
| 10 | 人數 | 4 | 4 | 4 | 4 | 16 |
| 11 | 課長 | | | | | |
| 12 | 平均業績 | 1,090,446 | 1,203,637 | 757,449 | 1,115,717 | 1,123,192 |
| 13 | 人數 | 6 | 12 | 2 | 5 | 25 |
| 14 | 平均業績 的加總 | 1,297,531 | 1,376,603 | 1,160,264 | 1,173,240 | 1,276,978 |
| 15 | 人數 的加總 | 20 | 40 | 19 | 21 | 100 |

其處理步驟為：

Step **1** 以滑鼠單按 L7 之『人數』標題

Step **2** 將滑鼠移往『人數』標題之上緣框邊，指標將由空心十字轉為四向箭頭（ ）

Step **3** 按住滑鼠拖曳，拖到『平均業績』標題之上，再鬆開滑鼠，將可獲致已移妥資料項目的新樞紐分析表

| | L | M | N | O | P | Q |
|---|---|---|---|---|---|---|
| 4 | 職稱 ▼ | 會計 | 業務 | 資訊 | 總務 | 總計 |
| 5 | 專員 | | | | | |
| 6 | 人數 | 10 | 24 | 13 | 12 | 59 |
| 7 | 平均業績 | 1,355,293 | 1,383,019 | 1,084,147 | 1,147,295 | 1,264,522 |
| 8 | 經理 | | | | | |
| 9 | 人數 | 4 | 4 | 4 | 4 | 16 |
| 10 | 平均業績 | 1,463,754 | 1,857,006 | 1,609,055 | 1,322,977 | 1,563,198 |
| 11 | 課長 | | | | | |
| 12 | 人數 | 6 | 12 | 2 | 5 | 25 |
| 13 | 平均業績 | 1,090,446 | 1,203,637 | 757,449 | 1,115,717 | 1,123,192 |
| 14 | 人數 的加總 | 20 | 40 | 19 | 21 | 100 |
| 15 | 平均業績 的加總 | 1,297,531 | 1,376,603 | 1,160,264 | 1,173,240 | 1,276,978 |

## 14-6　更改樞紐分析表資料欄位的計算方式

　　若無特殊設定，樞紐分析表內數值性資料欄位的計算方式，係預設為求算其加總。但某些情況下，我們所需要之資料可能是其它統計數字。如：最大值、最小值、平均數、……等，甚或是欄百分比、列百分比或合計之百分比。

　　要變更其計算方式，可有下列幾種方式：

- 以滑鼠右鍵單按表中任一數字儲存格，續選「**值欄位設定 (N)...**」

- 按『**樞紐分析表分析 / 作用中欄位 / 欄位設定**』 鈕

- 於『Σ 值』方塊，以滑鼠左鍵單按資料項右側之向下箭頭，續選「**值欄位設定 (N)...**」

均可轉入『值欄位設定』對話方塊：

其內，各設定項之作用分別為：

**來源名稱**　　　　顯示此欄位在來源資料中的欄位名稱。

**自訂名稱**　　　　顯示資料欄位在樞紐分析表中的名稱，亦可重新命名。

**摘要值欄位方式**　選取目前資料欄位所欲使用的統計方式，如：加總、計數、最大、最小、平均值、……等。若係較特殊之統計資料，尚得切換到『值的顯示方式』標籤來設定。

`數值格式(N)`　　　將轉入『儲存格格式』對話方塊，以安排數值資料的格式。（如：設定為百分比、貨幣符號格式、……）

假定，欲將範例 Ch14.xlsx『更改計算方式』工作表之人數（項目個數）改為百分比資料：

| | L | M | N | O | P | Q |
|---|---|---|---|---|---|---|
| 3 | 人數 | 部門 | | | | |
| 4 | 職稱 | 會計 | 業務 | 資訊 | 總務 | 總計 |
| 5 | 專員 | 10 | 24 | 13 | 12 | 59 |
| 6 | 經理 | 4 | 4 | 4 | 4 | 16 |
| 7 | 課長 | 6 | 12 | 2 | 5 | 25 |
| 8 | 總計 | 20 | 40 | 19 | 21 | 100 |

其處理步驟為：

**Step 1**　以前述任一方式，轉入『值欄位設定』對話方塊

**Step 2**　切換到『值的顯示方式』標籤

Step ③ 按『值的顯示方式 (A)』下方之下拉
鈕，選取欲使用之計算方式（本例係
選「**總計百分比**」）

Step ④ 按 確定 鈕離開，即可將原顯示人數資料之樞紐分析表，轉為顯
示總計百分比

| 人數 | 部門 | | | | |
|---|---|---|---|---|---|
| 職稱 | 會計 | 業務 | 資訊 | 總務 | 總計 |
| 專員 | 10.00% | 24.00% | 13.00% | 12.00% | 59.00% |
| 經理 | 4.00% | 4.00% | 4.00% | 4.00% | 16.00% |
| 課長 | 6.00% | 12.00% | 2.00% | 5.00% | 25.00% |
| 總計 | 20.00% | 40.00% | 19.00% | 21.00% | 100.00% |

## 筆數與欄百分比

假定，欲建立一『部門』交叉『職稱』之樞紐分析表，求其人數及縱
向百分比。其操作步驟為：（詳範例 Ch14.xlsx『筆數與欄百分比』工作表）

Step ① 點選『部門』交叉『職稱』之樞紐分析表

Step 2 於右側『樞紐分析表欄位』窗格上方之『選擇要新增到報表的欄位』處，以滑鼠拖曳『□ 性別』欄位。將其拉到右下方之『Σ 值』方塊內，『人數』項目之下。所增加之內容，目前係加於原各欄之右側

Step 3 以滑鼠拖曳『欄』方塊內『Σ 值』項目，將其拉到『列』方塊內，『職稱』項目之下

Step 4　按右下方『Σ 值』方塊內，『計數 - 性別』項右側之向下箭頭，續選「**值欄位設定 (N)…**」，轉入『值欄位設定』對話方塊，於『自訂名稱 (C)』處，將原內容『計數 - 性別』改為『%』

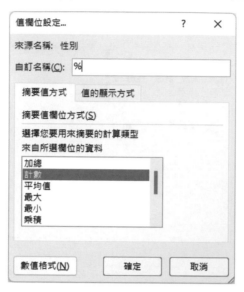

Step 5　切換到『值的顯示方式』標籤，按『值的顯示方式 (A)』下方之下拉鈕，選取使用「**欄總和百分比**」

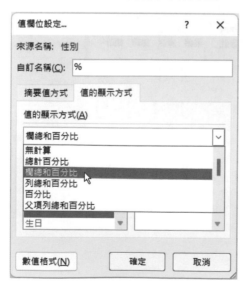

Step **6** 按 [ 確定 ] 鈕，獲致『部門』交叉『職稱』之樞紐分析表的人數及其縱向百分比

| | L | M | N | O | P | Q |
|---|---|---|---|---|---|---|
| 3 | | 部門 ▼ | | | | |
| 4 | 職稱 ▼ | 會計 | 業務 | 資訊 | 總務 | 總計 |
| 5 | **專員** | | | | | |
| 6 | 人數 | 10 | 24 | 13 | 12 | 59 |
| 7 | % | 50.00% | 60.00% | 68.42% | 57.14% | 59.00% |
| 8 | **經理** | | | | | |
| 9 | 人數 | 4 | 4 | 4 | 4 | 16 |
| 10 | % | 20.00% | 10.00% | 21.05% | 19.05% | 16.00% |
| 11 | **課長** | | | | | |
| 12 | 人數 | 6 | 12 | 2 | 5 | 25 |
| 13 | % | 30.00% | 30.00% | 10.53% | 23.81% | 25.00% |
| 14 | 人數 的加總 | 20 | 40 | 19 | 21 | 100 |
| 15 | % 的加總 | 100.00% | 100.00% | 100.00% | 100.00% | 100.00% |

# 14-7 區間分組

無論是文字、日期或數字，於樞紐分析表中，均是將不重複出現之內容視為一個類別，去求算交叉表之相關統計數字。當碰上重複性較低之日期或數字，很可能每一個數值均是唯一，而產生幾乎無法縮減類別之情況。

如，範例 Ch14.xls『運動時間未分組』工作表，性別交叉每次運動時間之結果，有很多種時間係獨立存在產生一列內容，由於組數太多，於資料分析時並無多大作用：

| | B | C | D | E | F | G | H |
|---|---|---|---|---|---|---|---|
| 1 | 性別 | 每次運動 時間/分 | | | | | |
| 2 | 1 | 120 | | | | | |
| 3 | 1 | 10 | | 人數 | 性別 ▼ | | |
| 4 | 2 | 0 | | 運動時間 ▼ | 男 | 女 | 總計 |
| 5 | 2 | 120 | | 0 | 3 | 7 | 10 |
| 6 | 1 | 120 | | 10 | 1 | 1 | 2 |
| 7 | 1 | 15 | | 15 | 1 | 2 | 3 |
| 8 | 1 | 150 | | 30 | 2 | 9 | 11 |
| 9 | 2 | 30 | | 40 | | 1 | 1 |
| 10 | 2 | 0 | | 45 | 1 | | 1 |

較理想之方式為將 次運動時間分組，以縮減其組數。

假定，要將 次運動時間分為 0~30、31~60、61~90、91~120 與 121~ 五組。可於資料表尾部，新增一『時間分組』欄以

```
=IF(C2<=30,1,IF(C2<=60,2,IF(C2<=90,3,IF(C2<=120,4,5))))
```

之運算式，將其分為五組。重建一次樞紐分析表，即可得到經縮減組數後之交叉表：（詳範例 Ch14.xlsx『性別交叉運動時間 - 分組』工作表）

| D2 | | × ✓ fx | =IF(C2<=30,1,IF(C2<=60,2,IF(C2<=90,3,IF(C2<=120,4,5)))) | | | | | | |
|---|---|---|---|---|---|---|---|---|---|
| | A | B | C | D | E | F | G | H | I |
| 1 | 編號 | 性別 | 每次運動時間/分 | 時間分組 | | | | | |
| 2 | 1 | 1 | 120 | 4 | | | | | |
| 3 | 2 | 1 | 10 | 1 | | 人數 | 性別 ▼ | | |
| 4 | 3 | 2 | 0 | 1 | | 時間分組 ▼ | 1 | 2 | 總計 |
| 5 | 4 | 2 | 120 | 4 | | 1 | | 7 | 19 | 26 |
| 6 | 5 | 1 | 120 | 4 | | 2 | | 18 | 9 | 27 |
| 7 | 6 | 1 | 15 | 1 | | 3 | | 7 | 10 | 17 |
| 8 | 7 | 1 | 150 | 5 | | 4 | | 20 | 15 | 35 |
| 9 | 8 | 2 | 30 | 1 | | 5 | | 7 | 3 | 10 |
| 10 | 9 | 2 | 0 | 1 | | 總計 | | 59 | 56 | 115 |

將分組內容及性別改為文字，以利閱讀：

| | F | G | H | I |
|---|---|---|---|---|
| 3 | 人數 | 性別 ▼ | | |
| 4 | 時間分組 ▼ | 男 | 女 | 總計 |
| 5 | 0~30 | 7 | 19 | 26 |
| 6 | 31~60 | 18 | 9 | 27 |
| 7 | 61~90 | 7 | 10 | 17 |
| 8 | 91~120 | 20 | 15 | 35 |
| 9 | 121~ | 7 | 3 | 10 |
| 10 | 總計 | 59 | 56 | 115 |

當然，也可以前文之技巧，一次即求出人數及縱向之欄百分比：（詳範例 Ch14.xlsx『性別交叉運動時間 - 分組加上 %』工作表）

由此一表中，可看出：男性運動時間以 91~120 分鐘居最多數（33.9%）；女性則為 0~30 分鐘（33.9%），看起來女生似乎比男生較不願意運動。

| 時間分組 ▼ | 男 | 女 | 總計 |
|---|---|---|---|
| 0~30 | | | |
| 人數 | 7 | 19 | 26 |
| % | 11.9% | 33.9% | 22.6% |
| 31~60 | | | |
| 人數 | 18 | 9 | 27 |
| % | 30.5% | 16.1% | 23.5% |
| 61~90 | | | |
| 人數 | 7 | 10 | 17 |
| % | 11.9% | 17.9% | 14.8% |
| 91~120 | | | |
| 人數 | 20 | 15 | 35 |
| % | 33.9% | 26.8% | 30.4% |
| 121~ | | | |
| 人數 | 7 | 3 | 10 |
| % | 11.9% | 5.4% | 8.7% |
| 人數 的加總 | 59 | 56 | 115 |
| % 的加總 | 100.0% | 100.0% | 100.0% |

馬上練習

依範例 Ch14.xls『年齡分組交叉性別』工作表之性別與年齡資料，將年齡分為『~35』與『36~』兩組，建立性別交叉年齡之筆數與縱向百分比：

| | A | B | C | D | E | F | G |
|---|---|---|---|---|---|---|---|
| 1 | 姓名 | 性別 | 部門 | 職稱 | 年齡 | 薪資 | 年齡分組 |
| 2 | 謝龍盛 | 男 | 業務 | 專員 | 33 | 45,000 | |
| 3 | 梁國棟 | 男 | 業務 | 專員 | 27 | 26,800 | |
| 4 | 黃啟川 | 男 | 業務 | 專員 | 28 | 39,800 | |

| | I | J | K | L |
|---|---|---|---|---|
| 2 | | 性別 | | |
| 3 | 年齡 | 女 | 男 | 總計 |
| 4 | ~35 | | | |
| 5 | 人數 | 2 | 3 | 5 |
| 6 | % | 40.00% | 75.00% | 55.56% |
| 7 | 36~ | | | |
| 8 | 人數 | 3 | 1 | 4 |
| 9 | % | 60.00% | 25.00% | 44.44% |
| 10 | 人數 的加總 | 5 | 4 | 9 |
| 11 | % 的加總 | 100.00% | 100.00% | 100.00% |

（年齡分組處 G2 可使用：=IF(E2<=35,"~35","36~") 之運算式）

馬上練習

依範例 Ch14.xls『性別交叉所得』工作表資料，將所得分為『~40000』、『40001~50000』與『50001~』三組，建立性別交叉所得之筆數與縱向百分比：

| | B | C | D | E | F |
|---|---|---|---|---|---|
| 1 | 性別 | 品牌 | 偏好原因 | 所得 | 所得分組 |
| 2 | 1 | 1 | 1 | 28000 | |
| 3 | 2 | 2 | 2 | 30000 | |
| 4 | 1 | 1 | 1 | 26000 | |

| | N | O | P | Q |
|---|---|---|---|---|
| 3 | | 性別 | | |
| 4 | 薪資分組 | 男 | 女 | 總計 |
| 5 | ~40000 | | | |
| 6 | 人數 | 18 | 10 | 28 |
| 7 | % | 66.7% | 43.5% | 56.0% |
| 8 | 40001~50000 | | | |
| 9 | 人數 | 4 | 2 | 6 |
| 10 | % | 14.8% | 8.7% | 12.0% |
| 11 | 50001~ | | | |
| 12 | 人數 | 5 | 11 | 16 |
| 13 | % | 18.5% | 47.8% | 32.0% |
| 14 | 人數 的加總 | 27 | 23 | 50 |
| 15 | % 的加總 | 100.0% | 100.0% | 100.0% |

分組依據可使用：

=IF(E2<=40000,"~40000",IF(E2<=50000,"40001~50000","50001~"))

## 直接對數值區間分組

其實，針對上述分佈很散之數值，並不一定要使用 IF() 函數來加以分組，Excel 本身就具有分組之功能。如，於範例 Ch14.xlsx『業績未分組』工作表，其性別交叉業績之結果，幾乎是一種業績即獨立存在產生一列內容，於資料分析時並無多大作用：

| | B | C | D | E | F | G | H | I |
|---|---|---|---|---|---|---|---|---|
| 1 | 性別 | 地區 | 業績 | | 人數 | 性別 ▾ | | |
| 2 | 男 | 北區 | 2,159,370 | | 業績 ▾ | 女 | 男 | 總計 |
| 3 | 男 | 北區 | 678,995 | | 311,003 | 1 | | 1 |
| 4 | 女 | 南區 | 1,555,925 | | 336,762 | 1 | | 1 |
| 5 | 男 | 中區 | 1,065,135 | | 389,612 | | 1 | 1 |
| 6 | 女 | 北區 | 1,393,475 | | 464,630 | | 1 | 1 |

可以下示步驟，對其數值性之業績資料進行分組，以縮減其組數：（參見範例 Ch14.xls『業績分組』工作表）

**Step 1** 點選 F 欄之任一業績數字

**Step 2** 按『**樞紐分析表分析 / 群組 / 將欄位組成群組**』 [將欄位組成群組(R)] 鈕（或單按滑鼠右鍵，續選「**組成群組 (G)…**」），轉入『群組』對話方塊，其上顯示所有數值之最小值（開始）與最大值（結束）

**Step 3** 就其開始值與結束值判斷，自行輸入擬分組之開始、結束值以及間距值。本例輸入開始於 0，結束於 2500000，間距值 500000

**Step 4** 按 [確定] 鈕離開，即可將原凌亂之數字，依所安排之開始、結束與間距值進行分組，重新建立樞紐分析表

| | F | G | H | I |
|---|---|---|---|---|
| 1 | 人數 | 性別 ▼ | | |
| 2 | 業績 ▼ | 女 | 男 | 總計 |
| 3 | 0-499999 | 3 | 2 | 5 |
| 4 | 500000-999999 | 18 | 14 | 32 |
| 5 | 1000000-1499999 | 17 | 9 | 26 |
| 6 | 1500000-1999999 | 17 | 11 | 28 |
| 7 | 2000000-2500000 | 7 | 2 | 9 |
| 8 | 總計 | 62 | 38 | 100 |

由此結果，可看出所有員工之業績的分佈情況，主要是集中於 500,000 ～ 1,999,999 之間。其中，又以『500000-999999』的人數最多。

小秘訣

於同一個檔案內，同一個欄位，只能使用同一種分組方式；若於另一個工作表，針對此一欄位進行另一種分組設定，則先前之分組設定也會被更改為目前之設定。

## 地區文字內容分組

可進行分組之內容並不限定是數值、日期或時間資料而已。更特別的是，連文字性之內容也可以進行分組。以範例 Ch14.xlsx『地區分組交叉性別』工作表為例，地區未分組時，應有四個地區：

| | C | D | E | F | G | H | I |
|---|---|---|---|---|---|---|---|
| 1 | 地區 | 業績 | | 人數 | 性別 ▼ | | |
| 2 | 北區 | 2,159,370 | | 地區 ▼ | 女 | 男 | 總計 |
| 3 | 北區 | 678,995 | | 中區 | 13 | 8 | 21 |
| 4 | 南區 | 1,555,925 | | 北區 | 20 | 13 | 33 |
| 5 | 中區 | 1,065,135 | | 東區 | 11 | 7 | 18 |
| 6 | 北區 | 1,393,475 | | 南區 | 18 | 10 | 28 |
| 7 | 中區 | 1,216,257 | | 總計 | 62 | 38 | 100 |

若擬將其中區、東區與南區合併為『其他』，可以下示步驟進行：

Step 1 按住 Ctrl 鍵，續以滑鼠點選『中區』、『東區』與『南區』之標題，選取此不連續範圍

| | F | G | H | I |
|---|---|---|---|---|
| 1 | 人數 | 性別 ▼ | | |
| 2 | 地區 ▼ | 女 | 男 | 總計 |
| 3 | 中區 | 13 | 8 | 21 |
| 4 | 北區 | 20 | 13 | 33 |
| 5 | 東區 | 11 | 7 | 18 |
| 6 | 南區 | 18 | 10 | 28 |
| 7 | 總計 | 62 | 38 | 100 |

Step ❷ 按『**樞紐分析表分析 / 群組 / 將選取項目組成群組**』 → 將選取項目組成群組 鈕，可將所選取之三區，合併成『資料組1』

| | F | G | H | I |
|---|---|---|---|---|
| 1 | 人數 | 性別 ▼ | | |
| 2 | 地區 ▼ | 女 | 男 | 總計 |
| 3 | ⊟ 資料組1 | | | |
| 4 | 中區 | 13 | 8 | 21 |
| 5 | 東區 | 11 | 7 | 18 |
| 6 | 南區 | 18 | 10 | 28 |
| 7 | ⊟ 北區 | | | |
| 8 | 北區 | 20 | 13 | 33 |
| 9 | 總計 | | 62 | 38 | 100 |

Step ❸ 將 F3 之『資料組 1』改為『其他』

| | F | G | H | I |
|---|---|---|---|---|
| 1 | 人數 | 性別 ▼ | | |
| 2 | 地區 ▼ | 女 | 男 | 總計 |
| 3 | ⊟ **其他** | | | |
| 4 | 中區 | 13 | 8 | 21 |
| 5 | 東區 | 11 | 7 | 18 |
| 6 | 南區 | 18 | 10 | 28 |
| 7 | ⊟ **北區** | | | |
| 8 | 北區 | 20 | 13 | 33 |
| 9 | **總計** | | 62 | 38 | 100 |

Step ❹ 利用其前面之摺疊鈕（⊟），將其等收合起來，續以拖曳方式，將『其他』移往『北區』之下方，即為所求

| | F | G | H | I |
|---|---|---|---|---|
| 1 | 人數 | 性別 ▼ | | |
| 2 | 地區 ▼ | 女 | 男 | 總計 |
| 3 | ⊞ **北區** | 20 | 13 | 33 |
| 4 | ⊞ **其他** | 42 | 25 | 67 |
| 5 | **總計** | 62 | 38 | 100 |

將地區以『**群組選取**』縮減組數進行分組後，樞紐分析表會記下此一分組結果，供後續之分析使用。如本例將『地區』欄內中區、東區與南區合併為『其他』，於『樞紐分析表欄位清單』內，將會多增加一項『地區 2』，將來若直接使用『地區 2』即可取得其分組結果：

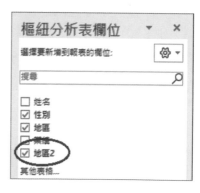

## 取消群組

經合併為群組之內容，可以利用『**樞紐分析表分析 / 群組 / 取消群組**』 哂 取消群組 鈕，來取消其群組。

以範例 Ch14.xlsx『取消群組』工作表為例，其處理步驟為：

Step ❶ 點選 F4『其他』儲存格

| | F | G | H | I |
|---|---|---|---|---|
| 1 | 人數 | 性別 ▾ | | |
| 2 | 地區 ▾ | 女 | 男 | 總計 |
| 3 | ⊞北區 | 20 | 13 | 33 |
| 4 | ⊞其他 | 42 | 25 | 67 |
| 5 | 總計 | 62 | 38 | 100 |

Step ❷ 按『樞紐分析表分析 / 群組 / 取消群組』
〔咀 取消群組〕鈕，取消其群組。『其他』群組
可還原成：『中區』、『東區』與『南區』

| | F | G | H | I |
|---|---|---|---|---|
| 1 | 人數 | 性別 ▾ | | |
| 2 | 地區 ▾ | 女 | 男 | 總計 |
| 3 | 中區 | 13 | 8 | 21 |
| 4 | 北區 | 20 | 13 | 33 |
| 5 | 東區 | 11 | 7 | 18 |
| 6 | 南區 | 18 | 10 | 28 |
| 7 | 總計 | 62 | 38 | 100 |

# 14-8 樞紐分析表的更新

建妥樞紐分析表後，若來源表格或範圍的內容更動，並不會自動更新樞紐分析表內容。得於以滑鼠單按樞紐分析表之任一儲存格後，再以下列方式進行更新：

■ 按『樞紐分析表分析 / 資料 / 重新整理』〔重新整理▾〕鈕之上半

■ 單按滑鼠右鍵，續選「重新整理 (R)」

# 14-9 樞紐分析圖

樞紐分析圖之處理步驟及觀念類似樞紐分析表，只差得按『插入 / 圖表 / 樞紐分析圖』〔樞紐分析圖▾〕之上半部，隨後之建立步驟，可說完全同於建立樞紐分析表。（資料詳範例 Ch14.xlsx『樞紐分析圖』工作表）稍異之處為不僅會於所指定之位置產生一個樞紐分析表外，且會於指定之位置或另一個新工作表，依樞紐分析表內容產生一直條圖：

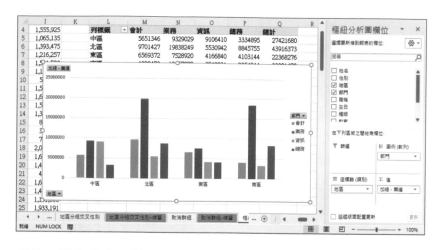

另外，圖內有向下箭頭之位置，均可用來切換圖表顯示內容。有關樞紐分析圖表的操作，如：圖表類型、圖表格式、……等，其處理方式同一般圖表。

# 14-10　次數分配 FREQUENCY()

與樞紐分析表類似，FREQUENCY() 函數亦可計算某一範圍內各不同值出現的次數，其語法為：

> FREQUENCY(data_array, bins_array)
> FREQUENCY( 資料陣列 , 組界範圍陣列 )

**但其回應值為一縱向之陣列**，故輸入前應先選取相當陣列元素之儲存格，輸妥公式後，以 Ctrl + Shift + Enter 完成輸入。

資料陣列　　　是一個要計算次數分配的數值陣列或數值參照位址。

組界範圍陣列　是一個陣列或儲存格範圍參照位址，用來安排各答案之分組結果。

如，於範例 Ch14.xlsx『次數分配』工作表之問卷調查結果：

| | A | B | C | D | E | F | G | H |
|---|---|---|---|---|---|---|---|---|
| 1 | 問卷編號 | 性別 | 第一題 | 第二題 | | | | |
| 2 | 1001 | 1 | 3 | 1 | | 性別 | 人數 | % |
| 3 | 1002 | 2 | 2 | 2 | | 1 | | |
| 4 | 1003 | 1 | 1 | 4 | | 2 | | |
| 5 | 1004 | 2 | 2 | 3 | | 總計 | | |

假定，要求不同性別之人數的次數分配表。其處理步驟為：

Step **1** 輸入所有可能出現之答案，如 F3:F4 之 1、2，作為**組界範圍陣列**

Step **2** 選取恰與答案數同格數之垂直範圍 G3:G4

Step **3** 輸入

=FREQUENCY(B2:B116,F3:F4)

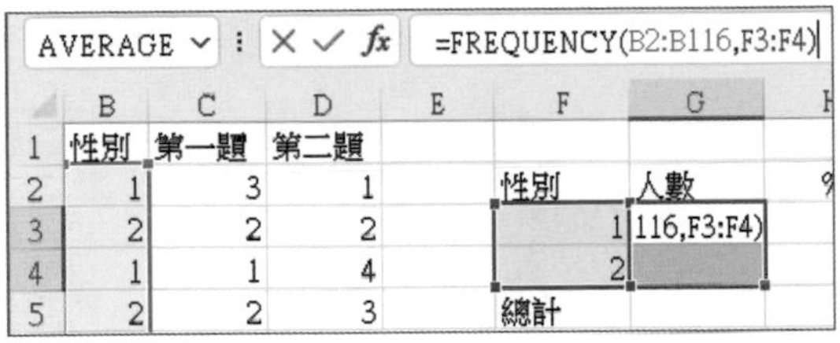

Step **4** 按 Ctrl + Shift + Enter 完成輸入，即可完成一陣列之內容，求得各答案之次數分配表

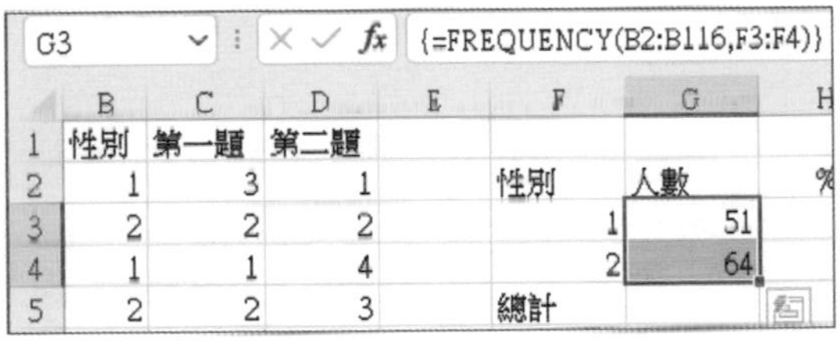

小秘訣

原公式左右以一對大括號（{}）包圍，表其為陣列內容。這兩格內容將視為一個整體，要刪除時必須兩個一起刪。也無法僅單獨變更某一格之內容。

若範圍選錯了或公式打錯了，可重選正確範圍，然後以滑鼠點按編輯列之公式，即可進入編輯狀態，僅須就錯誤部分進行修改即可，不用整組公式重新輸入。修改後，記得按 Ctrl + Shift + Enter 完成輸入。

**Step 5** 續於 G5 求其次數分配之總計；於 H3:H4，求其百分比，即可作成一完整之次數分配表：

| | E | F | G | H |
|---|---|---|---|---|
| 1 | | | | |
| 2 | | 性別 | 人數 | % |
| 3 | | 1 | 51 | 44.3% |
| 4 | | 2 | 64 | 55.7% |
| 5 | | 總計 | 115 | 100.0% |

H3 　 =G3/$G$5

**馬上練習**

就前面之問卷調查資料，求第一題及第二題之答案分佈情況：

| | J | K | L | M | N | O | P |
|---|---|---|---|---|---|---|---|
| 2 | 第一題 | 答案數 | % | | 第二題 | 答案數 | % |
| 3 | 1 | 35 | 30.4% | | 1 | 21 | 18.3% |
| 4 | 2 | 39 | 33.9% | | 2 | 34 | 29.6% |
| 5 | 3 | 41 | 35.7% | | 3 | 29 | 25.2% |
| 6 | 合計 | 115 | 100.0% | | 4 | 31 | 27.0% |
| 7 | | | | | 合計 | 115 | 100.0% |

## 分組資料之次數分配

前面幾個例子，其答案均非連續性之數字資料。若碰上如下之所得資料，就得將其資料分成幾個區間，再計算落於各區間之所得分佈情況。如，範例 Ch14.xlsx『分組次數分配』工作表 H3:H6 之**組界範圍陣列**，相當於將其分為：~30000、30000~50000、50000~70000 與 70000~ 等四個組別。其 I3:I6 使用之公式為：

```
=FREQUENCY(E2:E116,H3:H6)
```

I3 　 {=FREQUENCY(E2:E116,H3:H6)}

| | E | F | G | H | I | J | K |
|---|---|---|---|---|---|---|---|
| 1 | 所得 | | | | | | |
| 2 | 64800 | | | 所得分組 | 次數 | 百分比 | |
| 3 | 40800 | | | 30000 | 26 | | |
| 4 | 42600 | | | 50000 | 26 | | |
| 5 | 26700 | | | 70000 | 33 | | |
| 6 | 60300 | | | | 30 | | |
| 7 | 42700 | | 合計 | | | | |

更適當之作法，還可於 G3:G6 輸入字串，讓 G3:H6 看似標示區間之內容，更能讓使用者看出其次數分配結果所代表之意義：

| F | G | H | I | J |
|---|---|---|---|---|
| 1 | | | | |
| 2 | 所得分組 | | 次數 | 百分比 |
| 3 | 0~ | 30000 | 26 | 22.6% |
| 4 | 30001~ | 50000 | 26 | 22.6% |
| 5 | 50001~ | 70000 | 33 | 28.7% |
| 6 | 70001~ | | 30 | 26.1% |
| 7 | 合計 | | 115 | 100.0% |

> **注意**
>
> 若恰有一數字正好等於分組之依據，如 :30000，則應歸入先出現之一組內（~30000）。

### 字串資料

FREQUENCY() 函數並無法處理字串資料，若您的資料恰好是文字串之內容。解決之方法可有：（詳範例 Ch14.xlsx『字串次數分配』工作表）

■ 將其轉為數值另存於一新欄（如下表之 C 欄，以 =IF(B2=" 男 ",1,2) 將性別轉數字），續以 FREQUENCY() 函數處理（詳下表 E1:F3）

■ 以 COUNTIF() 處理（詳下表 E6:F7）

■ 按『**資料 / 預測 / 模擬分析**』 之下拉鈕，續選「**運算列表 (T)**」處理，利用 DCOUNTA() 處理（詳下表 E9:F12 及下章之說明）

| C2 | | | fx | =IF(B2="男",1,2) | | | | |
|---|---|---|---|---|---|---|---|---|
| | B | C | D | E | F | G | H | I |
| 1 | 性別 | 性別1 | | 性別1 | 人數 | | | |
| 2 | 男 | 1 | | 1 | 6 | ← =FREQUENCY(C2:C12,E2:E3) | | |
| 3 | 女 | 2 | | 2 | 5 | | | |
| 4 | 男 | 1 | | | | | | |
| 5 | 女 | 2 | | 性別 | | | | |
| 6 | 男 | 1 | | 男 | 6 | ← =COUNTIF($B$2:$B$12,E6) | | |
| 7 | 男 | 1 | | 女 | 5 | | | |
| 8 | 男 | 1 | | | | | | |
| 9 | 女 | 2 | | 性別 | | | | |
| 10 | 女 | 2 | | | 11 | ← =DCOUNTA(A1:B12,2,E9:E10) | | |
| 11 | 男 | 1 | | 男 | 6 | | | |
| 12 | 女 | 2 | | 女 | 5 | | | |

## 計算累計人數及百分比

統計實務上，於求得次數分配表後，常得再計算累計人數及百分比，以方便求算中位數、四分位數、……等。如：（詳範例 Ch14.xlsx『累計百分比』工作表）

| | C | D | E | F | G | H | I | J | K | L |
|---|---|---|---|---|---|---|---|---|---|---|
| | | | | | | fx | =J3+H4 | | | |
| 1 | 第一題 | 第二題 | 所得 | | 第一題 | 次數 | 百分比 | 累計次數 | 累計% | |
| 2 | 3 | 1 | 64800 | | 1 | 35 | 30.4% | 35 | 30.4% | |
| 3 | 2 | 2 | 40800 | | 2 | 39 | 33.9% | 74 | 64.3% | |
| 4 | 1 | 4 | 42600 | | 3 | 41 | 35.7% | 115 | 100.0% | |
| 5 | 2 | 3 | 26700 | | 合計 | 115 | 100.0% | - | - | |
| 6 | 3 | 2 | 60300 | | | | | | | |
| 7 | 2 | 3 | 42700 | | 所得分組 | 次數 | 百分比 | 累計次數 | 累計% | |
| 8 | 3 | 4 | 22500 | | 0~ 30000 | 26 | 22.6% | 26 | 22.6% | |
| 9 | 3 | 3 | 55200 | | 30000~ 50000 | 26 | 22.6% | 52 | 45.2% | |
| 10 | 3 | 4 | 79600 | | 50000~ 70000 | 33 | 28.7% | 85 | 73.9% | |
| 11 | 2 | 4 | 69300 | | 70000~ | 30 | 26.1% | 115 | 100.0% | |
| 12 | 3 | 2 | 73200 | | 合計 | 115 | 100.0% | - | - | |

其計算方法並不困難，如 J2:J4 之累計次數的公式分別為：

| | |
|---|---|
| J2： | =H2 |
| J3： | =J2+H3 |

將 J3 抄給 J4 即得到

| | |
|---|---|
| J4： | =J3+H4 |

算得累計次數後，選取 J2:J4，向右抄給 K2:K4 即可得到累計百分比。其公式分別為：

| | |
|---|---|
| K2： | =I2 |
| K3： | =K2+I3 |
| K4： | =K3+I4 |

然後將 K2:K4 安排為百分比格式，就大功告成。

# 運算列表

## 15-1　運算列表簡介

Excel 之『模擬分析 / 運算列表』，可以依公式建立單變數或雙變數之假設分析表（what-if table），它的外觀就相當於單變數或雙變數之樞紐分析表。

於資料分析 中，我們常會面臨到很多『如果…會…』（what-if）之情況。例如：貸款金額及期數不變，如果利率變動，每期應繳多少房屋貸款？如果十年後要領回一百萬，每月應存入多少錢？如果廣告費提高到四百萬，銷售量會變動為多少？……？

前述各狀況，變動的項目均為單一內容而已（單變數）。有時，要考慮之變動項目，可能同時為兩個（雙變數）。如：利率與期數同時變動，每期應繳多少房屋貸款？各部門內不同性別之員工的平均業績為多少？不同職稱不同性別之員工的平均業績為多少？

要處理這些問題，除可直接以運算式或樞紐分析表進行處理外；也可利用 Excel 之『模擬分析 / 運算列表』。其類型又隨所使用之變數個數而有：

### ■ 單變數運算列表

運算列表中，僅使用到單一變數，以分析當此變數內容發生變化時，相關公式之結果將產生何種變化。

■ 雙變數運算列表

運算列表中,同時使用兩個不同變數,用以分析當這兩個變數內容發生變化時,相關公式之結果將產生何種變化。

# 15-2 單變數假設分析

單變數運算列表僅使用單一變數進行建表,其變數可安排於一單欄或單列中。以將變數安排於單欄之情況言,其運算列表安排方式如:(若將變數安排於單列中,則僅須將表轉置即可)

| 空　白 | 公式 1 | 公式 2 | ... | 公式 n |
|---|---|---|---|---|
| 欄變數各種不同值 $X_1$ $X_2$ ⋮ $X_n$ | | 運　算　列　表　結　果 | | |

## 利率變動房屋貸款每期應繳多少

PMT() 函數之語法為:

PMT(rate,nper,pv)
PMT( 利率 , 期數 , 本金 )

可用以求算:貸款 pv 之**本金**,在 rate 之固定**利率**水準下,以 nper 之**期數**分期償還本金及利息,每期應付多少金額?

若貸款 1,000,000、於利率水準為 2.2％之情況下,擬分 20 期(年)償還。利用 PMT() 可算出,每期償還的本息為 62,343:(參見範例 Ch15.xlsx 『期付款』工作表)

茲為分析：若期數固定於 20 期且貸款 1,000,000，而利率水準由 2.0％ 變動到 3.8％之各種情況下，每期應付多少金額？

首先，於 D2 位置輸入：

```
=-PMT(A2,B2,C2)
```

求得利率 2.2％時之應付金額，以當作建表公式。續再於 B5:B14 位置輸入 2.0％～ 3.8％之利率水準，當作建表變數欄。並於 C4 輸入：

```
=D2
```

指出建表公式係存於 D2。

| C4 | | | fx | =D2 | | |
|---|---|---|---|---|---|---|
| | A | B | C | D | E | F |
| 1 | 利率 | 期數(年) | 貸款 | 期付 | | |
| 2 | 2.20% | 20 | $1,000,000 | $62,343 | ← =-PMT(A2,B2,C2) | |
| 3 | | | | | | |
| 4 | | | $62,343 | ← =D2 | | |
| 5 | | 2.0% | | | | |
| 6 | | 2.2% | | | | |
| 7 | | 2.4% | | | | |
| 8 | | 2.6% | | | | |
| 9 | | 2.8% | | | | |
| 10 | | 3.0% | | | | |
| 11 | | 3.2% | | | | |
| 12 | | 3.4% | | | | |
| 13 | | 3.6% | | | | |
| 14 | | 3.8% | | | | |

然後，再依下列步驟進行建表：

Step ❶ 選取整個建表範圍（B4:C14），注意範圍之左上角為空白，整個範圍應涵蓋變數欄與分析欄之公式

| | A | B | C | D | E | F |
|---|---|---|---|---|---|---|
| 1 | 利率 | 期數(年) | 貸款 | 期付 | | |
| 2 | 2.20% | 20 | $1,000,000 | $62,343 | ← =-PMT(A2,B2,C2) | |
| 3 | | | | | | |
| 4 | | | $62,343 | ← =D2 | | |
| 5 | | 2.0% | | | | |
| 6 | | 2.2% | | | | |
| 7 | | 2.4% | | | | |
| 8 | | 2.6% | | | | |
| 9 | | 2.8% | | | | |
| 10 | | 3.0% | | | | |
| 11 | | 3.2% | | | | |
| 12 | | 3.4% | | | | |
| 13 | | 3.6% | | | | |
| 14 | | 3.8% | | | | |

Step **2** 按『資料 / 預測 / 模擬分析』  鈕，續選「運算列表 (T)…」

Step **3** 於『欄變數儲存格 (C)：』後單按滑鼠，
續輸入公式中與變數欄同資料性質之儲
存格位址，因 =D2 公式中所使用之利率
係存於 A2，而目前變數欄內容為各種不
同利率值，故於此處即應輸入 A2（最好
以滑鼠點選 A2 儲存格來達成輸入，會
顯示 $A$2）

Step **4** 按 [ 確定 ] 鈕完成設定，可將 B5:B14 之不同利率值，分別代入 C4
儲存格之公式，一舉算出利率水準由 2.0％變動到 3.8％之各種情況
下，每期應付多少金額。（為便於閱讀，本章各例均對建表結果設
定過格式）

| | A | B | C | D | E | F |
|---|---|---|---|---|---|---|
| 1 | 利率 | 期數(年) | 貸款 | 期付 | | |
| 2 | 2.20% | 20 | $1,000,000 | $62,343 | ← =-PMT(A2,B2,C2) | |
| 3 | | | | | | |
| 4 | | | $62,343 | ← =D2 | | |
| 5 | | 2.0% | $61,157 | | | |
| 6 | | 2.2% | $62,343 | | | |
| 7 | | 2.4% | $63,543 | | | |
| 8 | | 2.6% | $64,755 | | | |
| 9 | | 2.8% | $65,979 | | | |
| 10 | | 3.0% | $67,216 | | | |
| 11 | | 3.2% | $68,465 | | | |
| 12 | | 3.4% | $69,726 | | | |
| 13 | | 3.6% | $70,999 | | | |
| 14 | | 3.8% | $72,285 | | | |

**小秘訣**

無法僅刪除運算列表之部份資料內容，必須整個運算列表全數選取，再
以 Delete 進行刪除。

15

運算列表

事實上，類似之運算列表，也可以直接以運算式來達成。如下表之 F5 的運算式為：

=-PMT(E5,$B$2,$C$2)

往下抄給 F6:F14，照樣可以求得同於 C5:C14 之運算列表結果：

| F5 | | ✓ fx | =-PMT(E5,$B$2,$C$2) | | |
|---|---|---|---|---|---|
| | A | B | C | D | E | F |
| 1 | 利率 | 期數(年) | 貸款 | 期付 | | |
| 2 | 2.20% | 20 | $1,000,000 | $62,343 | ← =-PMT(A2,B2,C2) | |
| 3 | | | | | | |
| 4 | | | $62,343 | ← =D2 | 利率 | 期付 |
| 5 | | 2.0% | $61,157 | | 2.0% | $61,157 |
| 6 | | 2.2% | $62,343 | | 2.2% | $62,343 |
| 7 | | 2.4% | $63,543 | | 2.4% | $63,543 |
| 8 | | 2.6% | $64,755 | | 2.6% | $64,755 |
| 9 | | 2.8% | $65,979 | | 2.8% | $65,979 |
| 10 | | 3.0% | $67,216 | | 3.0% | $67,216 |
| 11 | | 3.2% | $68,465 | | 3.2% | $68,465 |
| 12 | | 3.4% | $69,726 | | 3.4% | $69,726 |
| 13 | | 3.6% | $70,999 | | 3.6% | $70,999 |
| 14 | | 3.8% | $72,285 | | 3.8% | $72,285 |

## 期末要領回某金額每月應存款多少

PMT() 函數的完整語法為：

PMT(rate,nper,pv,[fv],[type])
PMT( 利率 , 期數 , 本金 ,[ 未來值 ],[ 期初或期末 ])

傳回每期付款金額及利率固定之年金期付款數額。如：於利率與期數固定之情況下，貸某金額之款項每期應償還多少金額。方括號所包圍之內容，表其可以省略。（年金是在某一段連續期間內，一序列的固定金額給付活動。例如，汽車或購屋分期貸款都是年金的一種）

**本金**　　　　為未來各期年金現值的總和。如：貸款。

**未來值**　　　為最後一次付款完成後，所能獲得的現金餘額。如：零存整付之期末領回金額。省略時，其預設值為 0。**本金**為貸款時，**未來值**即為 0。反之，**未來值**為零存整付之期末領回金額時，**本金**即為 0。

期初或期末　　用以界定各期金額的給付時點。省略或 0，表期末給付（各
期之年底或月底），1 表期初給付。如銀行貸款，通常是期末
償付；但零存整付則又得期初給付。**金額的給付發生在期末
者為普通年金；發生在期初者則為期初年金。**

　　PMT() 也可以用來求期末之未來值；若擬於 10 年後能存滿一百萬為購
買房屋之頭期款。假定，活存之年利率為 1.0%。那每個月應存入多少金額？
也可用 PMT() 來求算，由於這是一種期初存款，[ 期初或期末 ] 為 1；且**本
金為 0**（[ 未來值 ] 為 1,000,000），故範例 Ch15.xlsx『期末領回』工作表 D2
處之公式為：

```
=-PMT(C2/12,B2*12,0,A2,1)
```

於年利率為 1.0% 水準下，每月期初應存 7,920.48，即可達成十年後領回
1,000,000 之期望：

| D2 | ✓ : × ✓ fx | =-PMT(C2/12,B2*12,0,A2,1) |
|---|---|---|

| | A | B | C | D | E |
|---|---|---|---|---|---|
| 1 | **期末領回** | **期數(年)** | **利率(年)** | **每月應存** | |
| 2 | 1000000 | 10 | 1.00% | $7,920.48 | |

　　假定，您覺得存 1,000,000 仍嫌不足，擬知道若期末領回金額由
1,000,000 變動到 3,000,000，則每月應存入多少金額？首先，於 B5:B9 位
置輸入 1,000,000、1,500,000、……、3,000,000，當作建表變數欄。續於
C4 輸入

```
=D2
```

作為建表公式。

| C4 | ✓ : × ✓ fx | =D2 |
|---|---|---|

| | A | B | C | D |
|---|---|---|---|---|
| 1 | **期末領回** | **期數(年)** | **利率(年)** | **每月應存** |
| 2 | 1000000 | 10 | 1.00% | $7,920.48 |
| 3 | | | | |
| 4 | | | $7,920.48 | ← =D2 |
| 5 | | 1,000,000 | | |
| 6 | | 1,500,000 | | |
| 7 | | 2,000,000 | | |
| 8 | | 2,500,000 | | |
| 9 | | 3,000,000 | | |

然後，再依下列步驟進行建表：

Step ① 選取整個建表範圍 B4:C9

Step ② 執行「**資料 / 預測 / 模擬分析 / 運算列表 (T)…**」，轉入『運算列表』對話方塊。於『欄變數儲存格 (C)：』後單按滑鼠，續以滑鼠點 A2 儲存格（因 **=D2** 公式中所使用之期末值係存於 A2）

Step ③ 按 ┃ 確定 ┃ 鈕完成設定，可將 B5:B9 之不同期末值，分別代入 C4 儲存格之公式，一舉算出期末領回金額由 1,000,000 變動到 3,000,000 之各種情況下，每月應存多少金額

事實上，各答案間是一個簡單的倍數關係而已！如，三百萬之答案恰為一百萬答案的 3 倍。故而，往後可不用經由建表，僅需於求得一百萬之答案後，乘以某一倍數，即為所要求算之答案。

## 廣告費變動對銷售額之影響

假定，某公司根據過去歷年資料，算出銷售量與廣告費之關係式為：

$$銷售額 = 9.184 \times 廣告費 + 299.8$$

即可以下示步驟，於範例 Ch15.xlsx『廣告費與銷售額』工作表，建表比較廣告費由一百萬變動到五百萬之情況下，其銷售額將分別為多少？

**Step 1** 輸妥所需之公式與欄變數內容

| | A | B | C | D |
|---|---|---|---|---|
| 1 | 廣告費(萬) | 銷售額(萬) | | |
| 2 | 100 | 1,218.2 | | |
| 3 | | | | |
| 4 | | 1,218.2 | ← =B2 | |
| 5 | 100 | | | |
| 6 | 200 | | | |
| 7 | 300 | | | |
| 8 | 400 | | | |
| 9 | 500 | | | |

B2　　=9.184*A2 + 299.8

**Step 2** 選取 A4:B9

**Step 3** 執行「**資料 / 預測 / 模擬分析 / 運算列表 (T)…**」，轉入『運算列表』對話方塊。於『**欄變數儲存格 (C)：**』後單按滑鼠，續點選公式中與變數欄同資料性質之儲存格位址 A2

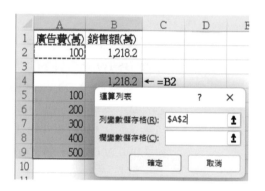

運算列表

列變數儲存格(R): $A$2

欄變數儲存格(C):

確定　　取消

**Step 4** 按 確定 鈕完成設定，可將 A5:A9 之不同廣告費，分別代入 B4 儲存格之公式，一舉算出廣告費由 100 變動到 500 萬之各種情況下，其銷售額應為多少

| | A | B | C |
|---|---|---|---|
| 1 | 廣告費(萬) | 銷售額(萬) | |
| 2 | 100 | 1,218.2 | |
| 3 | | | |
| 4 | | 1,218.2 | ← =B2 |
| 5 | 100 | 1,218.2 | |
| 6 | 200 | 2,136.6 | |
| 7 | 300 | 3,055.0 | |
| 8 | 400 | 3,973.4 | |
| 9 | 500 | 4,891.8 | |

　　本例，各答案間就不再是一個簡單的倍數關係而已！廣告費 100 萬時，預估銷售額為 1,218.2 萬；將其乘以 5 為 6,091 萬，並無法直接算出廣告費為 500 萬時，預估銷售額為 4,891.8 萬。

## 各部門之業績統計資料

由於，資料庫統計函數中，均含有一準則範圍之引數（argument），若能將變數欄的不同資料，代入該準則範圍之條件式位置，即可利用『**模擬分析 / 運算列表**』來建表，以求得各種不同條件情況之統計量。

若欲於範例 Ch15.xlsx『部門業績統計資料』工作表中：（其資料有 100 筆記錄）

| | A | B | C | D | E |
|---|---|---|---|---|---|
| 1 | 姓名 | 性別 | 部門 | 職稱 | 業績 |
| 2 | 古雲翰 | 男 | 會計 | 經理 | 2,159,370 |
| 3 | 陳善鼎 | 男 | 業務 | 專員 | 678,995 |
| 4 | 羅惠洪 | 女 | 業務 | 課長 | 1,555,925 |

求得各不同部門員工之：人數、最大業績、最小業績與平均業績等資料。

本例故意使用列變數，於 D104:G104 輸入 "總務 "、" 資訊 "、" 業務 " 及 " 會計 " 之部門別當變數列，將 A104:A105 安排為條件準則範圍，其 A105 目前無任何內容，將來可自 D104:G104 分別取得各部門別以當作過濾條件。另於 C105:C108 輸入下列運算式：

| C105 | =DCOUNTA($A$1:$E$101," 業績 ",$A$104:$A$105) |
|---|---|
| C106 | =DMAX($A$1:$E$101," 業績 ",$A$104:$A$105) |
| C106 | =DMIN($A$1:$E$101," 業績 ",$A$104:$A$105) |
| C108 | =DAVERAGE($A$1:$E$101," 業績 ",$A$104:$A$105) |

當作求人數、最大業績、最小業績與平均業績等資料之運算公式：

| C105 | | | fx | =DCOUNTA($A$1:$E$101,"業績",$A$104:$A$105) | | |
|---|---|---|---|---|---|---|
| | A | B | C | D | E | F | G |
| 101 | 方郁婷 | 女 | 總務 | 專員 | 1,926,614 | | |
| 102 | | | | | | | |
| 103 | | | | | | | |
| 104 | 部門 | | 全體 | 總務 | 資訊 | 業務 | 會計 |
| 105 | | 人數 | 100 | | | | |
| 106 | | 最大 | 2,440,290 | | | | |
| 107 | | 最小 | 311,003 | | | | |
| 108 | | 平均 | 1,276,978 | | | | |

這幾個公式之共同點即以 \$A\$104:\$A\$105 為準則範圍，一旦將變數列（D104:G104）之 " 總務 "、" 資訊 "、" 業務 " 或 " 會計 "，代入準則範圍之 A105 位置，即可分別取得各部門字串，當作過濾條件。而 C104 之 " 全體 " 則僅作為提示字串，並不會對公式產生任何影響。

完成事前準備工作後，依下列步驟執行建表：

Step **1**　選取 C104:G108 為建表範圍

Step **2**　執行「**資料 / 預測 / 模擬分析 / 運算列表 (T)…**」，轉入『**運算列表**』對話方塊。於『**列變數儲存格 (R)：**』後單按滑鼠，續點選 A105 儲存格

因 C105:C108 等所引用之公式格，均以 \$A\$104:\$A\$105 為其準則範圍，而其 \$A\$105 需使用到部門別當作過濾條件。目前運算列表範圍所定義之列數欄內容乃為各部門別，故於此處應點選 A105 儲存格，以便將 " 總務 "、" 資訊 "、" 業務 " 或 " 會計 "，分別代入 \$A\$105 位置，當作準則範圍之過濾條件，以求算各相關統計量。

Step **3**　按 ▢ 確定 ▢ 鈕，可一舉求得各不同部門之員工人數、最大業績、最小業績與平均業績等資料

| | A | B | C 全體 | D 總務 | E 資訊 | F 業務 | G 會計 |
|---|---|---|---|---|---|---|---|
| 104 | 部門 | | 全體 | 總務 | 資訊 | 業務 | 會計 |
| 105 | | 人數 | 100 | 21 | 19 | 40 | 20 |
| 106 | | 最大 | 2,440,290 | 1,926,614 | 2,122,351 | 2,440,290 | 2,159,370 |
| 107 | | 最小 | 311,003 | 522,313 | 311,003 | 538,691 | 464,630 |
| 108 | | 平均 | 1,276,978 | 1,173,240 | 1,160,264 | 1,376,603 | 1,297,531 |

小秘訣

事實上，本例之運算列表，也可以直接以運算式來達成。如下表於 C110:G111 之各欄，安排作為篩選條件之內容，第 110 列之內容當欄名，第 111 列之內容當篩選條件。以 C110:C111 為例，其 C111 無內容，即等於無條件，用以求算全體之資料；而 D110:D111 之 D111 為 " 總務 "，即等於要篩選出部門為 " 總務 " 之內容，E, F, G 欄依此類推，分別要篩選出部門為 " 資訊 "、" 業務 " 與 " 會計 " 之內容：

| | A | B | C | D | E | F | G |
|---|---|---|---|---|---|---|---|
| 110 | | | 全體 | 部門 | 部門 | 部門 | 部門 |
| 111 | | | | 總務 | 資訊 | 業務 | 會計 |
| 112 | | 人數 | | | | | |
| 113 | | 最大 | | | | | |
| 114 | | 最小 | | | | | |
| 115 | | 平均 | | | | | |

另於 C112:C115 輸入下列運算式：

| | |
|---|---|
| C112 | =DCOUNT($A$1:$E$101," 業績 ",C$110:C$111) |
| C113 | =DMAX($A$1:$E$101," 業績 ",C$110:C$111) |
| C114 | =DMIN($A$1:$E$101," 業績 ",C$110:C$111) |
| C115 | =DAVERAGE($A$1:$E$101," 業績 ",C$110:C$111) |

當作求人數、最大業績、最小業績與平均業績等資料之運算公式。其作為篩選條件之準則範圍的 C 欄並無絕對之 $ 符號，故往右抄時，可分別改為 D$110:D$111、E$110:E$111、F$110:F$111 與 G$110:G$111 可分別取得各該欄之篩選條件：

| C112 | ▾ | ⋮ | × ✓ $f_x$ | =DCOUNT($A$1:$E$101,"業績",C$110:C$111) | | |
|---|---|---|---|---|---|---|

| | A | B | C | D | E | F | G |
|---|---|---|---|---|---|---|---|
| 110 | | | 部門 | 部門 | 部門 | 部門 | 部門 |
| 111 | | | | 總務 | 資訊 | 業務 | 會計 |
| 112 | | 人數 | 100 | | | | |
| 113 | | 最大 | 2,440,290 | | | | |
| 114 | | 最小 | 311,003 | | | | |
| 115 | | 平均 | 1,276,978 | | | | |

接著，選取 C112:C115，將其抄給 D112:G115，照樣可以求得同於
C105:G108 之運算列表結果：

| C112 | | fx | =DCOUNT($A$1:$E$101,"業績",C$110:C$111) | | |
|---|---|---|---|---|---|
| | A | B | C | D | E | F | G |
| 104 | 部門 | | 全體 | 總務 | 資訊 | 業務 | 會計 |
| 105 | | 人數 | 100 | 21 | 19 | 40 | 20 |
| 106 | | 最大 | 2,440,290 | 1,926,614 | 2,122,351 | 2,440,290 | 2,159,370 |
| 107 | | 最小 | 311,003 | 522,313 | 311,003 | 538,691 | 464,630 |
| 108 | | 平均 | 1,276,978 | 1,173,240 | 1,160,264 | 1,376,603 | 1,297,531 |
| 109 | | | | | | | |
| 110 | | | 部門 | 部門 | 部門 | 部門 | 部門 |
| 111 | | | | 總務 | 資訊 | 業務 | 會計 |
| 112 | | 人數 | 100 | 21 | 19 | 40 | 20 |
| 113 | | 最大 | 2,440,290 | 1,926,614 | 2,122,351 | 2,440,290 | 2,159,370 |
| 114 | | 最小 | 311,003 | 522,313 | 311,003 | 538,691 | 464,630 |
| 115 | | 平均 | 1,276,978 | 1,173,240 | 1,160,264 | 1,376,603 | 1,297,531 |

# 15-3 雙變數假設分析

『模擬分析 / 運算列表』
亦可同時使用兩個變數進行
建表，其運算列表安排方式
如：

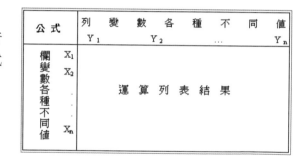

相關之列表規定為：

- 最左邊一欄必須為欄變數之內容，擁有各種不同之資料，以對應於
『運算列表』對話方塊之『欄變數儲存格 (C)：』內容。

- 最上邊一列必須為列變數之內容，擁有各種不同之資料，以對應於
『運算列表』對話方塊之『列變數儲存格 (R)：』內容。

- 左上角之儲存格必須安排一公式，其目的在將變數一與變數二之各種
不同變數分別代入此一公式，再於表中各欄 / 列交會處之儲存格內，
算出各種不同的計算結果，以分析當此二變數內容發生變化時，對公
式之結果將產生何種變化？

## 九九乘法表－熟悉雙變量運算列表的最佳範例

九九乘法表是最簡單的雙變數運算列表，雖然直接使用運算公式，不使用『**模擬分析 / 運算列表**』也可輕易建立九九乘法表。不過，因為它很簡單，故我們就先以範例 Ch15.xlsx『九九乘法表』工作表為例，說明其建立過程：

Step 1 輸妥所需之公式與欄 / 列變數內容，以 B5:B13 之 1~9 為欄變數，以 C4:J4 之 2~9 列變數，於 B4 處所使用之公式為

```
=C2
```

其內安排

```
=A2*B2
```

取得兩數相乘之乘積

B4 =C2

| | A | B | C | D | E | F | G | H | I | J |
|---|---|---|---|---|---|---|---|---|---|---|
| 1 | 被乘數 | 乘數 | 結果 | | | | | | | |
| 2 | 3 | 7 | 21 | ← =A2*B2 | | | | | | |
| 3 | | | | | | | | | | |
| 4 | =C2 → | 21 | 2 | 3 | 4 | 5 | 6 | 7 | 8 | 9 |
| 5 | | 1 | | | | | | | | |
| 6 | | 2 | | | | | | | | |
| 7 | | 3 | | | | | | | | |
| 8 | | 4 | | | | | | | | |
| 9 | | 5 | | | | | | | | |
| 10 | | 6 | | | | | | | | |
| 11 | | 7 | | | | | | | | |
| 12 | | 8 | | | | | | | | |
| 13 | | 9 | | | | | | | | |

Step 2 選取 B4:J13（須涵蓋欄 / 列變數之所有內容，以及其交會處之公式）

Step 3 執行「**資料 / 預測 / 模擬分析 / 運算列表 (T)⋯**」，轉入『運算列表』對話方塊，於『列變數儲存格 (R)：』後單按滑鼠，以滑鼠選按 A2 儲存格；於『欄變數儲存格 (C)：』後，單按滑鼠，續以滑鼠選按 B2 儲存格

九九乘法表之內容，無論那個數字當被乘數其結果都一樣，故若欄 / 列變數儲存格之內容互換，其結果仍相同。

Step **4** 按 ⌈ 確定 ⌋ 鈕，即可獲致九九乘法表

## 貸款金額與利率變動每期應償還多少本息

假定，於範例 Ch15.xlsx『金額與利率變動』工作表，欲以『模擬分析 / 運算列表』探討：當期數固定於 20 期（年），貸款由一百萬～四百萬且利率水準由 2.0％變動到 3.6％之各種情況下，每期（年）應償還多少本息？

首先，以 B5:B13 之利率水準為欄變數，以 C4:F4 之貸款額度為列變數，於 B4 處所使用之公式為 =D2：

| B4 | | ✓ : | × ✓ fx | =D2 | | |
|----|----|----|----|----|----|----|
| ▲ | A | B | C | D | E | F |
| 1 | 利率 | 期數(年) | 貸款 | 期付 | | |
| 2 | 2.20% | 20 | $1,000,000 | $62,343 | ← =-PMT(A2,B2,C2) | |
| 3 | | | | | | |
| 4 | =D2 → | $62,343 | $1,000,000 | $2,000,000 | $3,000,000 | $4,000,000 |
| 5 | | 2.0% | | | | |
| 6 | | 2.2% | | | | |
| 7 | | 2.4% | | | | |
| 8 | | 2.6% | | | | |
| 9 | | 2.8% | | | | |
| 10 | | 3.0% | | | | |
| 11 | | 3.2% | | | | |
| 12 | | 3.4% | | | | |
| 13 | | 3.6% | | | | |

接著，依下列步驟執行建表：

Step ❶ 選取 B4:F13

Step ❷ 執行「資料 / 預測 / 模擬分析 / 運算列表 (T)…」，轉入『運算列表』對話方塊

Step ❸ 於『列變數儲存格 (R)：』後，單按滑鼠，續以滑鼠選按 C2 儲存格

因公式 =D2 中，所使用之貸款金額係存於 C2，而目前變數列之內容為各種不同之貸款金額。

Step ❹ 於『欄變數儲存格 (C)：』後，單按滑鼠，續以滑鼠選按 A2 儲存格

因公式 =D2 中，所使用之利率係存於 A2，而目前欄變數之內容為各種不同利率值。

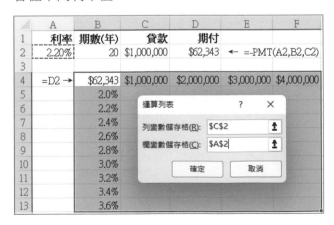

Step **5** 按 ［ 確定 ］ 鈕，完成輸入

| | A | B | C | D | E | F |
|---|---|---|---|---|---|---|
| 1 | 利率 | 期數(年) | 貸款 | 期付 | | |
| 2 | 2.20% | 20 | $1,000,000 | $62,343 | ← =-PMT(A2,B2,C2) | |
| 3 | | | | | | |
| 4 | =D2 → | $62,343 | $1,000,000 | $2,000,000 | $3,000,000 | $4,000,000 |
| 5 | | 2.0% | 61,157 | 122,313 | 183,470 | 244,627 |
| 6 | | 2.2% | 62,343 | 124,687 | 187,030 | 249,374 |
| 7 | | 2.4% | 63,543 | 127,086 | 190,628 | 254,171 |
| 8 | | 2.6% | 64,755 | 129,509 | 194,264 | 259,019 |
| 9 | | 2.8% | 65,979 | 131,958 | 197,937 | 263,916 |
| 10 | | 3.0% | 67,216 | 134,431 | 201,647 | 268,863 |
| 11 | | 3.2% | 68,465 | 136,929 | 205,394 | 273,859 |
| 12 | | 3.4% | 69,726 | 139,452 | 209,178 | 278,904 |
| 13 | | 3.6% | 70,999 | 141,998 | 212,998 | 283,997 |

可將不同利率及貸款金額分別代入 =D2 之公式，一舉算出：若期數固定於 20 期，貸款由一百萬～四百萬且利率水準由 2.0％變動到 3.6％之各種情況下，每期應償還多少本息。

**小秘訣**

類似之運算列表，也可以直接以運算式來達成。如下表之 I5 的運算式為：

=-PMT($H5,$B$2,I$4)

往下抄給 I6:I13，續往右抄給 J5:L13，照樣可以求得同於上表 B4:F13 之雙變量運算列表結果：

| I5 | ⌄ | ⋮ ✕ ✓ ⨍ | =-PMT($H5,$B$2,I$4) |
|---|---|---|---|

| | H | I | J | K | L |
|---|---|---|---|---|---|
| 4 | | $1,000,000 | $2,000,000 | $3,000,000 | $4,000,000 |
| 5 | 2.0% | 61,157 | 122,313 | 183,470 | 244,627 |
| 6 | 2.2% | 62,343 | 124,687 | 187,030 | 249,374 |
| 7 | 2.4% | 63,543 | 127,086 | 190,628 | 254,171 |
| 8 | 2.6% | 64,755 | 129,509 | 194,264 | 259,019 |
| 9 | 2.8% | 65,979 | 131,958 | 197,937 | 263,916 |
| 10 | 3.0% | 67,216 | 134,431 | 201,647 | 268,863 |
| 11 | 3.2% | 68,465 | 136,929 | 205,394 | 273,859 |
| 12 | 3.4% | 69,726 | 139,452 | 209,178 | 278,904 |
| 13 | 3.6% | 70,999 | 141,998 | 212,998 | 283,997 |

## 分析『再訂購點』

某工廠平均每天耗料 2000 件，每次購料要 14 天才會進廠，安全存料量為 4000 件，則再訂購點為多少件？

安全存料量為 4000 件，並非庫存用到剩 4000 件才重新下單訂購；而是要貨進來時剛好有 4000 件。故其再訂購點應為 4000+14*2000=32000：（參見範例 Ch15.xlsx『再訂購點』工作表）

| D2 | | $f_x$ | =A2+B2*C2 | |
|---|---|---|---|---|
| | A | B | C | D |
| 1 | 安全存量 | 每日用量 | 待貨天數 | 再訂購點 |
| 2 | 4,000 | 2,000 | 14 | 32,000 |

擬探討：當購料等待天數固定於 14 天，安全存量由 1 千變動到 4 千，每日用量由 500 變動到 2000 之各種情況下，其再訂購點分別為多少？

首先，以 A5:A8 之安全存量為欄變數，以 B4:E4 之每日用量為列變數，於 B4 處所使用之公式為 =D2：

| A4 | | $f_x$ | =D2 | | |
|---|---|---|---|---|---|
| | A | B | C | D | E |
| 1 | 安全存量 | 每日用量 | 待貨天數 | 再訂購點 | |
| 2 | 4,000 | 2,000 | 14 | 32,000 | |
| 3 | | | | | |
| 4 | 32,000 | 500 | 1,000 | 1,500 | 2,000 |
| 5 | 1,000 | | | | |
| 6 | 2,000 | | | | |
| 7 | 3,000 | | | | |
| 8 | 4,000 | | | | |

接著，依下列步驟執行建表：

Step ❶ 選取 A4:E8

Step ❷ 執行「**資料 / 預測 / 模擬分析 / 運算列表 (T)…**」，轉入『運算列表』對話方塊

Step ❸ 於『列變數儲存格 (R)：』後，單按滑鼠，續以滑鼠選按 B2 儲存格（因公式 =D2 中，所使用之每日用量係存於 B2）

Step ④ 於『欄變數儲存格(C)：』後，單按滑鼠，續以滑鼠選按 A2 儲存格（因公式 =D2 中，所使用之安全存量係存於 A2）

| | A | B | C | D | E |
|---|---|---|---|---|---|
| 1 | 安全存量 | 每日用量 | 待貨天數 | 再訂購點 | |
| 2 | 4,000 | 2,000 | 14 | 32,000 | |
| 3 | | | | | |
| 4 | 32,000 | 500 | 1,000 | 1,500 | 2,000 |
| 5 | 1,000 | | | | |
| 6 | 2,000 | | | | |
| 7 | 3,000 | | | | |
| 8 | 4,000 | | | | |
| 9 | | | | | |
| 10 | | | | | |
| 11 | | | | | |

運算列表　　　　　　? ✕

列變數儲存格(R)：　$B$2　↕

欄變數儲存格(C)：　$A$2　↕

確定　　　取消

Step ⑤ 按 確定 鈕，即可求得各變化情況下之再訂購點

| | A | B | C | D | E |
|---|---|---|---|---|---|
| 1 | 安全存量 | 每日用量 | 待貨天數 | 再訂購點 | |
| 2 | 4,000 | 2,000 | 14 | 32,000 | |
| 3 | | | | | |
| 4 | 32,000 | 500 | 1,000 | 1,500 | 2,000 |
| 5 | 1,000 | 8,000 | 15,000 | 22,000 | 29,000 |
| 6 | 2,000 | 9,000 | 16,000 | 23,000 | 30,000 |
| 7 | 3,000 | 10,000 | 17,000 | 24,000 | 31,000 |
| 8 | 4,000 | 11,000 | 18,000 | 25,000 | 32,000 |

## 分析經濟訂購量

所謂**經濟訂購量** (Economic Order Quantity, EOQ) 又稱**經濟批量**，係為能使全年所有之訂貨成本、儲存成本與購貨成本之總和為最低的訂購量。經濟訂購量之公式為：

$$\sqrt{\frac{2 \times 年訂貨量 \times 每次訂購成本}{每件存貨的年儲存成本}}$$

假定，某公司每年需耗原物料 40,000 單位，每次訂購成本為 1,000 元，單位物料年儲存成本為 20 元，則該物料之經濟訂購量為多少件？將各項資料代入公式，可求得其經濟訂購量為 2000 件：

$$\sqrt{\frac{2 \times 4000 \times 1000}{20}} = 2000$$

範例 Ch15.xlsx『經濟訂購量』工作表內，計算此一經濟訂購量之 D2 所使用之公式為：（SQRT() 函數可用以將數值開根號）

```
=SQRT((2*A2*B2)/C2)
```

| D2 | | : | × ✓ $f_x$ | =SQRT((2*A2*B2)/C2) |
| --- | --- | --- | --- | --- |
| | A | B | C | D |
| 1 | 年訂貨量 | 每次訂購成本 | 每件貨品年儲存成本 | 經濟批量 |
| 2 | 40,000 | 1,000 | 20 | 2,000 |

若擬探討：每次訂購成本及單位儲存成本固定，年訂貨量由 30,000 變化到 60,000；每次訂購成本由 1,000 變化 4,000。其經濟訂購量應分別為多少？

首先，安排 A5:A8 之年訂貨量為欄變數，以 B4:E4 之每次訂購成本為列變數，於 B4 處所使用之公式為 **=D2**：

| A4 | | : | × ✓ $f_x$ | =D2 | |
| --- | --- | --- | --- | --- | --- |
| | A | B | C | D | E |
| 1 | 年訂貨量 | 每次訂購成本 | 每件貨品年儲存成本 | 經濟批量 | |
| 2 | 40,000 | 1,000 | 20 | 2,000 | |
| 3 | | | | | |
| 4 | 2,000 | 1,000 | 2,000 | 3,000 | 4,000 |
| 5 | 30,000 | | | | |
| 6 | 40,000 | | | | |
| 7 | 50,000 | | | | |
| 8 | 60,000 | | | | |

接著，依下列步驟執行建表：

**Step 1** 選取 A4:E8

**Step 2** 執行「**資料 / 預測 / 模擬分析 / 運算列表 (T)…**」，轉入『運算列表』對話方塊

**Step 3** 於『列變數儲存格 (R)：』後，單按滑鼠，續以滑鼠選按 B2 儲存格（因公式 **=D2** 中，所使用之每次訂購成本係存於 B2）

Step ④ 於『欄變數儲存格 (C)：』後，單按滑鼠，續以滑鼠選按 A2 儲存格（因公式 =D2 中，所使用之年訂貨量係存於 A2）

| | A | B | C | D | E |
|---|---|---|---|---|---|
| 1 | 年訂貨量 | 每次訂購成本 | 每件貨品年儲存成本 | 經濟批量 | |
| 2 | 40,000 | 1,000 | 20 | 2,000 | |
| 3 | | | | | |
| 4 | 2,000 | | | | 4,000 |
| 5 | 30,000 | | | | |
| 6 | 40,000 | | | | |
| 7 | 50,000 | | | | |
| 8 | 60,000 | | | | |
| 9 | | | | | |
| 10 | | | | | |

運算列表　　　　? ×

列變數儲存格(R)：　$B$2

欄變數儲存格(C)：　$A$2

確定　　取消

Step ⑤ 按 [ 確定 ] 鈕，即可求得各變化情況下之經濟訂購量

| | A | B | C | D | E |
|---|---|---|---|---|---|
| 1 | 年訂貨量 | 每次訂購成本 | 每件貨品年儲存成本 | 經濟批量 | |
| 2 | 40,000 | 1,000 | 20 | 2,000 | |
| 3 | | | | | |
| 4 | 2,000 | 1,000 | 2,000 | 3,000 | 4,000 |
| 5 | 30,000 | 1,732 | 2,449 | 3,000 | 3,464 |
| 6 | 40,000 | 2,000 | 2,828 | 3,464 | 4,000 |
| 7 | 50,000 | 2,236 | 3,162 | 3,873 | 4,472 |
| 8 | 60,000 | 2,449 | 3,464 | 4,243 | 4,899 |

## 分析各部門不同性別之平均業績

由於，資料庫統計函數中均有一準則範圍之引數，且其準則範圍內亦可使用兩個欄名。若能將欄／列變數之不同字串資料，代入準則範圍內，適當欄名底下之條件式位置，即可利用『**模擬分析／運算列表**』來建表，以求得各種不同組合條件之情況下的統計量，構成一交叉分析表。

茲假定，欲於範例 Ch15.xlsx『部門 × 性別之平均業績』工作表中，求得各部門不同性別之員工平均業績。首先，於 E104:F104 輸入『男』、『女』當列變數；另於 D105:D108 輸入各部門別資料當欄變數。接著，於 D16 輸入：

```
=DAVERAGE(A1:E101,E1,A104:B105)
```

當此運算列表之運算公式。

其內安排 A104:B105 為準則範圍，內含『性別』與『部門』兩個欄名，其 A105:B105 處目前均無任何內容，將來 A105 可自列變數之範圍（E104:F104）分別取得性別資料；而 B105 則可自欄變數之範圍（D105:D108）分別取得各部門別，以作為過濾條件，再依公式求算符合條件之員工平均業績：

| D104 | | | ✓ fx | =DAVERAGE(A1:E101,E1,A104:B105) | | |
|---|---|---|---|---|---|---|
| | A | B | C | D | E | F | G |
| 1 | 姓名 | 性別 | 部門 | 職稱 | 業績 | | |
| 101 | 方郁婷 | 女 | 總務 | 專員 | 1,926,614 | | |
| 102 | | | | | | | |
| 103 | | | | | | | 總計 |
| 104 | 性別 | 部門 | | 1,276,978 | 男 | | 女 |
| 105 | | | | 總務 | | | |
| 106 | | | | 資訊 | | | |
| 107 | | | | 業務 | | | |
| 108 | | | | 會計 | | | |
| 109 | | | 總計 | | | | |

接著，依下列步驟執行建表：

**Step 1** 選取 D104:G109（為何多選一列及一欄空格？詳下文說明）

| D104 | | | ✓ fx | =DAVERAGE(A1:E101,E1,A104:B105) | | |
|---|---|---|---|---|---|---|
| | A | B | C | D | E | F | G |
| 1 | 姓名 | 性別 | 部門 | 職稱 | 業績 | | |
| 101 | 方郁婷 | 女 | 總務 | 專員 | 1,926,614 | | |
| 102 | | | | | | | |
| 103 | | | | | | | 總計 |
| 104 | 性別 | 部門 | | 1,276,978 | 男 | | 女 |
| 105 | | | | 總務 | | | |
| 106 | | | | 資訊 | | | |
| 107 | | | | 業務 | | | |
| 108 | | | | 會計 | | | |
| 109 | | | 總計 | | | | |

**Step 2** 執行「資料 / 預測 / 模擬分析 / 運算列表 (T)…」，轉入『運算列表』對話方塊

**Step 3** 於『列變數儲存格 (R)：』後單按滑鼠，續以滑鼠選按 A105 儲存格（因公式中，所使用之準則範圍的『性別』內容將置於 A105）

**Step 4** 於『欄變數儲存格 (C)：』後單按滑鼠，續以滑鼠選按 B105 儲存格（因公式中，所使用之準則範圍的『部門』內容將置於 B105）

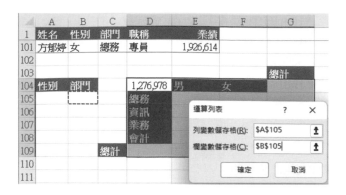

Step **5** 按 確定 鈕，完成輸入

| | A | B | C | D | E | F | G |
|---|---|---|---|---|---|---|---|
| 1 | 姓名 | 性別 | 部門 | 職稱 | 業績 | | |
| 101 | 方郁婷 | 女 | 總務 | 專員 | 1,926,614 | | |
| 102 | | | | | | | |
| 103 | | | | | | | 總計 |
| 104 | 性別 | 部門 | | 1,276,978 | 男 | 女 | |
| 105 | | | | 總務 | 1,234,783 | 1,127,082 | 1,173,240 |
| 106 | | | | 資訊 | 1,056,164 | 1,197,443 | 1,160,264 |
| 107 | | | | 業務 | 1,248,855 | 1,517,799 | 1,376,603 |
| 108 | | | | 會計 | 1,356,718 | 1,287,086 | 1,297,531 |
| 109 | | | 總計 | | 1,228,683 | 1,306,578 | 1,276,978 |

可分別將部門別代入 B105（當代入 D109 之空白資料，即等於無『部門』條件，可用以求算欄總計）；將各性別資料代入 A105（當代入 G104 之空白資料，即等於無『性別』條件，可用以求算列總計）。利用 D104 之公式，一舉算出各部門中不同性別員工的平均業績。

大家可能會有疑問，為何不將兩個『總計』字串，安排於 D109 及 G104？這樣會獲致欄／列之總計均為 #DIV/0!。何故？因為，無論是『部門』或『性別』，均無 " 總計 " 字串所致，其分母為 0：

| D104 | | ⌄ | : | × ✓ fx | =DAVERAGE(A1:E101,E1,A104:B105) | | |
|---|---|---|---|---|---|---|---|
| | A | B | C | D | E | F | G |
| 1 | 姓名 | 性別 | 部門 | 職稱 | 業績 | | |
| 102 | | | | | | | |
| 103 | | | | | | | |
| 104 | 性別 | 部門 | | 1,276,978 | 男 | 女 | 總計 |
| 105 | | | | 總務 | 1,234,783 | 1,127,082 | #DIV/0! |
| 106 | | | | 資訊 | 1,056,164 | 1,197,443 | #DIV/0! |
| 107 | | | | 業務 | 1,248,855 | 1,517,799 | #DIV/0! |
| 108 | | | | 會計 | 1,356,718 | 1,287,086 | #DIV/0! |
| 109 | | | | 總計 | #DIV/0! | #DIV/0! | #DIV/0! |

## 分析不同年齡與業績之人數

資料庫統計函數中之準則範圍內，亦可使用條件式當過濾條件。所以，也可利用『**模擬分析 / 運算列表**』，以求得各種不同條件情況下的統計量。

茲假定，欲於範例 Ch15.xlsx『條件式』工作表中，將年齡以 35 歲為界分為兩組；另將業績以 1,500,000 為界分為兩組，求算不同年齡與業績之員工人數。首先，於 E105:E106 內輸入 **<35** 與 **>=35** 當作欄變數；另於 F104:G104 輸入 **<1500000** 與 **>=1500000** 當作列變數。接著，於 E104 輸入：

```
=DCOUNTA(A1:H101," 姓名 ",A104:B105)
```

當作此運算列表之運算公式。

另將 A104:B105 安排為準則範圍，準則範圍內含『年齡』與『業績』兩個欄名，其 A105、B105 處目前均無任何內容，將來 A105 可自欄變數範圍（E105:E106），分別取得年齡之比較條件式；而 B105 則可自列變數範圍（F104:G104），分別取得業績之比較條件式，以當作過濾條件，再依公式求算符合條件之員工數：

接著，依下列步驟執行建表：

**Step 1** 選取 E104:H107

**Step 2** 執行「**資料 / 預測 / 模擬分析 / 運算列表 (T)…**」，轉入『運算列表』對話方塊

**Step 3** 於『列變數儲存格 (R)：』後，單按滑鼠，續以滑鼠選按 B105 儲存格（因公式中，所使用之準則範圍的『業績』比較式將置於 B105）

Step ❹ 於『欄變數儲存格 (C)：』後，單按滑鼠，續以滑鼠選按 A105 儲
存格（因公式中，所使用之準則範圍的『年齡』比較式將置於
A105）

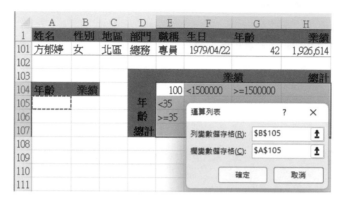

Step ❺ 按 ┌─確定─┐ 鈕，完成輸入

| E104 | | | ✓ | fx | =DCOUNTA(A1:H101,"姓名",A104:B105) | | |
|---|---|---|---|---|---|---|---|
| | A | B | C | D | E | F | G | H |
| 1 | 姓名 | 性別 | 地區 | 部門 | 職稱 | 生日 | 年齡 | 業績 |
| 101 | 方郁婷 | 女 | 北區 | 總務 | 專員 | 1979/04/22 | 42 | 1,926,614 |
| 102 | | | | | | | | |
| 103 | | | | | | 業績 | | 總計 |
| 104 | 年齡 | 業績 | | | 100 | <1500000 | >=1500000 | |
| 105 | | | | 年 | <35 | 11 | 14 | 25 |
| 106 | | | | 齡 | >=35 | 52 | 23 | 75 |
| 107 | | | | 總計 | | 63 | 37 | 100 |

可分別將年齡比較條件代入 A105（當代入 E107 之空白資料，即等於
無年齡條件，可用以求算欄總計）；另分別將業績比較條件代入 B105（當
代入 H104 之空白資料，即等於無業績條件，可用以求算列總計）。利用
E104 之公式，一舉算出不同業績與年齡的員工人數。

# 合併彙算

## 16-1 合併彙算

　　『合併彙算』可將多個來源之資料進行合併，求算其加總、平均數、最大值、最小值、……等摘錄資料，擇一顯示在所指定的目標區域。

　　下圖右上為 Sales_s.xlsx 之內容（南區營業所第一季業績），右下為 Sales_n.xlsx 之內容（北區營業所第一季業績），左側 Sales_tot.xlsx 則為一僅有標題字串之新工作表。

今擬於 Sales_tot.xlsx 內,加總南、北兩區營業所之業績。其執行步驟為:

Step **1** 執行「**檔案 / 開啟舊檔 / 瀏覽**」,轉入『開啟舊檔』對話方塊,依序開 範例之 Sales_s.xlsx、Sales_n.xlsx 與 Sales_tot.xlsx 三檔

Step **2** 按『**檢視 / 視窗 / 並排顯示**』 `並排顯示` 鈕,選「**磚塊式並排 (T)**」,按 `確定` 鈕,可將視窗排列成如上圖所示之外觀(這不是必要動作,只是為了方便書上安排圖片)

Step **3** 選取 Sales_tot.xlsx 之 B3:E5 範圍,當合併彙算之目標區域

|   | A | B | C | D | E |
|---|---|---|---|---|---|
| 1 |   | 南北區營業所第一季業績合計 | | | |
| 2 |   | 一月 | 二月 | 三月 | 總計 |
| 3 | 電冰箱 | | | | |
| 4 | 電視機 | | | | |
| 5 | 冷氣機 | | | | |

Step **4** 按『**資料 / 資料工具 / 合併彙算**』 鈕,轉入『合併彙算』對話方塊

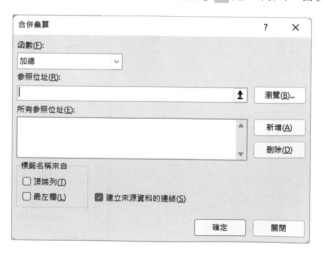

**Step 5** 於『函數 (F)：』處，按其下拉鈕，選取所要之合併摘要資料。如：加總、項目個數、平均數、最大、最小、……等，僅能擇一使用（本例選「加總」）

**Step 6** 單按『參照地址 (R)：』下之文字方塊，以滑鼠點按 Sales_s.xlsx 之任一部位，續選取其 B3:E5 範圍，將自動填入

[Sales_s.xlsx] 南區 !$B$3:$E$5

**Step 7** 按 ⌈新增(A)⌋ 鈕，將其加入到『所有參照地址：』方塊內

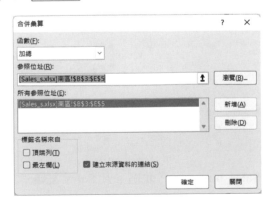

若選錯，仍可選取其內容，續按 ⌈刪除(D)⌋ 鈕，將其清除。

Step 8 以滑鼠點按 Sales_n.xlsx 之任一部位，續選取其 B3:E5 範圍，將自動填入

> [Sales_n.xlsx] 北區 !$B$3:$E$5

（其前之路徑會隨您檔案位置改變）

Step 9 再按一次 新增(A) 鈕，將其加入到『所有參照地址：』方塊內

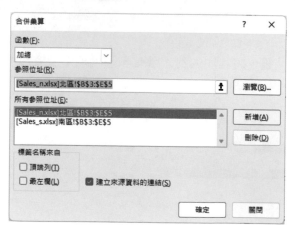

表欲同時取用 Sales_n.xlsx 之『北區』及 Sales_s.xlsx 之『南區』工作表的 $B$3:$E$5 範圍，進行合併彙算。（其前之路徑會隨您檔案位置改變）

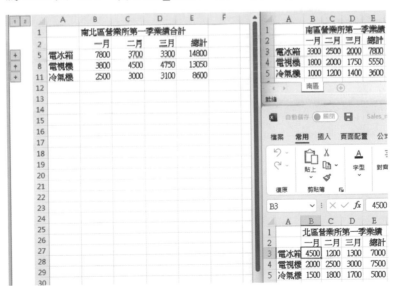

於此處最多可指定 255 個來源區域，以進行合併彙算。在進行合併彙算時，最好將所有來源區的活頁簿逐一開啟，以利作業進行。

若各相關範圍均加有欄標題或列標題，可續於『標籤名稱來自』方塊內，選取「頂端列 (T)」或「最左欄 (L)」。（多重來源區域必須加上相同的標記才可正確地運作，本例之範圍並未含字串標題，故跳過此一定義）

**Step ⑩** 選取「建立來源資料的連結 (S)」項（其作用為：當來源資料異動時，即自動更新合併彙算結果）

**Step ⑪** 完成所有設定後，按 ┌─確定─┐ 鈕離開。返回 Sales_tot.xlsx 工作表後，可獲致合併彙算結果。如：南、北區一月份之電冰箱業績分別為 3300 與 4500，於 Sales_tot.xlsx 之 B5 處可看見合併結果為 7800：

執行合併彙算時，Excel 會建立每個儲存格的連結公式，並在目標區域中插入列，將來源資料抄入目標區域，以便保持來源資料各個部分的連結公式。然後，於目標區域將各來源區域之資料進行彙算並組合成群組。

目前係隱藏明細資料之結果，若按 2 大綱按鈕，將可獲致明細內容：

Sales_tot.xlsx 中 B3 及 B4 位置，即原南、北區一月份之電冰箱業績，兩者分別為 4500 與 3300；而 B5 處則為其合併結果之 7800。

由於建有檔案連結，故無論 Sales_s.xlsx 或 Sales_n.xlsx 之任一檔案的相關內容異動，Sales_tot.xlsx 中之彙總結果亦將自動更新。如，將 Sales_s.xlsx 及 Sales_n.xlsx 之 B3 分別改為 3655 與 2233；而 Sales_tot.xlsx 之 B3 與 B4 將自動改為 3655 與 2233，且其 B5 的合併結果亦自動更新為 5888：

若 Sales_s.xlsx 或 Sales_n.xlsx 發生異動時，Sales_tot.xlsx 係處於關閉狀態。如，先將 Sales_tot.xlsx 存檔並關閉，再將 Sales_s.xlsx 及 Sales_n.xlsx 之 B3 分別改為 3300 與 4500：

| | A | B | C | D | E |
|---|---|---|---|---|---|
| 1 | | 南區營業所第一季業績 | | | |
| 2 | | 一月 | 二月 | 三月 | 總計 |
| 3 | 電冰箱 | 3300 | 2500 | 2000 | 7800 |
| 4 | 電視機 | 1800 | 2000 | 1750 | 5550 |
| 5 | 冷氣機 | 1000 | 1200 | 1400 | 3600 |

| | A | B | C | D | E |
|---|---|---|---|---|---|
| 1 | | 北區營業所第一季業績 | | | |
| 2 | | 一月 | 二月 | 三月 | 總計 |
| 3 | 電冰箱 | 4500 | 1200 | 1300 | 7000 |
| 4 | 電視機 | 2000 | 2500 | 3000 | 7500 |
| 5 | 冷氣機 | 1500 | 1800 | 1700 | 5000 |

然後，也將 Sales_s.xlsx 與 Sales_n.xlsx 存檔並關閉。則再次開啟 Sales_tot.xlsx 時，將因該檔與其他檔案間存有連結，而先顯示『已停用連結的自動更新』之安全性警告：

原 B3 與 B4 為 2233 與 3655，按其 啟用內容 鈕，即可更新其連結內容。將 Sales_tot.xlsx 之 B3 與 B4 自動改為 4500 與 3300，且其 B5 的合併結果亦自動更新為 7800：

## 16-2 利用檔案連結

　　若覺得前例加上額外之組群及大綱並非必要，尚可以利用檔案連結之運算式自行進行合併彙算。

　　續前例，依下示步驟執行：

**Step 1** 先關閉 Sales_tot.xlsx（記得將其存檔）

**Step 2** 開啟範例 Sales_s.xlsx、Sales_n.xlsx 與 Tot_sales.xlsx

**Step 3** 按『檢視 / 視窗 / 並排顯示』 <kbd>並排顯示</kbd> 鈕，選「磚塊式並排 (T)」，按 <kbd>確定</kbd> 鈕，將視窗排列成（非必要動作，只是為了方便書上安排圖片）

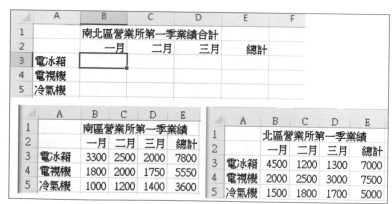

**Step 4** 於 Tot_sales.xlsx 的 B3 位置，輸入等號（=）

**Step 5** 以滑鼠雙按 Sales_s.xlsx 之 B3，使運算式變為：

=[Sales_s.xlsx] 南區 !$B$3

**Step 6** 按三次 F4 鍵,取消其 $ 符號,使其由絕對位址轉為相對地址(為方便抄給其他儲存格),運算式轉為:

=[Sales_s.xlsx] 南區 !B3

**Step 7** 補上加號(+),運算式轉為:

=[Sales_s.xlsx] 南區 !B3+

**Step 8** 續以滑鼠雙按 Sales_n.xlsx 之 B3,使運算式變為:

=[Sales_s.xlsx] 南區 !B3+[Sales_n.xlsx] 北區 !$B$3

| B3 | | ⌄ | ！ | × | ✓ | fx | =[Sales_s.xlsx]南區!B3+[Sales_n.xlsx]北區!$B$3 | | |
|---|---|---|---|---|---|---|---|---|---|
| | A | B | C | D | E | F | G |
| 1 | | 南北區營業所第一季業績合計 | | | | | |
| 2 | | 一月 | 二月 | 三月 | 總計 | | |
| 3 | 電冰箱 | =[Sales_s.xlsx]南區!B3+[Sales_n.xlsx]北區!$B$3 | | | | | |
| 4 | 電視機 | | | | | | |
| 5 | 冷氣機 | | | | | | |

**Step 9** 按三次 F4 鍵,取消其 $ 符號,使其由絕對位址轉為相對地址(為方便抄給其他儲存格),運算式轉為:

=[Sales_s.xlsx] 南區 !B3+[Sales_n.xlsx] 北區 !B3

**Step 10** 按 ✓ 鈕,完成輸入,可加總出該兩檔之 B3 內容

| B3 | | ⌄ | ！ | × | ✓ | fx | =[Sales_s.xlsx]南區!B3+[Sales_n.xlsx]北區!B3 | |
|---|---|---|---|---|---|---|---|---|
| | A | B | C | D | E | F | G |
| 1 | | 南北區營業所第一季業績合計 | | | | | |
| 2 | | 一月 | 二月 | 三月 | 總計 | | |
| 3 | 電冰箱 | 7800 | | | | | |
| 4 | 電視機 | | | | | | |
| 5 | 冷氣機 | | | | | | |

**Step 11** 按『常用 / 剪貼簿 / 複製』 🗐▾ 鈕,將 Tot_sale.xlsx 之 B3 內容存入剪貼簿

**Step 12** 於 Tot_sales.xlsx 上,選取 B3:E5 範圍

Step **13** 按『常用 / 剪貼簿 / 貼上』 鈕，將 B3 來源內容抄入 B3:E5 範圍

| B3 | | ✕ ✓ fx | =[Sales_s.xlsx]南區!B3+[Sales_n.xlsx]北區!B3 | | | |

| | A | B | C | D | E | F | G |
|---|---|---|---|---|---|---|---|
| 1 | | 南北區營業所第一季業績合計 | | | | | |
| 2 | | 一月 | 二月 | 三月 | 總計 | | |
| 3 | 電冰箱 | 7800 | 3700 | 3300 | 14800 | | |
| 4 | 電視機 | 3800 | 4500 | 4750 | 13050 | | |
| 5 | 冷氣機 | 2500 | 3000 | 3100 | 8600 | | |
| 6 | | | | | | | |

| | A | B | C | D | E |
|---|---|---|---|---|---|
| 1 | | 北區營業所第一季業績 | | | |
| 2 | | 一月 | 二月 | 三月 | 總計 |
| 3 | 電冰箱 | 4500 | 1200 | 1300 | 7000 |
| 4 | 電視機 | 2000 | 2500 | 3000 | 7500 |
| 5 | 冷氣機 | 1500 | 1800 | 1700 | 5000 |

| | A | B | C | D | E |
|---|---|---|---|---|---|
| 1 | | 南區營業所第一季業績 | | | |
| 2 | | 一月 | 二月 | 三月 | 總計 |
| 3 | 電冰箱 | 3300 | 2500 | 2000 | 7800 |
| 4 | 電視機 | 1800 | 2000 | 1750 | 5550 |
| 5 | 冷氣機 | 1000 | 1200 | 1400 | 3600 |

Tot_sales.xlsx 上 B3:E5 範圍內，各儲存格亦將以相對地址之參照方式，取得 Sales_n.xlsx 與 Sales_s.xlsx 兩活頁簿檔案中，對應儲存格之加總。如：Tot_sales.xlsx 中 D3 位置之 3300，即南、北區三月份之『電冰箱』業績合計（2000+1300）。且因係以檔案連結之運算式計算而得，故無論 Sales_n.xlsx 或 Sales_s.xlsx 之任一檔案的相關內容異動，Tot_sales.xlsx 中之加總結果亦將自動更新。

# 17-1 公式稽核

　　『公式 / 公式稽核』群組內的各指令按鈕，可用來追蹤目前儲存格公式的前導 / 從屬參照情況，或找出與目前錯誤有關之原因：

　　茲以範例 Ch17.xlsx『稽核』工作表內容為例，進行說明如何使用『公式 / 公式稽核』群組內的各指令按鈕：

| | A | B | C | D | E |
|---|---|---|---|---|---|
| | | | | D5 =-PMT(A3,B3,C3*B5) | |
| 2 | **利率** | **期數(年)** | **貸款** | **每年應還** | **每月應還** |
| 3 | 2.20% | 20 | $1,000,000 | $62,343 | $5,154 |
| 4 | | | | | |
| 5 | 若貸 | | 2 倍，每年應還 | $124,687 | $10,308 |
| 6 | | | | | |
| 7 | 每年收入 | 800,000 | 償還貸款後尚餘 | 675,313 | |
| 8 | 每月收入 | 66,667 | 償還貸款後尚餘 | 56,358 | |

| | |
|---|---|
| D3 | =-PMT(A3,B3,C3) |
| E3 | =-PMT(A3/12,B3*12,C3) |
| D5 | =-PMT(A3,B3,C3*B5) |
| E5 | =-PMT(A3/12,B3*12,C3*B5) |
| D7 | =B7-D5 |
| B8 | =B7/12 |
| D8 | =B8-E5 |

## 追蹤前導參照

追蹤前導參照之作用為：以箭號指出目前儲存格所參照使用之各儲存格。

將指標停於 D5 上，按『公式 / 公式稽核 / 追蹤前導參照』 $\boxed{\text{追蹤前導參照}}$ 鈕。將以箭號指出 D5 所參照使用者，為 A3、B3、C3 及 B5 等儲存格：

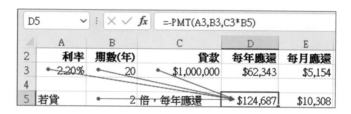

## 移除箭號

按『公式 / 公式稽核 / 移除箭號』 $\boxed{\text{移除箭號} \vee}$ 鈕，可清除所有已顯示之箭號。

## 追蹤從屬參照

追蹤從屬參照之作用為以箭號指出參照使用到目前儲存格之各儲存格。

將指標停於 A3 上，按『公式 / 公式稽核 / 追蹤從屬參照』 $\boxed{\text{追蹤從屬參照}}$ 鈕，將以箭號指出 D3、E3、D5 與 E5 係第一層參照使用到 A3 內容的儲存格：

| | A | B | C | D | E |
|---|---|---|---|---|---|
| 2 | 利率 | 期數(年) | 貸款 | 每年應還 | 每月應還 |
| 3 | 2.20% | 20 | $1,000,000 | $62,343 | $5,154 |
| 4 | | | | | |
| 5 | 若貸 | | 2 倍，每年應還 | $124,687 | $10,308 |

續再按『追蹤從屬參照 』 追蹤從屬參照 鈕，則其箭號將續拉到 D7、D8 位置，指出 D7、D8 係第二層參照使用到 A3 內容的儲存格：

| | A | B | C | D | E |
|---|---|---|---|---|---|
| 2 | 利率 | 期數(年) | 貸款 | 每年應還 | 每月應還 |
| 3 | 2.20% | 20 | $1,000,000 | $62,343 | $5,154 |
| 4 | | | | | |
| 5 | 若貸 | | 2 倍，每年應還 | $124,687 | $10,308 |
| 6 | | | | | |
| 7 | 每年收入 | 800,000 | 償還貸款後尚餘 | 675,313 | |
| 8 | 每月收入 | 66,667 | 償還貸款後尚餘 | 56,358 | |

## 追蹤錯誤

若目前儲存格為錯誤時，追蹤錯誤可以紅色箭號指出導致錯誤之來源儲存格。

於 B5 輸入非數值之 "A" 字元，將導致 D5、E5、D7 與 D8 儲存格變為 #VALUE! 之錯誤：(詳範例 Ch17.xlsx 之『追蹤錯誤』工作表)

| | A | B | C | D | E |
|---|---|---|---|---|---|
| 1 | | | | | |
| 2 | 利率 | 期數(年) | 貸款 | 每年應還 | 每月應還 |
| 3 | 2.20% | 20 | $1,000,000 | $62,343 | $5,154 |
| 4 | | | | | |
| 5 | 若貸 | A | 倍，每年應還 | #VALUE! | #VALUE! |
| 6 | | | | | |
| 7 | 每年收入 | 800,000 | 償還貸款後尚餘 | #VALUE! | |
| 8 | 每月收入 | 66,667 | 償還貸款後尚餘 | #VALUE! | |

將指標停於 D7 上，按『公式 / 公式稽核 / 錯誤檢查』 錯誤檢查 右側下拉鈕，續選「追蹤錯誤 (E)」：

指標將自動移回 D5，並以紅色箭號指出，由於 D5 已變為錯誤內容，故因而導致 D7 亦變為錯誤：

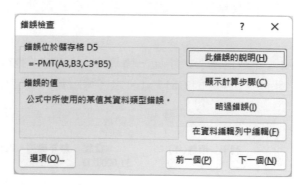

因此，僅須找出 D5 之錯誤原因並加以更正，D7 即可獲得一正確值。

## 錯誤檢查

接著，按『公式 / 公式稽核 / 錯誤檢查』 右側下拉鈕，續選「錯誤檢查 (K)…」，將以

因此，僅須找出 D5 之錯誤原因並加以更正，D7 即可獲得一正確值。

顯示 D5 之錯誤原因係來自於：『公式中所使用的某值其資料類型錯誤』。若回頭檢查其前導參照藍線所指出之幾個儲存格，當可發現係因 B5 內輸入非數值之 "A" 字元，才導致此一錯誤。

## 評估值公式

若仍無法發現錯誤原因，可關閉『錯誤檢查』對話方塊。停於 D5，續按『公式 / 公式稽核 / 評估值公式』 鈕，可轉入『評估值公式』對話方塊，顯示出 D5 的公式內容：

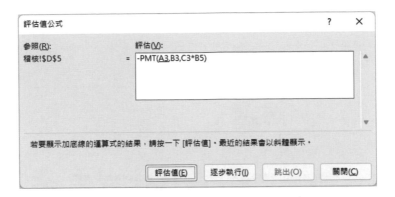

按 [評估值(E)] 鈕，可將含底線之引數（目前之 A3，轉為其內容 0.022）
代入目前公式（以斜體字表示）：

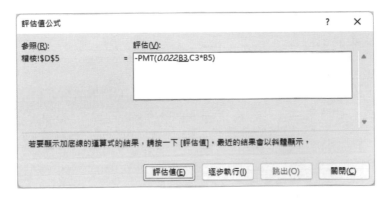

按 [評估值(E)] 鈕到第三次時，已經將 C3 轉為 1000000 代入公式，到目前
為止，運算式中並無任何錯誤：

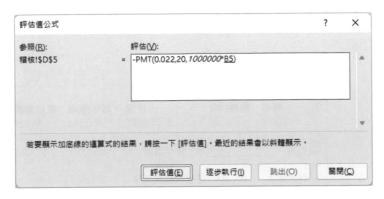

再按 評估值(E) 鈕，將獲致

表示下一步驟，要將 "A" 代入 B5，求算 1000000*"A"。再按一次 評估值(E)
鈕，運算式中已出現錯誤（#VALUE），故可得知錯誤原因係 B5 為 "A"，
所惹出來的：

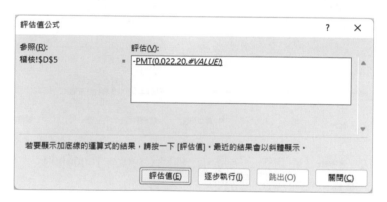

按 關閉 鈕，關閉『評估值公式』對話方塊。將 B5 改為數字 2，即
可解除錯誤：

| | A | B | C | D | E |
|---|---|---|---|---|---|
| 1 | | | | | |
| 2 | 利率 | 期數(年) | 貸款 | 每年應還 | 每月應還 |
| 3 | 2.20% | 20 | $1,000,000 | $62,343 | $5,154 |
| 4 | | | | | |
| 5 | 若貸 | 2 | 倍，每年應還 | $124,687 | $10,308 |
| 6 | | | | | |
| 7 | 每年收入 | 800,000 | 償還貸款後尚餘 | 675,313 | |
| 8 | 每月收入 | 66,667 | 償還貸款後尚餘 | 56,358 | |

### 顯示監看視窗

按『公式 / 公式稽核 / 監看視窗』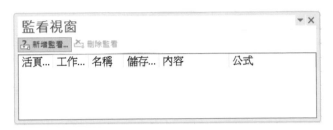 鈕,將可以另一『監看視窗』,同時監看所指定之多個儲存格公式及其運算結果。

其處理步驟為:(詳範例 Ch17.xlsx 之『監看視窗』工作表)

Step ❶ 首先,先選取想要監看之儲存格(如:D3)或範圍

Step ❷ 按『公式 / 公式稽核 / 監看視窗』 鈕,轉入『監看視窗』

拖曳框邊或各欄標題按鈕邊緣,可調整其寬度。

Step ❸ 按 [新增監看...] 鈕,可顯示出原選取之儲存格位址(仍允許重選)

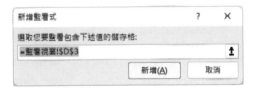

Step ❹ 按 [新增(A)] 鈕,將其加入到『監看視窗』

雙按各欄標題之框邊,可調整成最適寬度。拖曳其框邊,可調整其寬度。雙按欄標題可依該欄內容,進行排序。

**Step 5**　重複步驟 1～步驟 4，將所有要監看之儲存格或範圍均加入

| 活頁... | 工作... | 名稱 | 儲存... | 內容 | 公式 |
|---|---|---|---|---|---|
| Ch17... | 監看... | | D3 | $70,361 | =-PMT(A3,B3,C3) |
| Ch17... | 監看... | | D5 | $140,722 | =-PMT(A3,B3,C3... |
| Ch17... | 監看... | | D7 | 659,278 | =B7-D5 |
| Ch17... | 監看... | | E5 | $11,599 | =-PMT(A3/12,B3... |

可同時顯示其等之內容及公式（省去逐一點選，才可查知其公式之麻煩）。

若選錯了，可於『監看式視窗』內將其選取，續按 ⚙ 刪除監看 鈕，將其刪除。

往後，只要『監看視窗』處於開啟之狀態下，任何資料異動，均可顯示於『監看視窗』內。由於，可重點式的選取少數幾個監看內容，故可集中注意力於幾個關鍵內容，將有助於找出其變化或錯誤。

## 顯示公式

若無特殊設定，我們得逐一點選某一儲存格，才可查知其公式內容。按『**公式 / 公式稽核 / 顯示公式**』 🔣 顯示公式 鈕（或按 Ctrl + ` 鍵，位於 Esc 鍵下方），可將所有儲存格，均轉為顯示其原輸入值或公式，並標示出指定儲存格所引用之引數範圍，以利稽核公式內容。（詳範例 Ch17.xlsx 之『顯示公式』工作表）

| D5 | | | ✕ ✓ *fx* | =-PMT(A3,B3,C3*B5) | |
|---|---|---|---|---|---|
| | A | B | C | D | E |
| 1 | | | | | |
| 2 | 利率 | 期數(年) | 貸款 | 每年應還 | 每月應還 |
| 3 | 0.022 | 20 | 1000000 | =-PMT(A3,B3,C3) | =-PMT(A3/12,B3*12,C3) |
| 4 | | | | | |
| 5 | 若貸 | 2 | 倍，每年應還 | =-PMT(A3,B3,C3*B5) | =-PMT(A3/12,B3*12,C3*B5) |
| 6 | | | | | |
| 7 | 每年收入 | 800000 | 償還貸款後尚餘 | =B7-D5 | |
| 8 | 每月收入 | =B7/12 | 償還貸款後尚餘 | =B8-E5 | |

**小秘訣**

再按一次『顯示公式』 $\boxed{\textit{fx} \text{顯示公式}}$ 鈕（或按 $\boxed{\text{Ctrl}}$ + $\boxed{\text{`}}$ 鍵），可還原成原檢視模式。

### 圈選錯誤資料

輸入資料後，若曾按『**資料 / 資料工具 / 資料驗證**』$\boxed{\text{E}}$ 鈕，對儲存格設定過允收資料範圍。如，僅要接受 0 ～ 100 之整數成績：

往後，欲檢查資料之正確性，可按『**資料驗證**』$\boxed{\text{E}}$ 之下拉鈕，續選「**圈選錯誤資料 (I)**」

將可圈選出所有的錯誤資料，紅圈內所圈選者，即為超過允收範圍 0~100 之資料：

|  | A | B |
|---|---|---|
| 1 | **學號** | **成績** |
| 2 | 1001 | 96 |
| 3 | 1002 | 125 |
| 4 | 1003 | 72 |
| 5 | 1004 | -50 |
| 6 | 1005 | 85 |
| 7 | 1006 | 880 |

將其修改成正確之資料後，其紅圈會自動消失。

### 清除錯誤圈選

圈選出超過允收範圍之資料後，可按『資料 / 資料
工具 / 資料驗證』  之下拉鈕，續選「清除錯誤圈
選 (R)」，來清除其用以表示錯誤之紅圈。

## 17-2 目標搜尋

通常，於建妥分析所需之模式公式後，常會聯想到『若 ... 會 ...』之問
題。如，PMT() 函數之語法為：

> PMT( 利率 , 期數 , 本金 ,[ 未來值 ],[ 期初或期末 ])

用以傳回每期付款金額及利率固定之年金期付款數額。如：於利率與期數
固定之情況下，貸某金額之款項每期應償還多少金額？

如於範例 Ch17.xlsx『目標搜尋』工作表運算模式中，其 D3 與 E3 儲存
格之公式內容分別為：

> D3          =-PMT(A3,B3,C3)
> E3          =-PMT(A3/12,B3*12,C3)

若想知道：當貸款增加為 2,500,000 時，則每年應還或每月應還多少金額？

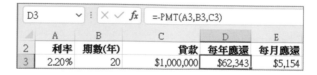

僅需於 C3 輸入 2500000，即可立刻得知每年應還 $155,859，每月應還
$12,885：

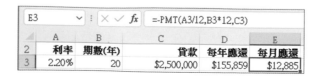

但若所欲求解之問題為：假定每月最高償還上限為 $20,000，則最多可貸多少錢？原 E3 公式為：

此時，則無法於 E3 輸入 20000，而逆向求得 C3 之貸款金額。因為，如此將僅直接覆蓋 E3 儲存格之公式而已，C3:D3 之內容並無任何變化：

此時，即得按『資料／預測／模擬分析』鈕之「目標搜尋 (G)…」來處理

它將調整指定儲存格的數值，直到與該儲存格內有關公式達到所指定之結果。其處理步驟為：

Step 1 以滑鼠單按欲進行求解之公式格 E3

Step 2 選按『資料／預測／模擬分析』鈕之「目標搜尋 (G)…」，轉入『目標搜尋』對話方塊

此時，『目標儲存格 (E)：』處正顯示著執行前所選取之公式格位址 E3。

注意，該儲存格必須是存放欲進行求解的公式，不可為常數。若有錯，仍可利用滑鼠重選或直接輸入正確位址。

Step **3** 於『目標值 (V)：』處單按滑鼠，並輸入每月償還之上限 20000

Step **4** 於『變數儲存格 (C)：』處單按滑鼠，續選按 C3 儲存格

希望 Excel 改變 $C$3 儲存格的貸款金額，代入到目標儲存格 E3 之公式內，以求解：應貸多少金額，方可使 E3 達成『目標值 (V)：』處所輸入之 20000。

變數儲存格必須直接或間接地被目標儲存格公式參照到。

Step **5** 設妥後，按 確定 鈕。即可獲致『目標搜尋狀態』對話方塊

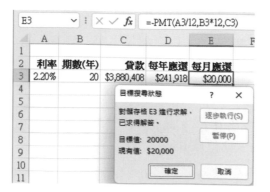

顯示出目前之求解狀態，並已於 C3 變數儲存格計算出：當貸款金額為 $3,880,408 時，每月應償還金額恰為 $20,000。

Step ⑥ 若欲於工作表上保留目前求算結果，可按 ⎡ 確定 ⎤ 鈕；若欲還原為原工作表內容，則按 ⎡ 取消 ⎤ 鈕。均可結束目標求解，而回到原工作表。

馬上練習

續上例，假定貸款為 2,000,000，於利率為 2.0% 之情況下。若每月擬償還 30,000，應幾個月才可償還？

| | A | B | C | D | E |
|---|---|---|---|---|---|
| 2 | 利率 | 期數(年) | 貸款 | 每年應還 | 每月應還 |
| 3 | 2.00% | 5.89 | $2,000,000 | $363,096 | $30,000 |
| 4 | | | | | |
| 5 | | 70.7286966 | 月可清償 | | |

# Excel 2021 嚴選教材！核心觀念 ×範例應用×操作技巧(適用 Excel 2021~2016)

作　　者：楊世瑩
企劃編輯：江佳慧
文字編輯：江雅鈴
設計裝幀：張寶莉
發 行 人：廖文良

發 行 所：碁峰資訊股份有限公司
地　　址：台北市南港區三重路 66 號 7 樓之 6
電　　話：(02)2788-2408
傳　　真：(02)8192-4433
網　　站：www.gotop.com.tw
書　　號：AEI007400
版　　次：2022 年 04 月初版
　　　　　2024 年 03 月初版三刷
建議售價：NT$560

國家圖書館出版品預行編目資料

Excel 2021 嚴選教材！核心觀念×範例應用×操作技巧(適用
Excel 2021~2016) / 楊世瑩著. -- 初版. -- 臺北市：碁峰資訊,
2022.04
　　面；　　公分
　　ISBN 978-626-324-129-9(平裝)
　　1.CST：EXCEL(電腦程式)
312.49E9　　　　　　　　　　　　　　　111003271